JN135148

海洋気象講座

（12 訂 版）

海技大学校名誉教授

福 地　　章 著

株式会社

成 山 堂 書 店

巻　　雲▶

巻 積 雲▶

巻 層 雲▶

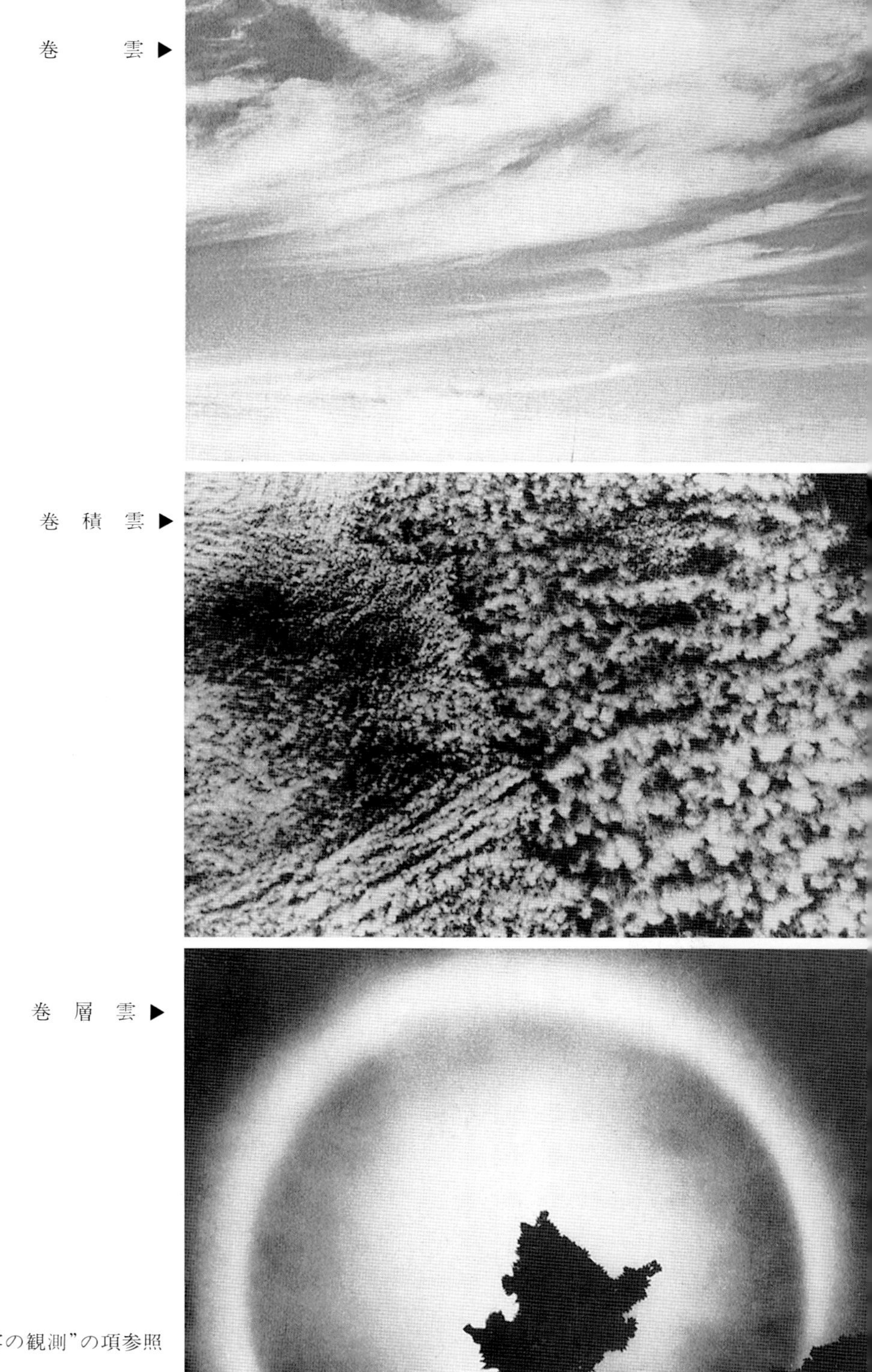

本文"12-7,雲の観測"の項参照

▲高　積　雲

◀高　層　雲

▲乱 層 雲

▼層 積 雲

◀ 層　　雲

◀ 積　　雲

◀ 積 乱 雲

は　し　が　き

この書は主として三級海技士（航海）から一級海技士（航海）を目指す人たちの教材として執筆したものである。また，教科書としてだけでなく，独習者の参考書としても利用しやすいように，過去の国家試験と対比しながらできるだけ平易に，しかも楽しく学べるようにした。

再版にあたり，より一層の充実を目指すために若干の増改補を行ない，さらに高層気象の内容についても補充強化してある。また，海上での実務にも役立つように工夫したつもりである。すなわち，教科書，受験参考書，実務参考書の三位一体による構成を配慮して，三級～一級の受験と海上の実務を系統的に関連づけた。

本書は第一編を気象，第二編を海洋とし，各章の終わりには過去の国家試験問題を掲載している。海洋編では，過去の国家試験の出題が必ずしも多くはないが，これからは重要な分野であり，その基礎事項について知っておく必要があると考え多少紙数を多くした。

いままで小生が，海技大学校において，海上の第一線で働いてきた学生諸君を相手に教えてきて得た教官としての経験をわずかながらも本書に盛り込んだつもりであるが，しかし，いまだ研究不充分な点は今後の発展への糧として生かしていかねばならない。

最後に皆様の健闘を祈るとともに，本書が読者諸氏の座右の書となり得れば望外のしあわせである。

なお，本書を執筆するにあたり，参考にさせて頂いた数多くの文献，ならびに終始ご指導を願った海技大学校教授長谷川健二氏，神戸商船大学教授井上篤次郎氏と，本書の出版に深い理解を寄せて頂いた成山堂書店に対しこの場を借りて厚く謝意を表します。

昭和58年3月

福地　章

12訂版にあたって

お蔭をもちまして，本書もここに12訂版を迎えることになりました。

初版以来，改訂のつど疑問点の解明や内容面での充実を心がけています。また，海技従事者の国家試験問題を網羅することにより，読者の学習が一層能率よく進められることと考え，10年をベースにその都度新しい問題と入れ替えてきました。

八訂版から「航海に関する科目」（一級）の中の航路選定に関連して出題される気象問題も掲載しています。なお，海洋の問題については従来通り，第2編海洋で取りあげています。

2019年2月

著者しるす

凡　例

本書の利用法について

1. 時間に余裕のある場合は，各章を読み通しながら終わりの時間で知識の整理と実力養成を行なって区切りとする。

　しかし，時間に余裕がない人や免状を最短の目標にする場合は，章の終わりの国家試験の問題および出題の傾向から各科の重点的な傾向を知ることができるので，これを逆にたどって本文を読み進めればよい。

2. 国家試験問題は過去20年間に出題されたもので，各科の右にある〈　〉内の記号はその章に関する問題の出題頻度傾向を表し，その意味は次の通りである。

＜＊＊＊＞　は１年に２回以上，　非常に高い頻度
＜＊＊＞　は１年に１回以上，　高い頻度
＜＊＞　は２，３年に１回程度，時々出される頻度
無印　は５年間出題されたことがない。

　問題は他章とまたがったりするので，出題数は厳密なものではなく参考として利用されたい。

「航海に関する科目」（一級）については問題の後に（航）と付している。

　ただし，一級で出題数の多い第５章（大気の還流），第９章（熱帯低気圧），第11章（霧）では，利用しやすいように別枠としてまとめている。

　また，第２編・第４章 海流（二級，一級）にも〈航〉を付している。これらは出題頻度にはカウントしていない。

3. 高層気象に関しては，
「5-4」，「5-5」，「9-3-5の後段」，「14-5」，「14-6-2の一部」に掲載しているので，相互を関連づけて学習されんことを希望する。

　なお，さらに進んで勉強したい人には，拙著『よくわかる高層気象の知識』（成山堂書店）がある。

目　　次

第1編　気　　象

第１編　気　　象

第1章 大　　気

われわれの住んでいる地球は，大きく見て次の3つの部分に分けられる。

① 岩圏：固体からなるもので，大部分が岩と砂，土の破砕作用によって作り出されている。

② 水圏：液体の部分であって，大洋，湖，川からできている。

③ 気圏：気体であり，空間に広がっている。

水圏は岩圏の上にあり，大気圏は岩圏と水圏の上にある。では，この地球をとりまく気圏について考えてみよう。

地球の表面は，大気にすきまなくおおわれているが，大気を構成する空気は気体であるから簡単に押し縮められる。したがって，地球の引力によって地表面に近いほど空気は濃密で，空気の約50％は5 km 以下に，約90％は30km 以下の高度に含まれている。

地表面から離れるにつれて，空気はしだいに薄くなって地球外の空間へと広がっている。空気の厚さがどの位あるかはっきりした境界面はきめられないが，地上50km 以上ではきわめて薄くなっている。こうした空気の底にわれわれは住んでいるのである。

1-1 大気の組成

では，大気は何によって構成されているのだろうか。それは，次のようになっている。

〔大気の組成〕＝〔乾燥空気〕＋〔水蒸気〕＋〔浮遊物〕

大気の中で水蒸気が気象の主役であれば，浮遊物はその補助的な役割を果たしている。

1-1-1 乾燥空気

乾燥した空気の成分を調べてみると，その組成は容積比で第1-1表のようになっている。この比は，場所に関係なく一定である。これをみると，われわれになじみの深い酸素よりも窒素の方が多くを占めていることに注意しなくてはならない。この窒素と酸素で空気の99％が占められている。

第1-1表

名　称	容積比％
窒　素	78.00
酸　素	21.00
アルゴン	0.90
炭酸ガス	0.03
その他	0.07

これらの気体が直接に気象におよぼす影響は少ないが，われわれの生活とどのように結びついているかを考えてみるのも，おおいに参考になるだろう。

① 窒素：窒素は，化学的には活発な気体ではないが，動物や植物の主成分の一つである類似蛋白質をつくっている重要な成分である。

たとえば，惑星探査用のロケットが，ある星の窒素の存在を確かめられない場合，その星での生物の生存は不可能ということになる。

② 酸素：人間や動物の呼吸に欠くことができないもので，金属が酸化（＝さび）したり，物が燃えたりするのも酸素の反応による。

③ 炭酸ガス：空気中の炭酸ガスの量はわずかであるが，植物が生長するとき必要な炭素は，空気中の炭酸ガスから摂取されている。

④ オゾン：第1-1表の「その他」の中の一つであるオゾンはきわめて微量であるけれども，われわれの生活に大変重要な役割を果たしている。それは紫外線をよく吸収することであり，紫外線は強すぎると害になるが，適量であれば動物の骨を発達させるビタミンDを作り殺菌作用の役目もする。その調節の役をしているのがオゾンで，地上22kmを中心にして15～50kmの高さに存在している。これをオゾン層とよんでいる。

1-1-2 水　蒸　気

実際には大気が乾燥空気だけという場合はほとんどなく，今日は湿っぽくじとじとした天気だという日はもちろん，乾燥していて喉がおかしいという日でもいくらかの水蒸気が含まれている。

水蒸気量は時と場所によって異なるが，容積比にして0から最大4％の範囲で変わる。つまり水蒸気量は窒素や酸素に比べると少ないが，気象では，この水蒸気が中心になっているといってもよいほど重要な要素となる。なぜなら，雲も雨も，雪もひょうも，もとは水蒸気であり，低気圧や台風，さらには前線といった大きな現象にも水蒸気の占める役割が大きいからである。

地球表面の3/4を占める海洋を中心に，地表面から蒸発によって大気中へ常に水蒸気の補給がある。その水蒸気が上空で凝結して雲となり，雨や雪となって再び地表面にかえってくる。こうした循環をくり返すのである。

水蒸気の量は，地上6 km までに大半が占められ，それより上空になるとごく微量にしか存在しない。

1-1-3 浮　遊　物

以上に述べてきた乾燥空気の成分や水蒸気の他に，大気中には固体や液体の浮遊物が混合している。浮遊物も気象的には重要で，雲や霧の発生に必要であるし，また空気をにごらせるので視程をさまたげることになって，遠方の物標を見えにくくしたりする。

湿度が100%になると，水蒸気は凝結して水滴になるのが一般の法則である。しかし実際の自然界はもっと複雑で，浮遊物を含まない純粋な大気の中では湿度が100%を超えてもなかなか凝結しない。また，逆に浮遊物が多いと湿度が100%に達しないのに浮遊物を核（＝凝結核）にして凝結をはじめる。

凝結核とは，

① 水蒸気の凝結を早めて雲や霧を発生させやすくする浮遊物を凝結核という。

② 海塩，砂塵，煤煙，噴煙の吸湿性物質が凝結核として作用する。

（注）(1) 海塩：波が砕けてできた海水の飛沫が乾燥して空中にただようもの。
(2) 砂塵：主に砂漠地方でみられ，風にまき上げられて遠方まで運ばれる。
(3) 煤煙：工業地帯や山火事などで見られる。
(4) 噴煙：火山の爆発によって細かい粒が延々数千km，ときには地球を一周してしまうこともある。

1-2 大気の構造

大気の海の底に住んでいるわれわれは，山に登るときは，きちんと身仕度を整えて，平地にいる時よりも寒さに耐えられる状態で出かける。あるいはまた，急に高いところへ登ると空気が薄くなるので耳の鼓膜が重苦しくなるのを感じたり，高原で走ると息苦しく感じたり，また山頂で飯を炊くと芯が残っていたりすることを経験する。

このような経験から，上空に行くに従い気圧が低くなり，気温が下がって行くことを知るのだが，この状態がいつまでも続くものなのだろうか。ここで，もう少し大局的に大気の構造を調べてみると，対流圏，成層圏，中間圏，熱圏に分類できることがわかる。

(1) 対　流　圏

① 上空に行くほど気温が一定の割合で減少して行く。100mにつき約0.5〜0.6°Cである。

② わが国では平均して地上からおよそ12kmまでの高さにある。

③ 空気の対流がある。すなわち上昇運動，下降運動があって気象現象が活発である。

④ 雲や降水の気象現象を生じる。

対流圏の高さは緯度と季節によって異なり，極に近い地方では年中低くて9km，熱帯地方では17kmもある。わが国では夏は15km，冬は9kmくらいである。

実はこの対流圏は厚さからみればわずか十数 km にすぎないが，この圏内では空気の対流があり，気流が乱れていることによって地上の気象現象の全てはこの対流圏内で引き起こされていると考えてよい。雲ができ，それにともなう雨や雪，低気圧と高気圧，さらには規模の大きい台風やハリケーンといったものも対流圏内の現象なのである。したがって北国の低く垂れこめた雲，逆に，熱帯地方の高く突きぬける様な空は，日射しのせいばかりではないのである。

(2) 圏　界　面

対流圏から成層圏へうつる境の部分を圏界面という。ここでの気温は，赤道上空が，一年を通してほぼ −75°C 以下，極の上空では，冬が −55°C，夏が −45°C である。このように緯度による温度差は地表面と反対になっている。

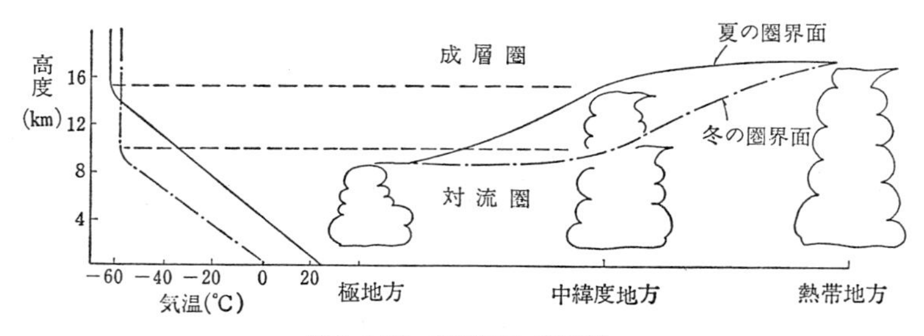

第1-1図　対流圏と成層圏

(3) 成　層　圏

① 成層圏では，高度が変わっても気温はほぼ一定である。

② 対流圏の上に位置して，50km の高さまでをいう。

③ 空気の動きは層流となる。すなわち水平方向の動きがほとんどである。

④ ほとんど雲が見られない。

高度に対して気温がほぼ一定な範囲を下部成層圏といい，30〜35km を過ぎると，気温が上昇しはじめ 50〜60km（20〜80°C）で最高となる。これはオゾン層の分布に関係していて，オゾンが太陽放射の紫外線を吸収するから気温が上昇すると考えられる。（注） 放射＝輻射

それを過ぎると再び気温が下がり出し，80km（−20〜−70°C）の高さまで続くが，この範囲を中間圏といっている。

この中で見られる現象はオゾン層の上の特殊な時にできる真珠雲や，80km 付近の夜光雲と流星である。流星は 40km 付近と 80km のところで消えること

が多い。

現象面でみると対流圏に比べて非常に静かな区域となるが，これは成層圏では水蒸気が皆無に近いし，気温の逆転が起こっているからに他ならない。気温の逆転があると上昇気流はここでおさえられてしまう。

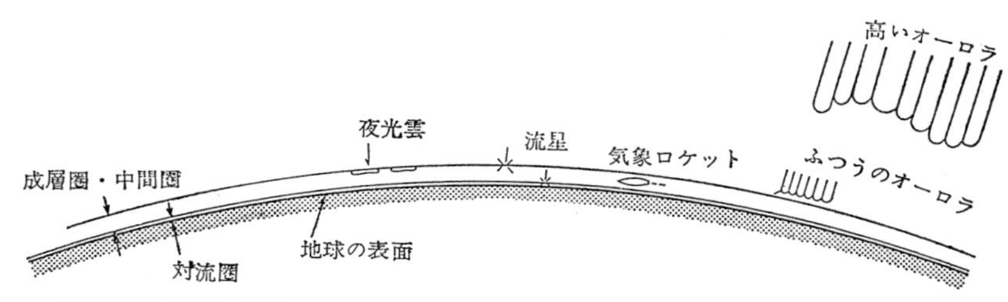

実際に合うように縮尺してみた。地球の半径を6,400kmとして，図の半径は15cmである

第1-2図　地球の表面と地球をかこんでいる大気の層

(4)　熱　　圏

①　温度は高度とともに上昇して行く。

②　地上80km以上の層である。

③　オーロラ(極光)が見られる。

④　電波を反射する。

熱圏は，次の各層からなっている。

①　D層：地上60〜100 kmのところに太陽光線によってできる。したがって日没とともに消えるがこの層は低周波を反射し，中・高周波を吸収する。

②　E層：地上90〜130 kmにある。電波反射層のなかでいちばん重要な層で，地表面からの電波を反射して遠方まで伝える。

③　F層：さらに大気最上層に幅広く存在する電波反射層である。

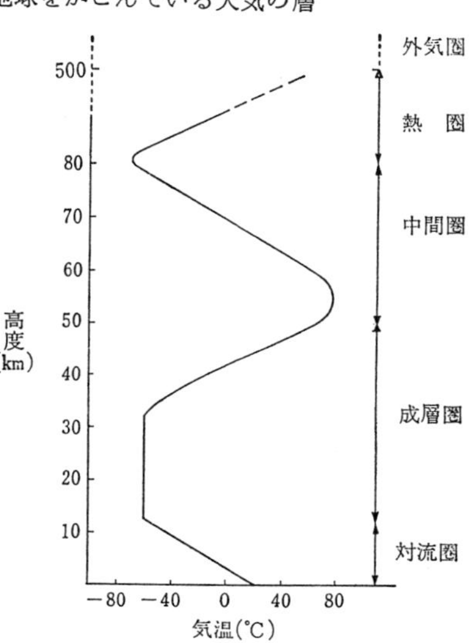

第1-3図　大気中の気温垂直分布

第1章　問　題

▶三　級

問1　極地方で高度約8㎞まで，赤道地方で高度約18㎞までの大気層で，常に対流が起こり，雲や降水などの気象現象が起こるところを何というか。

〔解〕 1-2 (1) 参照。

▶二　級

問1　対流圏とは，何か。

〔解〕 1-2(1)参照。

第2章 気象要素

われわれが気象の状態を調べたり，報告したりするうえにおいて，数ある気象要素の中でも基本となるのは6つの要素である。海上ではさらに視程を加えて，これを気象の7要素といっている。

（注） 気象の7要素：気圧，気温，湿度，風（風向と風速），雲（雲量と雲形），降水，視程。

すなわち，一地点のある時刻の天気は，これらの気象要素を報告することによって知ることができる。

この章では各要素の基本的な知識と考え方を解説し，各要素の測器ならびに観測法は第12章気象観測にまとめることとする。

2-1 気　　圧

2-1-1 気圧の発見

われわれが地球上で生活していく場合，空気を重いと感じたり，息苦しく感じたりすることがないので気圧そのものを意識することがない。そのため昔から「虚空を切る」とか言って，何もないがらんどうのイメージの方が強いくらいである。ところがこの空気は1 cm^2 あたり1 kg 重の力を持つから，われわれの体中（$1m^2$ とすれば）を約10 ton もの力でおしつけていることになる。それを何とも感じないのは体の組織そのものが，この気圧に耐えるようにできているし，肺の中も外の気圧と同じになっているからに他ならない。

この大気の圧力を発見したきっかけになったのは，イタリアのトリチェリが1643年に行なったトリチェリの実験である。

（注） トリチェリの実験：長さ約1 m 断面積 $1cm^2$ の一端が閉じ他端が開いたガラス管に水銀をみたす。水銀を入れた器の中にそれを入れて開いている方を離すと，水銀は自分の重みで下がり，器の水銀面から約76 cm の高さで止まることがわかった。これは空気の押す力すなわち気圧と水銀76 cm の重さが釣り合ったことになる。

〔質量〕=〔密度〕×〔体積〕 ……………………………………………(2.1)

から，この水銀柱の質量は水銀の密度13.5951より，

〔質量〕=〔13.5951〕(g/cm^3)×〔76cm×1 cm^2〕≒1,033 g

気圧はこれだけの質量の水銀を押し上げる力がある。水銀柱のかわりに水柱

でおきかえてみると，水の密度はほぼ1.0であるから，(2.1) 式より

$$1,033g=[1.0g/cm^3]\times[(水柱)cm\times 1\,cm^2]$$

$$\therefore\ 水柱=1033cm\fallingdotseq 10m$$

すなわち約10mの水柱を押し上げることができる。このことは汲み上げポンプを使わないで手押しポンプで井戸水を汲み上げようとしたなら，諸君たちの腕力には関係なく10mの深さが限界ということになるだろう。

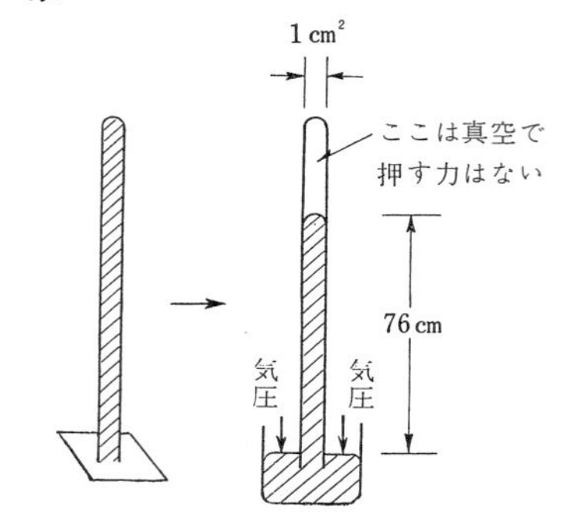

第2-1図 トリチェリの実験

2-1-2 気圧の表わし方

① 気圧は $1\,cm^2$ の面に働く力である。

② 標準気圧とは1気圧のことである。

③ 1気圧=760mmHg=1,013hpa

④ mmHg と hPa の関係は約3：4になっている。

気圧を測るのに水銀を利用してきたことから，昔は気圧の表示には水銀柱のmmHgという単位を使用したことがある。

(注) (1) 1984年，WMO（世界気象機関）では，気圧をmb（ミリバール）から国際単位（SI）のhPa（ヘクトパスカル）に変えた。これに伴い，日本では1992年12月1日より，ヘクトパスカルを使用するようになった。

(2) 各章末の問題は当時の問題であり，mb（ミリバール）であれば，そのまま掲載している。(但し，1 mb= 1 hPa)

ところが，mmHgは長さの単位であって物理で使用する力の単位の系統とは全く関係がないので他との関連がない。またアネロイド気圧計が出現し，金属の弾性で気圧を測るようになるとむしろ不都合な面が多く，最近では気圧を表わすのに力の単位であるhPa（ヘクトパスカル）を使うようになった。

それでは1気圧，760mmHg を力の単位に直してみよう。

〔力〕=〔質量〕×〔加速度〕………………………(2.2)

さきに，760mmHg の質量は1,033gであった。また地球の重力の加速度は $980.665cm/sec^2$ であるから，

$$[1気圧]=[1,033\,g]\times[980.665cm/sec^2]$$

$$=1013\times 10^3 g\cdot cm/sec^2=1,013\times 10^3 dyn=1,013hPa$$

すなわち，1気圧の 760mmHg は 1,013hPa である。この両者を換算するには概略 3：4 の関係にあるから，一方から他方を計算するのに 3/4 あるいは 4/3 倍してやればよい。

（注）(1)　1g・cm/sec²＝1dyn（ダイン）であり，1000dyn＝1hPaである。

(2)　1g・cm/sec² の力とは，1gの物体を1cm動かすのに必要な力のことで，1hPaはその1,000倍にあたる。

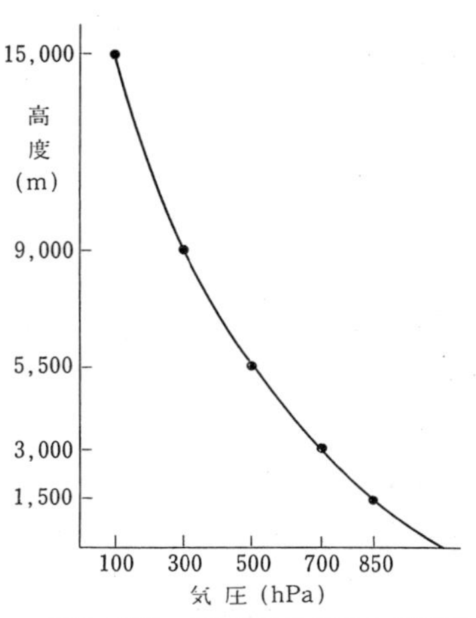

第2-2図　気圧の高さによる減少

2-1-3　気圧の高さによる減少

気圧は高さとともに減少することは述べてきたが，大気は地表面に近いほど厚くなっていて高さとともに急激に下がっていく。たとえば5kmの高さでは地上の約半分，15kmでは1/10くらいの値になっている。気圧の減少を概算するには，地表付近では高さ8mにつき約1hPa, 5kmの高さのところでは15mにつき約1hPaの割合で小さくなる。

気圧を観測する場合，気圧とは海面上での気圧を基準としている。したがって船上で観測するときは，大体船橋付近で観測するので，その高さだけ低い気圧を観測していることになる。これを海面上の値に直すために補正値をその高さに応じてプラスしなければならない。これを気圧の海面更正というのである。

2-1-4　気圧の日変化と年変化

①　気圧の日変化：午前3時と午後3時に気圧の谷がみられ，午前9時と午後9時に気圧の山がみられる。

②　気圧の年変化：海洋型では年間を通してほとんど一定である。内陸型では冬季に極大となり，夏季に極小となる。

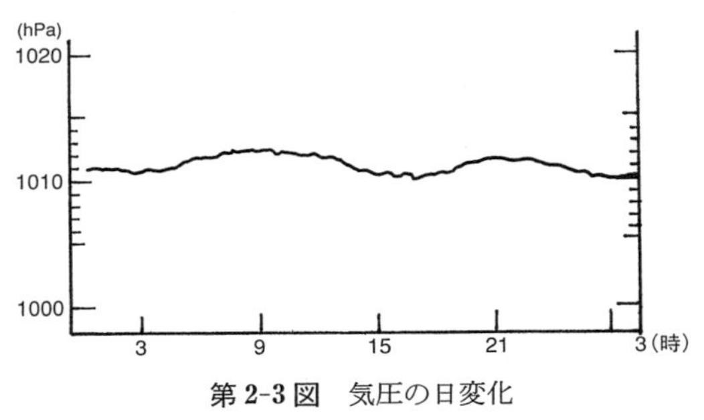

第2-3図　気圧の日変化

気圧を連続して観測してみると，高気圧，低気圧，前線などの通過によって絶えず変動しているのがわかる。そのため，気圧の変化は一見不規則のようにみえるが，長い間の資料を平均してみたりすると，特に気団の安定（天気の安定）している冬や夏には明らかな気圧の日変化があるのがみとめられる。これは大気の振動に関連しているといわれ，1日に2回ずつ昇降していて，午前3時と午後3時に極小となり，午前9時と午後9時に極大となる。

振幅は低緯度で3～4 hPa，東京で1.8hPa，高緯度で0.3～0.4hPa となっている。低緯度ほど顕著なのがわかる。

気圧の年変化は土地によって大分異なるが，大きく分けると内陸型と海洋型に区別できる。たとえば，ソ連のイルクーツクでは内陸型で2月に極大となり，7月に極小となってその較差は 26.5hPaもある。一方，ハワイのホノルルは海洋型の例で4月に極大，10月に極小となっているが，その差はわずかに2 hPa である。

陸地は海洋に比べて熱容量が小さいので熱しやすく，冷めやすい。このため冬は大陸の空気が冷却されて海洋上の空気よりも重くなって地表面にたまるので，気圧が高くなる。夏は大陸が熱せられて，海洋上よりも軽い空気が地表面と接するので気圧が低くなる。そして夏と冬の気温差が激しいので気圧差も大きなものとなっている。

（注）最高気圧と最低気圧の差を較差という。1日の場合であれば日較差という。1年の場合であれば年較差という。気温の場合も同じように考えることができる。

2-2 気　　温

2-2-1 気温とは

ひとくちに気温といっても，地面すれすれで測ったり塔の上で測ったりすると，高さによって随分と差があるもので，各人の好みで測るわけにはいかない。したがって約束として，その地域を代表する気温としては地上約1.2m～1.5mの気温を測定する。これは人間が立った場合の顔の高さで，われわれが呼吸する空気の温度と思ったらよい。

気温を表わすのに，日本や多くの諸外国で使われている摂氏（°C），アメリカやイギリスで使われている華氏（°F），また理論計算のときに使われる絶対温度（K）などがある。

（注）(1) 摂氏：水の氷点を 0°，沸点を 100° としてその間を100等分したもの。

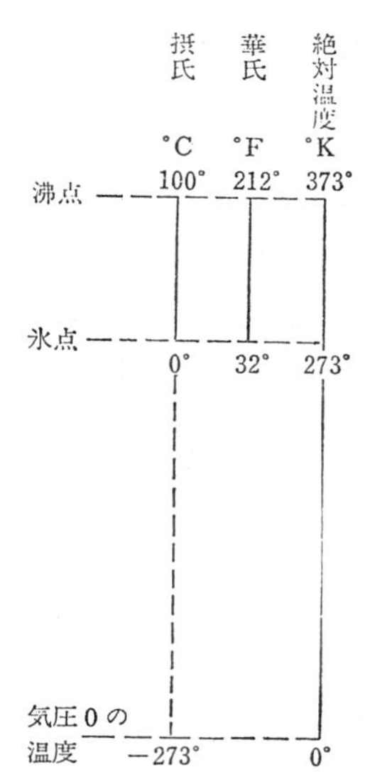

第2-4図　摂氏・華氏と絶対温度との関係

(2)　華氏：水の氷点を32°，沸点を212°としてその間を180等分したもの。

(3)　絶対温度：気体を構成している分子の運動が0になる温度をいう。あるいは気体の圧力が0になる温度を絶対零度として，刻みを摂氏と同じにしてある。

以上の関係から，それぞれを導き出す関係式は次式のようになる。

$$℃=5/9(°F-32),\quad K=273+℃ \cdots\cdots(2.3)$$

2-2-2　気温の日変化と年変化

①　気温の日変化：1日の最低気温は日出前，最高気温は午後2時（14時）頃になる。

②　気温の年変化：中緯度から高緯度にかけて1年の最低気温は1月下旬～2月上旬，最高気温は7月下旬～8月上旬ごろになる。

日変化にしろ年変化にしろ，太陽熱の入射量と放射量の差が負の方に最大になったところが最低気温となり，正の方に最大になったところが最高気温になる。

東京での日変化で最低気温は早朝の6時，最高気温は14時頃にみられる。太陽が最も高く上がった正中時よりも2時間程遅れて最高気温になっている。

較差は同じ場所で計測すると，晴れた日は大きく，曇った日や雨の日は小さい。また場所で言えば盆地や砂地または内陸ほど大きい。逆に海岸地方，あるいは高度が高くなるにつれて較差は小さくなる。

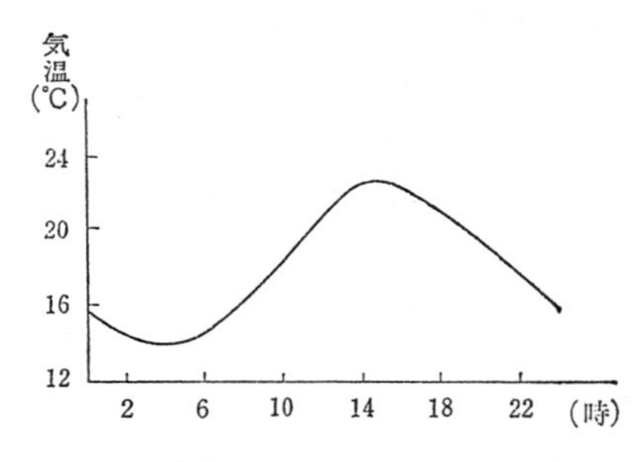

第2-5図　東京における気温の日変化（5月）

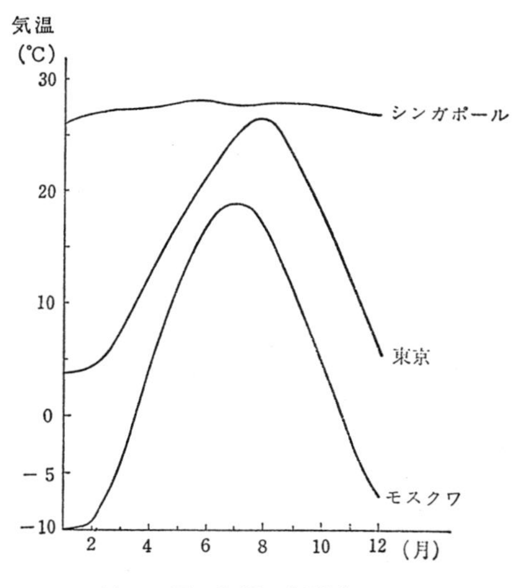

第2-6図　気温の年変化

年変化の方は日変化の場合と同様に，較差は高緯度で内陸ほど大きい。そして，低緯度海岸地方では小さくなっている。中緯度から高緯度にかけては，太陽の最も低い月より約1か月遅れて最低気温が現われ，最も高い月より約1か月遅れて最高気温が現われる。

低緯度の熱帯では，普通は雨期の前後に気温の高い月が現われる。このため，気温の年変化曲線は2つの山と2つの谷ができる。

2-2-3　放　　射

地表面や大気中の気温を支配する熱源は，ほとんどが太陽の放射するエネルギーである。それではこの太陽の放射熱がどのような過程を経て地表面に到達するのか簡単な模式図で考えてみよう。

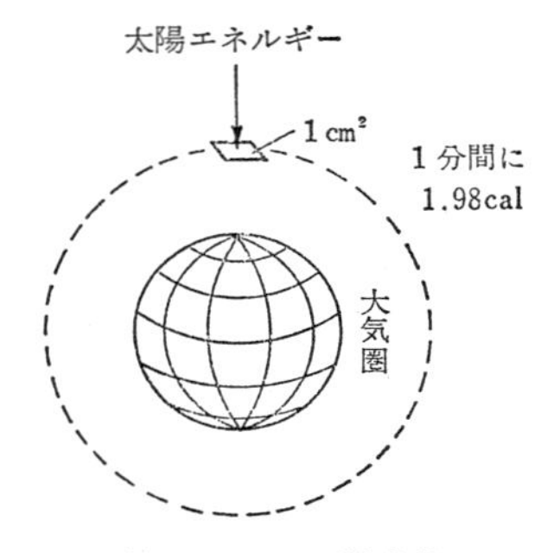

第2-7図　太陽常数

太陽表面の温度がおよそ6000Kとすると，地球大気に入射する前の日射の強さを太陽常数といって，太陽光線に直角な面1 cm²の面積に1分間で1.98calの熱量がはいってくる。

（注）　1 calとは1 gの清水の温度を1 ℃上げるのに必要な熱量である。

地球全表面について平均すると1 cm²につき1日で713calの熱量を受けて

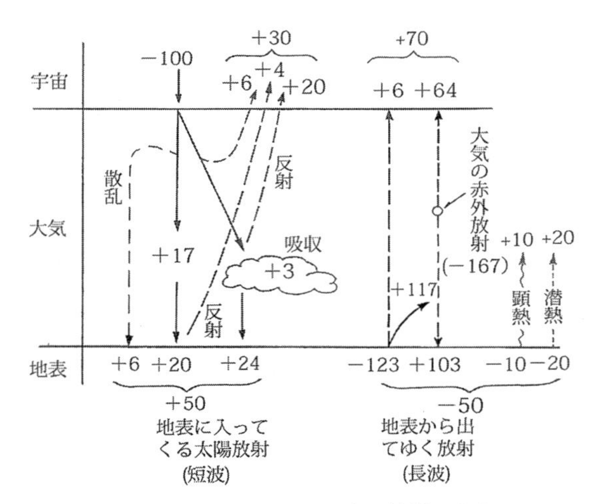

第2-8図　大気および地表の放射の出入

いる。これを100として大気圏から地表面に達するまでの模様が第2-8図に示してある。このうち30％は空気，雲，地表によって大気圏外へと去る。3％が雲に吸収され，17％が大気によって吸収される。そして残りの50％が地表面に吸収されるのである。このことから，太陽放射が途中の大気で吸収されるのはわずかであり，一度地表面で熱を受けとってから再び大気に返すことになる。したがって対流圏では地表面から離れるにつれて気温が下がることがわかる。

地表面から出ていく長波長の放射線は大半が途中で雲，水蒸気，炭酸ガスに吸収されて一部が大気圏外へ去る。実はこの水蒸気がなかったならば，地球の昼はひどく暑くなり，夜は非常に寒くなるはずである。このように水蒸気は，短波長の太陽放射を通りやすくし，長波長の地球放射を吸収して熱が天空へ逃げるのを防いでいる。これを水蒸気の温室効果という。

（注）熱源の温度が高い放射は短波長からなり，温度の低い放射は長波長からなっている。

太陽の放射線を波長の長さによってスペクトル分析すると，人間の目には見えない長い波長の赤外線と，これと反対に，やはり目に見えない短い紫外線，それと目に見える可視光線からできている。可視光線は波長の長い方から7色に分類される。

可視光線

（赤外線）→赤→橙→黄→緑→青→藍→紫→（紫外線）

2.8～0.8 μ　　0.8～0.4 μ　　0.4～0.3 μ

（注）μ：ミクロン，1 μ＝1/1000mm

可視光線の7色が組み合わされて，太陽の白色光を形成している。

空が青く見え，夕焼けが赤くなる理由としては，太陽の放射線が大気中に進

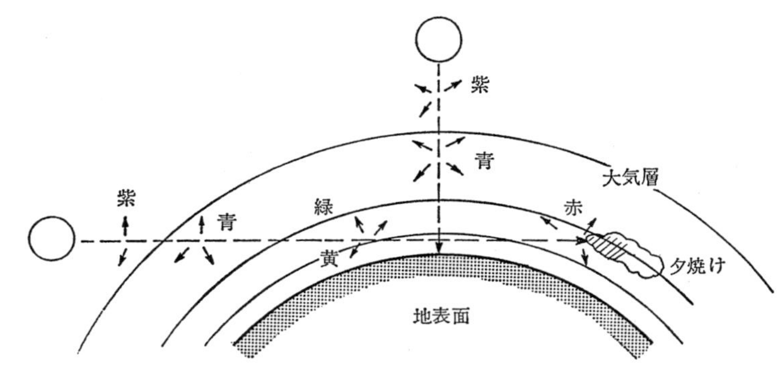

第2-9図　太陽放射の散乱

入し，光の波長よりも小さい空気分子や細塵に衝突すると波長の短い光が散乱を受ける。したがって大気の最上層では紫が多く散乱を受けるが空気が稀薄なため散乱光も弱い。さらに残った光線が大気下層へと進んでくると青色がもっとも多く散乱する結果，全体として地上から見る空は青く見えることになる。ただし，散乱により地表面に達する放射量は減るが，熱作用は持たない。

太陽光線がもっと空気の濃密な層を長く通る場合，すなわち水平線に太陽がくると，さらに進んで緑，黄が散乱し，最後に赤色が多く残った光線が雲に当って乱反射をして朝焼け，夕焼けという現象が生じる。水平線にある太陽が赤っぽく見えるのもこのためである。

2-2-4　高さによる気温の変化

気温は高さとともに減少するが，場合によっては下層よりも上層の気温が高いときがある。これを気温の逆転といい，この現象の起こる層を逆転層という。晴天の風の弱い日の夜，地表面の夜間放射が大きくて空気が冷却され上層よりも低くなるとき，あるいは高いところに暖かい気団が進入してきて，下層よりも上層に暖かい層ができたりするときに逆転が起こる。

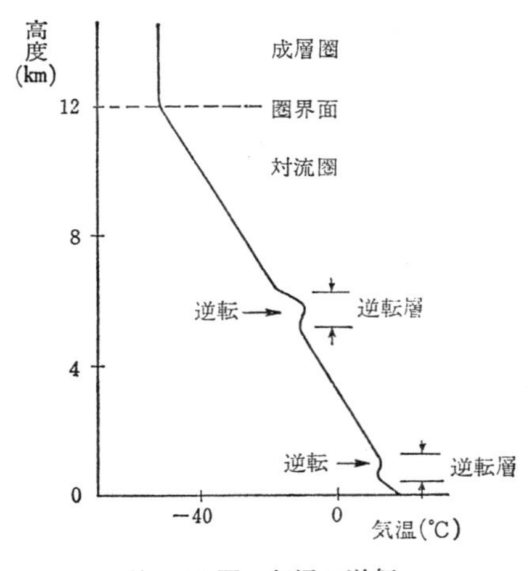

第2-10図　気温の逆転

逆転層の中では大気の安定度が高いので，空気が混合することが少ない。したがって地表面で冷やされた場合は霧ができるし，逆転層の背が高く霧の足が地表面から離れていれば層雲となる。

（注）　大気の安定の原理については，第3章でのべる。

2-3　湿　　度

2-3-1　湿　度　と　は

大気中には水蒸気が含まれていて，その量の多い少ないによって湿度が高いとか低いとかいわれる。この水蒸気は温度によって含み得る最大量が決まっていて，気温が高いほど最大量も多くなる。もし最大量以上に水蒸気を押し込もうとすれば，余分な水蒸気は水滴になってしまう。

日本の夏は気温が高いだけでなく，湿度も高いので，汗をかいても体の表面から蒸発しないので汗がなかなかひかず蒸し暑く感じる。また除湿をしないで，エアコンで室内を冷やしても，湿度が高いと気温は低いのに何か湿っぽく不快感があり，ときには気分が悪くなることもある。反対に冬の乾燥期には湿度が低く，火事が多くなったり，喉がカラカラに乾いて痛んだりする。

2-3-2　湿度の表わし方

① 水蒸気圧：大気の気圧中に占める水蒸気の圧力 (hPa) をいう。

② 飽和蒸気圧：大気の水蒸気が飽和に達したときの蒸気圧をいう。

③ 露点温度：現在の水蒸気量を変えないで気温を下げていくと，やがて飽和に達し，水蒸気が凝結を始める。このときの温度をいう。いいかえれば，現在の蒸気圧を飽和蒸気圧とするときの気温をいう。

④ 相対湿度：単に湿度ともいう。パーセントで表わす。

$$\frac{e}{E}\times 100\ (\%) \quad \cdots\cdots(2.4)$$

ただし，　e：現在の蒸気圧または現在の水蒸気量
　　　　　E：現在の温度に対する飽和蒸気圧または飽和水蒸気量

eが一定でも，気温が変化すればEは変わる。すなわち気温が高くなるほどEは大きくなる。したがって相対湿度は低くなる。

⑤ 絶対湿度：$1\,m^3$ の大気中に含まれる水蒸気のグラム数で示す。気温には影響されない値なので，絶対湿度という。

⑥ 飽差：飽和蒸気圧からそのときの蒸気圧を引いたもの。空気の不飽和の度合を示すことができる。

水蒸気は大気を構成する気体の一部であり，水蒸気自身にも圧力があるから，気圧の中にも水蒸気の占める圧力が何hPaかはあることになる。飽和蒸気

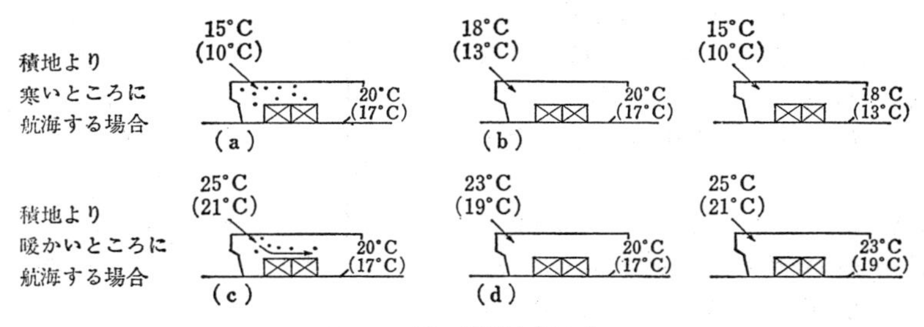

第2-11図　積荷と汗ぬれ

圧は最大蒸気圧とか最大水蒸気張力ともいわれる。

露点温度は水蒸気量が変わらなければ気温が変わっても一定なので，ちょっとした環境の違いで変化する気温より保存性があり，船艙の汗ぬれの予知や気団の解析に用いられる。

積荷と汗ぬれの関係を露点温度を使って，その基本的な考え方を述べてみよう。例として具体的な場合を第2-11図に示した。

積地より寒いところに航海する場合，(a)のように船艙の温度が 20°C，露点温度が 17°C のとき，外気が 15°C の大気で換気すれば，船艙の露点温度より低い大気が侵入してくるので船艙の空気や積荷に露ができ汗ぬれが起こる。ところが(b)のように段階を追って，航海中まめに換気した場合は汗ぬれが起こらない。

まず，外気温 18°C，露点温度 13°C の空気で通風を行なえば，どちらの空気も露点温度以下にならないから露は生じない。しかもこの場合の通風は露点温度を下げるからよい。その後(a)と同じ海域に入った後に通風を行なっても，船艙内は気温 18°C，露点温度 13°C に入れかわっていて，お互いに露点温度以下にはならない。したがって汗ぬれを起こさずに済む。ただし，寒冷地に行く場合は通風をおこたると艙内の熱と外気の冷気や海水温の差によって隔壁に汗をかくおそれもあるので注意が必要である。

次に積地より暖かいところに航海する場合，船艙内の状態は同じとして(c)のように外気温 25°C，露点温度 21°C の空気で換気を行なったとしたら，侵入してきた外気は船艙の空気（20°C）に冷やされて露点温度（21°C）以下となり，露をむすんで積荷などに付着して汗ぬれを起こす。これもやはり段階を踏んで通風したとすると，(d)のように外気温23°C，露点温度19°Cの空気で換気をして船艙内の露点温度を下げたのち，(c)と同じ海域で通風すれば船艙内は現在 23°C で露点温度 19°C であるからお互いに露点温度以下にならず汗ぬれは防げることになる。

これはほんの一例を示したわけで，積荷が「汗をかく」のは暖かい地方から寒い地方に行く場合，あるいはその逆の場合でもそのときの気象によって

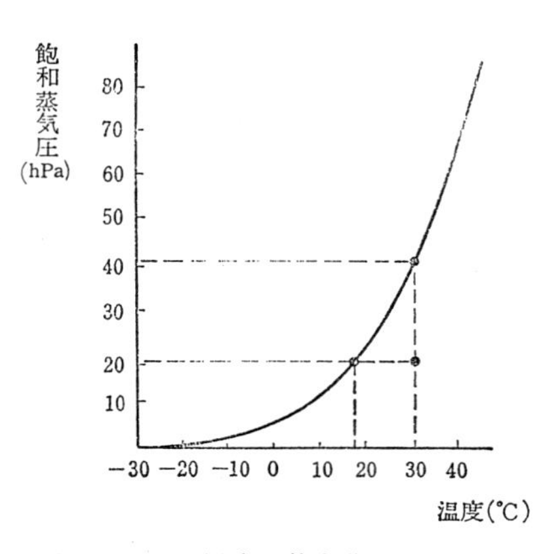

第2-12図　温度と飽和蒸気圧の関係

起こりうるわけで，航海する目的港の気候状態をあらかじめ調べ，それに日々の気象状態を考えて通風を行なうべきである。

相対湿度は温度と飽和蒸気圧の関係から求まる。たとえば温度30°C で現在の蒸気圧が 20.64hPa であったとする。30°C の飽和蒸気圧は 42.45hPa であるから，(2.4) 式より，

$$\frac{20.64}{42.45}\times 100 \fallingdotseq 48.6\%$$

すなわち，相対湿度は48.6%でかなり乾燥した情態であることがわかる。現在の蒸気圧 20.64hPa が飽和蒸気圧になる温度は 18°C であるから，露点温度は 18°C であり，飽差は 42.45hPa－20.64hPa＝21.81hPa となる。

2-3-3　湿度の日変化と年変化

湿度にも日変化と年変化がみとめられる。日変化は，1日の気象に変化がなければ（たとえば昼から雨が降り出したとかいうことがなければ）相対湿度は気温の日変化と逆になる。これは (2.4) 式をもう一度見直せば当然のことながら，分子の現在の蒸気圧はわずかしか変わらないのに（絶対湿度が少し変化する。），気温の変化によって分母の飽和蒸気圧が大きく変わるからである。

ところが絶対湿度は気温の日変化に似た傾向を示す。これは気温の変化ほどではないが，気温が上がると水蒸気の蒸発量が増えることによる。

年変化の方は気温が高ければ蒸発による水蒸気量が多くなることから，絶対湿度は気温の年変化と同じ傾向を持つ。ところが相対湿度になると各地域によって異なり，気圧や気温のように一般的な傾向は言えない。ただ日本の太平洋側では夏に湿度が高く，冬は湿度が低く気温の年変化に似ている。しかし，日本海側の雪の多い地方では冬の湿度も高くなっている。

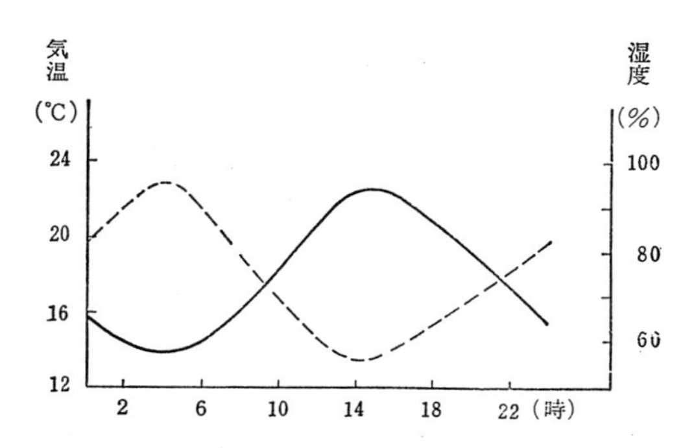

第 2-13 図　温度と湿度の関係（実線は温度，破線は相対湿度）

2-4　風

2-4-1　風　と　は

運動している空気を風といい，一般には水平方向の流れを指すことが多い。高度が高くなるにつれ地表面の摩擦の影響が少なくなるので，風が強くなることが知られているが，風は一般に10mの高さでの観測を基準としている。風は風向と風速で表わされる。

2-4-2　風　　向

風向とは風の吹いてくる方向を指す。北風といえば北から吹いてくる風のことである。

（注）潮流や海流の場合は風のときの反対である。北流といえば海流が北に流れて行くことである。

風向は一般に16方位にわけて観測され，その方向と呼び方は第2-14図のようになる。

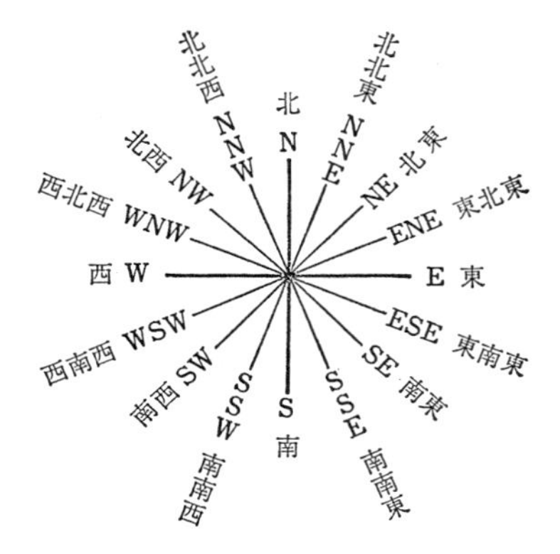

第2-14図　風向の16方位

2-4-3　風　　速

① 風　速：普通に風速といえば，平均風速のことで10分間の平均値である。m/s（毎秒メートル）または kt（ノット）で表わす。

② 瞬間風速：風速は常に強弱をくり返しているが，ある時間の瞬間的に示した風速をいう。

③ 最大風速：ある観測時間中の10分間ごとに示した平均風速の中で最大のものをいう。

④ 最大瞬間風速：ある観測時間中の瞬間風速の中で最大のものをいう。

風速とは強弱をくり返している瞬間風速の積み重ねで，10分間の平均をしたものであるから，最大風速よりも常に最大瞬間風速の方が大きい。この関係はおおざっぱにいうと，最大風速の1.5倍が最大瞬間風速に相当する。

（最大瞬間風速）≒1.5×（最大風速）………………（2.5）

ただし，最大風速が20m/s以上であれば，その比は1.2〜1.3位に修正した方が良い。

2-4-4　風　　力

海上では風速のかわりに風力を使うことが多い。そのときに使うのがビューフォート風力階級である。

これは，もともとは全艤装したシップ（3本マストのへさきに斜檣を有する横帆の帆船を標準にしている）が風に応じて何ノットで走るか，あるいは上部の帆を縮帆する度合によって階級を0〜12まで決め，1874年ロンドンで開かれた海上気象に関する会議で採択されたものである。その後20世紀にはいり，汽船が帆船にとってかわるようになると従来の方法では風力が決められなくなってきた。このため，従来の方法を生かすようにいろいろ検討した結果，1947年ワシントンで開かれた国際気象会議で採択され，その後世界気象機関（WMO）で改正されたビューフォート風力階級表が現在使われるようになった。わが国もこれをとり入れ気象庁風力階級表（ビューフォート風力階級表）として定められている。これは，海上の模様からそれぞれの階級が割り当てられていて，風速計のある場合は求めた風速から風力に直すことができる。

2-4-5　風の息と突風

風は一定に吹き続けるものではなく常に強弱をくり返している。これを風の息という。そしてこの風の息が激しい場合，すなわち急に強くなったり，すぐ弱くなったりする風を突風という。

これは地表面が不規則な形をしているので，小さな渦巻ができて乱されるので，風が強いときほど風の息は大きく突風になりやすい。したがって，次の(1)であげたような原因で暴風のおこる場合は突風があるものと思ってよい。

また，大気が不安定な場合は付近の気層が対流をおこして突風となる。

特に，寒候期は発達中の低気圧やそれに伴う前線付近で不安定度が強く突風となる。その原因として，寒気が流入してくると低温な空気と暖かい水温との温度差が大きいので不安定度が大きくなるからである。また，上層の寒気が移動してくるときは，この上層の寒気が寒冷前線の背後で前線面に沿って吹き下りてきて，激しい対流をおこし突風となるから上層の寒気の動きを知ることは大事である。それには，上層の気圧の谷に注目することである。

(1)　海上で暴風のおこる場合

1温帯低気圧，2寒冷前線，まれに温暖前線，3季節風，4熱帯低気圧，5偏西風（特に南半球で顕著），6竜巻などがある。

(2)　寒気突風と暖気突風

寒気突風とは，冬の季節風が吹くとき寒気団が日本近海で不安定になったり，寒気団が波状的に襲来してくるときにおこる突風を俗に寒気突風という。

暖気突風とは，温帯低気圧の暖域内に寒冷前線から分離して早く進行するスコール・ラインに伴う突風をいう。

(3) 春先と冬の突風

春先には，低気圧が本邦を通過するとき寒冷前線が急に発達することが多く，スコール・ラインに伴う暖気突風，寒冷前線に伴う突風が顕著である。

冬の突風は春先と同じだが，さらに季節風の吹き出しによる寒気突風が顕著である。

(4) スコール（早手）

大規模な積乱雲に伴う突風，しゅう雨をスコールという。陣風ともいい，必ずしも降雨がなくてもよい。熱帯特有の現象とは限らず，寒冷前線やスコール・ライン（不安定線）などに見られる。

2-5 雲・降水・視程

2-5-1 雲

雲は大気中に浮かぶ細かい水滴または細かい氷晶であるか，あるいは両方の集まりで目に見えるものをいう。

雲は大気の上昇運動があるところで発生し，降水の原因につながるものである。

(1) 大気中に上昇気流を生じる例

① 対流性上昇：日射によって地面が暖められると局地的な上昇気流を生じる。夏の積雲とか積乱雲がその例で，これによって夕立ちや山岳方面の雷雨などが起こる。雲の大規模な発生には，空気中の水蒸気量の多いことが必要である。夕立ちは夕方になって日射がなくなると，雲の上面が放射冷却し，積乱雲の中の気温減率が大きくなって対流がさらに発達することによって起こる。この場合の降水を対流性降水という。

② 地形性上昇：風が山の斜面に吹きつけて滑昇する現象をいい，冬にシベリア気団が日本の脊梁（せきりょう）山脈に吹きつけて滑昇し，日本海側に雪や雨を降らせるのがその例である。これを地形性降水という。

③ 前線性上昇：寒気団と暖気団の境界に前線ができるが，暖気団は寒気団より軽いので暖気団が寒気団の斜面を滑昇したり（温暖前線），寒気団が暖気団の下にもぐり込んで暖気団を押し上げたりする（寒冷前線）。このため前線に沿って雲が多く，降水をみる。これを前線性降水という。

④ 収束性上昇：周囲から風が吹き込むところでは気流の上昇が起こる。台風域内，低気圧の中心付近，気圧の谷，鞍状低圧部がその例である。この場合の降水を収束性降水という。

(2)　気流の収れんと発散

気流の収れん（収束）とは，気流が吹き集まることで風速が大きくなるだけでなく，狭いところに押しつめられた空気は上昇気流となって雲や雨を生じる。したがって気流の収れんは悪天につながる。上昇気流が温暖で水蒸気が多いと，水蒸気が凝結するとき出す潜熱の影響で，周囲との温度差が大きくなっていっそう激しく上昇する。この結果下層への風の吹き込みが強くなり激しい気象現象となる。

気流の発散とは気流が吹き散じることである。風速が小さくなるだけでなく，周囲に広がった空気を補うために上空から下降気流がある。空気は断熱昇温して雲が切れるから，気流の発散は好天につながる。高気圧やくさび状高圧部がその例である。

2-5-2　降　　水

雨，霧雨，雪，みぞれ，凍雨，雪あられ，氷あられ，ひょうなどを総称して降水という。

降水量は降水がよそに流れたり，しみ込んだりしないでそっくり地上にたまったものとして，その高さをミリメートルで表わし，積雪はその深さをセンチメートルで表わす。

降水を伴う雲は決まっていて，どんな雲からでも降水があるわけではない。それをまとめれば第2-1表のようになる。

表から，雨を常に降らせる雲は乱層雲と積乱雲であることがわかる。

第2-1表　雲と降水

	高層雲 (As)	乱層雲 (Ns)	積雲 (Cu)	積乱雲 (Cb)	層積雲 (Sc)	層雲 (St)
雨または雪	稀	常	稀	常	稀	
霧雨						稀
凍雨	稀	稀				
ひょうまたは氷あられ				時々		

（注）　降水は水が降ると書くから雨だけと思ってはいけない。

2-5-3　視　　程

大気中には多数の浮遊物があり，その時の大気の状態によって遠くの物の見え方が違う。視程とは「大気の混濁度」のことである。

(1)　視程と海難

視程と海難は非常に密接な関係をもち，悪視程の場合には特に乗揚の重要な誘因になることが多い。

悪視程をもたらすのは霧である。移流霧（海霧）と前線霧が最も注意を要する。一度発生すると半日～1日くらい続くことが多い。そして霧中における海難の発生が多いのは5～7月なのである。

(2) 天気と視程

視程は気団によっても異なり，一般には寒冷気団の中では視程はよく，温暖気団の中で悪い。

天気の中で視程を最も悪くするのは霧であるが，大体湿度が70％を超すと急に視程が悪くなる。

天気と視程の関係は場合によって多少の違いがあるが，およそ第2-2表のようになっている。この表から，並雪や並雨も視程を悪くすることがわかる。

第2-2表 天気と視程

天気	快晴	晴	曇	ぬか雨	小雨降ったり止んだり	小雨	並雨降ったり止んだり	並雨	小雪降ったり止んだり	小雪	並雪降ったり止んだり	並雪	霧
視程	45	40	30	10	15	10	8	6	15	7	4	2	0.6

（高　橋）

第2章　問　題

▶三　級　<＊＊＊>

問1　相対湿度についてのべよ。

〔解〕 2-3-2④参照。

問2　気圧は，一昼夜に2回の最高と最低を示す。通常，午前（　）時ごろが最低となり，漸次上昇して午前（　）時ごろに最高に達する。その後下降を始めて午後（　）時ごろに第2回目の最低が現われる。この最高と最低の差は，（　）の地域ほど大きく，夏には冬より大きく，また陸上は海上より大きい。

〔解〕 2-1-2③，2-1-4 参照。

問3　雲の発生や降水の原因となる上昇気流の成因4をあげ，それぞれにつき例をあげて説明せよ。

〔解〕 2-5-1(1)参照。

問4　気流の収れんと発散について説明し，天気との関係をのべよ。

〔解〕 2-5-1(2)参照。

問5　気象はいろいろな要素によって決まるものであるが，つぎにあげる6つの要素，すなわち，気温，気圧，①□，②□，雲（雲量・雲形），降水（量・種類）が最も重要で，6主要素ともいわれている。

〔解〕 ①②湿度，風。

問6　地上の気象観測における風向と風速は，次の(カ)～(コ)のうちのどれによるのが正しいか，記号で示せ。

(カ)　観測時刻に計測した風向と風速

(キ)　観測時刻をはさむ前後各5分間における風向及び風速の平均値

(ク)　観測時刻の前30分間に最もひんぱんに計測された風向と風速

(ケ)　観測時刻の前10分間における風向及び風速の平均値

(コ)　観測時刻の前1時間における平均風向及び最大風速と最小風速との平均値

〔解〕 (ケ)

問7　海上で，気圧計により気圧を測った場合に行わなければならない海面更生とは，どのようなことか。

〔解〕 2-1-3 参照。

問8　気温の日較差とは，どのようなことか。

〔解〕 2-1-4 末尾(注)参照。

問9　突風は一般にどのような場合に発生するか。成因別に3つをあげて説明せよ。

〔解〕 2-4-5 参照。

▶二　級　<＊＊>

問1　下記の降雨につき1例をあげて説明せよ。

(一)　地形性降雨　　(二)　前線性降雨

(三)　低気圧性降雨　　(四)　対流性降雨

〔解〕 2-5-1(1)参照。低気圧性降雨→収束性降水をみよ。

問2　気温の逆転層について説明し，これが現われる場合を3つあげよ。また，気温の逆転層においては霧や層雲が発生しやすい理由をのべよ。

〔解〕 2-2-4 参照。3つ目として，高気圧内では下降気流のため下層ほど断熱昇温して温暖となる。しかし，接地気層が低温であると，この境界に気温の逆転が見られる。

問3　現在の空気の温度は30℃，湿度は30%である。右図の飽和水蒸気量を示すグラフを用いて，次の問いに答えよ。

(1)　この空気1 m^3の中には，何gの水蒸気量が含まれているか。

(2)　この空気の露点は，何度（℃）か。

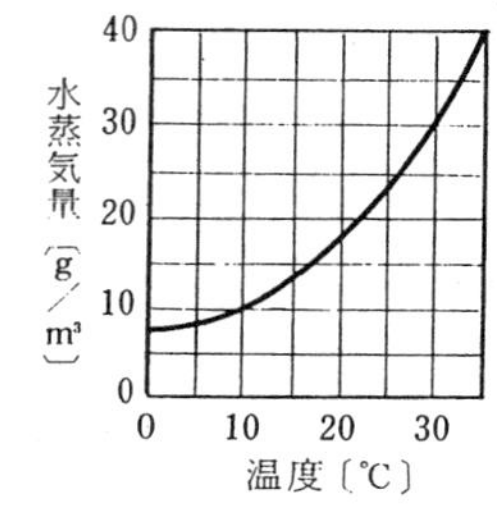

〔解〕 (1)　9 g

(2)　9 ℃

（データが変っても対応できること）

問4　寒冷前線は突風を伴うことが多いが，とくに起こりやすいのはどんな場合か。

〔解〕 1.　風が強いとき，　2.　大気が不安定であるとき，　3.　上層寒気の移動があるとき。2-4-5 参照。

問5　突風には「温帯低気圧の暖域内で発生する暖気突風」のほか，どのような原因で発生する突風があるか。3つ述べよ。

〔解〕 2-4-5 参照。

▶一　級　<＊>

問1　露点温度の意義と気象上これを用いる利点をのべよ。

〔解〕 2-3-2 の③と中段，6-3 の末尾参照。

問2　日本近海における上層寒気は，突風とどんな関係があるか。

〔解〕 2-4-5 参照。

問3　大気中に気温の逆転ができる例を3つあげよ。

〔解〕 2-2-4 参照。5章問11〔解〕参照。

第3章　大気の安定・不安定

3-1　大気の安定度

垂直方向の大気の安定度を調べるのには，次の3つの減率を知らなくてはならない。

(1)　気温減率

一般大気が高度とともに気温の下がる割合で，100mにつき平均0.5～0.6℃である。

われわれが実際山に登れば気温が低くなっていくのを体験することができるが，これはある特定の場所における大気の状態ではなく，全体的にみた気層の平均状態を表わしている。

上に述べた減率は平均的なものであり，日々の大気の状態ではいろいろに変わりうる。たとえば，地上の風が強く突風性のときは100 mについて1℃以上の減率になることもある。

(2)　乾燥断熱減率

乾燥空気が上昇するときの温度の減率をいう。100mにつき1°Cである。

ある特定の空気塊が何らかの影響で上昇するときの減率である。実際の大気中では常に水蒸気をいくらか含んでいるが，その大気が湿度100%以下であれば大気が飽和に達するまで乾燥断熱減率で気温が下がっていく。

(3)　湿潤断熱減率

飽和後の大気が上昇するときの温度の減率をいい，100mにつき平均0.4～0.5°Cである。

上昇する気塊の気温が下がってやがて飽和に達する。これがさらに上昇すると，水蒸気が水滴に変わっていく。この時，水蒸気の潜熱を放出しながら気温が下がるので，その分だけ減率が少なくなる。この値は気塊中の水蒸気量に関係していて，水蒸気量が少なければ乾燥断熱減率に近いし，水蒸気量が多いと潜熱の放出も多くなるので減率は小さくなる。したがってそのときに応じ0.3～1°Cまで変化する。

（注）気温減率は大気を広い範囲にわたってみた場合の静的なものとしての考え方であり，断熱減率の方はある特定の大気が上昇していくときの動的なものとしての考え方である。

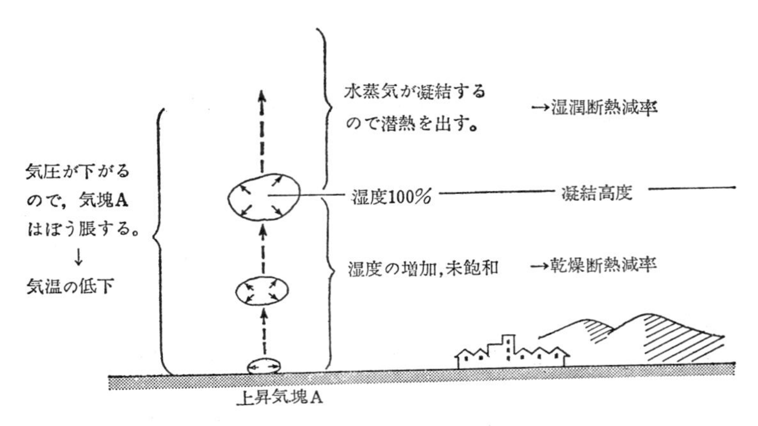

第3-1図　断　熱　減　率

それでは断熱減率がどうして起こるかといえば，第3-1図で上昇気塊Aが非常に遅い速度でゆっくり上昇すれば，当然周囲の空気から影響を受けてまわりと同じ温度になってしまうだろう。ところが一般に上昇気塊は周囲の空気との間で熱のやりとりがないものと考えて差し支えない。この過程を断熱過程という。

気圧は上空にいくほど低くなっているから，地上からの上昇気塊Aは上空にいくに従い膨張する。気体が膨張するということはまわりの空気を押しのけたことになり，それだけ仕事をしたことになる。したがってその分だけ熱エネル

第3-1表　湿潤断熱減率（°C/100m）

高さ(m)＼地上の温度(°C)	30°	20°	10°	0°	−10°	−20°	−30°
0	0.37	0.44	0.54	0.62	0.75	0.86	0.91
1,000	0.37	0.46	0.56	0.68	0.82	0.90	—
2,000	0.38	0.49	0.59	0.75	0.87	—	—
3,000	0.40	0.51	0.65	0.82	0.89	—	—
4,000	0.42	0.57	0.73	0.88	—	—	—
5,000	0.43	0.59	0.80	—	—	—	—
6,000	0.45	0.63	0.84	—	—	—	—
7,000	0.48	0.72	—	—	—	—	—

ギーが減って気温が下がる。この過程が乾燥断熱減率である。このまま上昇して気温が下がり続ければ，やがて上昇気塊は飽和に達し，水蒸気が凝結を始める。この凝結を始める高度を凝結高度という。そして飽和以後の過程が湿潤断熱減率であり，この過程を通じて雲が生成されていく。

（注）(1)　断熱過程：周囲との熱を断つ過程

(2)　断熱昇温：上空から断熱的に大気が降りてくれば気圧が高くなるので大気は圧縮される。その分だけ外から仕事をしてもらったことになり，熱エネルギーが増えて気温が上がる。これを断熱昇温という。

3-2　大気の安定・不安定

大気中のある空気をある高さまで持ち上げてみて，周囲との関係を調べてみた結果，またもとの位置へ戻ろうとする場合その大気は安定である。それに対して上昇が増々おこる場合，その大気は不安定である。またその空気が上がろうともしないし，下がろうともしない場合は中立という。

(1)　安定な大気

$r<r_w$ のとき，すなわち気温減率が湿潤断熱減率よりも小さければ大気は安定である。

(2)　不安定な大気

$r>r_d$ のとき，すなわち気温減率が乾燥断熱減率よりも大きければ大気は不安定である。

（注）r：気温減率 (Lapse Rate)

r_d：乾燥断熱減率 (Dry Adiabatic Lapse Rate)

r_w：湿潤断熱減率 (Wet Adiabatic Lapse Rate)

ここで常に $r_d>r_w$ の関係がある。

安定な大気の場合の簡単な例を示せば，気温減率が100m につき 0.5°C として地上の気温が 20°C のとき，地上 1 km で 15°C，2 km で10°C，3 km で 5°C となる。これに対し上昇気塊Aを 3 km まで乾燥断熱的に上昇させて放してやると，気塊Aは −10°C で周囲の大気（5°C）よりも温度が低いから重く，また元の位置へ戻ろうとする。これが安定である。

また不安定な大気の場合の例は，気温減率が 100m につき 1.2°C とすれば，地上の気温が 20°C のとき地上 1 km で 8°C，2 km で −4°C，3 km で −16°C となる。一方上昇気塊Aを 3 km まで乾燥断熱的に上昇させて放してやると，気塊Aは −10°C で周囲の大気（−16°C）よりも温度が高いから軽く，ますます上昇が起ころうとする。すなわち不安定である。

これを減率線の図で示すと，気温減率の状態曲線よりも常に上昇気塊の断熱減率線が左側にあれば常に周囲の大気よりも温度が低く重いことになり，

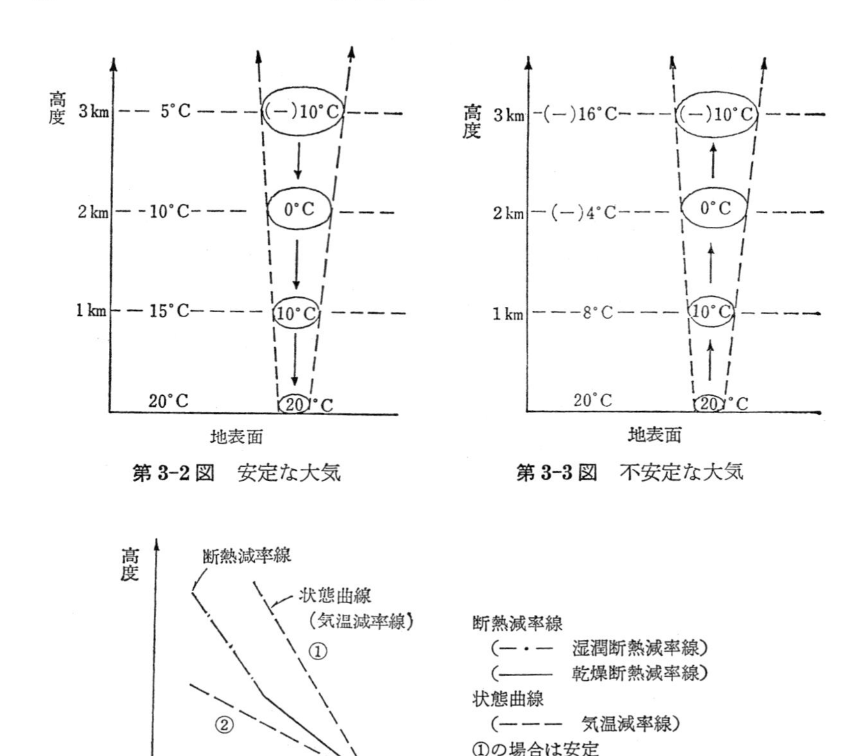

第 3-2 図　安定な大気

第 3-3 図　不安定な大気

第 3-4 図　大気の安定度

これは安定である。また断熱減率線が状態曲線よりも右側にあれば，逆に大気は不安定ということになる。

安定な大気は上昇運動が抑止されるので大気がよどみ，一般に視程は悪くなるが，スコールのような激しい現象はなく，冬の大陸上や夏の海洋上にむかって暖かい地表面からの気流が冷たい地表面に移るとき，低い層雲や霧が発生する程度である。

不安定な大気は風が突風性となるので，降水がなければ一般に視程は良くなる。低緯度の大陸の乾燥地域で起こる対流や中緯度の夏の夕立ちに伴うしゅう雨や雷雨などは不安定な大気に伴う現象である。

安定な大気が不安定になる場合としては，冬の大陸上では地表面が寒冷なため大気は安定であるけれど，それが季節風となって海上や暖流上に吹き出すと気団の下層が暖められて不安定となる。また夏の小笠原気団は，北上してくると冷やされて安定化するが，もともと高温・多湿な空気であるから前線面や山地の斜面で強制的に上昇させられると，後に説明するような対流不安定となる。

(3)　条件付不安定

$r_d > r > r_w$ のとき，すなわち気温減率が乾燥断熱減率よりも小さく湿潤断熱減率よりも大きい場合を，条件付不安定という。

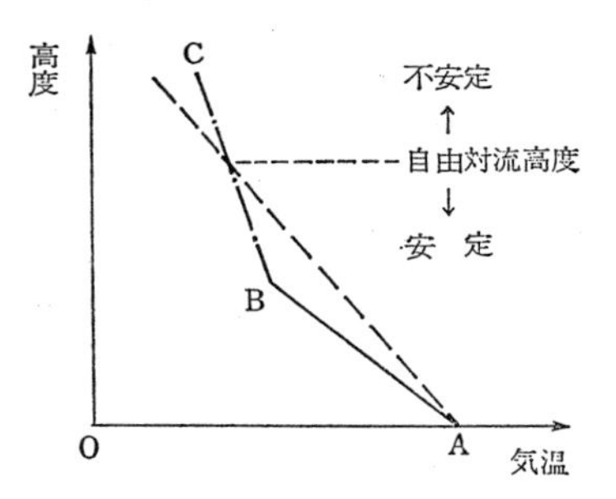

第3-5図　条件付不安定

上昇気塊Aは最初乾燥断熱線(AB)に沿って上昇するが，飽和に達してからは湿潤断熱線(BC)に沿って上昇する。このとき $r > r_w$ であるからやがて状態曲線と湿潤断熱線が交叉する。この交点を自由対流高度といい，この交点以下では上昇気塊は周囲より温度が低いから安定であるけれども，自由対流高度を越えると周囲よりも温度が高くなり，気塊は自動的に上昇するようになる。すなわち不安定である。このように下層では安定になっているが，上層では不安定になるのでこれを条件付不安定といっている。

自由対流高度以上になるには規模の大きい強制上昇が必要であって，大部分の暴風雨は条件付不安定の中で起こる。風は突風性で積雲，積乱雲が発達する。

(4)　対流不安定

$r < r_w$ の安定な大気でも，下層が湿潤で上層が乾燥している気層が全体的に上昇したときは上昇気層の気温減率が $r > r_w$ となって不安定化し，その気層内で対流が起こる。これを対流不安定という。

今までは，空気の一塊りである空気塊についての安定とか不安定を考えてきたが，ここではある幅を持った気層が全体として上昇したときに起こる不安定の例について考えてみよう。

第3-6図のような状態曲線 $\overline{abc}$ を考えたとき，ここでは $r < r_w$ で安定であり何ら問題がないように思われる。ところが気層 $\overline{ab}$ が上昇したとき a の

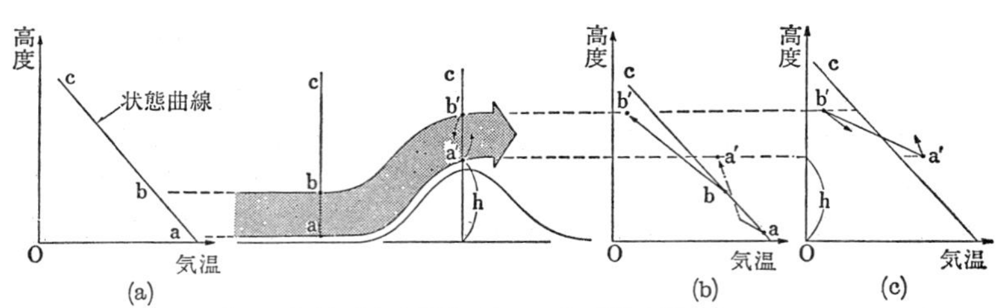

(a)　最初の気層の状態　気層 $\overline{ab}$ が斜面に沿って h だけ上昇する。
(b)　a は湿潤で最初乾燥断熱線で，やがて湿潤断熱線で気温が下がり，a′ に達する。
　　b は乾燥していて，乾燥断熱線で気温が下がり，b′ に達する。
(c)　上昇後の気層内の $\overline{a'b'}$ 温度勾配は急になり，a′b′ で対流が起こりやすくなっている。

第 3-6 図　対流不安定

方は湿潤で上昇とともに乾燥断熱減率からまもなく湿潤断熱減率で気温が下がるようになり，b の方は乾いていてなかなか飽和に達しないので乾燥断熱減率で気温が下がりつづける。h だけ上昇した後の気層の減率が $\overline{a'b'}$ のようになると，気層の減率は $r>r_w$ となるので，この時点で気塊 a′ を考えれば，a′ は飽和していて湿潤断熱線で気温が下がろうとする。これは気層 $\overline{a'b'}$ より気温が高くなるので自動的に上昇が起ころうとする。また気塊 b′ については，b′ を下降させてやれば乾燥断熱線で気温が上がる。これは気層 $\overline{a'b'}$ より気温が低いので，自力で下降しようとする。すなわちこの気層（$\overline{a'b'}$）内で a′ と b′ が入れかわろうとする運動によって対流が起こるのである。

厚い安定な気層（たとえば夏の小笠原気団）が，高い山脈や前線面に沿って上昇するときには，対流不安定となり積雲型の雲が発達する。

3-3　降 水 の 機 構

前節を通して，上昇気流があればどうして雲ができるかは断熱減率の過程から理解できる。この雲は毎日のように見ることができるけれども，雨はどの雲からも降ってくるとは限らない。雨粒は直径にして雲粒（0.02 mm）の約 100 倍もの大きさをもち，容積比にすれば 100^3 倍にもなる。これほど小さい雲粒がどういう方法で短時間に雨粒にまで成長するかが問題であり，いくつかの考えが発表されている。

雲のできるところには上昇気流があり，雲粒程度の重さでは上昇気流が落下をささえるので落ちてこない。ある程度大きくなると落下するものもあるが，下層は気温が高く露点温度以上になるから水滴は蒸発してしまう。雨粒はこれらをうち破って地上に達するもので，最も代表的な氷晶説と雲粒捕獲説を次に紹介しよう。

(1) 氷　晶　説

ベルシェロンの説ともいう。

大気中には凝結核が豊富にあるため水蒸気は水滴になりやすいけれども，大気上層では昇華核が非常に少ないうえに大気が清浄であるため，0°C 以下になっても水滴はなかなか凍らない。この状態を過冷却といっている。−5°C の雲はほとんど水滴からできていて，−15°C では水滴と氷晶の混じった過冷却の状態がまだみられる。−20°C 以下になれば雲粒は全部氷晶に変わると思われる。

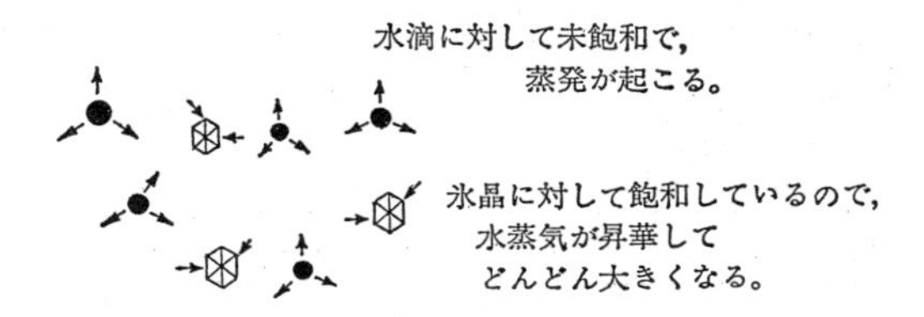

第3-7図　氷　晶　説

−15°C 前後の高さまで雲が広がっている場合は，水滴と氷晶が混在している。このとき同温度における水滴に対する飽和蒸気圧は氷晶に対する飽和蒸気圧よりも大きいため，空気中にある水蒸気は氷晶に対しては飽和していても水滴に対しては飽和していないから，水滴からは蒸発が起こる。この水蒸気は氷晶に対しては飽和しているから，あまった水蒸気が氷晶に昇華していき氷晶がどんど

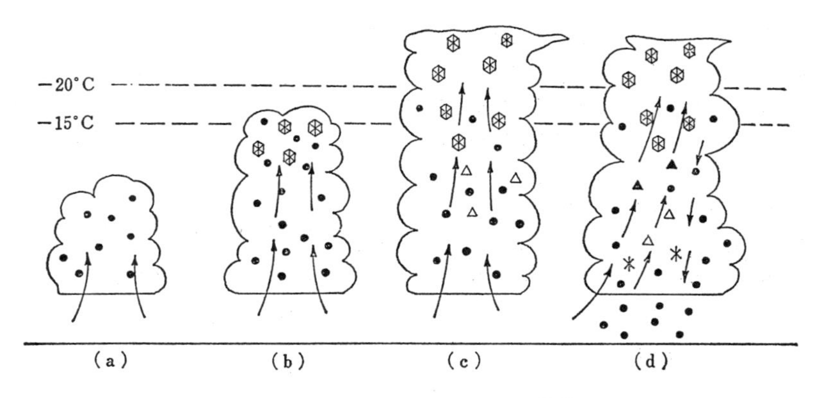

第3-8図　氷晶雲による降水の機構

ん成長していく。

氷晶がある程度大きくなると，これに過冷却水滴が直接衝突してくっつき，あられとなる。あられは落下しながら，過冷却の水滴を捕えてますます大きくなり地上に達するが，その際，落下の途中で溶けて雨になったり，地上の気温が低い場合は雪になったりするのである。

中緯度の降雨の機構は大体この氷晶説で説明がつく。ところが低緯度の場合，氷晶雲のない高さでの水滴雲から熱帯地方特有のスコールに伴う強い雨があって，これを説明するのには次の雲粒捕獲説が有力である。

第3-2表　氷と水の飽和蒸気圧表（hPa）

温　度（°C）	0.0	−1.0	−2.0	−3.0	−4.0	−5.0	−6.0	−7.0
氷の飽和蒸気圧（hPa）	6.1	5.6	5.2	4.8	4.4	4.0	3.4	3.4
水の飽和蒸気圧	6.1	5.7	5.3	4.9	4.6	4.2	3.6	3.6

温　度（°C）	−8.0	−9.0	−10.0	−11.0	−12.0	−13.0	−14.0	−15.0
氷の飽和蒸気圧（hPa）	3.1	2.8	2.6	2.4	2.2	2.0	1.8	1.7
水の飽和蒸気圧	3.4	3.1	2.9	2.6	2.4	2.3	2.1	1.9

（注）上表より同じ温度で氷に対する飽和蒸気圧より，水に対する飽和蒸気圧の方が大きいのがわかる。

(2)　雲粒捕獲説

雨滴は最低のときでも，雲粒を数百個集めた大きさがあり，上昇気流中の水蒸気の凝結だけではとても雨滴には成長しない。そこで考えられるのは，やや大きな水滴が雲層中を落ちていくとき，小粒の雲粒と衝突してこれを捕えて大きくなっていくというものである。水滴がある程度落下すると，雲の中の上昇気流にささえられて再び上昇し，そして下降し，これをくり返して成長しながら，やがて雨滴の大きさに達し，地上に降ってくるのである。

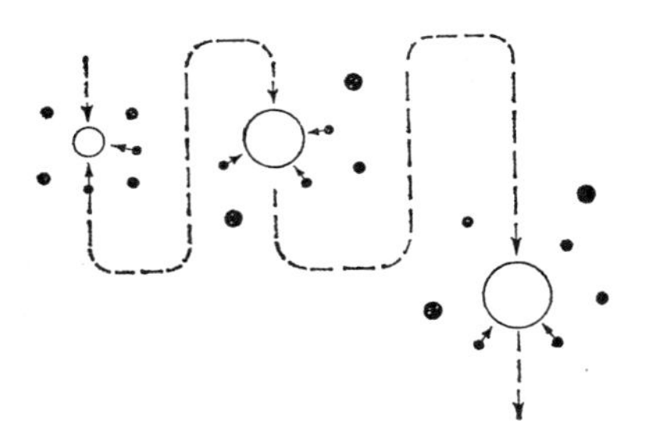

雲中の上昇気流中を上下しながら雨滴に成長する

第3-9図　雲粒捕獲説

たとえば直径 60 μ（0.06 mm）の水滴が 30 cm/sec で落ちていくと 550m で 1mm，2000m で 1.5mm の水滴になる。したがって雲粒捕獲による場合は雲層が厚いことが一つの条件になってくる。

人工降雨実験は全く雲のないところに手品のように雨を降らせようというのではない。過冷却な水滴雲はあるが氷晶がないために降雨となる水滴に成長していない水滴雲を，雨の降る雲へと人為的に刺激を加えて早く雨を降らせたり，自然の状態でほおっておくより降雨量を増やしてやろうというものである。この刺激物質に使われるのが，氷晶の働きをするドライアイスであり，また昇華核の働きをする沃化銀の煙であって，これを雲に種まきしてやるのである。

第3章 問 題

▶二 級 ＜＊＊＞

問1 上昇する空気塊の断熱冷却についてのべ，大気中でこの現象を起こす場合の例2をあげて説明せよ。

〔解〕 3-1後段，2-5-1(1)参照。

問2 湿度100％未満の空気塊が大気中を上昇する場合の断熱変化について述べよ。また，この現象が，前線付近においてみられる場合の具体例1つをあげよ。

〔解〕 3-1(2)参照。前線面に沿って滑昇する暖気で，雲が発生する以前の状態である。

問3 右図のａ～ｅは，大気のいろいろな温度成層のもとでの煙のなびく様子を模式的に示したものである。(1)安定な大気と (2)不安定な成層は，それぞれａ～ｅのうちのどれか，番号と記号で示せ。

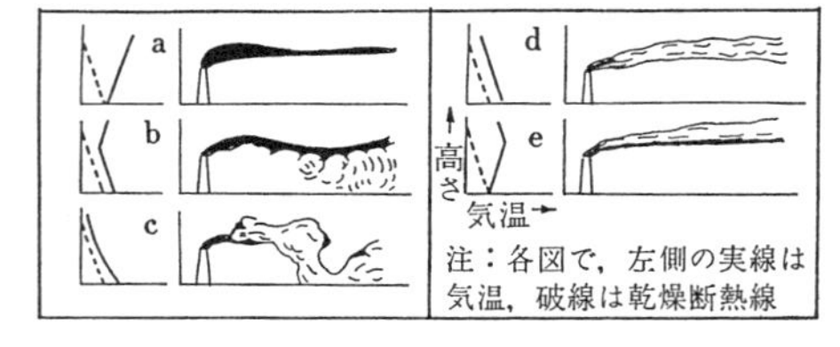

〔解〕 断熱線が決め手となる。

ａ．安定，ｂ．下層中立・上層安定，ｃ．不安定，
ｄ．中立，ｅ．安定

問4 気温減率とは，どのようなことをいうか。

〔解〕 3-1(1)参照。

問5 右図は，湿った気流が山脈を吹き越え，高温の乾いた風となって風下側の山ろくに吹き降りるフェーン現象を模型的に描いたものであり，山ろくＡにあった空気塊が上昇して高度1000ｍのＢで飽和し，雲が生じて雨を降らせ，さらに山頂の上空3000ｍのＣを越えて乾燥し，山の風下側を下降しＤに達していることを示す。Ａにおいて空気塊の温度が12℃であったとすれば，Ｂ，Ｃ及びＤにおける気温はそれぞれ何度になるか。ただし，乾燥断熱減率を１℃/100ｍとし，湿潤断熱減率を0.6℃/100ｍとする。

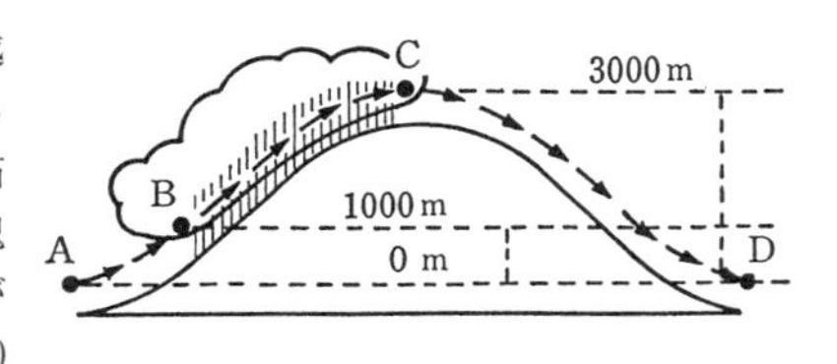

〔解〕 Ｂ：２℃，Ｃ：−10℃，Ｄ：20℃

▶一 級 ＜＊＞

問1 大気の安定度に関するつぎの問いに答えよ。

㈠ 大気の安定および不安定とは，一般にどのようなことをいうか，大気の気温減率と断熱減率との関係によって説明せよ。

㈡ 大気の安定・不安定は天気にどのように関係するか。

㈢　安定な大気が不安定になる場合2をあげよ。

〔解〕㈠㈡　3-2(1), (2)参照。㈢　下層からの加熱と水蒸気の補給。

第4章　気　圧　と　風

4-1　気　圧　と　風

風はどうしておこるのか。――その理由は，ふくらませた風船に穴を開ければ穴から風が吹き出してくることからも知ることができる。これは風船の中の空気が圧縮されていて気圧が高いために，外側の低い気圧に向かって空気が吹き出すからである。このように風は気圧の高い方から低い方に向かっておこる空気の流れであることがわかる。このときの空気に働く力を気圧傾度力といい，風の原動力となっているが，地球上の風にはそのほか地球自転の偏向力，摩擦力，遠心力が働いている。

（注）(1)　気圧傾度力：実際に風をおこす力で，空気が気圧傾度に比例して受ける力をいう。
(2)　地球自転の偏向力：地球が自転しているために働く力で，北半球では風向に対して右向きに直角に働く。
(3)　摩擦力：地表面の摩擦が風に対して働く力。
(4)　遠心力：曲線運動をする風には遠心力が働く。

4-2　等圧線と気圧傾度

①　等圧線：気圧の等しい地点を結んだ連続した線。
②　気圧傾度：単位距離について気圧の下がる割合。式で表わせば，

$$\frac{\Delta P}{\Delta x} \quad \cdots\cdots (4.1)$$

となる。（ただし，Δx：AB 間の距離，ΔP：AB 間の気圧差）

地上天気図をみれば，等圧線が記入してある。この等圧線の値が大きければ気圧が高いし，小さければ気圧が低いのであるから風は値の大きい方から小さい方におこるだろう。このとき等圧線を山の等高線と同じように考えて，それを立体的に書けば第4-1図のように，風は斜面を転がるように等圧線に直角におこるはずである。

(4.1) 式から，2地点の距離が同じでも気圧差が大きければ，それだけ空気を押す力が大きいわけで風は強くなる。すなわち，等圧線が混んでいるほど風

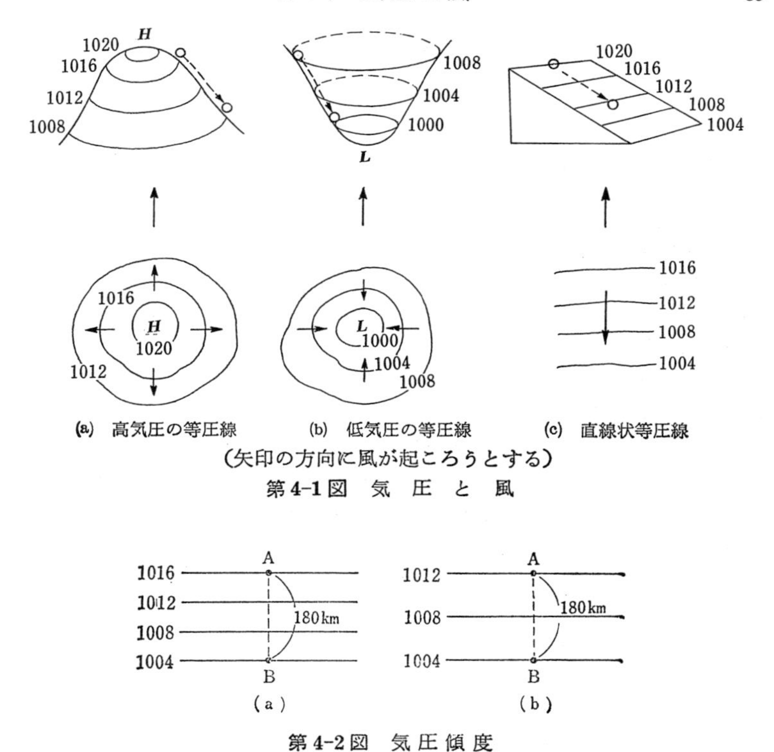

(a)　高気圧の等圧線　(b)　低気圧の等圧線　(c)　直線状等圧線

（矢印の方向に風が起ころうとする）

第4-1図　気圧と風

(a)　(b)

第4-2図　気圧傾度

が強くなる。

第4.2図から気圧傾度を計算してみる。

$$\text{(a)のときは}\quad \frac{1016\text{hPa}-1004\text{hPa}}{180\text{km}} \fallingdotseq 0.067\text{hPa/km}$$

$$\text{(b)のときは}\quad \frac{1012\text{hPa}-1004\text{hPa}}{180\text{km}} \fallingdotseq 0.044\text{hPa/km}$$

となる。そして，(a)の場合の方が風は強い。

ただし，気圧傾度はふつう距離の単位として，赤道における子午線1度の長さ111 km をとる。したがって，赤道における子午線1度についての気圧傾度は，

$$\text{(a)では，}\quad \frac{12\text{hPa}}{180\text{km}} \times 111\text{km} = 7.4\text{hPa}$$

$$(b)では，\frac{8\,\mathrm{hPa}}{180\mathrm{km}}\times 111\mathrm{km}=4.9\mathrm{hPa}$$

となる。

4-3　気圧傾度力

気圧傾度力について，わかりやすいように式で表わしてみよう。第4-3図の空気柱で，A面の気圧がP，B面の気圧がAよりもΔPだけ大きい$P+\Delta p$，そして両者の距離がΔxとする。気圧差はΔPでここに働く力は（2.1），（2.2）式から，

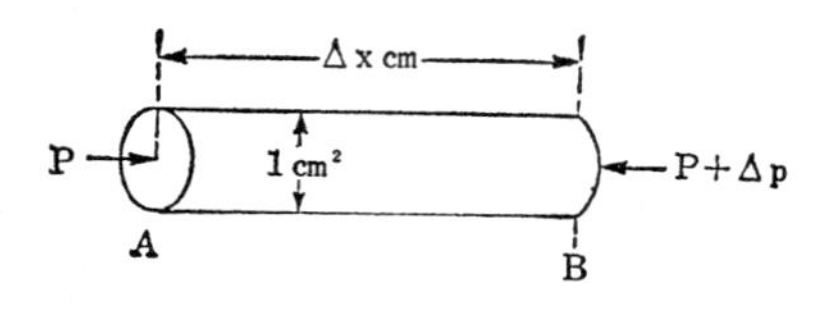

第4-3図　気圧傾度力

$$[力]=[質量]\times[加速度]$$

であるから，空気の密度をρ，空気塊に働く加速度をGとすると，

$$\Delta P=(\rho\times 1\times \Delta x)\times G$$

となる。これをGについて移項すると，

$$G=\frac{1}{\rho}\times\frac{\Delta P}{\Delta x}\quad（ただし，\frac{\Delta P}{\Delta x}は気圧傾度である）\cdots\cdots\cdots\cdots(4.2)$$

すなわち，これは1gの空気塊に働く力と同じで，風をおこす力になっている。

4-4　地球自転の偏向力

風に働く力が気圧傾度力だけであれば，風は等圧線に直角に吹くはずであった。ところが実際にそのように吹かない理由は，これから説明する地球自転の偏向力があり，後述する地表面の摩擦力に風が影響されるからである。

地球自転の偏向力は地球自転の転向力あるいはコリオリ力ともいう。

地球を完全な球として，地球は北極と南極を通る地軸を中心に西から東に1日に1回転する。すなわち，毎秒あたりの自転の角速度は$\omega=7.29\times10^{-5}\mathrm{sec}^{-1}$（＝毎秒0°0′15″）である。地軸に平行に立てた軸は，地球上のどこでも同じ角速度ωで回転する。

まず北極と赤道上について考えると，第4-4図から，北極では回転軸が地平面に垂直であるから地平面は毎秒ωの角速度で回転している。これに対し赤道上では回転軸が地平面と平行であるから，地平面はまったく回転しないで毎秒ωの角速度でねじれるだけである。中緯度ではどうかといえば，第4-5図よ

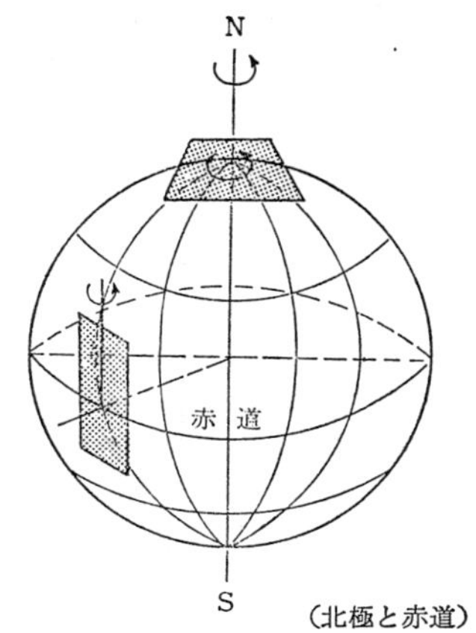

（北極と赤道）

第 4-4 図　地平面の回転の成分

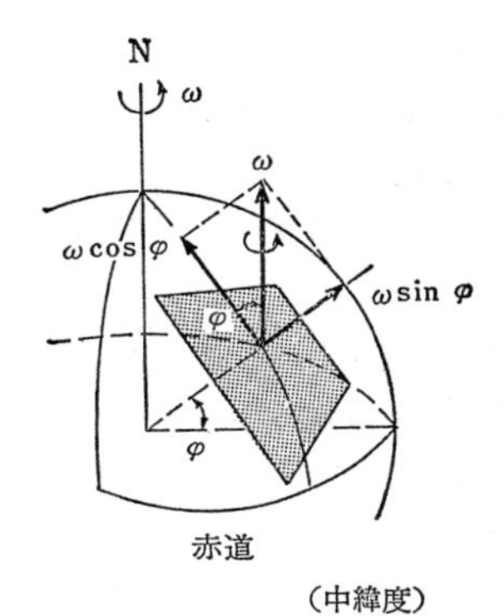

（中緯度）

第 4-5 図　地平面の回転成分

り，緯度 φ の地点では回転軸が地平面から斜めに φ の方向に伸びている。したがって中緯度では地平面の回転が北極と赤道の中間であることがわかる。この斜めに走る回転軸を地平面に平行な方向と垂直方向に分けて考えれば，三角関数の公式から垂直軸に対して $\omega\sin\varphi$ となり，これが地平面の毎秒あたりの回転速度となる。また水平軸に対して $\omega\cos\varphi$ となり，これが地平面の毎秒あたりのねじれ角速度となる。

ここで問題にするのは地平面の回転である。今求めた（角速度）$=\omega\sin\varphi$ から，

① 赤道上では $\sin\varphi=0$ で角速度は 0

② 北極では $\sin\varphi=1$ で角速度は最大の ω となる。

③ 中緯度では緯度に応じて，$\omega>\omega\sin\varphi>0$ となる。すなわち，赤道よりも大きいが北極よりも小さい。

この動きを地上から見れば，地球は西から東に回転しているから地平面は反時計回りに動いている。

今，第 4-6 図のように地球の外から風の動きを見たとき，緯度 φ で風が W から A 地点に向かってまっすぐに進んだとしよう。すると下の地平面は毎秒 $\omega\sin\varphi$ で回転しているから，

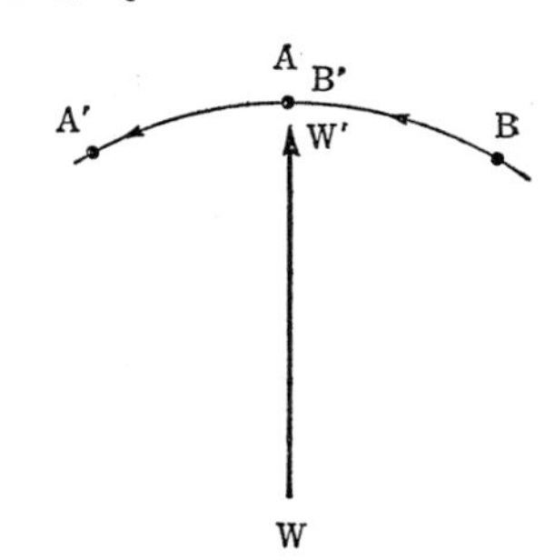

第 4-6 図　地球の外から見たときの風の動き

風がもとA地点のあったところに到達したとき（W′）には，A地点はA′の方にずれていていつの間にかB地点のあったところに着いてしまったことになる（B′）。

それではこれを地球上にいるわれわれから見ればどういうことになるかといえば，第4-7図から，風はWからA点に向かって進んだとしてもB点に到達したということは，風の軌跡が$\overline{WB}$ということにほかならない。つまり，$\overline{WA}$に向かう風を$\overline{WB}$に変えたのだから，AからBに向かって見掛け上力が働いたことと同じである。これを地球自転の偏向力という。すなわち一言にしていえば「北半球では風の進む方向に直角で右向きに働く見掛け上の力である」ということになる。

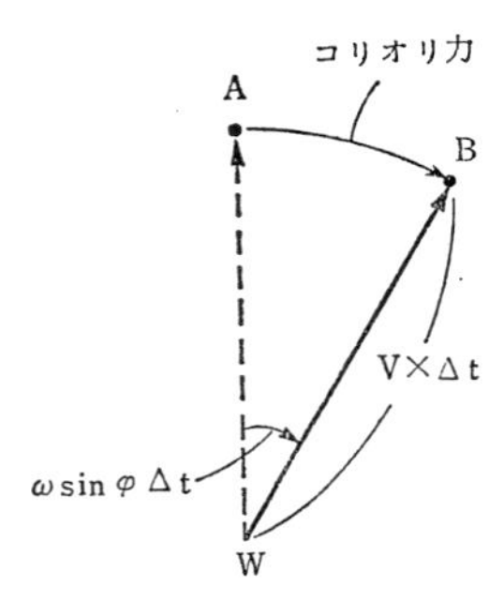

第4-7図　地球から見たときの風の動き

この力は運動方向は変えるが，風の速さには影響しない。このことを式で示せば，第4-7図から風速をVとして，Δt時間かかってBに到達したとすれば，

（距離）＝（速度）×（時間）……………………………(4.3)

であるから，　$WB=V\times\Delta t$

となる。Δt間に∠AWBだけ角が開いたわけで，角速度が$\omega\sin\varphi$だから，角AWBは，　$\angle AWB=\omega\sin\varphi\cdot\Delta t$

となる。したがって孤$\overset{\frown}{AB}$は，

（円周の孤）＝（半径）×（角）…………………………(4.4)

であるから，

$$\overset{\frown}{AB}=(V\times\Delta t)\times(\omega\sin\varphi\cdot\Delta t)$$

となる。一方，距離と加速度の一般式は，

（距離）＝1/2×（加速度）×（時間）^{2}……………………(4.5)

であるから，偏向力による加速度をαとすれば，

$$\overset{\frown}{AB}=1/2\times\alpha\times(\Delta t)^2$$

よって上式の$\overset{\frown}{AB}$と今求めた$\overset{\frown}{AB}$を等しいと置いて，

$$(V\times\Delta t)\times(\omega\sin\varphi\cdot\Delta t)=\frac{1}{2}\alpha\times(\Delta t)^2$$

となり，αについて解くと，

$\alpha=2\omega V\sin\varphi$　（1gの空気塊に働く偏向力）………………(4.6)

となる。この式からも偏向力の加速度，すなわち1gの空気に働く力は風速（V）が大きいと大きく，緯度（φ）が高いと大きいことがわかる。

（注）一般的に加速度（α），速度（V），距離（S）の間には次の関係がある。

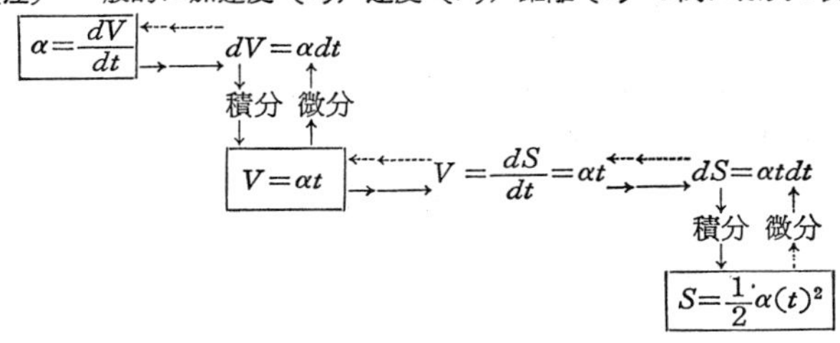

4-5　地衡風と傾度風

① 地衡風と傾度風は地表面の摩擦の影響のない地上約1,000m以上の上空で吹いていると考えられる風のことである。

② 地衡風は等圧線が直線状のとき，傾度風は等圧線が曲線状のときをいう。

③ 地衡風，傾度風は低圧側を左にみて，等圧線に沿って平行に風が吹く。

地衡風は気圧傾度力と地球自転の偏向力だけを考えればよい。では風の発生段階を第4-8図をとおしてみよう。

気圧傾度力 G は等圧線に直角に働くから，それに応じて風が同じ方向におこって風速 V が決まる(a)。

ところが風向に対し右向きに直角に地球自転の偏向力 α が働き，G と α の力の作用点が異なるので風は次第に曲げられて(b)のようになる。しかし，あいかわらず地球自転の偏向力は働きつづけ，(b)でも両者の力の作用点が異なるので風は曲がりつづけて，やがて G と α が正反対になって作用点が一致し，力

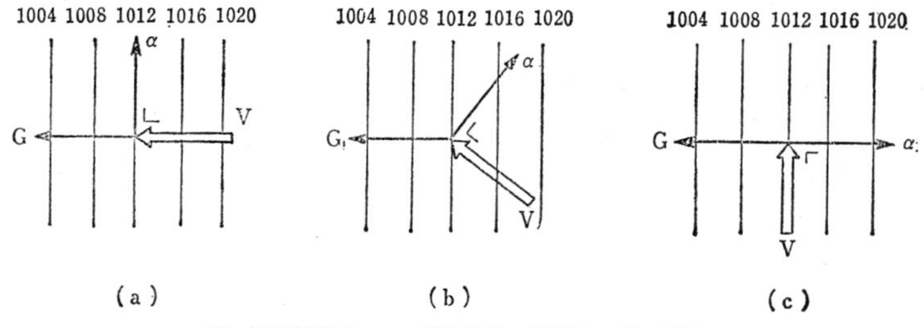

G：気圧傾度力　α：地球自転の偏向力　V：風速

第4-8図　地　衡　風

の釣り合ったところで静止する。このとき風は気圧の低い方を左にみて等圧線に平行に吹くことがわかる。これが地衡風である。

4-3 と 4-4 で述べてきた式を使って説明すると，第 4-8 図(c)のように地衡風は，

[気圧傾度力：G]＝[地球自転の偏向力：α]

であるから，(4. 2)式＝(4. 6)式とおけば，

$$\frac{1}{\rho}\cdot\frac{\Delta P}{\Delta x}=2\omega V\sin\varphi$$

これを V について移項すれば，

$$V=\frac{1}{2\omega\rho\cdot\sin\varphi}\cdot\frac{\Delta P}{\Delta x} \quad\cdots\cdots\cdots(4.7)$$

（ただし，ω：地球自転の角速度，ρ：空気の密度
φ：緯度，$\frac{\Delta P}{\Delta x}$：気圧傾度）

となる。

この V が地衡風の風速である。

(4-7) 式から次のことがいえる。2つの地点の緯度が同じであれば，「風は気圧傾度 ($\Delta P/\Delta x$) の大きい方が風が強い。すなわち等圧線が混んでいるほど強い。」

次に気圧傾度が同じで緯度が異なるとき，

$$(\text{高緯度}_{\mathrm{A}})：(\text{低緯度}_{\mathrm{B}})\rightarrow\frac{1}{\sin\varphi_{\mathrm{A}}}<\frac{1}{\sin\varphi_{\mathrm{B}}}$$

だから，「気圧傾度（等圧線の間隔）が同じであれば，風は緯度が低いところほど強い」。このことから，低緯度を航行中，等圧線がまばらだからといって中・高緯度と同じつもりでいると以外に強い風に出会ったりする。

傾度風の場合，つまり曲線状等圧線の場合の風は曲線運動するので，遠心力による加速度を受ける。第 4-9 図から低気圧性の場合と高気圧性の場合が考えられる。

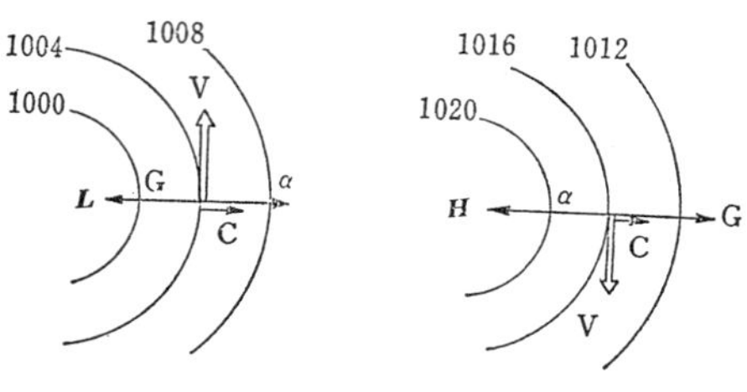

(a)　低気圧性等圧線　　(b)　高気圧性等圧線

C：遠心力

第 4-9 図　傾度風（曲線状等圧線のとき）

遠心力 C は回転運動に対して外側に働くから，低気圧性等圧線の場合，

［気圧傾度力：G］＝［地球自転の偏向力：α］＋［遠心力：C］

で，遠心力 C は，

$$[\text{遠心力}]=\frac{[\text{速度}]^2}{[\text{曲率半径}]} \cdots\cdots\cdots (4.8)$$

であるから曲率半径を r とすれば，

$$C=\frac{V^2}{r}$$

したがって，(4.2) 式，(4.6) 式，(4.8) 式から，

$$\frac{1}{\rho}\frac{\Delta P}{\Delta x}=2\omega V\sin\varphi+\frac{V^2}{r} \cdots\cdots\cdots (4.9)$$

これが低気圧性等圧線の傾度風の風速である。

また高気圧性等圧線の場合は図の(b)から気圧傾度力が外側になるので，

［地球自転の偏向力：α］＝［気圧傾度力：G］＋［遠心力：C］

となる。したがって，(4.2) 式，(4.6) 式，(4.8) 式から，

$$2\omega V\sin\varphi=\frac{1}{\rho}\frac{\Delta P}{\Delta x}+\frac{V^2}{r} \cdots\cdots\cdots (4.10)$$

これが高気圧性等圧線の傾度風の風速である。いずれも風速の二次式になっているから，二次方程式で解けばよい。

（注）　$aV^2+bV+c=0 \quad \therefore \quad V=\frac{-b\pm\sqrt{b^2-4ac}}{2a}$

中緯度以北ではコリオリ力（$2\omega V\sin\varphi$）が遠心力（V^2/r）よりはるかに大きいので，遠心力を無視して先に求めた地衡風の式で計算すると簡単である。ところが低緯度では $\sin\varphi$ が小さく，コリオリ力が小さくなるので遠心力は無視できなくなる。

（注）　$V=10$m/s，$r=1,000$km，$\sin 60°=0.87$，$\sin 20°=0.34$で比較してみよ。

4-6　地表面で吹く風

① 地表面で吹く風には摩擦力が働く。

② 摩擦力の影響で風は等圧線を横切って低気圧側に吹き込む。

③ 等圧線と風向のなす角度は，海上では 15°～30°，陸上では 30°～40° くらいである。

この風の吹いていく方向が等圧線となす角を傾角という。

④ 摩擦力のため風は上空を吹く地衡風より弱められる。天気図から地衡風を計算してやれば，観測データのないところでも次の係数を掛けることによっ

ておよその風速を知ることができる。

[海上を吹く風]＝0.7×[地衡風]

[陸上を吹く風]＝0.5×[地衡風]

ただし，これは平均状態であって，海上風において海水温が気温よりも高い場合は付近の大気は不安定となり，突風性を帯びて風が強くなる。

例えば，海水温の方が5℃以上高いと係数は0.8，8℃以上で0.9にもなる。

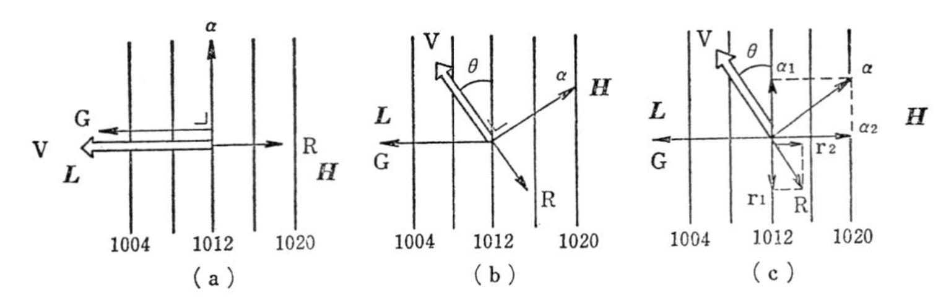

第4-10図　地表面の風

気圧傾度のみを考えたとき，風は等圧線に直角に吹くはずであった。ところが地球の自転のために，上空の風は等圧線に沿って吹くことがわかった。それでは地表面の風はどうかといえば，地表面では摩擦があるために風は等圧線と平行には吹かない。このことを次に第4-10図とともに説明してみよう。等圧線は曲線状のときも同じように考えられるから，直線状等圧線について説明することにする。

摩擦を一つの力と考えればよいことがわかっていて，これを摩擦力という。この力は風を弱めるように，風向と反対の方向に働くことになる。

第4-10図(a)の気圧傾度力（G）によって起こされた風に，地球自転の偏向力（α）と摩擦力（R）が働くと，Rの方向に力がかかるので，風速Vを弱めると同時に気圧傾度力（G）と地球自転の偏向力（α）のバランスが崩れて，風が向きをかえ図(b)の状態で静止する。

（注）Gは常に等圧線に直角。αと風向のなす角は常に直角である。

このときαとRの力の関係を図示すれば図(c)のようになる。力を等圧線に平行な方向と直角な方向に分解してやれば，それぞれ α_1, r_1, と α_2, r_2 になる。

$\alpha_1=r_1$ のとき，反対方向で打ち消し合って0となり，$G=\alpha_2+r_2$ となるところで力がバランスをとる。このときの等圧線と風向のなす角θは摩擦の大きさによって異なるが，およそ次のことがいえる。

① 海上では15°～30°，陸上では30°～40°くらいである。

② 等圧線と風向のなす角度は，大気が不安定なときには大きくなる傾向に

あり，高緯度ほど小さくなる。

③　気圧の上昇している地域で大きく，下降している地域で小さくなる。

④　陸上では地形の影響で風向が乱され，自然な風向を示さないことも多い。

以上のことから，第4-11図に示すように低気圧の風は反時計回りに中心へ吹き込み，高気圧の風は時計回りに外側へ吹き出している。

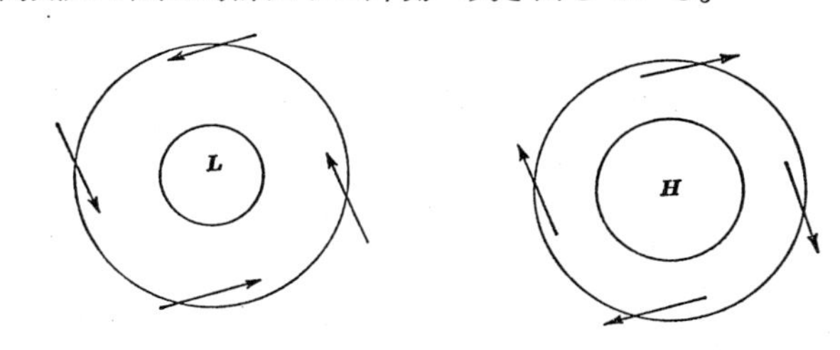

第4-11図　低気圧，高気圧の風系

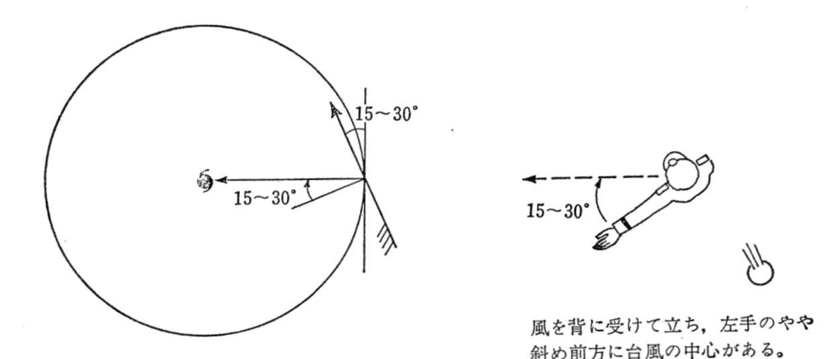

第4-12図　バイス・バロットの法則

バイス・バロットの法則とは「北半球において風を背に受けて立ち，左手を真横に上げ，そのやや斜め前方に低気圧や台風の中心がある。」というもので，これは今までの等圧線と風向のなす角から明らかであり，「やや斜め前方」とは海上で 15°～30° のことである。

ただし，この法則で台風の等圧線はほぼ円形で左右対称であるからよくあてはまるが，低気圧では前線を伴うため形が不規則で，この法則をそっくりあてはめると誤差が大きい場合がある。

（注）　南半球において低気圧（熱帯低気圧も含めて）および高気圧内での風の吹

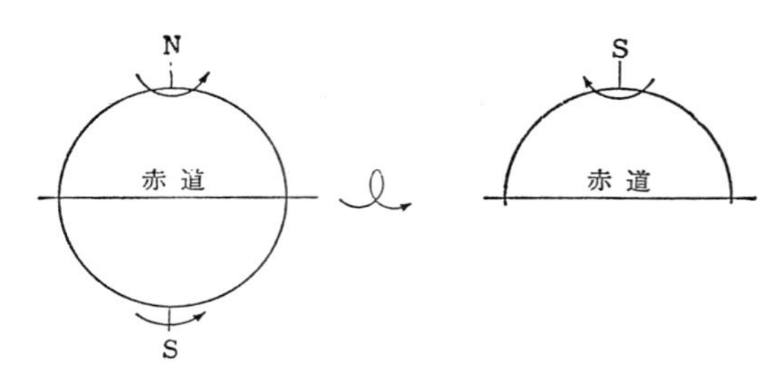

き方は，北半球の場合と同じ考えで南極を上にしてみればわかる。すなわち地球の回転は極を中心に考えれば，北半球と南半球で反対になる。ということは，地球自転の偏向力の作用が反対になるわけで「風向に対し左向きに直角に働く」ことになる。これをさらにおし進めていけば，結局南半球において低気圧内で吹く風は「時計回りに中心に吹き込む」，また高気圧内で吹く風は「反時計回りに外側へ吹き出す」ことになる。

以上のように南半球における大気の運動状態を知るには，南極に向けて「赤道上に境を立てよ。そこに写る状態が南半球の現象である。」とする。

第4章　問　題

▶三　級　＜＊＊＞

問1　右図は，北半球における等圧線と風向との関係を表したものである。

図(A)～(C)の風に働いている力①～⑦の名称を，下のわく内の(イ)～(ヘ)の中から選び，番号と記号で示せ。

（解答例⑧―(ト)）

(A)　1000　1002　等圧線　①　②　風向

(イ)転向力（コリオリの力）	(ロ)摩擦力
(ハ)遠心力	(ニ)傾度力と遠心力の和
(ホ)傾度力	(ヘ)転向力と遠心力の和

〔解〕 4-5，4-6 参照。

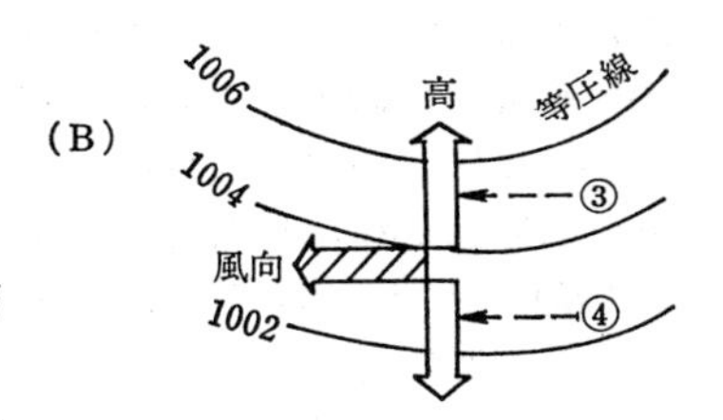

問2　北半球における風向の偏向に関する次の問いに答えよ。

(1)　風が気圧傾度の方向に吹かずに，気圧傾度力よりも右に偏向するのは，何の影響によるか。また，この偏向する角度は，低緯度地帯と高緯度地帯とでは，どちらにおけるほうが大きいか。

(2)　地表上の高さ400m程度以下の大気下層において風向を偏向させる力を何というか。また，その力は，海上と陸上とでは，どちらにおけるほうが大きいか。

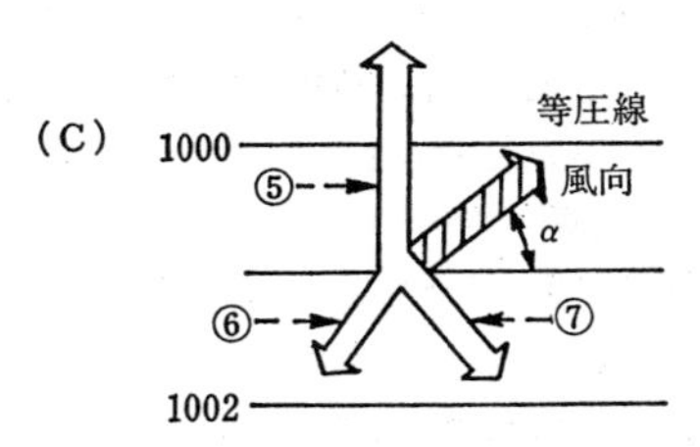

〔解〕 (1)コリオリ力，高緯度地帯の方が大きい。(2)摩擦力，陸上の方が大きい。

問3　摩擦力が影響するのは，地上どのくらいの高さまでか。

〔解〕 4-5①参照。

問4　気圧傾度に関する次の(1)～(3)に答えよ。

(1)　気圧傾度とは何か。

(2)　どのように表されるか。

(3)　(1)の傾度の大小と等圧線の間隔及び風の強弱とは，どのような関係にあるか。

〔解〕 4-2参照。

問5　気圧傾度と風速の関係に関する次の文のうち正しいものはどれか。

(1)　風速は気圧傾度に反比例する。

(2)　気圧傾度が同じなら，高気圧の方が低気圧よりも風速が小さい。

(3)　気圧傾度が同じなら，高緯度ほど風速は小さい。

(4)　気圧傾度が同じなら，上層ほど風速は小さい。

〔解〕(3)

▶二　級　<＊>

問1　風の吹き方に関する次の問いに答えよ。

㈠　風の起こす力となる気圧傾度とは何か。

㈡　風向・風速に対して地表面の摩擦の影響がなくなるのは，どの位の高さの上空か。

㈢　㈡の上空において，直線状等圧線に沿って吹く風のことを何というか。

㈣　低気圧や高気圧の中で吹く地上風には，気圧の傾度力，地球自転の偏向力，摩擦力のほかにどんな力が働くか。

㈤　気流の収束および発散は，風速の大小とどんな関係があるか。

〔解〕㈠　4-2②参照。㈡，㈢　4-5①，②参照。㈣　4-5中段参照。㈤　2-5-1 (2)参照。

問2　次図は，北半球における等圧線と地表面の風向との関係を図示したものである。次図を転記して

①　地球自転の偏向力，②　気圧傾度力，③　摩擦力　の作用する方向を示せ。

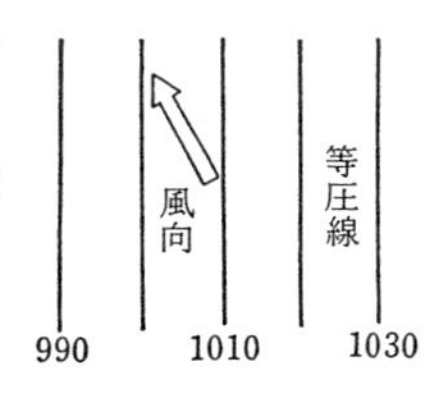

〔解〕第4-10図参照。

問3　風の傾角についてのべよ。

〔解〕4-6③参照。

問4　風に関する次の問いに答えよ。

(1)　地衡風，傾度風はそれぞれどのような風か。

(2)　気圧傾度が同じ場合，傾度風の風速は地衡風の風速に比べて低気圧のまわりでは小さく，高気圧のまわりでは大きくなるが，なぜか。

〔解〕(1)　4-5参照。(2)　4-5の（4-9）式，（4-10）式参照。

第5章 大気の環流

5-1 大気の動き

地球上で，大気の移動がほとんどなく停滞しているものとすれば，太陽から受ける熱量の方が失なう熱量より大きい熱帯地方は年々暑くなり，また逆に受ける熱量より失なう熱量の方が大きい高緯度では年々寒冷化していくはずである。ところが平均的にみればいつも変わりない気候をもたらしているのは，大気がいつも流れつづけ循環しながら熱のやりとりを行なっているからに他ならない。

これは3つの系統に分けることができる。

① 第1次の循環：地球の平均気圧配置からおこると考えられる。地球的な規模の大きな空気の流れをいう。大気の大循環という。

② 第2次の循環：第1次の循環に付随しておこる擾乱である。低気圧，熱帯低気圧，移動性高気圧，季節風がある。

③ 第3次の循環：第2次の循環に付随しておこる。熱や力学的な擾乱によっておこる小規模な大気の流れを指す。海陸風，雷雨，竜巻，フェーンがある。

次節以下に，規模の小さい第3次の循環から解説していくことにする。

5-2 第3次の循環

5-2-1 海陸風

海陸風とは天気の良い穏やかなときに海岸地方でみられる風で，周期は規則正しく繰り返す。海上の気温と陸上の気温が平衡している日没後から午後11時頃までは風のない状態で，これを夕凪という。やがて陸地では放射冷却が進むが，海上の気温はあまり下がらず，そこで陸地の重い空気が海上へ流れ出し陸風となる。海上の空気は弱い上昇気流となって，上空では陸地の方へ向かい局地的な対流を作る。陸風は日の出前後まで続く。

その後，海上と陸地の気温が再び平衡して風が無くなり，朝凪となる。日が高くなるにつれて陸地の気温は次第に上がるが，海上はあまり上がらない。陸

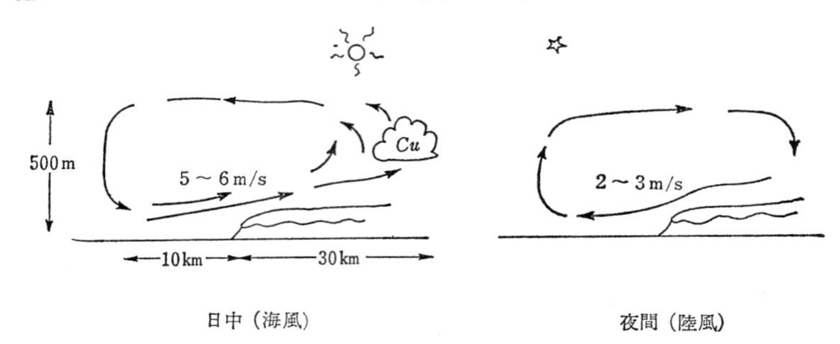

第5-1図　海　陸　風

地では上昇気流がおこり，そこへ海上から風が吹き込んでくる。これが海風である。午前10時頃から吹き出して，午後1時頃最も強くなり，日没頃まで続く。

気圧の状態を調べると，日中は海上が弱い高気圧で陸地が弱い低気圧になっているのがわかる。夜はその逆となる。

気温差は日中の方が大きいので海風の風速の方が強く，風速は5～6 m/s程度で，陸風はその半分の2～3 m/s程度である。

風のおこる規模は海岸から10 km内外の海上と30 km内外の陸地におよび循環の高さは500m位である。

天気の安定しているときにみられる風であるから，低緯度ではいつも，中緯度では夏の晴れた日にみられる局地風である。

沿岸を航海中，海陸風が突然乱れるようなときは低緯度であれば台風の発生か接近，中緯度であれば低気圧の発生か接近が予想できる。

5-2-2　雷　　雨

雷雨は激しい上昇気流によって生じた積乱雲が母体になっている。この積乱雲ではしゅう雨が降り，時にはひょうも降る。雷鳴と電光が走り，激しいときは落雷する。

熱雷は，気温の高い夏の午後，強い日射によって地面付近の空気が暖められて激しい上昇気流がおこるときに発生するものである。

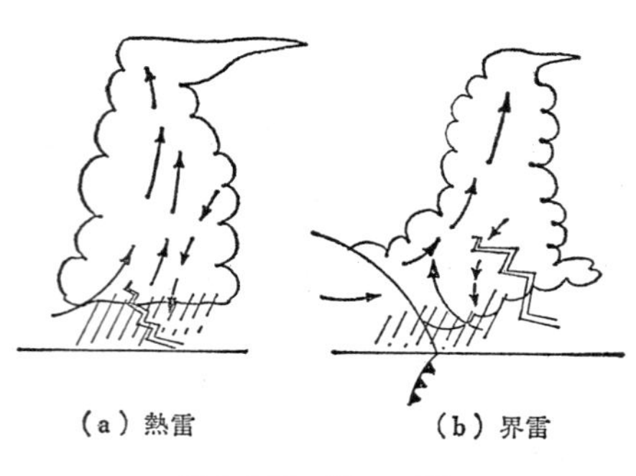

第5-2図　雷　　雨

渦雷は低気圧雷ともいい，低気圧や台風の中心部におこる激しい上昇気流によっておこるものである。

界雷は前線雷ともいい，寒冷前線では，寒気団が暖気団を激しく押しあげた時におこる。界雷は季節によって寒雷（冬）とか春雷（春）というように，低気圧のよく発達する寒候期に多い。それに対して熱雷は夏の陸上で多い。

海上では界雷が多いから台風期をのぞいて冬から春にかけて多い。したがって春雷とは雷が海から陸上に移るときでもある。

雷雲は直径10km位の小さなもので，観測もれをすることも少なくない。雷雨が近づいてくると突風が吹き出し，空がにわかにかき曇ったかと思うと閃光が暗雲を走り，大粒の雨が勢いよく降ってくる。そのとき，雷雲が近づいてくると気圧は徐々に下がっているのだが雨が降り出す10数分前に気圧が急に2～3 hPa上がり，その後また徐々に下がり出して雨になることが多い。このときの気圧の上昇を雷雨の鼻といっている。

これは雲底下の冷たい空気が冷気プールを作るので，まわりより気圧が高くなる。この冷気が冷気外出流となってまわりに流れ出し，その先端が小型の寒冷前線のように強い突風を伴いながら進行する。これをガストフロント（突風前線）という。

5-2-3　ダウンバースト

積乱雲から激しく雨が降る場合，落下する降水はまわりの空気を引きずり下ろして下降流が始まる。上空のあられや氷が途中で融解すると周りの空気を冷やす。また雨滴からも蒸発が起こって空気がさらに冷えると下降流が強くなる。

下降流が特に強いものはダウンバーストと呼ばれ突風となって地表面に達し周囲に吹き出していく。突風の風速は10m／sから強いものでは75m／sにも達する。規模は数km以下で寿命は10分程度以下のため観測網で捉え難い現象である。近年，雷雨日の60～70％に発生することがわかってきた。

海上でダウンバーストやガストフロントによって突然の突風に見舞われることがあり，小型船は注意する必要がある。

5-2-4　竜巻とトルネード

竜巻は強い雷雨に伴っておこりやすく，発達しつつある低気圧内の強い寒冷前線やスコールラインにおこる。竜巻は，台風にまさる風速（中心では最大瞬間で70 m／sをこえる）と気圧が急に数十hPaも下がるので，中心に激しい吹き込みがあり漏斗状の雲を伴う。上昇気流に巻き込まれると一般家屋などに被害が出るが，船は竜巻の進行方向を見定めて反対方向に移動すればよ

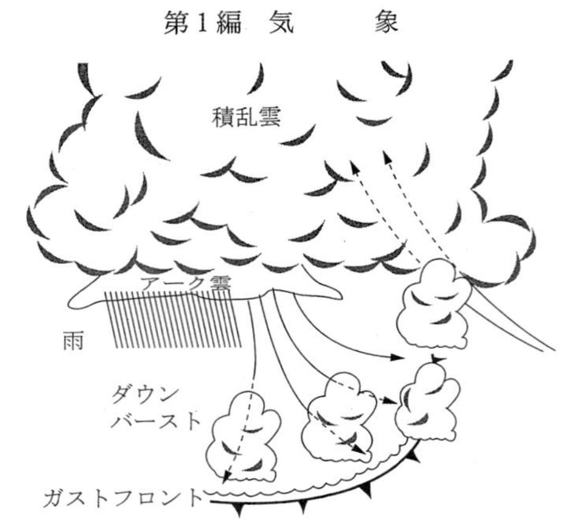

第5-3図　ダウンバーストとガストフロント

く，また寿命も10分以内と短いから直接被害を受けることは少ない。規模は，ふつう直径20〜200m，移動速度10〜15m／s，高さ1,000m以下である。

トルネードとはアメリカ特有のもので，中南部地方の暖候期にしばしば発生する。竜巻と同じように漏斗雲を伴うものであるが，規模が大きいので風速も強く，風速100m／sを越えるのも珍しくない。そして発生回数も被害も竜巻に比べて大きい。

5-2-5　フェーン

フェーンとは，高温で乾燥した風が山の風下側を吹き下りるものである。これは山岳方面でなだれをおこしたり，日本海側の各地に大火を何回も引き起こしている。

この風は，もともとは，北部アルプスのスイスやチロル地方の局地風であったが，最近では同じ型の風について使われている。

これは風が山を越すとき，山の風上で雲を生じ，雨や雪を降らせて乾燥する。このとき空気は湿潤断熱減率で気温が下がる。この風が山を越えて風下の平地に吹き降りてくると，乾燥断熱的に昇温するから気温が上がって，さらに乾燥しフェーン現象がおこるのである。

わが国でも中央に山脈が走っていてフェーン現象がよくおこる。発達した低気圧が北緯40度よりも北の日本海を通り，太平洋側に高気圧があるときにおこりやすく，このとき本邦は低気圧の暖域に狭まれ，温暖・多湿の強い風が日本の脊梁山脈に吹きつけるからである。特に春先は，日本海低気圧が発達しながら通るのでおこりやすい時期である。

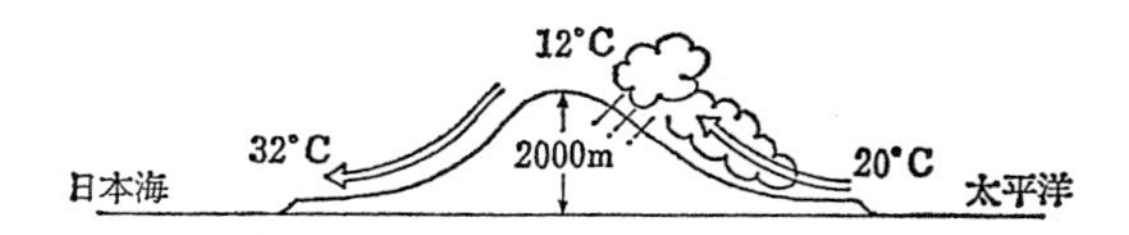

極端な例として，風が2000m の山を湿潤断熱減率(0.4°C/100m)で上昇し，乾燥断熱減率で吹き下ろせば，20°C の空気が 32°C になる。

第5-4図　フェーン現象

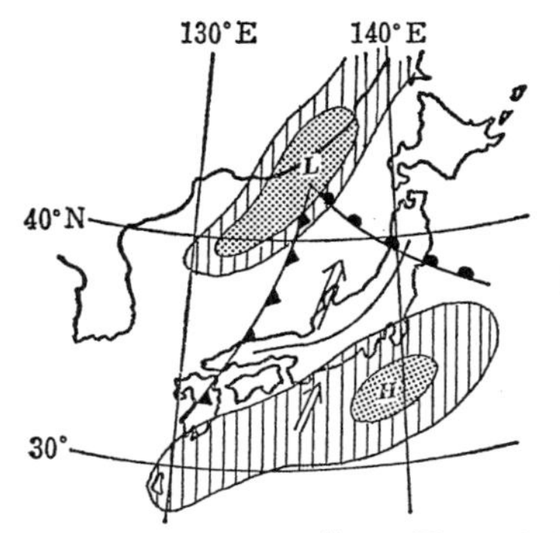

フェーン現象の起こりやすい低気圧と高気圧の位置

（点描）のとき，特に強いフェーン現象が起こった

（縦線）のとき，普通のフェーン現象が起こった

第5-5図　日本海低気圧型

低気圧があまり沿岸に近いと，雨や雪を降らせるので乾燥状態にならずフェーン現象はおこらない。

5-2-6　ボ　ラ

ボラとは，寒冷で乾燥した風が広い台地から海岸に向かって吹き降りてくる強風である。ハンガリー高原からアドリア海の東岸に発生するものが有名であるが，日本ではほとんどみられない。

ボラは高くて広い台地が海岸線に迫っている地方でみられる。冬に晴れた日がつづくと，台地が放射冷却して非常に低温になり局部的な高気圧ができた状態になる。そこへ海上の沖合いを低気圧が通過して台地の寒気を引きずり出すと，急に海面上に下降してきてボラをおこす。このとき当然下降気流は断熱昇温をするが，その効果もないほど台地上では低温なために吹き降りてきた風も寒冷となっている。しかし，空気自体は乾燥する。

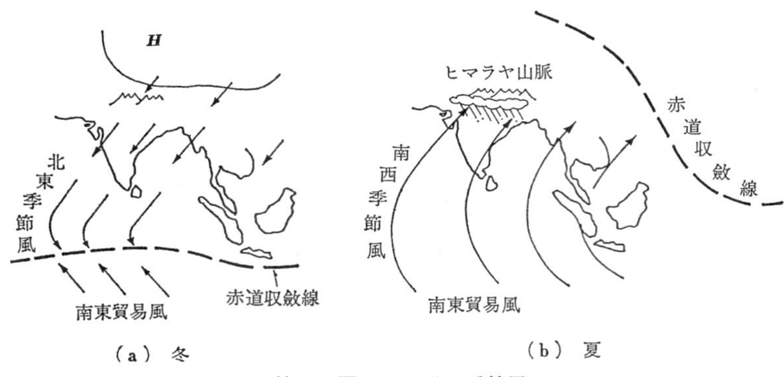

第5-6図 インドの季節風

5-3 第2次の循環

5-3-1 季節風

① 季節風とは半年毎に吹き変わる風の系統である。

② 冬は大陸から海洋に，夏は海洋から大陸に向かって吹く卓越風である。

③ 冬は大陸が著しく冷却されて，寒冷で重い空気が堆積し高気圧ができる。これから相対的に気圧の低い海洋へ向かって吹く風のことである。

夏は逆に大陸が熱せられて低圧部となり，相対的に冷たい海洋上の高気

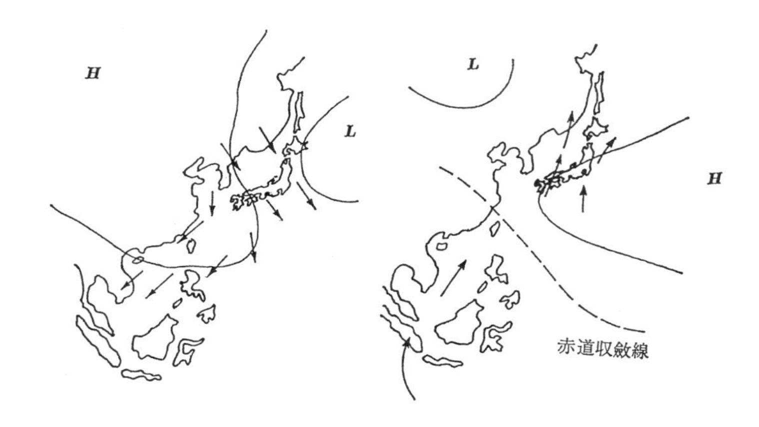

第5-7図 日本・東南アジアの季節風

圧が張り出してきて大陸へ向かって吹く風のことである。

英語でモンスーン（Monsoon）というが，もともとはアラビア語のMausim（季節）からきたもので，インドで使われた言葉であった。現在のところ季節風の顕著な地域としてはインド，日本，東南アジアなどが知られている。

(1)　インドの季節風

冬はシベリア高気圧からの風がインド洋に向かって吹き出す北東季節風である。ところが日本の冬ほど気圧傾度が急でないことと，インドの北方にそびえるヒマラヤ山脈にさえぎられて風が弱められることなどから，風力は2～4と一定の強さで吹くので海上は穏やかとなり，平穏な航海が楽しめる。12月下旬から3月まで続く。

夏は大陸が熱せられて低気域となるが，特にイラン，パキスタン方面が気圧が低くそこへ海洋から風が吹き込んでくる。この風は赤道収れん線が大陸の奥へ北上してしまい，南半球の南東貿易風が赤道を越えて北半球に侵入してくるものであって，コリオリ力によって右偏させられて南西風となりインド洋，アラビア海，ベンガル湾，東インド諸島に吹く。風は障害物のない広い洋上を定常的に吹くので冬よりも季節風は強く，ベンガル湾方面で風力は5～7に達する。海上では風の吹走距離，吹続時間，風力が十分なことから浪が高くなり時化もようとなる。高温，多湿な空気が吹き込むので陸地では多量の雨を降らせ，雨期をつくっている。6月～12月まで続く。

(2)　日本・東南アジアの季節風

冬は日本では大陸が寒冷なためにできたシベリアの大高気圧から，日本の東方洋上にある発達した低気圧に向かって強い北西季節風が吹く。風力はときに6～8にも達する。海上では西よりの強い季節風を大西風と呼んだりする。

この風が日本をぬけて洋上に出ると，下層から熱せられ水蒸気の補給を受けて不安定になる。また東シナ海，台湾，南シナ海では高気圧の南東端にあたるので北東季節風として吹き込む。南下するにしたがい風も弱くなるが，台湾海峡に吹く風は強い。これは海峡が狭くなっているので東シナ海から吹きつける風は加速されるし，海上の吹走距離も長いためである。台湾の北東岸やフィリピンの北東岸は山岳地帯がせまっているので不安定になった空気が雨を降らせ冬の雨期をつくっている。また南シナ海では，寒帯前線帯の南西端にあたり，冬の終りには雲が多く，霧雨模様の天気が続く。これを「クラシン」といっている。冬の季節風は12月～3月が最盛期である。

夏は日本の場合低圧部となった大陸に，発達してきた小笠原高気圧から吹き出す南東～南西の南よりの季節風が吹くが，東シナ海や日本近海では風力は弱く2～4である。東南アジアから南シナ海にかけてはインドの場合と同様に南半球の南東貿易風の侵入による南西季節風で，風力は3～5でインド洋ほどではないがかなり強い。冬の場合とは逆に北上するにつれ風は弱くなる。夏の季節風は6月～8月まで続く。

5-3-2　温帯低気圧・熱帯低気圧・移動性高気圧

中緯度では次々と温帯低気圧や移動性高気圧が発生して西から東へ移動していく。中緯度ではその際におこる東西流だけでなく，南風や北風による子午線方向の空気の流れがあって，これが熱のやりとりとしての循環流に大きな役割を持っている。また熱帯で発生した渦をもつ熱帯低気圧が北上していくことも同じく循環流としての役割を担っている。

低気圧家族とは同じ前線につぎつぎに発生する一群の低気圧が南北に連続してならんだものをいい，ふつう4個位の低気圧で構成される。一番北にある低気圧は最盛期を過ぎていることが多く，それから南西に伸びた寒冷前線の先端につぎの低気圧が発生し，またその低気圧から伸びる寒冷前線の先に新しい小さい低気圧が発生して続くものである。これは，寒帯大陸性高気圧の周辺を低気圧が発達しながら通過すると通過後に寒気が流れ出し，その寒冷前線上に新しい低気圧が発生するためであり，こうして熱帯から寒帯にわたって一連の低気圧群ができるのである。

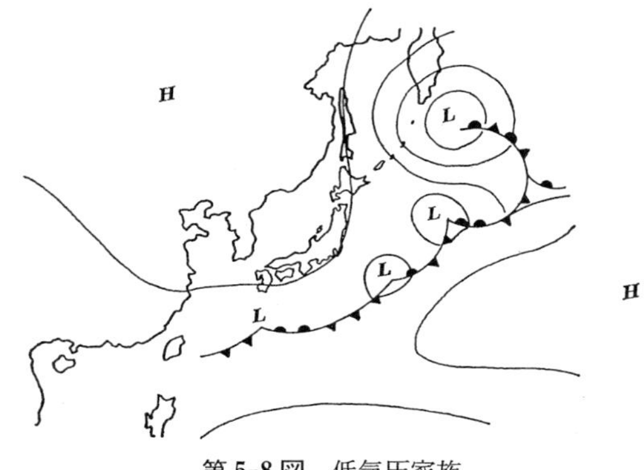

第5-8図　低気圧家族

低気圧家族の西側（寒気側）では寒帯からきた寒気が熱帯にまでおよび，東側（暖気側）では熱帯からきた暖気が寒帯にまでおよんでおり，その結果寒気と暖気の大規模な熱のやりとりが行なわれる。

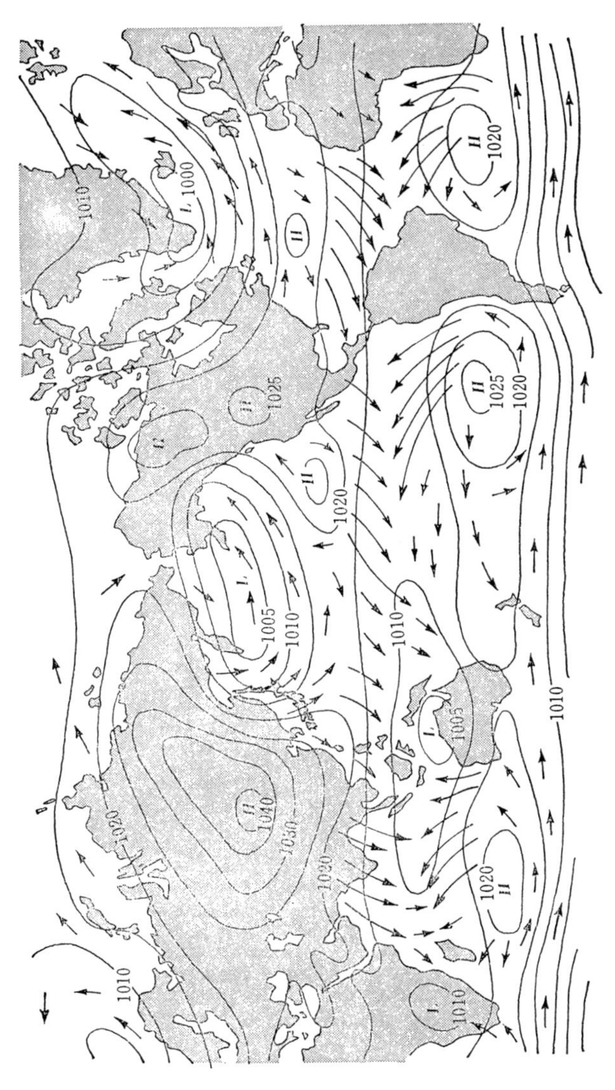

第5-9図　平均気圧配置と風（1月）

第5-10図　平均気圧配置と風（7月）

（注）　単に低気圧といえば，温帯低気圧のことを指すのが通例である。

5-4　第1次の循環

各地域で気圧や風を長期間にわたって観測し，これを統計してみると第5-9図や第5-10図のように平均気圧分布と風の平均的な様子がわかる。このような地球的な規模で考えたときの流れが，基本的で大規模な循環である。

これを大きく分けると，低緯度，中緯度，高緯度地方の三つになる。

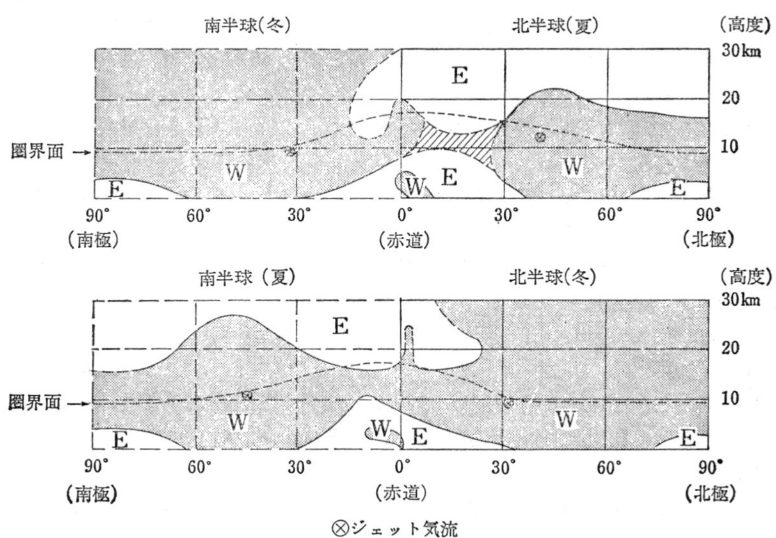

第5-11図　地球上の風（垂直断面図）

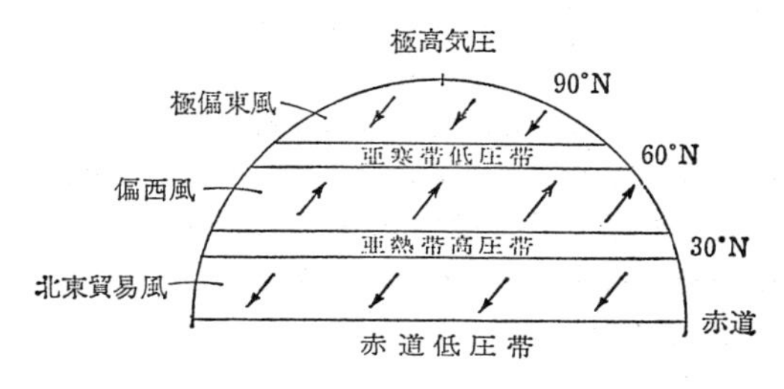

第5-12図　第1次の循環

5-4-1　低緯度地方の環流

(1)　貿　易　風

亜熱帯高圧帯から赤道低圧帯に向かって吹く風でコリオリ力の影響を受けて北半球では北東風，南半球では南東風になる。年間を通じて定常的に吹く風で風力は3～4である。ただ，貿易風が大陸に近づくと風向，風速が乱れるが，これは地形の影響を受けたり，大陸性の気団にぶつかったりするためである。

北太平洋では15°N，150°W付近を中心に南北に緯度で15°～20°，東西に経度で60°～70°を持った区域であり，また南太平洋では5°S，120°W付近を中心に南北で20°位，東西で70°～80°位の幅を持った区域である。天気は大体よく，晴れがつづくことが多い。風向風速が安定しているため，東西に航行する船舶はこの風を後から受けることにより航海時間の短縮ができる。また海面が比較的穏やかなので，客船や材木船など荒天航海に弱い船舶にとって安全航行海域といえる。昔，帆船時代にこの風を航海に利用したのでこの風の名があるといわれている。

この偏東風は上空にいくにつれて幅が狭くなるが，かなりの高さ（10km）まで東よりの風になっている。台風が初期のころ，東から西に移動するのもこのためである。

(2)　反対貿易風

貿易風の上空10～16kmを吹いている西よりの風で，北東貿易風や南東貿易風の偏東風に対して風向が逆なので反対貿易風という。

(3)　赤道無風帯

北半球の北東貿易風と南半球の南東貿易風の間にできる収束帯を赤道無風帯（Doldrums（ドルドラムス）），赤道収束帯（ITCZ），赤道収れん線あるいは赤道前線などという。

風はほとんどなく，吹いても弱い。両半球の2つの風が集まるところなので上昇気流を生じ，気圧が低く豪雨や雷雨が多い。

この収束帯は夏は北半球に，冬は南半球へ移動する。特に大陸上では収束帯の移動が大きく，南半球の貿易風が北半球へ吹き込み季節風をつくっている。また冬は北半球の貿易風が南半球へ吹き込んでいる。

（注）ITCZ＝Intertropical Convergence Zone

5-4-2　中緯度地方の環流

緯度30°付近に亜熱帯高圧帯がある。その成因を対流説でのべれば，赤道付近で上昇気流となった大気が上空で南北に流れ出し，一方は北上するとともに大圏から距等圏に大気が移動するので空気がだぶついてくることと，コリオリ力で右偏させられるので北進する成分が失なわれ，30°N付近の上空から下降気流となって地表面に出ることになる。これが高気圧を形成すると考えられている。この高圧帯の中心部では気圧傾度が小さく，風も弱い。昔はこの高圧帯を馬緯度（horse latitude）ともいい，19世紀の帆船による貿易が盛んなとき，馬を積んで航海することが多かったが，この高圧帯に入ると航海日数がのびて，水，食糧が不足するようになり，水の消費量の多い馬を棄てたことからきているという。

偏西風とは亜熱帯高圧帯から60° 付近にある亜寒帯低圧帯に向って吹く風で，コリオリ力で右偏させられ偏西風となっている。風は上空ほど定常的になり風速も増す。偏西風帯は高気圧や低気圧，前線による擾乱があり，天気の変化は激しい。天気が西から変わるのもこの偏西風に流されるからである。

北半球では大陸が多いので下層では偏西風が乱されてそれほど強いものではないが，南半球では大陸の影響が少なく定常的に吹くので風も強く，波浪も高い。そこで昔から船員達は，吠える40度（Roaring forties），狂暴な50度（Furious fifties），号叫する60度（Shrieking sixties）という言葉で偏西風の強さを表現している。航海の難所といわれるアフリカ南端の喜望峰は34° S，南米南端のホーン岬やマゼラン海峡は56° S，53° Sに位置している。

5-4-3　高緯度地方の環流

極地方では，非常に低温なため空気が下層に堆積してできた極高気圧がある。そしてここから，60° 付近の亜寒帯低圧帯に向かって偏東風が吹き出している。

極偏東風（寒帯東風）は地表近くにだけ吹いている偏東風で，上空ではみられない。偏西風と接する亜寒帯低圧帯に北極前線あるいは寒帯前線をつくっている。亜寒帯低圧帯にあたるアリューシャンやアイスランドは低気圧の墓場などといわれており，これは低気圧が次々に通過してきては消滅し平均的にみると低圧部になっているからである。

5-4-4　大気環流の原因

大気環流の原因は，その規模の大きいことなどから，まだ未知の部分が多い。しかし，次に最も一般的な対流説と波動説についてのべよう。これらが，最も大規模に北と南の熱のやりとりをしていると考えられる。

(1)　対　流　説

上層・下層を含めて，地球上の大規模な空気の流れであり，大気の大循環である。太陽の熱によって赤道地方の空気が上昇し，極地方は寒冷で空気が下降するから，上層には赤道から極に向かう対流がおこり，下層では極から

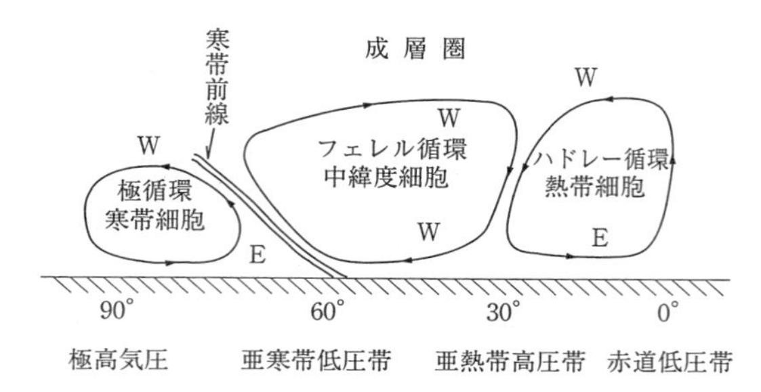

第5-13図　ロスビーの3細胞循環

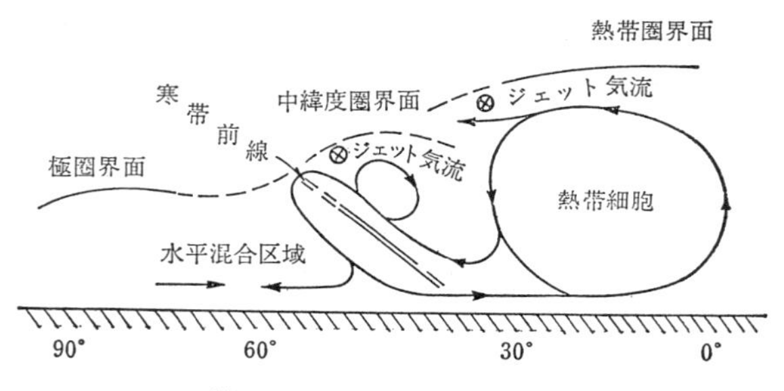

第5-14図　パルメンの大気環流

赤道に向かう対流がおこる。ところが地球自転の偏向力によって，これら対流の風向が変えられるものとしてこの考えをもとに作ったのがロスビーの3細胞循環である。古典論であるが，わかりやすいので捨て難い味がある。

基本的にはロスビーのものと同じであるが，これを修正してできたパルメン大気環流の図を示しておく。やはり3細胞から成り立っている。

(2)　波　動　説

中緯度の上層を流れる偏西風波動を中心にして考えたときの大気の環流である。

赤道地方の空気が熱せられて上昇し，低温な高緯度に流れるとき地球自転の偏向力によって東西流の流れとなる。このとき偏西風は高緯度の冷たい空気と接するが，両者の速度が違

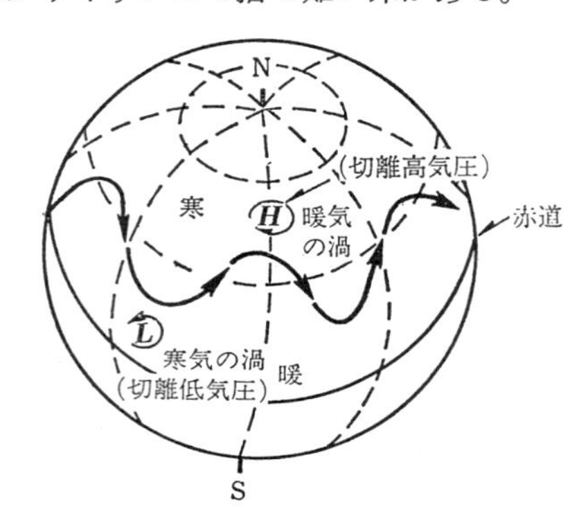

第5-15図　上層の偏西風波動

うのでここで波動をおこす。この波動が大きくなって，一部が切り離された渦が切離低気圧や切離高気圧となり，お互いに熱エネルギーの南北への輸送の役割を果たすものである。

5-5　高層の偏西風

中緯度の天気が西から東へ移動するのは，上空の西風によるものである。地表近くの偏西風は亜熱帯高圧帯（30°）から亜寒帯低圧帯（60°）までの範囲であるが，上層では偏西風が支配的であるのが第5-11図からもわかる。夏には成層圏の高さまでいくと東風が出てくるが，冬は 50km 以上の高さまで偏西風が吹いている。地上の天気は上空と無関係でなく，むしろ密接に関係している。地上は擾乱が多いので，地上だけの情報では解析が難かしいが，上空では比較的定常的なので，上空の偏西風の動きや発達した状態を推定することによって地上の天気予報に役立てることができる。

5-5-1　等圧面天気図

上層の気象状態を知るのに使う高層天気図には，等圧面天気図，層厚図，渦度（うずど）分布図，上昇流分布図などがあるが，ふつう高層天気図といえば等圧面天気図のことをさす。これにはそれぞれ 850hPa, 700hPa, 500hPa, 300hPa の等圧面天気図がある。

当然のことながら天気現象は立体的な構造のものであるから，地上天気図だけでは天気予報や天気解析に不十分であり，高層天気図が合わせて用いられる。たとえば発生したての低気圧は構造が低く 3 km 以下のものであるが，これがだんだん発達して高い構造のものになっていく過程は高層天気図で知ることができる。

次に各等圧面天気図の使いみちを説明しよう。

(1)　850hPa 面

大体，地上 1,500m あたりの気象状態を示し，地上に近く，地上天気図では判定し難い前線や気団の解析，あるいは下層の風系の発散や収れんを調べるのに用いられる。

(2)　700hPa 面

大体，地上 3,000m あたりの気象状態を示し，この高さは一般に中層雲を形成する高さで，地上の降水現象を判断するのに使われる。

(3)　500hPa 面

大体，地上 5,500m あたりの気象状態を示す。この高さは大気圧がおよそ半分になるところで，大気の平均構造を代表するところである。大気の水平循環を判断するのに重要で，700hPaや500hPa面の気流が台風を押し流すと考えられている。最も よく使われる等圧面天気図である。

(4)　300hPa面

大体，地上9,000mあたりの気象状態を示し，この高度は対流圏の上部にあたるので，ジェット・ストリームと圏界面の解析に使われる。

地上天気図は高度を一律にし，海面を基準としている。各地点の気圧を測り等圧線を引く等高度面天気図である。一方高層天気図では気圧を一定にしておいてその気圧の示す高度を各地で測り等高線を引くが，それはなぜだろうか。理由はいくつかあるが，主なものを2，3あげてみる。まず高層の気象観測をするにはラジオゾンデを使うが，ある気圧面の高さを求めることはある高さの気圧を求めるよりも簡単である。次に等圧面天気図の方が気温や水蒸気量の解析に都合がよい。また，等高度面天気図（地上天気図）の風速と気圧傾度の比例係数は空気密度の関数となっているが，等圧面天気図上の風速と高度勾配との比例係数は空気密度に無関係であるから解析図表が1つですむことなどである。

逆にいうと，何故地上でも等圧面天気図を使用しないのかと言えば，それはわれわれが地上で生活する人間であるから等高度面すなわち海面を基準とした方が具合がよいのである。

等高線（高層天気図）の見方は等圧線（地上天気図）の場合と全く同じに考えてよく，高度の高いところが高気圧であり，高度の低いところが低気圧にあたる。

（注）(1)　ラジオゾンデ：ゴム気球（水素ガスを充てんすると1.5m位の直径になる）の下にゾンデ発振器を吊す。発振器は気球が上昇している間，刻々と気圧，気温，湿度を電波にのせ送ってくるから，地上のゾンデ受信器で記録するようになっている。

(2)　等圧面（高層天気図）による地衡風式

$$V=-\frac{g}{f}\cdot\frac{\Delta Z}{\Delta n}$$

［V：地衡風，g：地球重力の加速度，f：コリオリ因子（$f=2\omega\sin\phi$）
ω　：地球自転の角速度，ϕ：緯度
ΔZ：等圧面上の2点間の高度差
Δn：等圧面上の2点間の距離］

等高面（地上天気図）による地衡風式

$$V=-\frac{1}{\rho f}\cdot\frac{\Delta P}{\Delta x}$$

（ρ　：空気の密度，ΔP：等高面上の2点間の気圧差，
Δx：等高面上の2点間の距離）

地上天気図では，空気の密度を考える必要がある。

5-5-2　上層の気圧の谷と尾根

上層の偏西風は北極を中心にみると，南北に蛇行しながら反時計回りに吹いている。これを偏西風波動という。そしてこの波は西から東に移動していくが，地上の前線や低気圧と密接な関係があることが知られている。極の地上付近では高気圧だが上空では低気圧域になっており，亜熱帯高圧帯では上空も高気圧域になっているから，波動の北にのびた部分が上層の気圧の峯，波動の南にのびた部分が上層の気圧の谷になる。気圧の谷の東側では気圧が低く，地上の低気圧の発達に都合がよいので悪天候と結びついている。気圧の谷の軸は地上から上空へ行くにつれて後方に傾いていて，これにより地上の低気圧が上層の気圧の谷よりもいくぶん東にずれていることがわかる。

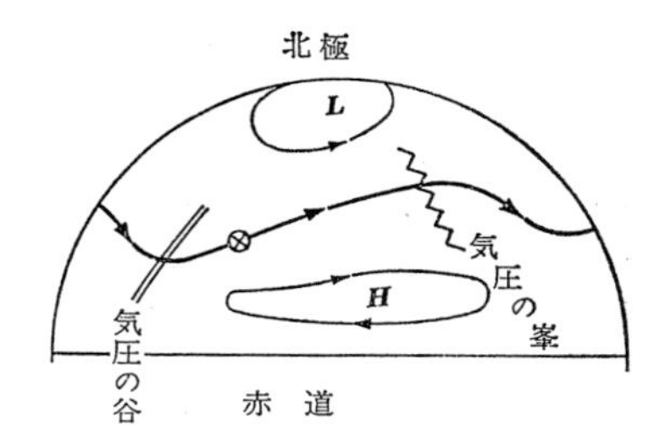

上層の気圧の谷の東側にあたるところで地上の低気圧が発達しやすい⊗

第5-16図　上層の気圧の谷と尾根

天気が周期的に変わるのは，上層の谷の動きの周期に支配されるからこの動きをみることによって天気予報が可能となるのである。

5-5-3　長波と短波

偏西風波動には長波と短波がある。

(1)　長　波

プラネタリ波ともいう。

1.　波長が長く，振幅が大きい。
波長は 6,000km 以上，経度にして 90°～120°。したがって波はふつう3～4個で地球をとりまいている。

2.　1日に東へ 1°～2° Long. 移動する。

(2)　短　波

1.　波長が短く，振幅も小さい。波長は1,000～3,000km。波数としては7～12で地球をとりまいている。

2.　1日に東へ 10° Long. 位で移動する。冬はこれよりやや早くなり，夏は遅くなる。

長波は上層にいくにつれてその形がはっきりしてきて，波長が長く振幅が大きくなってくる。これに対し，短波は上層にいくほど振幅が減ってくる。短波の方が速度が早いから，長波の間を通りぬけて進んでいく。一般に長波も短波も東進するが，長波はまれに西へ進むこともある。

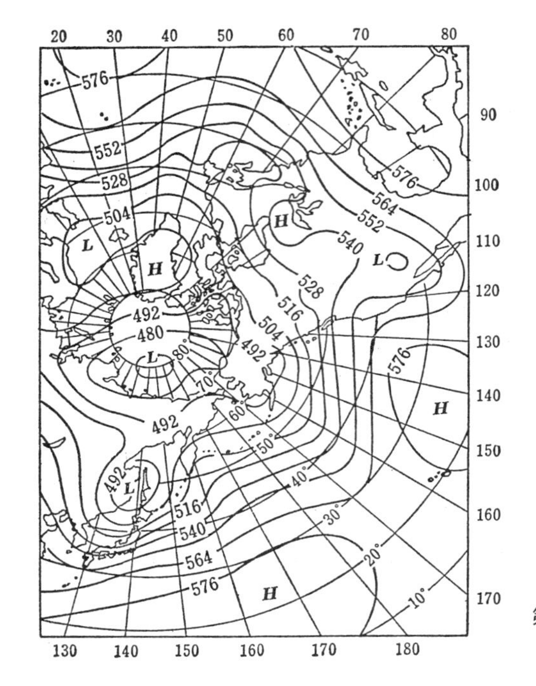

偏西風波動（Cressman）
高度の単位は 10m（576→5760m）

第5-17図 500 hPa 等圧面天気図

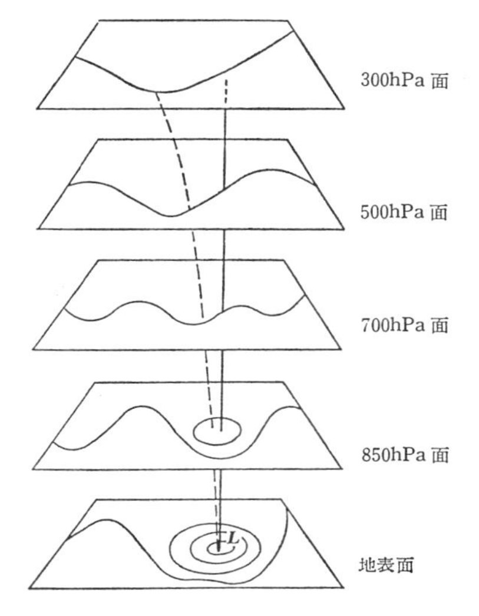

等圧線（等高線）は上空に行くに従い，単純になっている。気圧の谷は上空に行くに従い，西にずれている。上層の気圧の谷の東側に地上の低気圧が一致している。

第5-18図 地上の等圧線と上層の偏西風

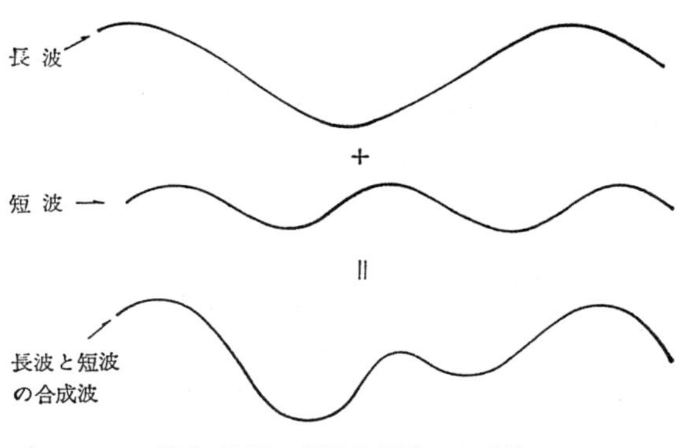

第5-19図　長波と短波の合成波

高層天気図の500hPa面では長波と短波の重なった状態で波動があらわれるから，長波と短波を分析する必要がある。短波の谷が長波の尾根に重なれば短波の谷は打ち消されてはっきりしなくなるが，その後の動きを注意していれば通りぬけた短波の谷が再びみえてくる。また逆に，短波の谷と長波の谷が重なると，谷の振幅はいっそう大きくなる。長波の性質をよく知るには300hPa面を，短波の性質をよく知るには700hPa面に注目するとよい。

地上の低気圧が発達すると，短波の振幅も大きくなる。このように上空の気圧の谷と地上の低気圧は密接な関係があって，短かい期間の予報には短波の動きと気圧の谷の振幅に注目する。事実，地上の低気圧は短波の動きにつれて，ほぼ1日に10°位の割合で東進する。

一方，長期の予報には長波の動きに注目する。長波は停滞性の波であるから，尾根や谷のできやすい位置は地理的に大体決まっている。長波の尾根はヨーロッパ西岸，アメリカ大陸西岸，シベリア西部のように大陸の西側に存在することが多い。また長波の谷はアジア大陸の東側，アメリカ大陸の東側にある。つまり日本付近は長波の谷にあたる。低気圧の発生，通過が多いのもこのためである。日本の東方海上に発生する低気圧家族は長波と密接な関係があって，長波の峯付近に最も北へ進んだ地上の低気圧があり，ここから西方の長波の谷にかけて次々と低気圧が南西方向へ連なるものである。

この長波が発達すると谷と峯が強まり，南北風が強くなる。すなわち谷の西側では寒気の南下，東側では暖気の北上が著しくなり，偏西風は弱まる。冬季，長波の谷に沿って大陸の寒気が引き出されて南下し，地表面に降下すると日本列島は寒波襲来となる。波動がさらに大きくなると，次にのべるブ

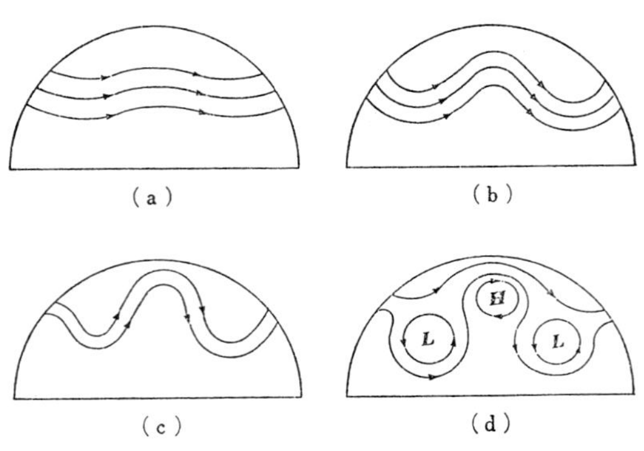

第5-20図　切離高気圧と切離低気圧
（第5-15図参照）

ロッキング現象がおこる。

(3)　切離高気圧（ブロッキング高気圧）と切離低気圧

長波が発達してその振幅が大きくなると，ちょうど川の流れが大きくうねりそのへりに渦が分離独立するのと同じように，上層の東西示数が小さいと偏西風が弱まって蛇行運動が強くなる。この波動が北にうねって独立した渦を切離高気圧またはブロッキング高気圧という。また南にうねって独立した渦を切離低気圧という。これらは一度形成されると停滞性があり，半月～1カ月存在する。

切離低気圧は地上の低気圧の発達と同時か，それに先立って起こることが多い。これは寒気が切り離されてできる渦なので寒冷渦ともいう。南東の端には前線ができやすく，また積雲性の雲の発生があり大雨になりやすい。梅雨末期の豪雨，冬季の日本海側の豪雪に関係するといわれる。

一方，切離高気圧は切離低気圧の形成に伴っておこることが多い。このブロッキング高気圧の西側では偏西風の波動が不順になり，地上の低気圧はこの上空のブロッキング高気圧にゆくてを妨げられて進行が遅くなったり，あるいは南か北に方向を転じてゆっくり進行するようになる。したがってこの間地上の天気はぐずつくのである。梅雨期の上層では，上空のジェット気流が二つに分流して，一つはブロッキング高気圧の北を回り，一つは日本の南を通る。そうして，南のジェット気流の下層が梅雨前線帯にあたっている。

このように，日本の梅雨現象にはブロッキング高気圧が関係していることが知られていてこのブロッキング高気圧が消滅するときが梅雨明けとなるの

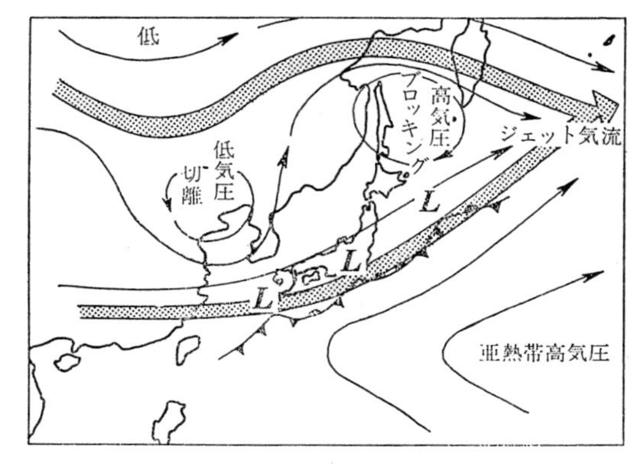

第5-21図　梅雨期の高層の気流（前線は地上の梅雨前線）

である。

ブロッキング現象はヨーロッパ西岸とアメリカ西岸によく形成され，4月に多く，8～9月に少ない。

（注）(1) ブロッキング（Blocking）とは「妨げる，封鎖する」の意。
(2) 東西示数とは，ある子午線上で上層の南北2地点間の気圧差をとり，その気圧差（またはこれを地衡風速に直した風速）で表わす。たとえば，中緯度において南の気圧が高い場合，西風が強くなり東西示数は大きい。また南の気圧が低いと西風が弱くなり，蛇行運動が強くなって南北の気流の交換が行なわれる。この場合，東西示数は小さい。

5-5-4　ジェット気流

① 偏西風の強風帯である。
② 地上 11～14km の圏界面付近の狭い範囲にある。
③ 風速は夏が平均 15 m/s，冬は平均 40 m/s で 100 m/s を越えることも珍しくない。
④ 夏は 35°N～45°N，冬は 20°N～35°N に存在する。
⑤ 大陸の東岸で強い。したがって日本の上空は強い地帯にあたる。

偏西風波動の発達する緯度は熱帯気団と寒帯気団の境目にあたり，南北の気温傾度が大きい。このようなところにジェット気流が発達している。

一般に，上層で気温傾度の大きいところは上層風も強く，上層風が強くなってきた時には低気圧の発生や発達，あるいは前線の活発になることが予想できる。したがって，ジェット気流のような強風域のもとでは，地上の主要な前線

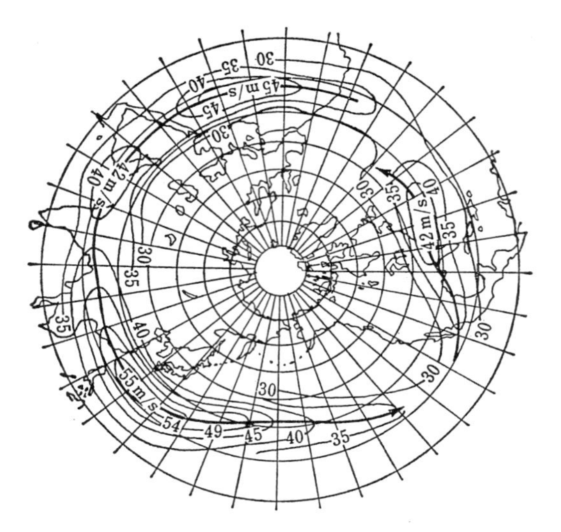

第5-22図　1月のジェット気流（太線）

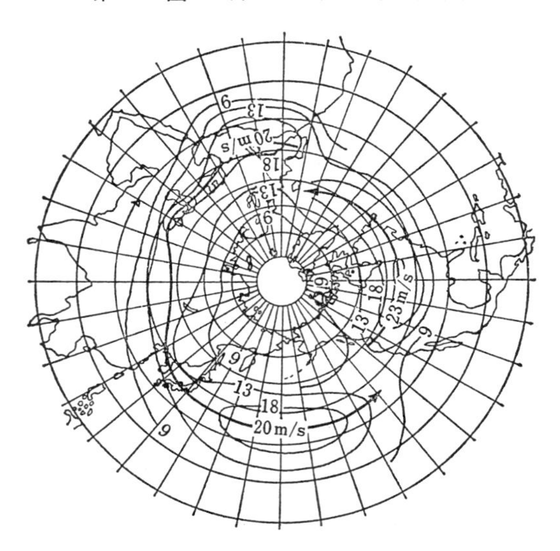

第5-23図　7月のジェット気流（太線）

が対応しているものである。この対応した前線が活発化すれば，低気圧の発生・発達がうながされることになる。

ジェット気流が発見されるきっかけになったのは，第二次世界大戦時にアメリカのB29が日本本土を空襲するとき，ある地帯に入ると飛行機の速度が鈍ったり偏流したりすることがあって，その後の観測でジェット気流の存在が確認された。

ジェット気流の発生原因はまだはっきりわかっていないが，その中の1つの原因を作っていると思われる気温傾度について簡単な原理をのべてみる。

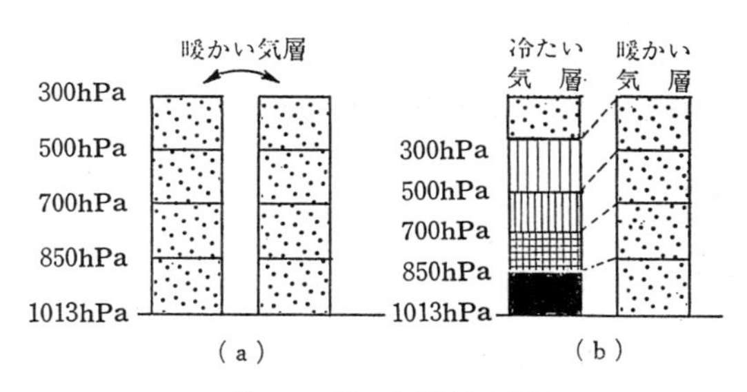

第5-24図　気温傾度と風

第5-24図(a)のように2つの気柱があり，それぞれ同じ密度と気温とを有し，地表面の気圧は同じである。今，(a)の気柱の一方を冷やして冷たい気層とすれば，空気は下層の方に沈んで上層は薄い密度の少ない気層となる。この場合気圧の減少率は大きい。他方の気柱はもとの暖かい気層とすれば，上層への気圧の減少率は少ない。この結果が図(b)である。この気柱の空気は外へ逃げたり外部から入ってこないようにして，地表面の気圧は(a)，(b)とも常に等しいとする。そうすると地表面では気圧差がないから風はおこらないが，上空にいくに従い気圧差は大きくなり，圏界面付近では最大になる。このように気温差が上空の気圧差につながっている地域，つまり南北の気温傾度が大きい中緯度の圏界面にジェット気流が発達することになる。

（注）現在では，東行する飛行機はジェット気流を利用し，西行する飛行機はこれを避けて飛行するのは常識になっている。

第5章　問　題

▶三　級

問1　海陸風はどのような原因で起こるか。

〔解〕 5-2-1 参照。

問2　積乱雲は局地的な突風，しゅう雨，雷雨などの突発的な現象を伴いやすいが，その理由を述べよ。

〔解〕 5-2-2，5-2-3参照。

問3　熱帯収束帯（熱帯収束線，赤道前線，赤道収束帯）とは，どのような帯域のことをいうか。

〔解〕 5-4-1(3)参照。

問4　偏西風について，次の問いに答えよ。

(1)　この風はどのように吹いているか。

(2)　この風はどの帯域において卓越しているか。

(3)　この風は日本の南方海上に発生する台風が日本付近へ接近する場合に，どのような影響を与えるか。

〔解〕 (1)(2)　5-4-2 後段参照。(3)　9-3-4(3)後段と(4)前段参照。

▶二　級　<＊＊>

問1　大気の大循環（General Circulation of the Atmosphere）の発生する原因をのべ，この大循環が偏西風および貿易風を生ずる経過を説明せよ。

〔解〕 5-4-4(1)，5-4-2，5-4-1(1)参照。

問2　高層天気図においては，等圧線がどのような形をしているところを気圧の谷というか。

〔解〕 5-5-2 参照。

問3　冬季，季節風が強吹するとき，台湾北東岸においては降雨が多いが，なぜか。

〔解〕 5-3-1(2)参照。

問4　右図は，地球表面を一様と仮定した場合の大気の大循環を模型的に表わしたものの一部を示す。次の問いに答えよ。

(1)　帯状域(a)～(c)内の風（矢印で示す）は，何と呼ばれているか。

(2)　帯状域(イ)～(ハ)を，それぞれ何というか。

〔解〕 (1)(2)　第5-12図参照。

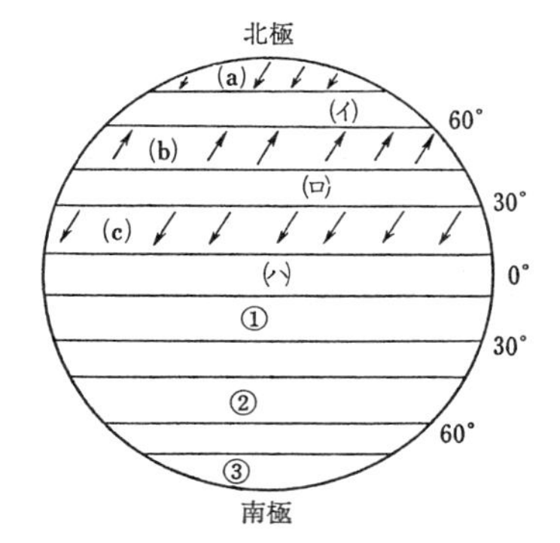

問5　次図は，地球表面を一様と仮定した場合の北半球における対流圏内の大気の大循環を模型的に描いたものの一部を示す。次の問いに答えよ。

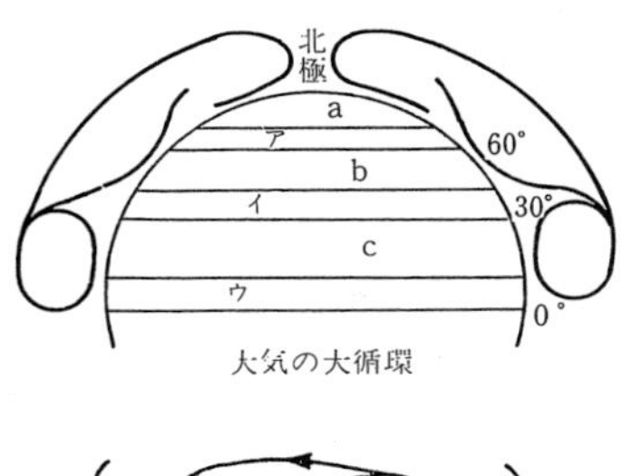

大気の大循環

(1)　地表面の平均気圧分布を示す帯状域ア～ウをそれぞれ何というか。

(2)　帯状域a～cにおける大環流に属する典型的な風系をそれぞれ何というか。

(3)　上図を転記し，帯状域a～cにおける風向及び図の半円の外側に描いた大環流の進行方向を矢印（⟶）で示せ。

〔解〕 (1)(2)　第5-12図。(3)　第5-13図参照。

問6　(1)　ジェット気流（Jet stream）は，どの区域を，どのように流れているか。また，その規模の大略を記せ。夏季と冬季の違いも述べよ。

(2)　切離高気圧の概略の成因及び性質を述べよ。また，日本付近における切離高気圧の例をあげよ。

〔解〕 (1)　5-5-4①～⑤参照。(2)　5-5-3(3)参照。

問7　赤道低圧帯（赤道無風帯，熱帯低圧帯）とは，どのような領域をいうか。また，この領域内においては，天気は，一般にどのような特徴を示すか。

〔解〕 5-4-1(3)参照。

▶一　級　<＊＊＊>

問1　太平洋における赤道収束帯の成因および天候についてのべよ。

〔解〕 5-4-1(3)参照。

問2　インド洋における貿易風について説明せよ。

〔解〕 5-3-1(1)参照。

問3　上層気象観測が，温帯低気圧，熱帯低気圧の発生および移動を予報する上に必要である理由について知るところをのべよ。

〔解〕 5-5（5-5-1(1)の前まで）参照。

問4　低気圧家族はどのようにして発生するか。また，これは大気中の熱の不均等な分布に対してどんな影響を与えるか。

〔解〕 5-3-2 参照。

問5　高層天気図における次の等圧面天気図について，下の問いに答えよ。

(a)　850mb　(b)　700mb　(c)　500mb　(d)　300mb

(1)　地上からの高度の最も低い天気図は，(a)～(d)の内どれか。

(2)　偏西風の大きな波動のみが現れ，ジェット気流の解析に便利な天気図は(a)～(d)の内のどれか。

(3)　それぞれの天気図は主に何を調べるのに役立つか。

(4)　(c)でトラフ（trough）及びリッヂ（ridge）はどのように描かれているか。また地上の強い低気圧・高気圧は，それぞれ(c)の何に対応しているか。

〔解〕 (1)(2)(3)は5-5-1 参照。(4)は5-5-2 参照。

問6　偏西風波動とは，何か。また，これは，天気の予測上どのように利用されるか。

〔解〕 5-5-3参照。

問7　高層天気図について，次の問いに答えよ。

次のa～dの等圧面天気図は，それぞれ中緯度で地上からおおよそどのくらいの高さのものか，右のア～ケの中から選び，e―コの要領で示せ。

a　850mb　　b　700mb

c　500mb　　d　300mb

ア	700m	イ	1500m	ウ	3000m
エ	4500m	オ	5500m	カ	9000m
キ	10000m	ク	12000m	ケ	16000m

〔解〕 a－イ，b－ウ，c－オ，d－カ

問8　気象におけるブロッキング現象とは，何か。また，日本付近でブロッキング現象が起こる例をあげよ。

〔解〕 5-5-3(3)参照。

問9　暖候期に，オホーツク海から，中国東北区の北方に現れるブロッキング高気圧は，日本付近にどんな天気をもたらす気圧配置と関係があるか。

〔解〕 5-5-3(3)参照。

問10　上層の寒冷渦（うず）の動きを知ることが重要である理由を述べよ。

〔解〕 5-5-3(3)参照。

問11　赤道偏東風（貿易風）に関して，**貿易風逆転**とは，どのようなことか。

〔解〕 貿易風帯に現れる気温の逆転をいう。亜熱帯高気圧の南側を吹く，層の厚い偏東風帯では，一般に下降気流があるため海面付近の空気よりも気温が上がり，2～3㎞の高度にこの逆転層が現れる。逆転層より上では空気は乾燥している。亜熱帯高気圧の南東部で顕著である。

問12　ブロッキング高気圧とは，どのような高気圧か。

〔解〕 5-5-3(3)参照。

問13　**寒冷低気圧**とは何か。また，この低気圧が発生したときの日本付近の天気の特徴を述べよ。

〔解〕 寒冷渦のこと。5-5-3(3)参照。

▶航海に関する科目

問1　神子元島付近における，年間を通じての風の傾向を述べよ。（航）

〔解〕 相模灘と遠州灘の中間に位置し，気象が変化しやすい。南西の強風が北東の強風にあるいはその反対の現象が突然起こることがある。

強風と強い海潮流により，潮波が起こり，しばしば激しい波浪となる。

問2　北太平洋の偏西風帯における冬季の風の一般的傾向を述べよ。（航）

〔解〕 発達した低気圧の中心がベーリング海に移動することが多いので，アリューシャン列島より南側では全体として風力7以上の西風が多い。日本近海では北西風となる。

個々の低気圧が日本から北東進して来るときは，風向も南東～南西と変わりやすくそれぞれ強い風が吹く。

冬季の北太平洋は月に12～18日が風力7以上となる。

問3　南シナ海で北東季節風及び南西季節風の定吹する時期とその平均風力を述べよ。（航）

〔解〕 北東季節風：11月～3月，風力4～5
南西季節風：6月～8月，風力3～4

問4　南シナ海において，4月の次の海域における（　）内に示す事項を述べよ。（航）

(a) Luzon Strait から南西にわたる海面（風力）

(b) 大陸側（風向）

(c) 北緯10°以南（風力）

〔解〕 (a) 風力3。(b) 偏北風，偏南風が交互に吹く。(c) 一般に風は弱い。

問5　インド洋北部における季節風の一般的傾向を述べよ。（航）

〔解〕 5-3-1(1)参照。

問6　アラビア海において南西季節風及び北東季節風が定吹する月を述べよ。（航）

〔解〕 南西季節風：6月～9月，北東季節風：12月～3月。

問7　紅海の季節風の一般的傾向を述べよ。

〔解〕 沿岸に沿って吹く。夏季は北々西風，冬季は北部で北々西風，南部では南々東風が吹き，時に強吹する。

第6章　気　　団

6-1　気　団　と　は

気団とは，広い範囲にわたって一様な性質を持つ空気の集団である。

空気の性質を表わすのに温度と水蒸気量が基本になっている。そして空気の温度と水蒸気量は地表面から受ける熱量と蒸発量に大きく左右される。したがって広い範囲にわたって空気が同じ場所に長い間存在すれば，その空気の集団は均一な気温と水蒸気量をもつようになるだろう。これが気団の発生である。

空気の集団は水平方向に数千 km，高さ数 km の規模であろうと考えられる。

冬，北の大陸上に長い間接する空気は水平方向に一様な寒冷で湿度の少ない空気の集団ができるし，熱帯の海洋上の空気は多量の水蒸気を受けて，高温・多湿な性質をもつようになる。こうしたことから，永続性のある高気圧内では一様な空気が中心から周囲に向かって長い間吹き続けるので気団ができるということがわかる。

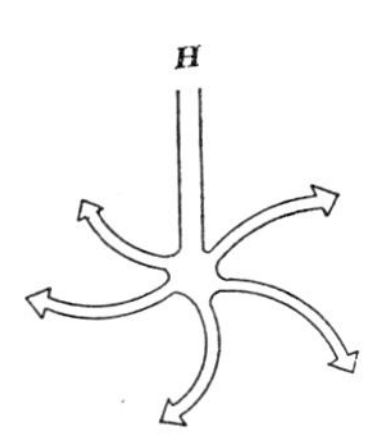

(a)　高気圧
均質の気流を周囲にひろげる

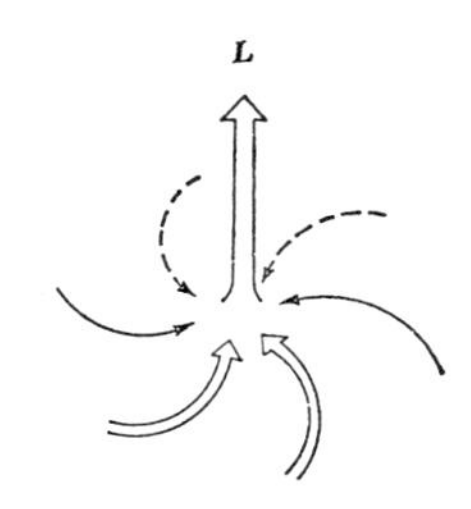

(b)　低気圧
異質の気流が吹き集まる

第 6-1 図　高気圧と低気圧の気流

これに対し，移動性高気圧の場合は一様な性質になる前に移動して通り過ぎてしまうので気団はできにくいし，また低気圧内は南からも北からも異質な空気が周囲から吹き込んでくるので気団はできない。つまり空気の動きの激しいところでは気団ができ難いことになる。したがって低気圧の発生と通過の多い中緯度（温帯）では気団ができ難いことになる。

気団は発源地を離れてよそへ移動しても，しばらくはその性質を維持するので，その地方は移動してきた気団の影響を受けた気候状態になる。しかし，気団も長い道程を経ると本来の性質が失なわれてきて性質が変ってくることがある。これを気団の変質という。

6-2　気団の分類

気団の持つ気温と湿度を左右するのは緯度の違いと，大陸か海洋かの違いが重要である。また温帯には発生し難いことから，次の組み合わせが考えられる。

極(非常に低温)←┐
寒　　帯(低温)←┤─┬→海洋性（多湿）
熱　　帯(高温)←┘　└→大陸性（乾燥）
赤道(非常に高温)←→海洋性（非常に多湿）

これを表にまとめると，次のようになる。

第6-1表　気団の分類

気団の種類	記　号	北半球のおもな発源地	性　　質
北極海洋性気団	mA	北極海地域（冬季）	非常に低温で多湿
北極大陸性気団	cA	シベリア北部 カナダ北部（冬季）	非常に低温で乾燥
寒帯海洋性気団	mP	北太平洋の北部・北大西洋の北部	低温で多湿
寒帯大陸性気団	cP	シベリア・カナダ	低温で乾燥
熱帯海洋性気団	mT	太平洋・大西洋の熱帯域	高温で多湿
熱帯大陸性気団	cT	北アフリカ・中国南部	高温で乾燥
赤　道　気　団	mE	南　洋	非常に高温で非常に多湿

第6-2表　日本付近の気団

気団の種類	記　号	発源地	日本に出現する時期	対応する高気圧
シベリア気団	cP	シベリア大陸	主として冬	シベリア高気圧
オホーツク海気団	mP	オホーツク海 千島沖	梅雨期と秋	オホーツク海高気圧
小笠原気団 (北太平洋気団)	mT	本邦南方海上	主として夏	小笠原高気圧 （北太平洋高気圧）
揚子江気団	cT	揚子江流域以南	春と秋	揚子江高気圧
赤　道　気　団	mE	南　洋	暖候期	* * *

（注）記号は次の英語の略号である。
海洋性：m（maritime），大陸性：c（continental），北極性：A（arctic），寒帯性：P(Polar)，熱帯性：T（tropical），赤道性：E（equatorial）

前の表の気団はいずれも永続性のある高気圧にできるものであるが，その他に高気圧内ではないが風が定常的に吹き続けるために一様な性質をもつようになる場合がある。それは貿易風の吹き込みによる「赤道気団」であり，季節風による「季節風気団」である。

わが国では第6-1表の気団で日本に影響を与えるものを発源地の名前で呼んでいる。

6-3　気団の変質と判別

気団が発源地を離れて移動すれば，やがて移動した地域の影響を受けて性質が変わってくる。すなわち気団の変質がおこる。たとえば夏の終り頃，寒冷前線の通過後寒帯気団におおわれて涼しくなったと思ったら一両日してまた残暑がぶり返すことがある。これはこの寒帯気団が日本で変質して温暖な気団に変質したためである。

変質は気団の下層で受けやすく，次第に上層におよんでいく。したがって上層ほど発源地の気団の性質を維持している。

変質は気温と湿度が変わることであるが，その原因には次の場合が考えられる。

1. 下層からの加熱
2. 下層からの冷却
3. 水蒸気の補給
4. 水蒸気の除去
5. 空気の上下運動による断熱昇温，断熱冷却

現在その地方がどの気団におおわれているかを判別することは天気予報にとって重要である。なぜなら気団の判別をして現在の気団の種類がわかれば，それを追跡することによって変質の進み具合や新しい気団が入り込んできているかどうかがわかり，予報に役立つからである。新しい気団が今後つづいて入ってくるか，あるいはそのまま途切れてしまうのか，もしそうであれば気団の変質も早いだろう。つまり，それぞれによってその地域を支配する気候状態も異なってくるのである。

上層観測のできないとき，気団を判別するに，最も簡単な方法として地上の気温や湿度を測定することになるが，この値はその地域に支配されて変わりやすいから不正確になりやすい。そのため，できれば露点温度，温位，混合比，比湿などで気団を判定するのが望ましい。

6-4　気団の安定・不安定

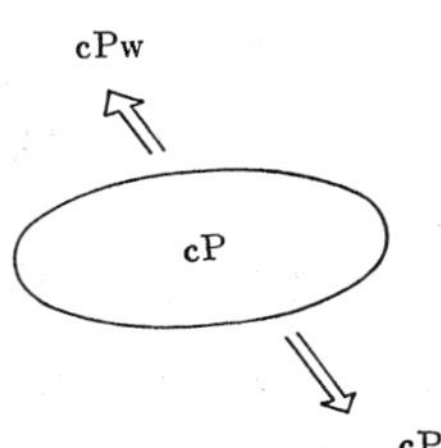

一つの気団が南下して寒気団になったり，北上して暖気団になる

第6-2図　暖気団と寒気団

(1)　寒気団とその不安定化

寒気団とは移動した地域の温度よりも気温の低い気団のことで，一般的にいえば寒気団は極とか寒帯地方に発源地をもち，この気団が南下してくると下から暖められて不安定となり，熱が乱流によって上層へと伝わり気温減率も大きくなって対流がおこるようになる。

寒気団が陸地を移動するときは下層から暖められても水蒸気の補給が少ないので，不安定層が高いにもかかわらず積雲ができるくらいで乾燥している。天気もあまり悪化しない。これに対し寒気団が陸地から海上に出ると下層から暖められると同時に多量の水蒸気の補給を受けるので，水分は対流によって上層まで運ばれる結果，雲は垂直に発達した積乱雲が発達し，しゅう雨をともなう。このため風は強く突風性となる。寒気団では大気中の浮遊物が四方に吹き散じてしまうので視程は良い。

寒気団は略記号でKと書くからシベリア気団（寒帯大陸性気団）が日本にくるような場合であれば cPk と書くことができる。

(2)　暖気団とその安定化

暖気団とは移動した地域の温度よりも気温の高い気団のことで，一般的にいえば暖気団は亜熱帯の高気圧とか赤道気団に発源地をもつ。この気団が北上してくると下から冷やされて安定化し，熱の上下混合がおこり難くなり対流が妨げられる。下層は冷やされるが上層まで伝わらないので気温の逆転がおこる。このため風は弱く一定に吹くから，大気中の浮遊物も大気中に漂よい視程を悪くする。また雲ができても上下の対流がないため水平に拡がる層状の雲が発生し，雨があっても小雨である。

暖気団は略記号でWと書く。したがって小笠原気団（熱帯海洋性気団）が日本にくるような場合であれば mTw と書くことができる。

寒気団と暖気団の一般的性質をまとめると次表のようになる。

第6-3表　寒気団と暖気団の比較

気　　団	安定度	風	視　程	雲　型	降　水
寒気団（K）	不安定化	突風性	良	積状雲	しゅう雨
暖気団（W）	安定化	一定	不良	層状雲	地雨

（注） 暖気団は Warm air mass から，Wとなる。寒気団は Cold air mass から，Cであるが大陸性気団（continental）でcを使っているので，発音から K を使用する。

6-5 日本付近の気団

(1) シベリア気団（cP）

1. 発源地はバイカル湖を中心にしたシベリア大陸である。
2. 活動期は冬である。
3. 発源地での性質は低温で，大気が安定していて水蒸気量が少なく乾燥している。
4. 大陸では煙霧が発生しやすく，霜，氷霧が発生する。
5. 北西季節風となって日本へ流れ込んでくると，途中日本海で下層から暖められ，かつ水蒸気の補給を受けるので変質する。気団の不安定化に伴い対流がおこり，積雲や積乱雲ができやすくなる。
6. 日本の山脈を上昇して雲が発達し，日本海側に雪を降らせる(変質)。水蒸気の少なくなった気団が山脈を越えて太平洋側に出るが，さらに断熱昇温の効果も加わって乾燥する。雲は切れ，晴天となって空っ風が吹く。
7. 太平洋に出ると再び下層から暖められ，また水蒸気の補給を受けるので変質して不安定化し雲の多い陰うつな天気になる。
8. この気団がさらに南下すると北東季節風となって台湾，東南アジアに達するが，やがて熱帯気団と同化して消滅する。

(2) オホーツク海気団（mP）

1. 発源地はオホーツク海，千島列島周辺。
2. 活動期は梅雨期と秋である。
3. 性質は低温で多湿である。
4. 日本へ南下してくると多湿な気団が不安定化するので雲の多い，陰うつでうすら寒い天気となる。
5. 北東風が多くなる。
6. 初夏と秋にはオホーツク海気団が持続的に存在している。初夏のころは勢力を増しはじめた小笠原気団と太平洋岸で接触し梅雨前線を，秋には衰え始めた小笠原気団と接触し秋雨前線をつくる。このため雨の多いぐずついた天気となる。
7. この気団が盛んでなかなか衰えないと8月になっても低温が続き，北日本に冷害を与える。

(3)　小笠原気団（北太平洋気団）(mT)

1.　発源地はハワイ周辺を中心とした北太平洋一帯で，その最も西に張り出している部分をとって小笠原気団と呼んでいる。
2.　活動期は主として夏である。
3.　性質は海洋性なので高温・多湿である。
4.　日本へ北上してくると下層が冷やされる（変質）ので気団は安定化し，日本沿岸では天気が良い。
5.　夏の南東～南西季節風となって吹き込んでくる。多湿なためむし暑い。
6.　気団は安定化したとはいえ，もともと多湿な気団であるから，陸地で強い日射のため熱せられると積雲系の雲が発達し，雄大積雲や積乱雲ができる。そして局地的に強いにわか雨，雷雨，夕立ちなどをみる（変質）。
7.　多湿な気団が三陸沖から北海道南東岸付近一帯の冷水域で冷やされ，霧を生じる。

(4)　揚子江気団（cT）

1.　発源地ははっきりしていないが，シベリア気団が分離して南下し定着した場合と，中国大陸の南方から北上して定着した場合とが考えられている。
2.　活動期は主として春と秋に移動性高気圧として日本にやってくる。

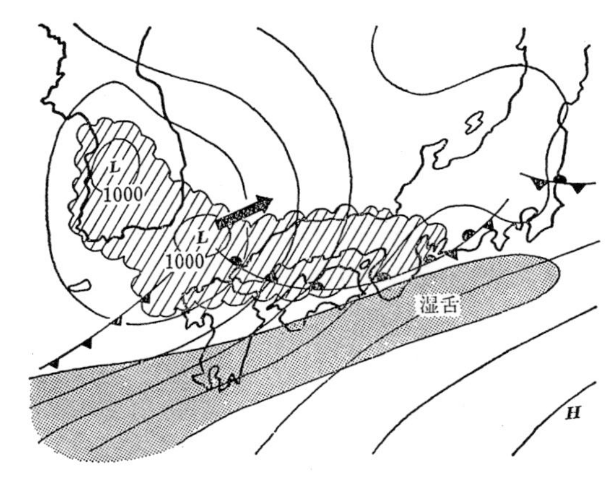

第6-3図　湿舌による大雨（昭44年7月1日A.M. 6時）

3. 性質は高温，低湿である。

4. この気団におおわれると風は弱く，よい天気となる。夜は地表面の放射冷却があり，冷え込んで春の晩霜(おそじも)をみることがある。

5. 後から低気圧が続くので好天も一両日で崩れる。

(5) 赤道気団（mE）

1. 発源地は赤道地方の海上である。

2. 活動期は梅雨期や台風時の豪雨に関係して日本に侵入してくる。

3. 性質は非常に高温で，非常に多湿である。背の高い気団で上層まで湿度が高い。

4. 北上とともに下層は小笠原気団と見分けがつかなくなるが，上層ではもとの性質を保っている。

5. 日本には梅雨期や台風時の豪雨のときに小笠原気団の上部に乗って狭い範囲にくさびのように侵入してきている。これを湿舌という。

6. この湿舌が各地に集中豪雨をもたらしたりするのだが，範囲が狭いだけに発見が難しい。

6-6 前 線 帯

発生地の異なる二つの気団が出会うところでは当然気温と湿度が不連続になっている。この場合，ある幅をもって一方の気団から他の気団へ移ることができる。このように気温や湿度が狭い範囲（数百km)で急に変わっている地帯を前線帯という。この不連続の幅がもっと狭く数十km 以下になってくると前線の発生となるのである。

したがって前線帯とは具体的な前線があることではなく，この地帯に前線が形成されやすいところということであり，二つの気団の接触地帯である。

図からもわかるように，冬の寒帯気団の優勢なときは寒帯前線は南下し，反対に夏の熱帯気団が優勢なときは北上している。

前線帯には次の種類がある。

① 北極前線（帯）:寒帯気団と北極地方の気団との境界にできるもの。

② 寒帯前線（帯）:寒帯気団と熱帯気団の境界にできるもの。

③ 赤道前線：赤道無風帯，熱帯収れん線（帯）などという。南北両半球の熱帯気団の境界にできるもの。

これらは地理的にみた分類であるから，第7章にのべる運動学的な分類による前線と混同してはいけない。特に寒帯前線（帯）と寒冷前線を同じと錯覚する人がいるから注意してほしい。寒帯前線（帯）は中緯度地方の天気を支配する温帯低気圧の発生源であるから，われわれにとっては大変重要である。

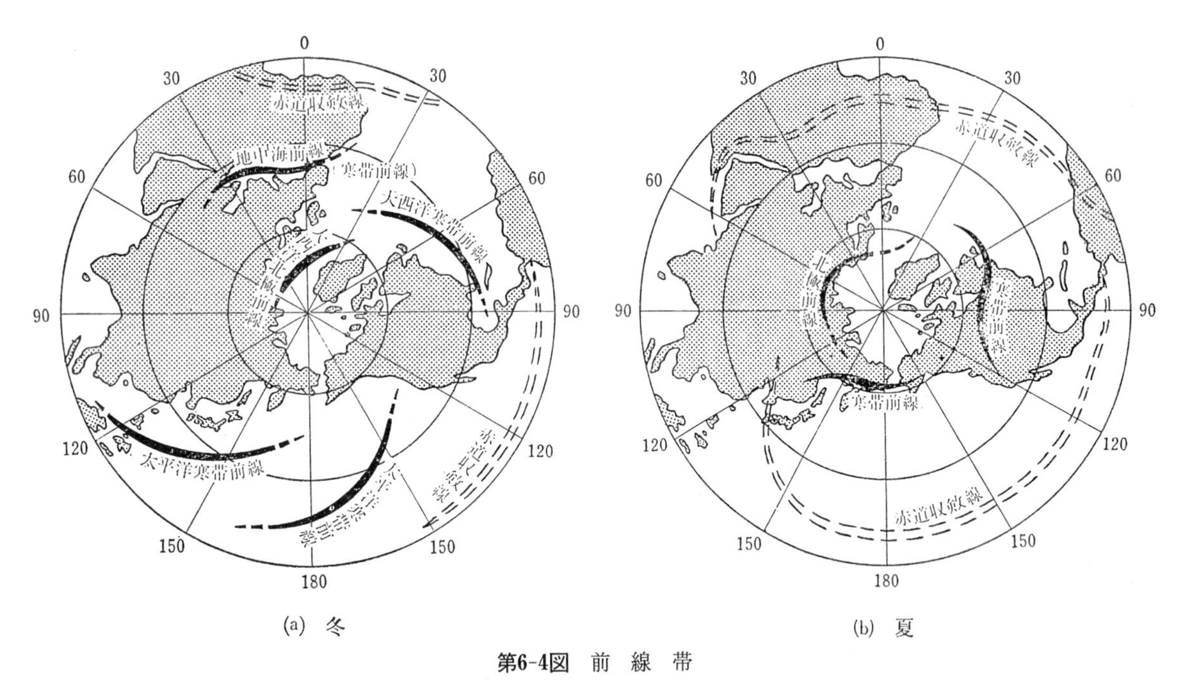
0
30
60
90
120
150
180
赤道収斂線
地中海前線
(寒帯前線)
大西洋寒帯前線
北極前線
太平洋寒帯前線
(a) 冬
赤道収斂線
北極前線
寒帯前線
(b) 夏

第6-4図 前線帯

第6章　問　題

▶三　級　＜＊＊＞

問1　下表は，日本付近に現われる気団について示したものである。表の□内にあてはまる語を記号とともに記せ。

名　称	発生時期	温　度	湿　度
㋐□気団	冬　季	冷	㋑□
㋒□気団	梅雨期・秋	冷	湿
小笠原気団	㋓□	㋔□	㋕□
㋖□気団	春・秋	暖	乾　燥

〔解〕 ㋐―シベリア，㋑―乾燥，㋒―オホーツク海，㋓―夏季，㋔―暖，㋕―湿，㋖―揚子江

問2　気団とは，何か。

〔解〕 6-1 前段参照。

問3　(一)(1)　日本の天気に影響を及ぼす気団の名称を，4つあげよ。

(2)　(1)のうちの任意の2つについて，それぞれ性質及び日本の天気に及ぼす影響の一般的傾向を述べよ。

(二)　暖かい海域に寒気団が移動してくると，どんな雲が生じやすいか。また，どんな風が吹きやすいか。

〔解〕 (一)(1)(2)　6-5 参照。(二)　第6-3 表参照。

問4　次の気団について，①　発生する季節，②　性質（寒冷か温暖か及び乾燥か多湿か，の別），③　日本付近にもたらす天気の一般的傾向の概略を述べよ。

(1)　シベリア気団　　(2)　揚子江気団

〔解〕 6-5(1)と(4)参照。

問5　次図は季節に応じて日本の上に移動してくる各種の気団の経路を模型的に示したものである。次の問いに答えよ。

(1)　①～⑤の各気団の名称及びそれぞれが日本にくる季節を記せ。

(2)　①，②，④は，それぞれどのような性質の気団か。

〔解〕 6-5 参照。

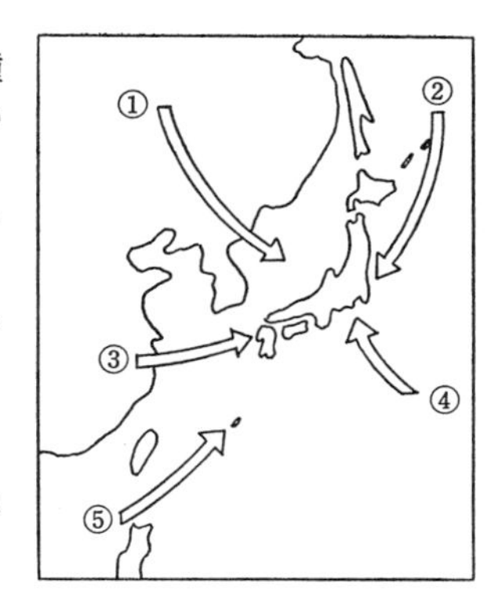

▶二　級　＜＊＊＞

問1　発源地により気団を分類し，各気団の特長をのべよ。

〔解〕 第6-1表参照。

問2　気団は，発源地を離れて移動するとき，地上の影響を受けて変質するが，その変質の原因が「下からの加熱」および「降水による水蒸気の除去」である場合，気団内の天気はどうなるかそれぞれについて例をあげてのべよ。

〔解〕 6-5(1)の5～7，6-5(3)の6参照。

問3　発源地を離れて移動中の気団が下層からの冷却が原因で変質する場合，気団内の天気はどうなるか。

〔解〕 6-4(2)参照。

問4　寒気団と暖気団の特性を，次の点で比べよ。

(1)　温度減率の緩・急　　(2)　安定度　　(3)　視　程

〔解〕 (1)　寒気団─急，暖気団─緩。(2)，(3)　第6-3表参照。

問5　湿舌とは，天気図上でどのようなところをいうか。また，これは，日本の天気にどんな影響を及ぼすか。

〔解〕 6-5(5)，第6-3図参照。

問6　寒帯前線に関する次の文の□内に適合する語句または数字を，番号とともに記せ。

寒帯前線は，寒帯気団と(1)□との間にできる前線で(2)□緯度帯に存在する大規模な前線であるが，その位置と強さは(3)□により変化する。日本付近では，冬季に寒帯気団が最も活動的で，寒帯前線の位置は北緯(4)□度付近になることが多く，春になるとゆっくり(5)□しはじめる。この前線上には低気圧が発生し，この前線に沿って(6)□方に移動するので(2)緯度における天気変化が激しい要因となる。

〔解〕 (1)　熱帯気団，(2)　中，
(3)　季節，(4)　30，
(5)　北上，(6)　北東。

問7　(1)　気団とは，何か。

(2)　気団は，温帯で発生しにくく，寒帯や熱帯で発生しやすいが，なぜか。

(3)　寒帯気団は，暖かい地域へ移動すると，一般に，どのように変質するか。

(4)　大陸性熱帯気団が日本付近によく現れるのは，いつごろか。また，この気団の中の空気は，通常，どのような傾向をもつか。

〔解〕 (1)(2)　6-1参照。(3)　6-4(1)参照。(4)　6-5(4)参照。

問8

(A)　北極前線　　(B)　寒帯前線

(1)　(A)をはさむ気団の名称，及び(B)をはさむ気団の名称を記せ。

(2)　(B)は，日本付近の天気にどのような影響を及ぼすか。顕著なものについて述べよ。

〔解〕 6-6参照。冬期は特に寒帯前線が顕著になり，ここで発生する低気圧はよく発達する。低気圧通過時の強風や通過後の季節風には注意が必要である。

問 9　(一)　日本付近の気象に影響を及ぼす気団の名称を5つあげ，これらの各気団について概略の性質（温暖か寒冷か，乾燥か多湿か，などの別）をのべよ。

(二)　(一)の各気団は，日本付近の天気にどのような影響を及ぼすか，それぞれについての一般的傾向をのべよ。

〔解〕　6-5 参照。

▶一　級　<＊＊>

問 1　気団の種類をあげよ。また，気団がその発源地よりも温暖および寒冷な地域へ移動した各場合につき，下記に関する傾向をのべよ。

(一)　安定度の変化　(二)　風　(三)　視程　(四)　雲形　(五)　雨の型

〔解〕　第6-1表，第6-3表参照。

問 2　寒帯前線（Polar front）が，重要視される理由をのべよ。

〔解〕　6-6 参照。

問 3　寒帯前線に関する次の問いに答えよ。

(1)　寒帯前線帯は何という気団と気団の間に存在するか。発現地の緯度（発現地の気温）により分類される気団の名称を記せ。

(2)　冬季の北半球において寒帯前線ができやすい所を2つあげよ。

(3)　大気大循環のうち，寒帯前線に付随して寒帯前線面の上端には何が形成されるか。また，寒帯前線はどのような気象現象の発生および発達と密接な関係があるか。

〔解〕　(1)　寒気気団と熱帯気団。第6-1表参照。

(2)　太平洋寒帯前線（日本東方海上），（太平洋中央部），大西洋寒帯前線（北米東岸），地中海前線（地中海），うち2つを答える。

(3)　ジェット気流が形成される。前線や温帯低気圧の発生・発達に関係する。

問 4　次は，それぞれどんな性質の気団か。また，日本に及ぼす気象上の一般的傾向をのべよ。

(1)　揚子江気団　　(2)　赤道気団　　(3)　オホーツク海気団

〔解〕　(1)　6-5(4)参照。(2)　6-5(5)参照。(3)　6-5(2)参照。

問 5　前線帯および前線に関するつぎの問いに答えよ。

(1)　前線帯あるいは前線が発生するためには，1つの線に向かって両側から温度の違う気流が収束する必要があるが，このような状態は，2組の高気圧と低気圧がどのように配置された場合に，どんな経過で生ずるか，図示してのべよ。

(2)　北半球の冬における主要な前線帯のうち3つをあげよ。

〔解〕　(1)　7-2 参照。14章問 **2** に同じ。(2)　第6-4図(a)参照。

第7章 前　　線

7-1 前 線 と は

① 前線とは密度（気温・湿度）の不連続線である。

② 空間に広がる二つの気団の境界面を前線面という。

③ 前線面が地表面と交わる線を前線という。

前線は前線帯の幅が数10km以内に縮小されてくると，具体的な前線として活動を始める。前線の定義である密度の不連続線とは，気温・湿度の不連続線といい直した方がわかりやすいだろう。

このように，前線は「気温・湿度」が急変するところであるが，その他にも前線の前後では「風向・風速・雲・雨・視程」が大きく変わるところでもある。

（注） 前線帯でのべた赤道前線は気温・湿度の似かよった熱帯気団同志の収れんであるから，この場合，単に風向が不連続ということだけで前線の定義からいうと赤道前線という言い方はふさわしくない。そのため最近は，赤道収れん線とか赤道収束帯などというが，赤道前線も慣例として使うことが多い。

7-2 前線の発生と消滅

前線が発生して発達するには，気温・湿度の異なる二つの気団の境界面に次次と新しい気流が流れ込んでくる必要がある。この空気が吹き集まってくるこ

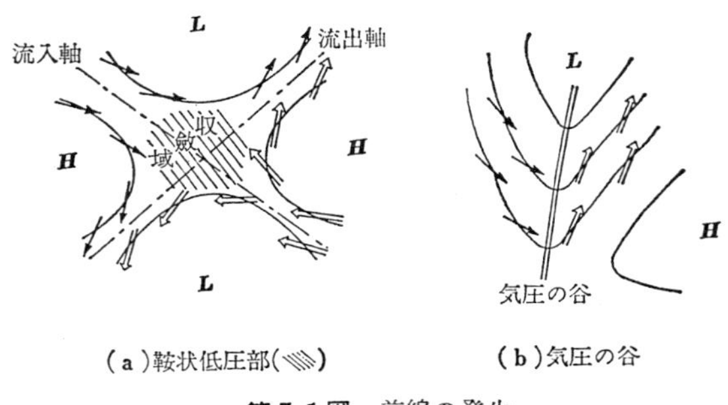

（a）鞍状低圧部（▨）　（b）気圧の谷

第7-1図　前線の発生

とを気流の収れんという。したがって異なる気団が接触しているところに気流の収れんがあると前線ができやすいわけで，天気図上でいえば気圧の谷や鞍状低圧部がそれにあたる。この場合，東西の流れが多いときは緯度の違いがないので気流の性質に違いが少なく，したがって南北の流れが多いときに前線の発生がおこりやすいといえる。

ところで，同じ気団の中でも前線が発生する場合があり，地形性前線（7-9）二次寒冷前線　（8-4）などがその例である。

前線の消滅は二つの気団が混じりあうときとか，空気が前線を離れるように吹き散じるとき，すなわち気流の発散があるときに前線は消滅に向かうわけである。

7-3　前 線 の 種 類

第6章では地理的にみた場合の極前線や寒帯前線に対し説明したが，ここでは実際の運動状態でみた時の前線の種類についてのべる。

① 温暖前線（記号　　，色別は赤）
　暖気が寒気の位置へ前線を押し進めるもの。

② 寒冷前線（記号　　，色別は青）
　寒気が暖気の位置へ前線を押し進めるもの。

③ 停滞前線（記号　　，色別は赤・青の交互）
　定常前線ともいう。暖気と寒気の勢力に差がなく，ほとんど移動しない前線。

④ 閉塞前線（記号　　，色別は紫）
　寒冷前線が温暖前線に追いつき，温暖前線の寒気と寒冷前線の寒気の間で作る前線をいう。

7-4　温　暖　前　線

(1) 構　造

① 寒気団と暖気団のうち暖気の方が優勢で寒気団の方におしよせる。この結果，軽い暖気が寒気の上を滑昇しながら前線を押し進めていくもの。

② 温帯低気圧の南東にのびる前線である。

③ 前線面の傾斜は1/200～1/300とゆるやかである。

前線面の傾斜がゆるやかであるから，上昇気流のおこり方もゆるやかで遠くまで伝わり，天気のくずれる範囲は広い。雲は層状雲が発達し，気象現象

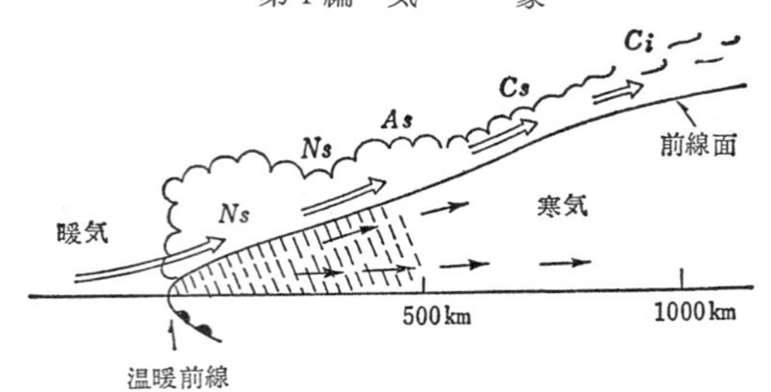

Ci：巻雲 Cs：巻層雲 As：高層雲 Ns：乱層雲

第7-2図 温暖前線の断面

は次の寒冷前線に比べると隠やかである。しかし温暖気団が不安定な時には稀にしゅう雨や雷雨になることもある。

温暖前線の傾斜がゆるいのは，第7-3図で滑昇する暖気が前線面

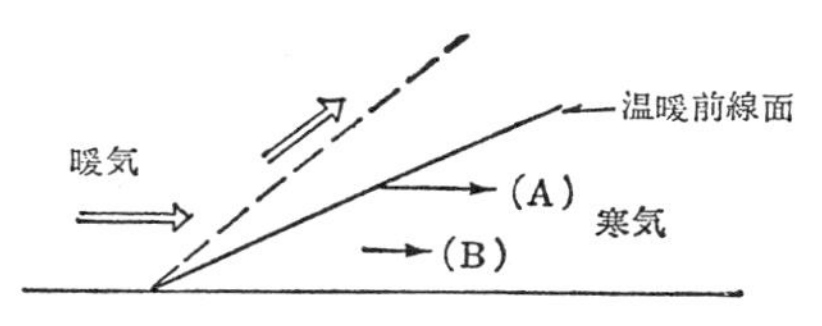

第7-3図 温暖前線面の傾斜

を押すと同時に，前方の寒気の影響で上空の方（A）は摩擦の影響が少ないので早く進むが，下層（B）の寒気は摩擦のため残り勝ちとなるからである。前線面は点線から実線のような方向に傾く。移動速度のはやい温暖前線の方が遅い温暖前線よりも傾斜が小さいが，その差は少ない。

(2) 天 気

① 等圧線：前線を挟んだ暖気団と寒気団の気圧変化が異なるので等圧線は前線のところで低圧側へ折れ曲がる。そのため前線の両側で風向が急変する。また前線の両側の等圧線の間隔が違うのは，風速が急に変わる原因である。

② 気圧変化：温暖前線が近づくと，気圧は下降を続ける。前線が通過すると下がりは止まり，ほぼ一定となる。

③ 風：温暖前線の前方では南東風で，接近とともに風は強くなる。前線が通過すると風も一時弱まり，風向は南西風となる。

④ 雲：1,000km 前方から巻雲，巻層雲が出現し，前線接近とともに雲は低く厚くなり高層雲となる。やがて500 km 前方から乱層雲（雨雲）に変化して雨が降ってくる。

⑤ 降水：500 km 前方の乱層雲とともに雨が降り出す。持続性のあるしとしと雨で地雨という。前線通過まで降り続く。

典型的な温暖前線が接近してきたときの模様を模型図でみることにする。たとえば，九州の西方海上150 km に温暖前線が移動してくれば，関東方面以北ではまだその気配がなく晴天である。東海地方では上層雲である巻雲，巻層雲が観測できる。しかし天気は良くても，太陽に「かさ」がかかる状態であるから注意しなくてはいけない。関西方面では雲が低く垂れ込めている。やがて雨になるだろう。四国・中国方面では雨が降り出した。九州地方は雨が降り続いている。このまま前線が40km/hで移動したとすれば，関東地方は半日後に雨が降り出すことが予想できる。

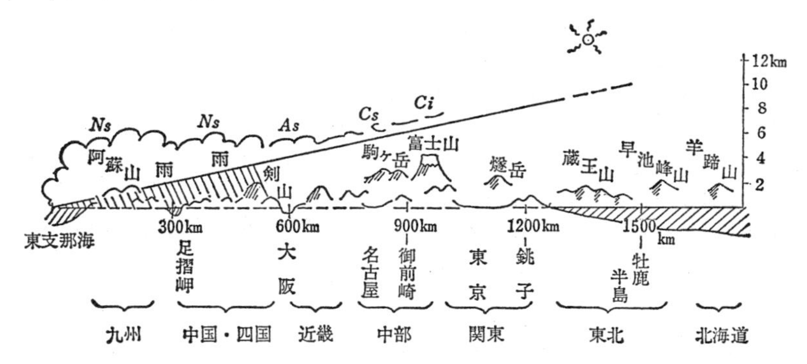

第7-4図　温暖前線接近中の各地の天気

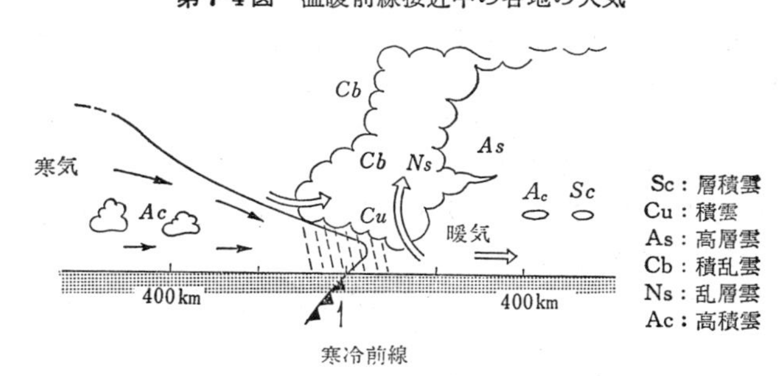

第7-5図　寒冷前線の断面

7-5　寒　冷　前　線

(1)　構　造

①　寒気団と暖気団のうち寒気の方が優勢で暖気団の方に押しよせる。この結果，寒気は軽い暖気を持ち上げながら，前線を押し進めていくものであ

る。

② 温帯低気圧の南西にのびる前線である。

③ 前線面の傾斜は 1/25～1/100 で温暖前線より急である。

前線面の傾斜は温暖前線よりもきつく，寒気は暖気をすくい上げながら前進するので，垂直方向の上昇気流が発達する。雲は積状雲が発達し，前線付近に集中しているので天気の変化が激しい割に雨の範囲は狭く，集中的に降るしゅう雨が特徴である。また，上空の早い空気が吹き降りてくるので突風が吹く。

寒冷前線の傾斜がきつくなるのは前線後方の寒気について，上空の方(A)は摩擦の影響が少ないので早く進み前線面を押す。これに対し下層の寒気(B)は摩擦の影響で遅くなるからである。前線面は点線から実線のような方向に傾く。移動速度のはやい寒冷前線は，遅い寒冷前線よりも前線面の傾斜が大きい。

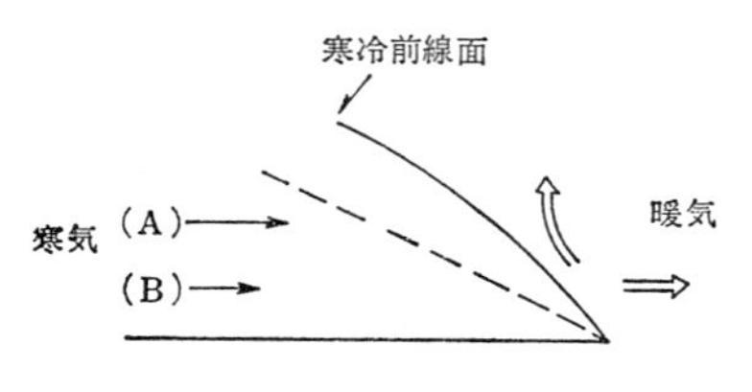

第7-6図　寒冷前線面の傾斜

(2) 天　気

① 等圧線：前線を挟んだ暖気団と寒気団の気圧変化が異なるので等圧線は前線のところで低圧側へ折れ曲がる。そのため前線で風向が急変する。また，前線の両側で等圧線の間隔が急に変わるので，風速が急変する。

② 気圧変化：それまでほぼ一定だった気圧が前線接近とともに気圧が下がり出す。そして前線が通過すると気圧は次第に上がりはじめる。

③ 風：前線の前方で南西風が吹いている。前線接近とともに風は一段と強くなり，強風とともに突風が吹きまくる。前線通過後は風も次第におさまり，風向は北西風に変わる。

④ 雲：前線の前方 300km あたりに高積雲や層積雲が現われる。やがて 50 km 前方になると，積雲と積乱雲が堤のように押しよせてくる。前線通過後もしばらく雲が残り，後方 150km まで乱層雲がある。

⑤ 降水：50km 前方の積乱雲とともに強弱の激しいしゅう雨が降り，ときには雷がまじる。前線後方 100km まで続く。

⑥ 気温：前線の前方では暖気内に居るので気温は高めであるが，通過後は新鮮な寒気内に入るので気温は顕著に下がる。

上でのべたように寒冷前線が通過すると寒気団内に入るので気温が顕著に下がるはずである。ところが場合によって上空の寒気があまり低温でないと，第

7-7 図のように寒冷前線後方の寒気のうち上空のものは早く進出するので，前線面に沿って吹き降りてくる。そうすると断熱昇温で気温が上がるので前線が通過したのに気温があまり下がらないことがある。そして，下降気流のなくなるところからはじめて気温が下がるので，あたかもここで前線が通過したかのようにみえる。これを偽似前線といい，寒冷前線の後方 400～500km でみられる。

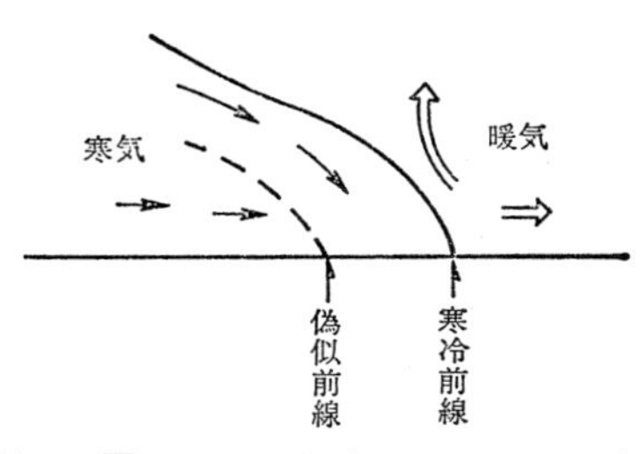

第 7-7 図　偽似前線（スコールラインも偽似前線ということがある）

したがって気温だけでは，実際の寒冷前線を見失なう恐れがあるから水蒸気量の違いに注目するとよい。すなわち，前線通過後は湿度あるいは露点温度が急速に低下することによって前線を捕捉する。

前線の状態を個々にみれば，活動的なものと，そうでないものとある。活動的な前線では，前線に向かって吹く風が強く，上昇気流が盛んでしゅう雨，雷，突風がおこり，これは低気圧の域内にあって速く進む。寒冷前線の場合，この活動的な前線を特にアナフロント（anafront）ともいう。

活動的でない前線は等圧線にほぼ平行していて，前線に向かって吹く風速成分が小さく進行が遅い。低気圧の中心から遠く離れた寒冷前線，あるいは停滞前線がその例で，独自の雲や雨をもっているが活動的な前線のような激しさはない。寒冷前線の場合，この活動的でない前線を特にカタフロント（katafront）ともいう。

7-6　停　滞　前　線

(1)　構　造

① 寒気団と暖気団の勢力がほとんど同じなので，前線の動きがほとんどなく，同じ場所に居すわる前線である。

② 温帯低気圧の東西にのびる前線である。

③ 構造は温暖前線に似ている。前線の動きがにぶいのは，前線を押す風速が弱いからである。

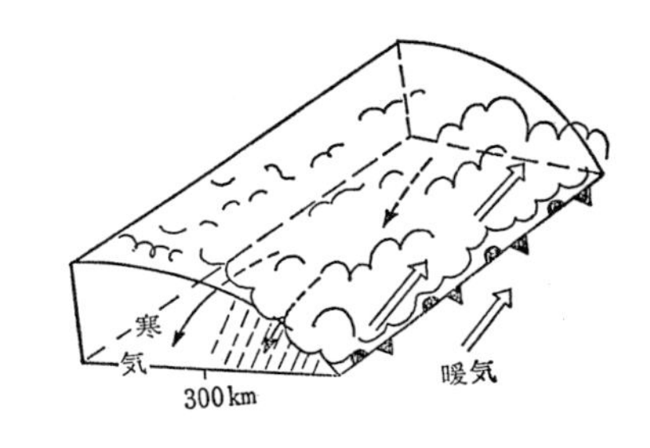

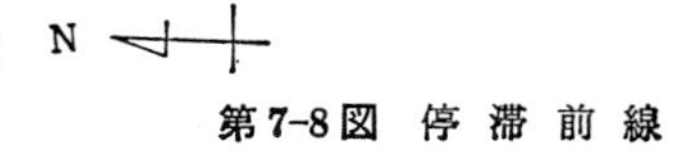

第 7-8 図　停 滞 前 線

天気図上では等圧線の間隔が広く，前線に平行になっているところである。ここでは風が弱く，風向も前線に沿って流れ，前線は東西にのびているのが通例である。なぜなら，地表では南北流よりも東西流が卓越しているので，前線が南北に立っていると東西流によって移動されやすくなるからである。

梅雨期の梅雨前線，秋の長雨のときの秋雨前線は停滞前線の季節的な呼び方にほかならず，停滞前線が解消するのは暖気団または寒気団のどちらかが強くなり，前線を北か南に大きく移動させたときである。

(2) 天　気

① 温暖前線に似ている。

② 前線面に沿って暖気がゆるやかに昇るのでしとしと雨の地雨である。

③ 暖気は北側に向かって上昇するから，雨域は北側に約 300km 位まで広がる。

④ 一度できると長く存在するので，ぐずついた天気が続く。

⑤ この前線上にはよく低気圧が発生したり，通過したりするので大雨になったりすることがある。

⑥ 前線の南側では天気が良い。

7-7　閉 塞 前 線

(1) 構　造

① 低気圧の進行の際，温暖前線よりも寒冷前線の方が速度が早く，寒冷前線が温暖前線に追いついたときにできる前線をいう。

② 閉塞のしかたによって温暖型閉塞前線と寒冷型閉塞前線の二種類がある。

寒冷前線と温暖前線の距離は低気圧の中心ほど近いので，低気圧の中心から次第に閉塞していく。閉塞とは二つの前線の間にあった暖気団がしめ出されて上空へ上げられる現象をさすのであって，この閉塞のとき温暖前線の前面の寒気と寒冷前線の後方の寒気が接して前線をつくる。前にものべたが前線の定義は密度の不連続線であるのに，この両者の寒気どうしで前線を形成するのはなぜだろうか。それはもともと発源地は同じ寒気団であっても，温暖前線側と寒冷前線側に分けられて移動してくる間に二つの気団の変質の度合いが違うので，再び接触するときに密度の不連続をおこし前線を形成するからである。この場合，前方の寒気と後方の寒気のどちらが冷たいかによって二つの型をもつ閉塞前線ができる。

一つは寒冷型閉塞前線で，追いついた西側の寒気が，前方の東側の寒気よ

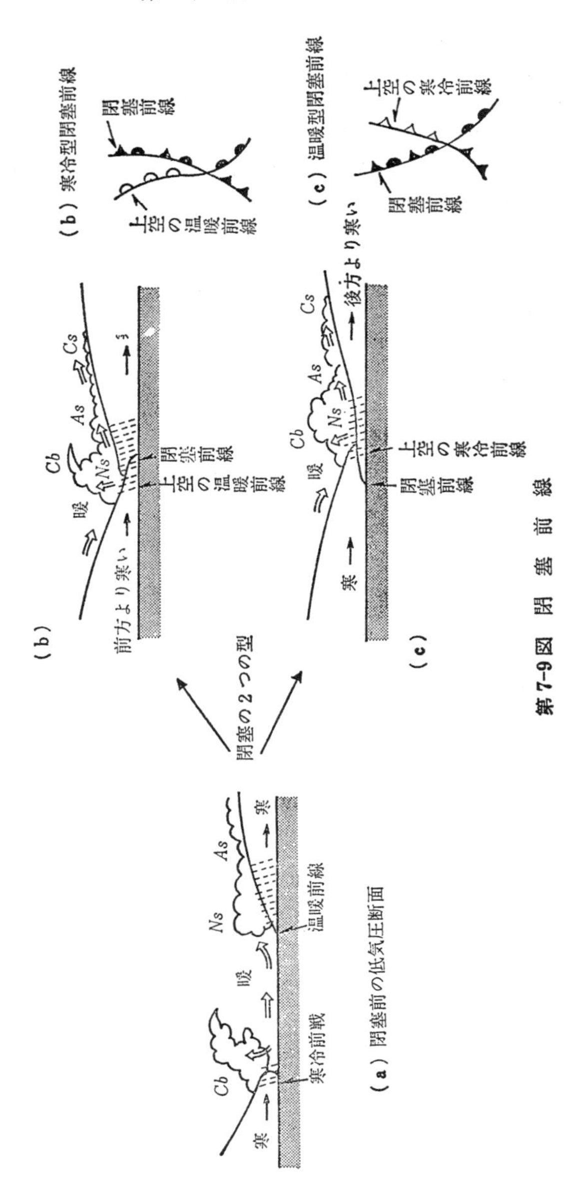

（a）閉塞前の低気圧断面
寒
暖
Cb
Ns
As
寒冷前戦
温暖前線
閉塞の2つの型
（b）
前方より寒い
暖
Cb
Ns
As
Cs
上空の温暖前線
閉塞前線
（c）
寒
暖
Cb
Ns
As
Cs
後方より寒い
閉塞前線
上空の寒冷前線
（b）寒冷型閉塞前線
閉塞前線
上空の温暖前線
（c）温暖型閉塞前線
上空の寒冷前線
閉塞前線

第7-9図　閉塞前線

りも温度が低いときの閉塞前線をいう。それは，寒冷前線のとき寒気が突っ込んで暖気を持ち上げたように，寒冷前線が突っ込んで温暖前線を持ち上げていくからである。もとの温暖前線は上空に上がり，上空の温暖前線をつくる。

この型は，大陸の東側（日本など）でおこりやすい。

もう一つは温暖型閉塞前線で，追いついた西側の寒気が，前方の東側の寒気よりも温度が高いときの閉塞前線をいう。それは，温暖前線のとき暖気が寒気上をはい上がったときのように，寒冷前線が温暖前線上を昇っていくからである。もとの寒冷前線は上空に上がり，上空の寒冷前線をつくる。

この型は，大陸の西側（カリフォルニア沿岸など）でおこりやすい。

(2) 天　気

① 暖気団は上空に押し上げられて積乱雲を作り，激しい雨を降らせることが多い。

② 地上の前線よりも上空の前線によって天気が左右される。

③ 温暖型閉塞前線では上空の前線が地上の前線の前方にある。このため雨は地上の閉塞前線の前方で多い。

④ 寒冷型閉塞前線では上空の前線が地上の前線の後方にある。このため雨は地上の閉塞前線を挟んで降る。

7-8 前 線 の 移 動

前線の移動は，寒冷前線の場合は寒気団の速さ，温暖前線の場合は暖気団の速さによって決まってくる。それには，前線に対し直角な風速成分を求めればよい。

天気図上からみた場合の一般的法則は次のとおりである。

① 風は前線を吹きぬけない。

② 等圧線の間隔が広いときは風が弱いから前線の進みは遅く，間隔が狭いときは風が強いから前線の進みは速い。

③ 等圧線が前線に平行になっていれば，風は前線に沿って吹くから進みは遅い。

④ 等圧線が前線に直角に近いと，風は前線にむかって吹くから進みは速い。

寒冷前線の速度は地衡風速の70～80%，温暖前線の速度は地衡風速の60～70%で進行することが多い。なぜ寒冷前線の方が進行が早いかといえば，寒冷前線を押す寒気は上空の早い風が前線面に沿って吹き降りてきて押すからである。

前線の記号である は寒気が押している方向に記号を書き， も同様に暖気が押している方向に記号を書くのである。四つの前線のモデルを書けば第7-10図のようになる。

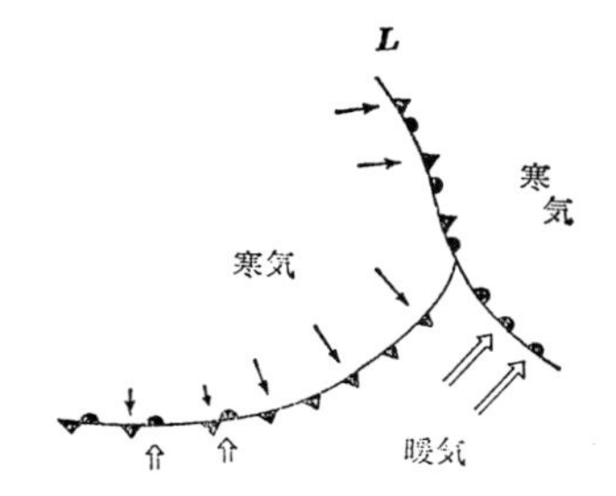

第7-10図　低気圧に伴う四つの前線

7-9　地形性前線

空気の流れが山，島，岬などのために二分され，再び出会うときは風向が異なって収れんするので局地的に前線を作ることがある。これを地形性前線という。この場合，単に風向が異なるだけでなく，空気の流れが再び出会うときには空気が変質して気温・湿度が違う本来の前線になることもある。しかしこれは同じ気団内でできるので規模は小さく，局地的なものである。よく知られているものに関東地方の太平洋岸にできる房総前線や北陸の日本海側にできる北陸前線がある。

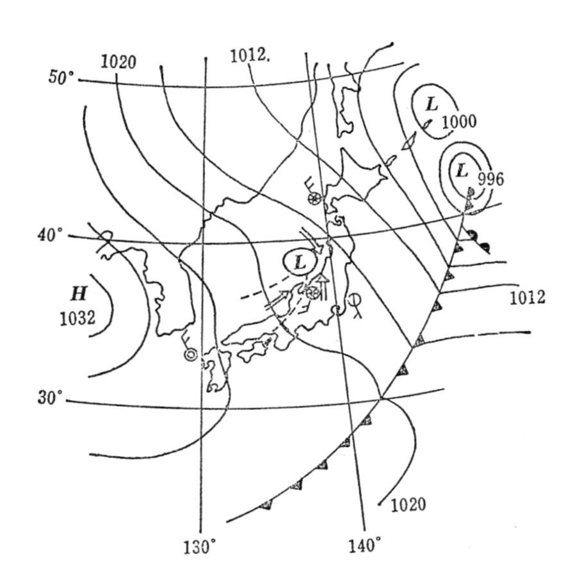

第7-11図　北陸前線（里雪型気圧配置）

北陸前線の成因と特徴などは次のとおりである。

① 冬，西高東低型がややゆるんだとき，北陸地方の日本海側の沖合いに小さな低気圧が発生し，そこに前線ができる。

② 成因は，中央山脈で冷却された空気が日本海側に流れ出した気流と，北部からくる北西季節風，さらに日本海の暖流の影響で下層が暖気された西よりの気流の3つが関係している。

③ 北陸地方の海岸地帯に多量の雪を降らせるので，この北陸前線を山岳地帯に雪を降らせる山雪型に対し里雪型という。

（注） 西高東低型の気圧配置のときは，変質して湿気を含んだシベリア気団が中央山脈で滑昇し，主として山岳方面に多量の雪を降らせるのでこれを山雪型という。

④ 山陰地方や北海道天塩（てしお）沖にも同様な前線が発生したりする。

第7章　問　題

▶三　級　＜＊＊＞

問1　温暖前線と寒冷前線との一般的な相違点をのべよ。

㈠　前線面の形状（図示説明のこと）

㈡　前線面両側における空気の移動状況

㈢　降雨

㈣　移動速度

㈤　天気図に使用される記号（図示説明のこと）

㈥　色で表示する場合はどのようにするか。

〔解〕　㈠㈡　第7-2図，第7-5図参照。㈢　7-4⑵の⑤，7-5⑵の⑤参照。㈣　7-8後段参照。㈤㈥　7-3参照。

問2　⑴　前線が「強い」「弱い」というのは，どういうことか。

⑵　閉そく前線は，どのようにしてできるか。また，閉そく前線は，その成因によって，どのような型に分類されるか。

〔解〕　⑴　7-5⑵末尾参照。⑵　7-7⑴参照。

問3　寒冷前線が温暖前線に追いついて閉塞前線を生じたとき，それが寒冷型である場合の鉛直断面の1例を略図で示し，次の⑴～⑶を図中に記せ。（地上天気図に示される前線の位置を，天気図記号により付記すること。）

⑴　暖気

⑵　寒気

⑶　雲の種類（1つ）

〔解〕　第7-9図参照。

問4　閉塞前線について

⑴　どんな天気図記号で描かれるか。

⑵　どのようにしてできるか。

〔解〕　⑴　第7-9図参照。⑵　7-7⑴の①参照。

問5　温暖前線，寒冷前線，閉塞前線の結合している点を，何というか。

〔解〕　閉塞点。

問6　右図は日本付近の天気図の1例を模型的に描いたもので，アとイの点線は前線を，AとBの○印は地点を，台風中心からの矢印はその進路を，Xはその進路上の1地点を示す。図を見て，次の問いに答えよ。

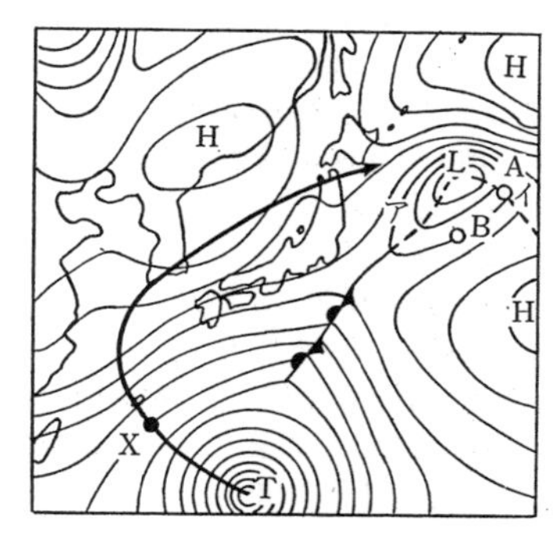

㈠　アとイの前線の天気図記号を示せ。

㈡　イの前線付近の2つの気団の関係は，次の(a)～(d)のうちどれか。

(a)　暖気団の下へ寒気団がもぐりこむ。
(b)　暖気団の上へ寒気団がはい上がる。
(c)　寒気団の下へ暖気団がもぐりこむ。
(d)　寒気団の上へ暖気団がはい上がる。

〔解〕 (一)　7-3②，①参照。(二)　(d)。

問7　右図A～Dは地表面に対する各種前線の断面を模型的に描いたものであり，Aは停滞前線を示す。またCとDの破線はAの前線面と同じ傾斜を示したものである。次の問いに答えよ。

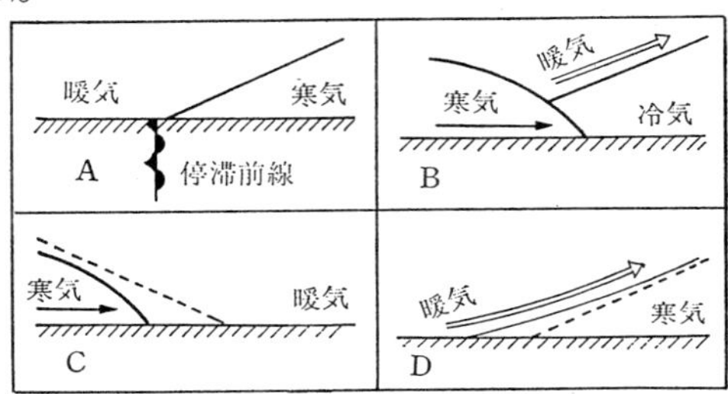

(1)　B～Dを転記し，Aにならい，それぞれの該当する位置に各前線の天気図記号を記入し，その進行方向を矢印（──→）で示せ。

(2)　前線面の傾斜が，CはAより急になり，DはAより緩くなるのはなぜか。

(3)　Bはどのようにして生ずる前線か。

(4)　Dの前線が近づいてくる前兆として，まず多く見られるのはどのような名称の雲か。

〔解〕 (1)　B：第7-9図(b)，C：第7-5図，D：第7-2図，進行方向はいずれも（→左～右）即ち西～東。
(2)　C：7-5(1)後段，D：7-4(1)後段参照。
(3)　7-7(1)中段以降参照。
(4)　7-4(2)④参照。

問8　温帯低気圧が近づいてくる場合の雲の観測について：

(1)　温暖前線が近づいてくる前兆として，先ず多く見られる雲は何か。

(2)　温暖前線が近づいて雨が降るころ多く見られる雲は何か。

(3)　温暖前線が通過し，寒冷前線が近づくと，一般にどんな雲が見られるか。

〔解〕 (1)(2)　7-4(2)④参照。(3)　7-5(2)④参照。

問9　寒冷前線の前線面の形状を示す断面図の1例を描き，次の(1)～(3)を図中に記せ。（地上天気図に示される前線の位置を，天気図記号により付記すること。）

(1)　暖　気

(2)　寒　気

(3)　雲の種類（1つ）

〔解〕 第7-5図参照。

問10　温帯低気圧に伴う寒冷前線が近づき，通過する場合，次の(1)～(4)は，それぞれ一般にどのように変化することが多いか。

(1)　気　圧　　(2)　気　温　　(3)　露点温度　　(4)　風向き・風の強さ

〔解〕 7-5(2)参照。前線通過の前後では雨のため，露点温度は高いが，通過後しばらくするとぐっと下ってくる。

▶二　級　<＊＊>

問1　寒冷型および温暖型の閉塞前線の発生原因をのべ，これらの閉塞前線が通過する場合の天気の特徴について，それぞれのべよ。

〔解〕 7-7 参照。

問2　寒冷前線の後方の寒気中に上層から寒気が吹きおろし，断熱昇温によって本来の寒気より高温となるために生じる前線。

〔解〕 7-5(2)後段参照。

問3　活動的な前線と活動的でない前線とは，それぞれどのような前線か。

〔解〕 7-5(2)後段参照。

問4　前線に関する次の問いに答えよ。

㈠ 間隔の大きい等圧線に平行にのびる前線は停滞するが，なぜか。

㈡ 前線の移動速度と前線面の傾斜との関係を温暖前線および寒冷前線についてのべよ。

〔解〕 ㈠ 7-6(1)の③後段参照。㈡ 7-4(1)の③および7-5(1)の③参照。

問5　㈠ 温暖前線と比べた場合の寒冷前線の特徴を次の(1)～(4)について述べよ。

(1) 前線面の傾斜　(2) 気圧の上昇及び下降　(3) 前線の移動速度

(4) 雲（基本雲形10種類に分類した場合の名称を用いて記せ。）

㈡(1) 温帯低気圧に伴う前線の閉そくは，どんな型に分類されるか，2つをあげ，それぞれを天気図記号で示せ。

(2) 前線が閉そくした場合，強い雨が降ることが多いのは，一般にどの付近か。

〔解〕 ㈠(1) 7-5(1)③，(2) 7-5(2)②，(3) 7-8 後段，(4) 7-5(2)④参照。

㈡(1) 第7-9 図，(2) 7-7(2)参照。

問6　温帯低気圧に伴う「寒冷型」，「温暖型」の2種類の閉そく前線について，次の問いに答えよ。

㈠ これらの型におけるそれぞれの鉛直断面図を描き，寒気団と暖気団の進行方向を記入せよ。

㈡ これらの型の降水域は，それぞれどこにできることが多いか。

〔解〕 ㈠ 第7-9 図参照。　㈡ 7-7(2)参照。

問7　日本付近において，地形性不連続線を形成する場合の1例をあげて説明せよ。

〔解〕 7-9 参照。

問8　温帯低気圧に伴う閉そく前線に関する次の問いに答えよ。

(1) 前線の閉そくはどのような型に分類されるか。また，その分類に応じた天気図記号をそれぞれ示せ。

(2) 前線が閉そくした場合，(1)の各型では，それぞれ，一般にどの付近が強い雨域となるか。

〔解〕 (1) 7-7(1)②，第7-9図参照。(2) 7-7(2)参照。

▶一　級　＜＊＊＞

問1　次図は，日本付近の地上天気図にみられる温帯低気圧が閉そくした1例である。ただし，─△─△─ は上空の寒冷前線を示し，A，B，Cはそれぞれの場所の気団を示し，━･･━ は便宜上記入したものである。

次の問いに答えよ。

(一)　この場合の閉そくは，何型か。

(二)　━･･━ における鉛直断面図を描き，その図上に各気団の進行方向，雨域，雲形の一般的傾向及び上空と地上の位置を，それぞれ示せ。

（注：解答には，鉛直断面図の下方に前図の━･･━ 線付近を描き，対比位置を示せ。）

〔解〕 (一)　温暖型閉塞前線。

(二)　第7-9図(C)参照。当然，寒冷型閉塞前線についても調べておくこと。

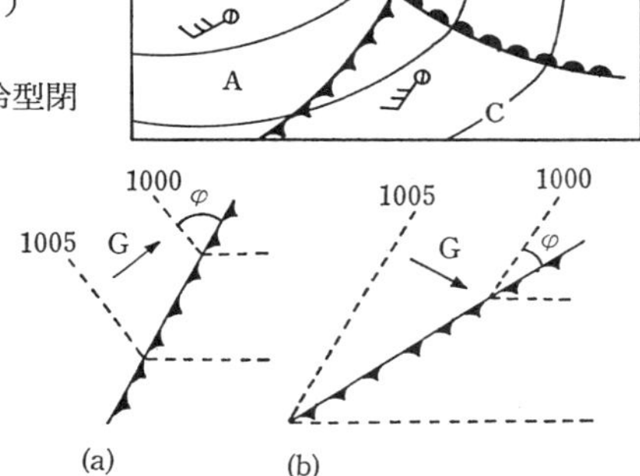

問2　右図は北半球における温帯低気圧に伴う寒冷前線の例2つを模型的に示したものである。破線は等圧線，ϕ は寒気内における寒冷前線と等圧線のなす角で，気圧傾度Gが等しい場合を示す。図のように(a)の ϕ が(b)の ϕ より大きい場合，この前線の進行速度はどちらが速いか，理由とともに述べよ。

〔解〕 (a)の方が早い。風が前線をほぼ直角に押す。

問3　日本付近において，地形的不連続線（局地不連続線）を形成する場合の2例をあげて説明せよ。

〔解〕 7-9参照。

問4　温帯低気圧に伴う本来の寒冷前線の後方に現れる偽似前線について述べよ。

〔解〕 7-5(2)後段，第7-7図参照。

第8章　温帯低気圧

8-1　温帯低気圧とは

① 低気圧とは周囲よりも相対的に気圧の低い部分である。たとえば，1気圧 (1013hPa) でも周囲の状態によって低気圧になることもあれば高気圧になることもある。
② 内側ほど気圧が低くなっていて，気圧の一番低いところを「低気圧の中心」という。
③ 低気圧の中心の気圧を「中心示度」という。
④ 周囲から中心にむかって，風が反時計回りに吹き込んでくる。
⑤ 上昇気流による雲と降水がある。風も強い。
⑥ 低気圧は前線の波動によって形成される。
⑦ 低気圧を維持するエネルギーは寒気と暖気の位置エネルギーである。

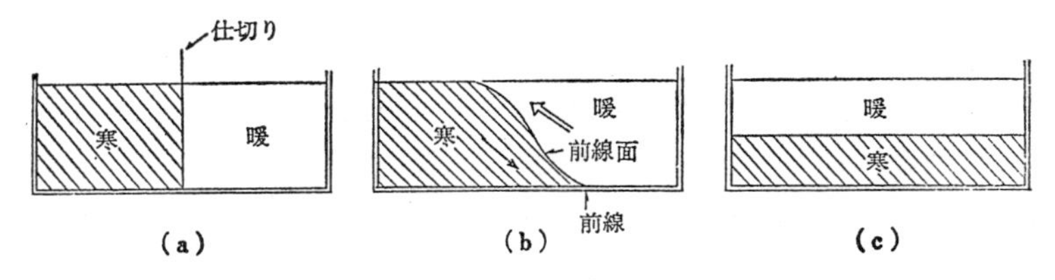

第8-1図　寒気と暖気の位置エネルギー

低気圧には熱帯地方で発生する熱帯低気圧とそれ以外の地方で発生する温帯低気圧がある。ふつう単に低気圧といえば，温帯低気圧のことをさしている。

低気圧にはまわりの気圧の高いところから風が吹き込んできて中心付近にたまった空気は上昇気流となって上空へいく。この場合，地上に吹き込んでくる空気よりも上空で発散する空気量の方が多ければ上昇気流が盛んにおこり低気圧は発達するが，上空の発散量が少なく地上の吹き込み量の方が多いと気圧の低い部分が埋められて低気圧はやがて衰弱していく。

極気団と寒帯気団の境界である北極前線帯や，寒帯気団と熱帯気団の境界である寒帯前線帯の領域（たとえばシベリア気団と小笠原気団の境界）では，前線が波動することによって低気圧が形成される。そしてこの低気圧を維持するのが寒気と暖気の位置エネルギーで，以下これについて第8-1図から簡単に説明する。

ある槽の中に寒気と暖気を入れて中央で仕切っておく〔(a)の状態〕。次に仕切りをとれば，暖気は軽いから寒気の上にあがろうとし，寒気は重いから暖気の下にもぐろうとする。つまり，位置のバランスが不安定なので安定な状態に向かおうとして空気の移動がおこるのである〔(b)の状態〕。この(b)における寒気と暖気の境界が前線にあたる。これは位置のエネルギーが運動のエネルギーに変わっているのであり，これが低気圧の運動を支えるエネルギーになっている。さらに，上昇気流の水蒸気が凝結するときに出す潜熱もエネルギー源に一役買っており，この潜熱によって暖気の上昇は促進される。

(b)の状態が進行して(c)の状態になったとすれば，暖気は完全に上にあがってしまい寒気は下層にあって静止の状態になる。すなわち，もはや運動エネルギーに変わるべき位置エネルギーはなくなってしまったのであり，低気圧はこの時点で消滅したことになる。

これにより，低気圧が息長く存在していくためには常に暖気の補給があること，あるいは新鮮な寒気が次々と流入してくることが必要であることがわかる。

8-2 温帯低気圧の一生

前線上に低気圧が発生してから消滅するまでの期間は，ふつう2日から7日間位である。その一生をみれば，次の4段階に分けられる。

なお，低気圧に伴なう最大風速Vは中心気圧をP_{hPa}として，次式で近似することができる。

$$V(m/s)=5\sqrt{1010-P} \quad \cdots\cdots (8\cdot1)$$

(1) 発 生 期

横たわっていた停滞前線上に小さな波動ができる。これが前線の波動である。南にある暖気が北に向かい，北にある寒気が南に向かう。波の東側が温暖前線，波の西側が寒冷前線となる。これが低気圧の発生で，悪天の範囲はまだ狭い。

温暖前線と寒冷前線に挟まれた南側の暖気団の存在するところを暖域という。

(2) 発 達 期

寒冷前線と温暖前線の波打ちはしだいに大きくなる。前線は活発になり，低気圧の中心気圧も低くなって風雨が強くなる。

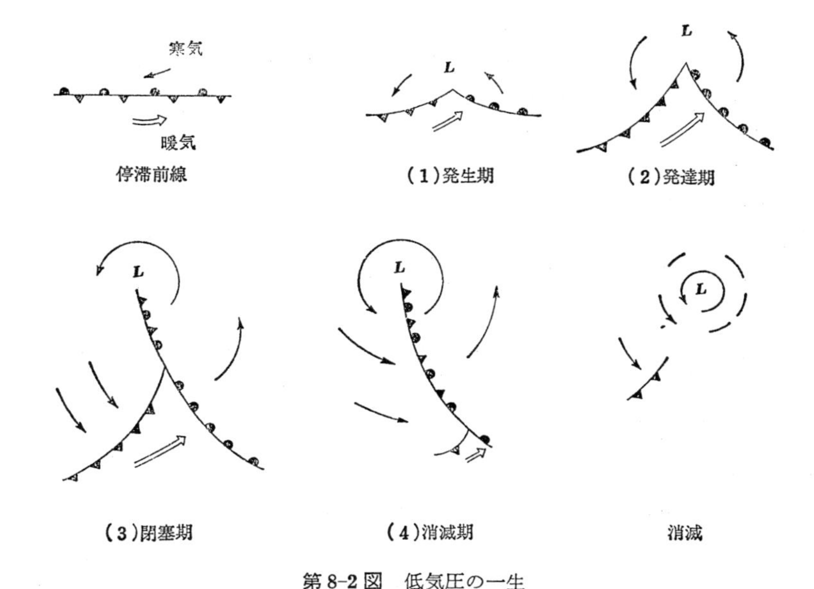

第8-2図　低気圧の一生

この頃の暖域の等圧線はほぼ直線状で低気圧の中心はおよそ暖域の等圧線に平行に暖域の風速で移動する。

(3)　閉 塞 期

進行とともに寒冷前線が温暖前線に追いつき閉塞が始まる。このとき前線の波動は最大である。すなわち，閉塞の初期が低気圧の最盛期にあたる。

さらに閉塞が進行していくと暖気は上空に上げられ，暖気の補給が途絶えるので低気圧は次第に衰弱へと向かっていく。

閉塞はふつう低気圧の中心からおこるが，寒冷前線に速い部分と遅い部分があったりすると前線の途中から閉塞が始まり，低気圧の中心付近に一部暖気が取り残されることがある。これをセクリュージョン（seclusion，隔離）の状態といい，この中の暖気は急速に消えてしまう。日本付近では沿海州方面で，まれにおこる。

(4)　消 滅 期

低気圧の全域にわたって閉塞が完了すると，閉塞前線に関連した渦巻きが残るだけとなる。やがて前線を挟んだ気団の間に差がなくなり，一様な空気の流れとなって消滅する。

低気圧によって引き出された寒気団が背後にあふれて，低気圧から離れたところに寒冷前線を残しているが，これもやがて消滅する。

日本付近は低気圧の発生が多く，発生地は東シナ海や中国大陸にあって，それが東進しながら日本を通るのでこのときが低気圧の発達期にあたる。そして日本の東方海上にぬけアリューシャン方面に達するまでが閉塞期から消滅期に向かう過程である。

また，アメリカの東海岸でも低気圧の発生が多い。この場合は大西洋を東進しているときが発達期から最盛期にあたり，ヨーロッパに上陸した頃は閉塞した低気圧でおとろえつつある。この低気圧は，消滅しても上層の空気の乱れが残っているため，これが上層の気圧の谷としてシベリアを東進し，日本近海で再び低気圧の発生をうながしたりすることがある。

8-3　発生原因が前線の波動でない低気圧

規模の大きい低気圧は前線の波動が原因で発生するのだが，その他の原因でも低気圧は発生する。それについて以下に述べてみよう。

(1)　熱低気圧

昼間に内陸が太陽の日射によって暖められると上昇気流を生じ，局地的に低気圧を発生することがある。これを熱低気圧といい，夏の雷雨やにわか雨，春や秋の突風をおこしたりする。夜になって地表面が冷えてくると消滅する。

(2)　地形性低気圧

風が山脈などにあたるとき，その風下側の気圧が下がって低気圧ができることがある。地形の影響によってできるので地形性低気圧という。

(3)　副低気圧

以前からあった低気圧，すなわち主低気圧に対し二次的にできる低気圧を副低気圧という。この場合は前線をもつ場合もあればもたない場合もある。

天気は主低気圧から独立した一つの低気圧として，独自の天気をもっている。ときには主低気圧以上に発達して大きくなるので，発達の過程をみていないとどちらが主低気圧か副低気圧かわからないことがある。

副低気圧の発生する場合として，次の場合が考えられる。

①　大きな低気圧の縁辺にできる場合：低気圧が発達して範囲が広くなり，主低気圧の等圧線の中に，低気圧が発生する場合である。

②　地形性副低気圧：低気圧が陸岸近くの海上を移動するときに，風下側の海上に新しく低気圧が発生する場合である。

(a)　主低気圧の縁辺にできる副低気圧　（b）地形性副低気圧　（c）二つ玉副低気圧

第 8-3 図　副 低 気 圧

低気圧が四国沖を通るときに，山陰の若狭沖に，また三陸沖を通るときに秋田沖に，あるいはその反対を通るときそれぞれの風下側の沖合いで副低気圧が発生しやすい。

③　二つ玉型副低気圧：低気圧が東シナ海から日本海にぬけていくとき，温暖前線は日本の陸上で進行を妨げられて遅くなる。そこへ寒冷前線が追いついてきて閉塞をおこし，閉塞点が九州や四国の南岸にできる。この閉塞点を中心に新しく低気圧が発生する場合をいい，ちょうど日本を二つの低気圧が挾んで進行するので二つ玉低気圧型という。

（注）　二つの低気圧が日本列島を挾んで進行する場合を「二つ玉低気圧」という。

8-4　温帯低気圧の発達

8-4-1　温帯低気圧の若返り

前線性の低気圧で閉塞した低気圧は，エネルギー源を断たれ次第に衰弱していく。ところがこの衰えかけた低気圧が再び発達することがある。これを低気圧の若返りという。

冬，大陸からくる寒気はある間隔をおいて波状的に吹き出してくるから，古い寒気と新しい寒気の間の温度差が顕著であると古い寒気を暖域として新しく寒冷前線ができる。これを第二次寒冷前線といい，ここで再び低気圧が発達するのである。この第二次寒冷前線のでき方は，閉塞前線の先端が曲がって南西方向に向いているとき，ここへ新しい寒気が吹き込んで曲がっている部分を寒冷前線とする場合，あるいは波状的にくる寒気のために低気圧の西方でできた第二次寒冷前線を低気圧が吸収する場合とある。ときにはこの寒冷前線が何本もできて，第二次寒冷前線，第三次寒冷前線となることもある。

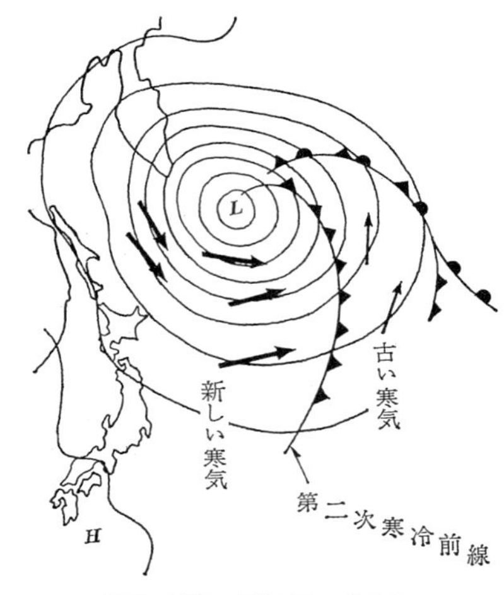

第8-4図 低気圧の若返り

8-4-2 温帯低気圧の発達

低気圧が陸上から海上に出た場合，摩擦抵抗が少なくなること。あるいは，暖かい海面からの水蒸気の供給が盛んで，潜熱エネルギーが補給されること。また冷たい大陸からきた気団が海上にでて下から暖められ不安定な気団に変質することなどのため低気圧が発達する。

これらのことは，低気圧の若返りに限らず，成長過程の低気圧が発達するときの条件であり，冬季三陸〜北海道東方海上で低気圧が顕著に発達する理由でもある。

8-4-3 爆弾低気圧

冬期，温帯低気圧が爆発的に発達するものを爆弾低気圧という。定義としては，緯度φで中心気圧が1日で24×（$\sin\varphi$／sin60°）hPa以上降下するものをいう。たとえば，緯度40°で17.7hPa／日以上下がれば爆弾低気圧ということになる。これは語感の関係で，**急速に発達した低気圧**と言いかえることが多い。

起こり易い海域は三陸沖合い〜東に延びる海域とアラスカの南方海域，そして北米東岸のニューファウンドランド〜ニューヨーク沖合いである。

日本の太平洋域ではシベリア高気圧との気圧傾度が急峻となり，北から西の暴風が吹き，海は大時化となる。

発達の原因として，南北方向からの暖気・寒気が急接近して温度の強い傾度

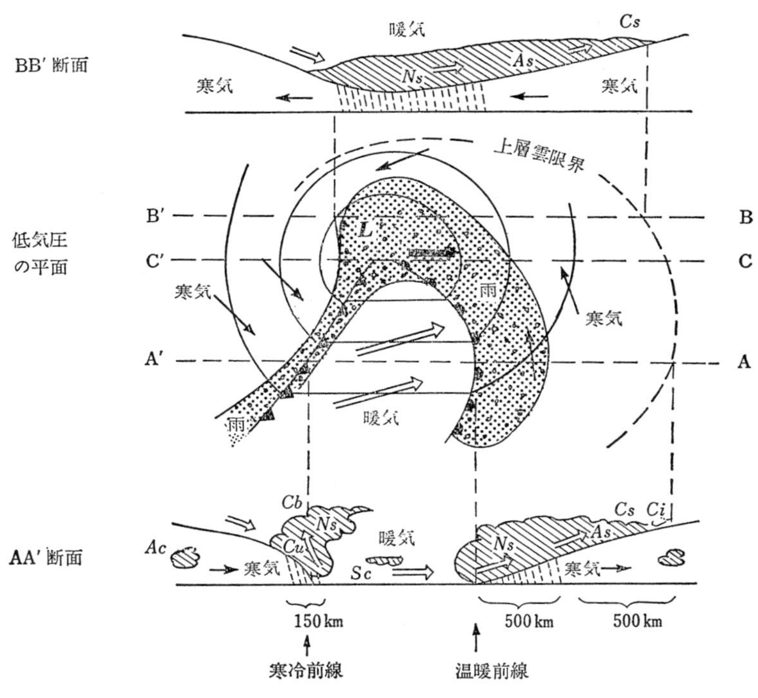

第8-5図　低気圧の構造

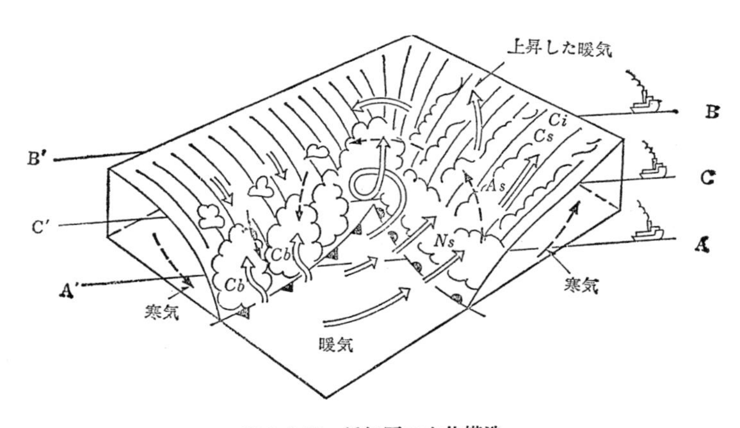

第8-6図　低気圧の立体構造

ができ，力学的に不安定（＝傾圧不安定）となり，大規模擾乱（波動）が起きる。そして南方から侵入してくる大気は条件付不安定であるため，発達した低気圧に伴う上昇気流が強い積雲対流の発達を促し，凝結に伴う潜熱エネルギーが急速な発達への引き金となっている。

8-5　温帯低気圧の天気

第8-5図や第8-6図で示した発達過程にある低気圧が大洋上で通過していくときの天気変化はどうであろうか。典型的な低気圧のモデルとして，雨，風，等圧線と低気圧の進行方向が図に示してある。低気圧は暖域の等圧線に平行に進む傾向があることに注目すれば，低気圧が船の北側を通過する場合は図のA→A′のように変化していく。また低気圧が船の南側を通過する場合は図のB→B′のように変化する。そして低気圧が船の真上を通過する場合はC→C′のように変化するだろう。

それぞれの場合の天気変化を図を参照しながら考えてみよう。

第8-1表　前線の通過と気象の変化

前線の通過／気象要素	温暖前線		寒冷前線	
	通過前から通過中	通過後（暖域内）	通過前から通過中	通過後
気圧	気圧はどんどん下がる。	下がりが止まってほぼ一定となる。	ほぼ一定か，通過直前に下がる。	気圧はどんどん上がり出す。
気温	寒域の中のため気温は低め。	暖域の中に入るので気温は上がる。	引きつづいて気温は高め。	寒域の中に入るので気温は下がってくる。
風	南東風で，通過中は風力やや強まる。	南西風に変わる。	引きつづいて南西風で，通過中は風が一段と強くなり，突風を伴う。	北西風に変わる。
雲	接近につれて巻雲，巻層雲→高層雲→乱層雲と変化する。	層雲や層積雲が残るが，雲は切れて晴れる。	接近とともに高積雲，高層雲→乱層雲→積雲，積乱雲となる。	高層雲や高積雲が残るが，雲は切れてくる。
雨	500km前方からしとしと雨が降り出す。	雨が上がり，晴れ間がのぞく。	しゅう雨，雷雨が短時間降る。	雨は上がり，晴れてくる。

（注）　上の表をただ丸暗記するのではなく，低気圧と前線の性質を思い出しながら，第8-5図や第8-6図と関連づけて考えれば気圧，気温，風，雨の状態が理解できるであろう。

8-5-1　低気圧が船の北側を通過する場合

このときは，温暖前線と寒冷前線が前後して通り過ぎていくので「6-4温暖前線の天気」，「6-5寒冷前線の天気」の項を参照しながら表にまとめると第8-1表のようになる。それぞれの気象要素が表の左から右に変化していく。

表にのべたことは標準的なことであって，季節や時に応じて必ずしもそのようにならないこともある。たとえば，春先の日本海を通る低気圧の暖域内に吹き込む南西風は強く，突風性を帯びている。春一番，春二番と呼ばれ日本海側にフェーン現象をおこしたり，山岳方面でのなだれの原因にもなっている。また，寒冷前線の接近とともに同じ暖域内で突然，雷雨や突風を伴った現象がおこり，船舶が思わぬ被害を受けることがある。これはスコールラインといわれるものである。

寒冷前線の通過後は雨が上がって天気は良くなるのが通例だが，後の寒気が不安定であると，にわか雨がしばらく残ることがある。また冬季であれば，寒冷前線通過後西高東低の気圧配置になって強い季節風の吹き出しがあるし，寒気が引き出されて日本列島は寒波襲来にみまわれる。

8-5-2　低気圧が船の南側を通過する場合

第8-5図，第8-6図の B→B′ に相当する。この場合は前線の通過がないから8-5-1よりは気象の変化は激しくない。

① 気圧：気圧は次第に下降し，低気圧の中心が真南にきたとき最低となり，以後次第に上昇していく。

② 気温：終始寒気内にいるので気温は低めだが，低気圧が通過後一層下がる。

③ 風：南東よりの風から次第に反時計回りに東→北東→北→北西と変化していく。低気圧の中心に近づいたときが，最も風が強い。

④ 雲と降水：低気圧の接近につれて，温暖前線のときと大差がなく，巻雲，巻層雲から高層雲と変化し，中心付近では乱層雲が発達していて雨が降り続く。やはり，低気圧の中心付近で雨の降り方も強い。低気圧の中心が通過した後もしばらく高層雲が残っている。

8-5-3　低気圧の中心が船の真上を通過する場合

この場合は，8-5-2と大差がない。ただ，気圧が最低となって低気圧の中心に入るが，通過と同時に風向が北西に急変する。また，低気圧の中心付近では積雲，積乱雲も出ているから，雨や風の強弱が強くなっている。

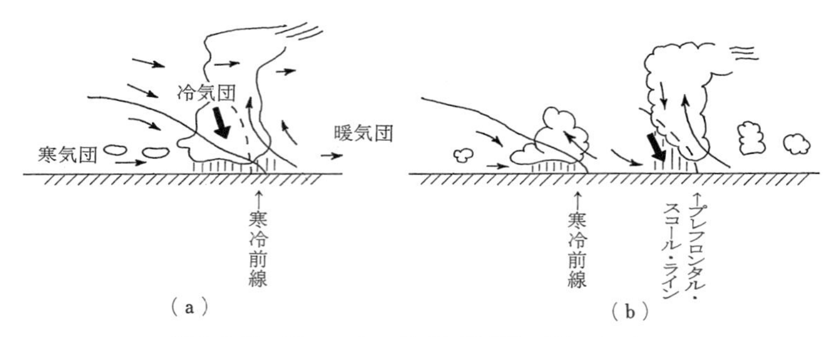

第8-7図　スコール・ラインの発生（Newton）
（注）　プレフロンタル・スコール・ライン（prefrontal squall line）＝偽前線＝不安定線（instability line）

8-6　スコールライン

発達した積乱雲が線状に並んだものをスコールライン（squall line）という。中規模スケールの激しい気象現象で温帯低気圧の暖域内，寒冷前線の前面で多く見られる。寒冷前線に似た性質をもっているが，寒冷前線を離れて暖域の中に侵入していくのでプレフロンタル・スコール・ラインあるいは不安定線と呼ばれることもある。東シナ海，黄海，九州，四国近海では暖気突風として知られていた現象で小型船が遭難したりする。発生の機構はまだ不明なことが多いが，次のようなことが考えられる。

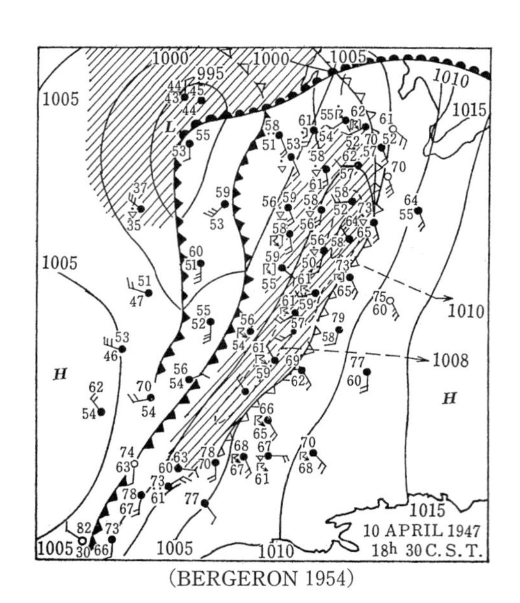

(BERGERON 1954)

第8-8図　大規模なスコールライン

発達した低気圧の暖域の下層が温暖多湿であり，上層に冷気が移流しているような状態のところに発達した積乱雲が近づくと，図の(a)ように冷気が下降し，蒸し暑い暖気との間に収束がおこってガストフロント（突風前線）を作る。これが寒冷前線より早い速度で進み始めるのである。次にスコールラインの特徴を要約することにする。

① 顕著な寒冷前線が存在しているときには，スコールラインの発生に注意する。
② 母体である寒冷前線を離れて早く進行していく。
③ 寿命は短かく，幅50～100㎞で突風，しゅう雨，雷雨などがある。
④ 寒冷前線と平行に走り，両者の距離が100～200㎞付近で風雨が最も強く，300～500㎞離れると消滅してしまう。

8-7　日本近海の温帯低気圧

8-7-1　発生数と速度

⑴ 発 生 数

温帯低気圧は一年中発生するが，日本近海で発生するのは年間約400個である。四季別にみれば，移動性高気圧の通過の多い春，秋に低気圧の発生数も多く，春→秋→冬→夏の順になっている。しかし，低気圧の発達は寒候期であり，猛威を振う発生数の順序でいえば，冬→春→秋→夏の順である。

⑵ 速　度

低気圧の速度は遅いものでは20 km/h，速いものは70 km/hを越すものもあるが全体では30～50 km/hのものが多い。ただし，季節によって多少違うことと，その時々に応じた気象状態や経路に応じて速さにも違いがある。したがってあまり平均値にとらわれて，個々の低気圧の発達状態を見失ってはいけないのはもちろんのことである。

一般的な法則をあげれば，

① 低気圧の平均速度は 40km/h である。これは，一日に 960 km 進むことになり，中緯度では経度10°に相当する。
② 速度の早いほど発達する傾向がある。したがって 50km/h を越えるものは警戒が必要である。
③ 季節別では，冬（45km/h）→春（40km/h）→秋（38km/h）→夏（28 km/h）の順で遅くなる。

8-7-2　低気圧の経路

日本付近を通る低気圧の経路は個々にあげればさまざまであるが，これを系統別に分類すればおよそ次の四つに分類できるであろう。

① Aの経路：黒竜江，バイカル湖方面で発生して東進し，樺太からオホーツク海方面に向かうもの。北日本方面では風雨に注意する必要があるが，

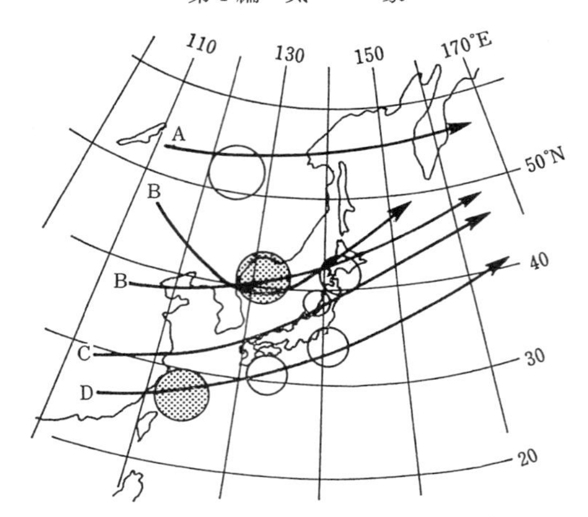

円内は低気圧発生の多いところ黒丸は特に多い

第8-9図 低気圧の経路

それ以外の地域では直接の影響がない。

② Bの経路：中国東北区方面で発生し，はじめは南東進し，その後日本海を北東進して北海道方面にぬけるもの。南東進している間はあまり発達しないが，北東に向きを変えてから発達することがある。あるいは，華北や日本海で発生して日本海を北東進して北海道方面にぬけるものもある。

これらは，冬から春先にかけて顕著な発達をする。雨は北日本にみられるが，その他では少ない。日本は暖域の中に入り，暖域に吹き込む南よりの風が強く暖かくなる。春一番のコースであり，また日本海側にフェーン現象をおこしやすい。

低気圧の通過後，寒冷前線が通る。

③ Cの経路：華中で発生し，東シナ海から日本海南部を通って東方洋上に去るもの。雨の範囲が広がり，西日本全域におよぶが日本海側で雨量が多い。また，温暖前線の伸び方によっては東日本の方にも雨域が広がる。

この経路のときに太平洋側で副低気圧が発生し，二つ玉型になることがある。

④ Dの経路：揚子江，台湾付近，四国沖で発生し，日本の太平洋側を進むもので，東シナ海低気圧または南岸低気圧といわれる低気圧のコースである。

九州から関東方面の太平洋岸に雨量が多くなる。冬から春先にかけて顕著に発達し，この低気圧が通ると連日降り続く日本海側の雪も止み，晴れ間さえのぞくことがある。これに対し，太平洋側に多量の雨や雪を降らせる。

8-8　世界の温帯低気圧

低気圧は前線帯に関連して発生し，これに沿って進行する。進行するにしたがい，高緯度地方に向かいやがて寒気の中へ入ってしまうのがふつうである。

個々にみれば，低気圧の発生する場所や経路は前線帯の日々の動きや，季節的な変動によってまちまちだが，以下に平均的なものを図に示す。これらは大陸の東岸で多く発生する。

北半球の場合，大西洋では北米大陸の沿岸で発生した低気圧が，北東進しながら次第に閉塞していく。このため，ヨーロッパに達するものはほとんどが閉塞した低気圧になっている。アイスランドに進むもの，あるいはノルウェー沿岸，バルチック海に進むものがあり，少数がヨーロッパ大陸に上陸する。

地中海でも，冬季は前線帯が活発で低気圧が発生する。これらは東進して南ロシアや小アジアに向かう。夏季は前線帯が消滅し低気圧の発生はほとんどなくなる。

太平洋では，アジア大陸東岸の日本沿岸で多く発生し，日本を通るときは発達中のことが多くまだ閉塞していないのがふつうである。北東進してアリューシャン方面に達する頃が閉塞した状態になっている。これらの低気圧は完全には消滅しないで東進し，ロッキー山脈を越えカナダに侵入することも多い。

太平洋の中央にある前線帯で発生した低気圧は北東進して，カリフォルニア方面に達する。

南半球の場合，多くの低気圧は40°S以南に発生し，西から東に緯度圏に沿って進行する。

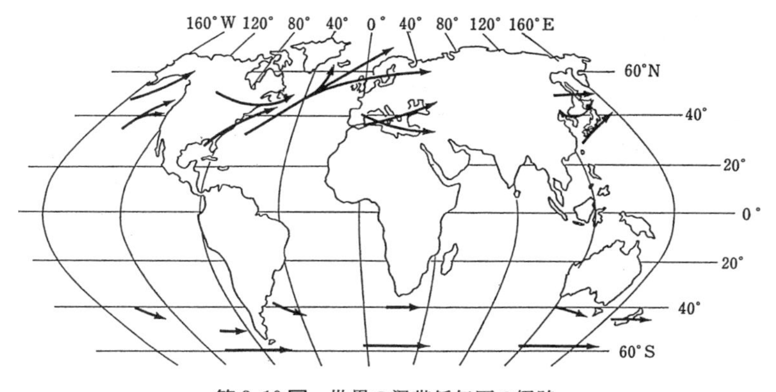

第8-10図　世界の温帯低気圧の経路

第8章　問　題

▶三　級　＜＊＊＊＞

問1　下図の(ア)～(オ)は，日本付近に来る温帯低気圧の発生から消滅に至るまでの概略の経過を，順序不同に示したものである。次の問いに答えよ。

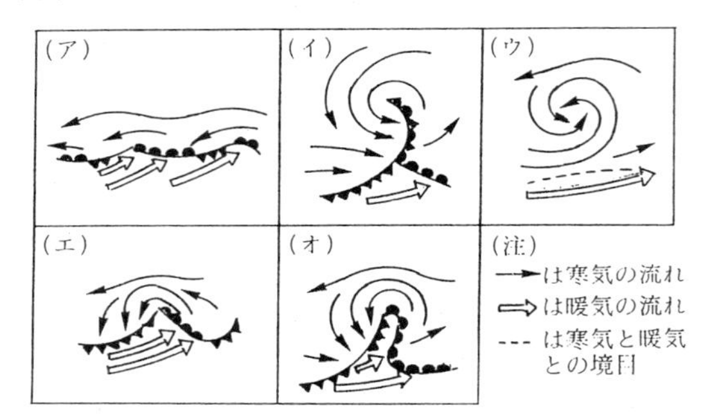

(1)　温帯低気圧の発生消滅の経過を，正しい順に並べ，記号で示せ。

(2)　図(イ)は，温帯低気圧のどのような状況を示すか。

〔解〕 (1)　(ア)→(エ)→(オ)→(イ)→(ウ)。(2)　8-2(3)参照。

問2　次図は，地上天気図に描かれる温帯気圧の一例である。

(イ)，(ロ)及び(ハ)の各地点における概略の風向を述べよ。

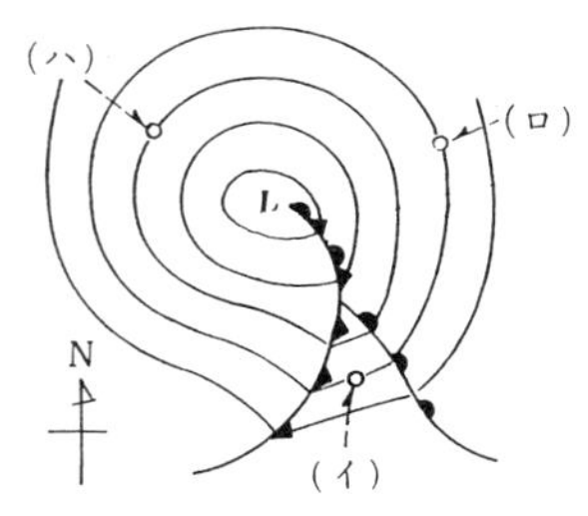

〔解〕 (イ)　南西，(ロ)　南東，(ハ)　北。

問3　日本近海の天気図上に現われる右図の低気圧について，次の問いに答えよ。

(一)　この低気圧の種類，発生地および最も多く発生する時期

(二)　寒暖両気団の区別

(三)　各前線の名称および移動方向

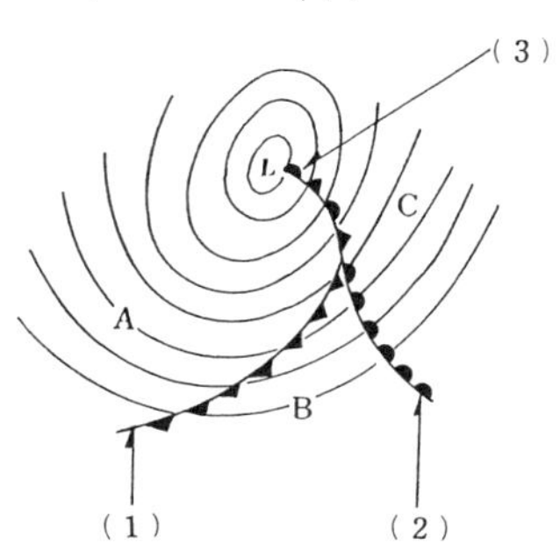

〔解〕 (一)　種類は温帯低気圧，発生地は寒帯気団と熱帯気団の境界，たとえばシベリア気団と小笠原気団の境界である寒帯前線帯の領域である。発生は冬と春に最も多い。

(二)　B→暖気団，A，C→寒気団

(三)　(1)寒冷前線―南東へ移動，(2)温暖前線―北東，(3)閉塞前線―北。

問4　次図のア～ウは，日本近海にくる温帯低気圧

の主な経路のうち，３つを示したものである。これらについて，次の問いに答えよ。

⑴　低気圧が，ア〜ウのような経路をとるのは，それぞれいつごろが多いか。

⑵　低気圧が，ア〜ウのような経路をとる場合，日本付近の天気は，一般にどうなるか，それぞれについて述べよ。

〔解〕 ⑴　ア：冬・春，イ：春・秋，ウ：冬。
⑵　8-7-2 参照。

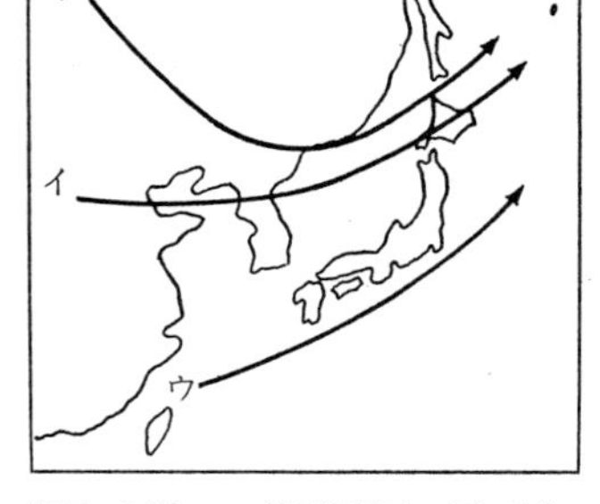

問５　次図の低気圧(L)域内のＡ，Ｂ２地点では，一般にどのような天気が見られるか，それぞれ次の⑴〜⑻から選べ。（解答例Ａ-⑼，⑽，……）

⑴　露点が急速に低下する。	⑵　気圧がゆっくり下がる。
⑶　晴れている。	⑷　Ns（国際略記号）の雲が見られる。
⑸　にわか雨や雷雨がある。	⑹　気温がゆっくり上がる。
⑺　霧が見られる。	⑻　風が南寄りから西寄りに急変する。

〔解〕 Ａ―⑵,⑷，Ｂ―⑶，⑹

問６　右図は，日本付近における天気図上の典型的な温帯低気圧域内の天気分布の模様を示すためのものである。次の問いに答えよ。

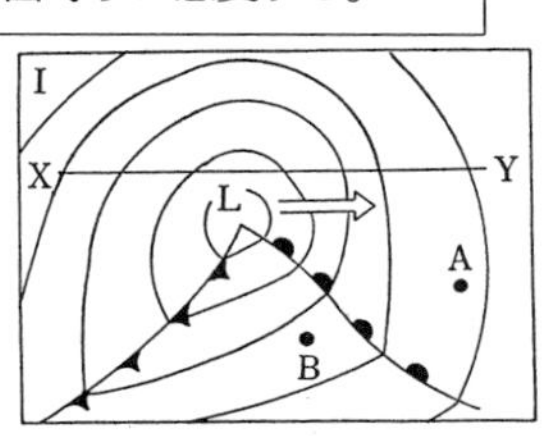

⑴　右図を拡大して描き，次の**ア**〜**オ**を記入せよ。
ア　薄曇域　**イ**　本曇域　**ウ**　降雨域　**エ**　暖　域
オ　風向（a，b，c 各地点における）

⑵　ＡとＢの各前線面の形状を示す鉛直断面図を描き，暖気寒気の状況を示せ。

〔解〕 8-5-1 参照。

問７　右図は，日本付近の地上天気図に現れる温帯低気圧の１例の大略を示したものである。右図を転記して次の⑴〜⑸を図中に示せ。

⑴　暖域　⑵　寒　域　⑶　降雨域
⑷　暴風域　⑸　積乱雲が現れる区域

〔解〕 8-5-1 参照。

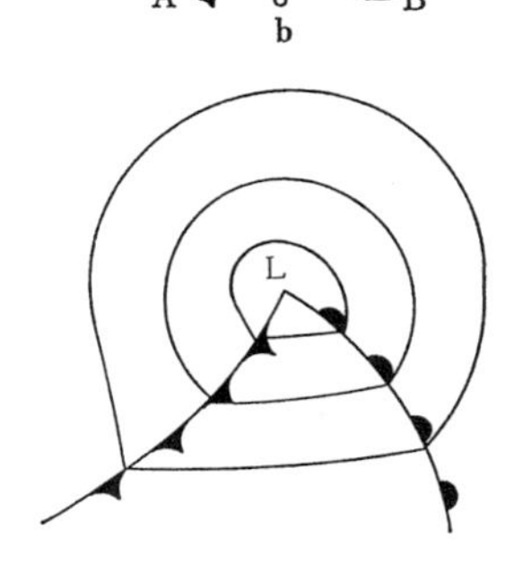

問８　日本付近の地上天気図に描かれる温帯低気圧の１例を示し，次の⑴〜⑽を図中に記入せよ。

⑴　低気圧の中心　⑵　等圧線
⑶　温暖前線　⑷　寒冷前線
⑸　暖　域 　⑹　寒　域
⑺　降雨域　⑻　雲　形

(9)　暖域における風向　(10)　寒域における風向

〔解〕　第8-5図，第8-1表参照。

問9　温帯低気圧が近づいてくる場合の天気について：

(1)　温帯低気圧に伴う温暖前線が近づいてくる場合の前兆として，先ず多くみられる雲は何か。

(2)　さらに，(1)の前線が近づいて雨が降るころに多くみられる雲は何か。

(3)　温暖前線が通過した後，温帯低気圧に伴う寒冷前線が近づくと，一般に，どんな雲がみられるか。

〔解〕　(1)　巻雲，巻層雲。(2)　乱層雲。(3)　積雲，積乱雲。第8-1表参照。

問10　いったん閉そくした低気圧が，再び勢力を盛りかえして発達することがある（低気圧の若がえりまたは再生）が，これはどのような場合に起こるか，2例をあげよ。

〔解〕　8-4-1，8-4-2参照。

問11　低気圧が日本列島に接近するときに，地形的な影響によって副低気圧が発生することがある。低気圧がどこに来たときに，どこに副低気圧が発生しやすいか。

〔解〕　8-3(3)-②参照。その他銚子沖を北東進中に関東地方の南方で，また千島付近で発達すると樺太または北海道西岸で発生する場合がある。

▶二　級　<＊＊＊>

問1　低気圧の盛衰に関する一般的法則および経験則についてのべよ。

〔解〕　8-4-2および14-5-2(3)後段ⓔ～ⓘ参照。

問2　低気圧はどんな条件のあるところに発生しやすいか，その理由とともに説明せよ。

〔解〕　8-1中段，14-3③④，14-5-2(3)後段ⓐ～ⓔ参照。

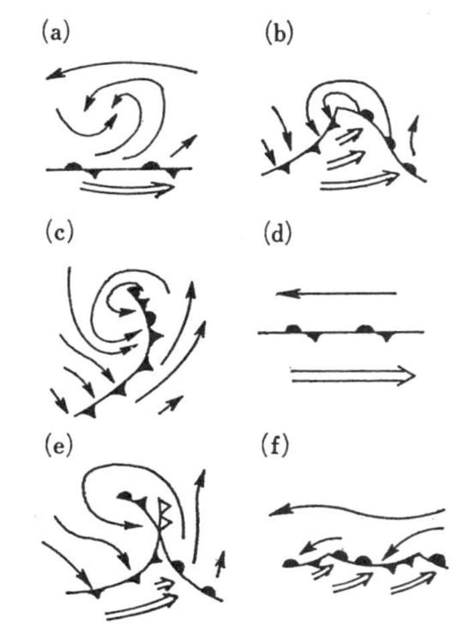

問3　右図は，日本近海に来襲する温帯低気圧の発生から発達し，消滅するまでの過程を順序不同に模型的に示したものである。次の問いに答えよ。

(一)　図について，低気圧の発生から消滅するまでの正しい順序を記号で示せ。

(二)　閉塞した低気圧が若返るのは，どんな場合か，1つあげよ。

〔解〕　(一)　(d)→(f)→(b)→(e)→(c)→(a)。(二)　8-4参照。

問4　次図のア～エは，温帯低気圧の発達過程と前線との関係を描いたものである。ア～エの低気圧のそれぞれの特徴を，次の(1)～(5)について比べよ。

(1)　中心（部）の示度

(2)　中心（部）をとりまく等圧線の数
(3)　周囲の風の強さ
(4)　悪天候の範囲
(5)　暖　域

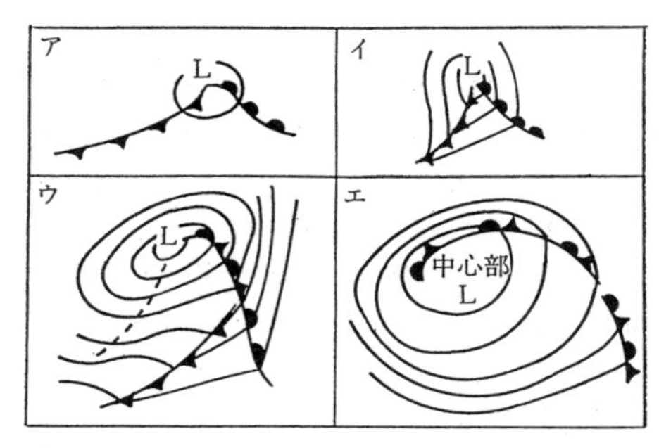

〔解〕　8-2参照。**エ**は消滅期に向かっている段階で，中心部よりもその周辺に強風域が残っている。悪天候も周辺に断片的に残っている。

問5　(一)　前線の波動は，どのようにして起こるか。
(二)　前線の安定な波動及び不安定な波動とは，それぞれどのようなことか。

〔解〕　(一)　8-1中段，8-2(1)参照。(二)　7-6(1)，8-2(2)，7-5後段（第一種，第二種の前線）参照。

問6　右図のⒶ～Ⓔは，日本付近を通過する温帯低気圧の主な経路を示したものである。これらについて，次の問いに答えよ。

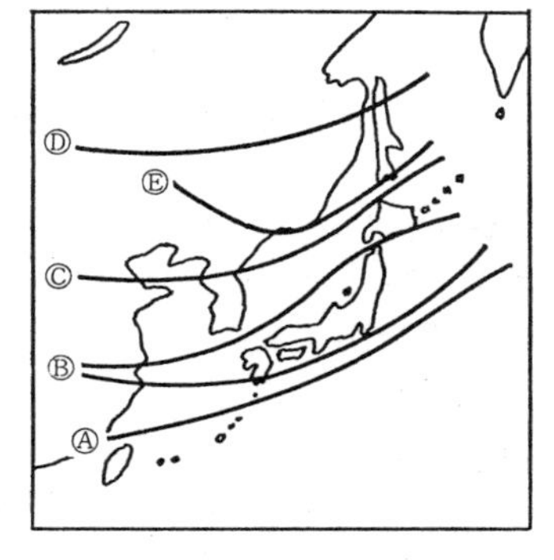

(1)　低気圧がⒶ～Ⓔのような経路をとるのは，それぞれ，どの季節に多く見られるか。
(2)　低気圧が右図のような経路をとる場合，日本付近の天気は，一般にどうなるか。Ⓐ，Ⓑ，Ⓒ及びⒺのそれぞれについて述べよ。

〔解〕　(1)　Ⓐ冬，Ⓑ春・秋，Ⓒ春・秋，Ⓓ夏，Ⓔ冬・春。(2)　8-7-2参照。Ⓐは④，Ⓑは③，Ⓒは②。なお，春一番になるほど発達しない場合，雨は北日本に見られるが，その他では少ない。その他の地域では暖域に入る。Ⓓは①，Ⓔは②のそれぞれ本文を参照。

問7　温帯低気圧の暖域内で突風が起こることがあるが，どのような場合か。また，日本近海でそのような現象が起こりやすいのは，どの海域か，2つあげよ。

〔解〕　8-6参照。

問8　不安定線とは何か。

〔解〕　8-6参照。

問9　不安定線（スコール・ライン）は，温帯低気圧の暖域内では，一般にどの付近に多く形成されやすいか。また，この不安定線の特徴を3つあげよ。

〔解〕　8-6④参照。8-6①～④参照。

問10　上層の寒気の移動が地表よりも速く，本来の寒冷前線より前方に吹きおろすことによって生じる暖気内の突風やスコールの帯域についてのべよ。

〔解〕　8-6③④参照。

問11　温帯低気圧の通過時に見られることがある二次前線（secondary front）に関する

次の問いに答えよ。

(1)　二次前線とは，どのような前線か。

(2)　二次前線は，どのような区域に，どのような状況の場合に形成されやすいか。

(3)　冬の季節風の吹き出すころ，二次前線の通過後は，一般にどんな天気になるか。

〔解〕 (1)(2)(3)　8-4-1参照。

(3)　大西風と寒波襲来に注意する。

問12　日本付近を通過する温帯低気圧の発達が予想されるのは，次の(1)〜(4)がそれぞれどのような状況の場合か。

(1)　低気圧の前方の気圧

(2)　低気圧周辺の寒気と暖気の動き

(3)　低気圧に伴う前線を境にして接している寒暖両気団の温度差

(4)　低気圧に伴う寒冷前線の進行速度

〔解〕 (1)　前方の気圧の降下

(2)　寒気と暖気の接近

(3)　温度差が大きい。

(4)　進行速度が早い（寒気の勢力が強いことを意味する）。

▶一　級

問1　衰弱してきた温帯低気圧が，再び，その勢力を盛り返して活発な動きを始める場合を説明せよ。

〔解〕 8-4 参照。

問2　右図に示す温帯低気圧のＸＸ′間およびYY′間の立体図を描き，次の事項を示せ。

(1)　気団，(2)　雨域，(3)　雲（一般的傾向）

(4)　前線の位置（XX′ 間のみ）

〔解〕 第8-5図参照。

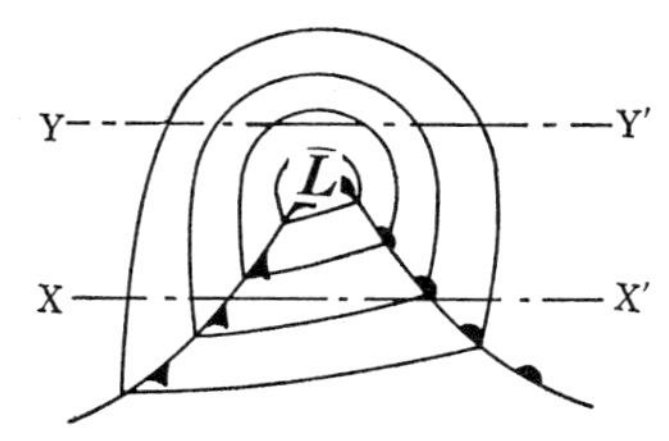

問3　気象上の不安定線は，地上天気図上ではどんなところに形成されやすいか。また，不安定線は，通常，どんな天気現象を伴うか。

〔解〕 8-6 参照。

問4　ペルシァ海湾の低気圧について述べよ。（航）

〔解〕 冬季（12〜２月）は一般に北西風である。低気圧がしばしば発生し，ペルシァ海湾→オマーン湾→Makran 海岸と進む。それに伴って，ペルシァ海湾では南東〜南西風から西〜北西風と順転し，スコールがある。

夏季（６〜８月）の低気圧は，ベンガル湾→北西インド→アラビア海北部→Makran 海岸と進む。ペルシァ海湾では時に黄砂を伴う暴風となる。

第9章 熱帯低気圧

9-1 熱帯低気圧とは

熱帯低気圧とは，熱帯地方の海洋上に発生する低気圧のことである。異なる気団の間にある前線の波動から発生する温帯低気圧と違い，一つの気団だけでできている渦であるから前線をもたない。したがって暖気と寒気の入れ変わりがないのだから，熱帯低気圧のエネルギー源は何かといえば，非常に高温で豊富な水蒸気が上昇過程で凝結放出する潜熱のエネルギーである。さらに，温帯低気圧の運動状態が前線の波動であれば，熱帯低気圧の場合のそれは渦動である。このように，同じ低気圧どうしでありながら，その性質にかなりの違いがあることがわかる。このことから両者の相違点を表にまとめてみる。

第9-1表 温帯低気圧と熱帯低気圧の相違点

相違点	温帯低気圧	熱帯低気圧
発生地	中緯度（温帯）	低緯度（熱帯）
活動期	寒候期	暖候期
運動状態	前線の波動	渦 動
前線	有 り	な し
エネルギー源	寒気と援気の位置のエネルギー	水蒸気の潜熱エネルギー
眼	な し	有 り
等圧線の形	前線のため不規則	ほぼ同心円形
気圧傾度	比較してゆるい	急 峻
風力	比較して弱い	非常に強い
中心気圧	980hPa以下では大低気圧である	960hPa 以下も珍しくない
暴風範囲	前線に沿って広がるから広範囲	中心付近に集中していて範囲は狭い
規模	直径 2,000km くらい	直径 600km くらい
進行方向	東進する	西進あるいは西進後転向して北東進

（注） 両者の比較なのであるから，温帯低気圧の風力が比較して弱いといっても風が弱いと錯覚してはいけない。

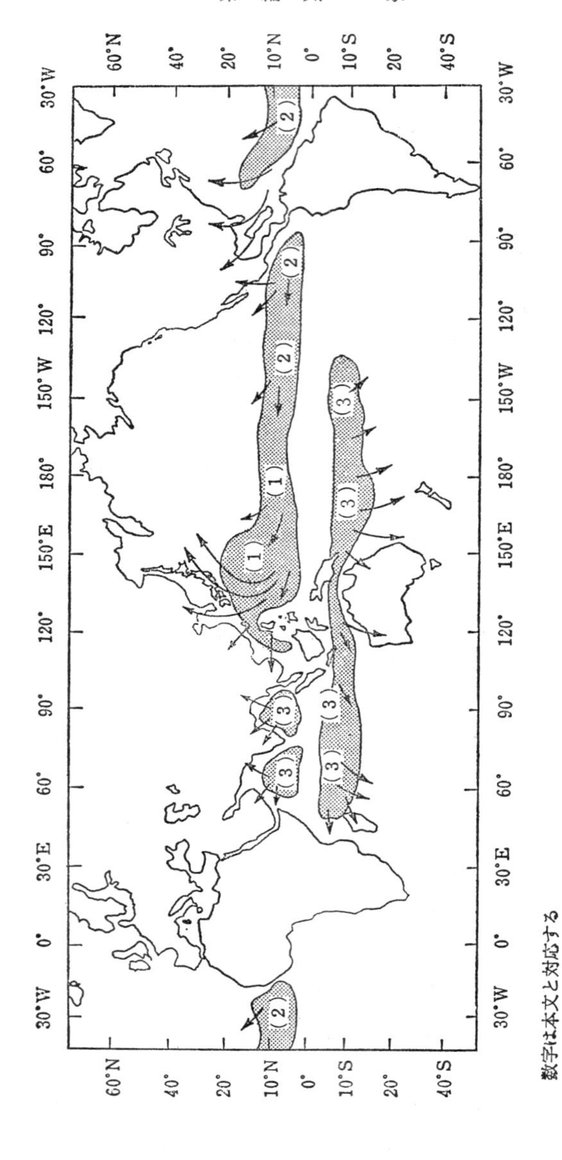

第 9-1 図　世界の熱帯低気圧の発生区域と経路

数字は本文と対応する

9-2　世界の熱帯低気圧

熱帯低気圧は熱帯のどこでも発生するわけではないし，われわれになじみの深い台風だけでもない。それは，発生地域によってそれぞれ異なった名前をもっている。

(1)　台　　風（Typhoon）

経度180°から西の北太平洋と南シナ海に発生する。風力8以上の暴風雨をもつ熱帯低気圧で年間の平均発生数は27(18)個。これは世界の熱帯低気圧の総発生数の33(45)%にあたる。

(2)　ハリケーン（Hurricane）

ハリケーンの発生地は2か所ある。

①　北太平洋の経度180°から東で発生する。主としてメキシコの南方海域から西方沿海に現れる。小区域のものが多く，発生数は年間15(8)個である。

②　北大西洋のメキシコ湾、カリブ海に発生してアメリカ合衆国やメキシコを襲う。発生数は年間10(6)個。

(3)　サイクロン（Cyclone）

インド洋および南太平洋西部で発生するものをサイクロンという。

①　ベンガル湾で5個，アラビア海で1，2個発生し，北西または北に進んでインドやビルマを襲う。発生数は年間計7（1，2）個。

②　南半球のインド洋，マダガスカル島寄りの洋上で発生し，アフリカやマダガスカル島を襲うもの。発生数は年間9(3)個。これをモーリシャス・ハリケーンということもある。

③　オーストラリアの西方海上，チモル海付近で発生し，オーストラリア西岸を襲うもの。発生数は年間5(1)個。これをウィリ・ウィリ（Willy-Willy）といったこともある。

④　南太平洋のオーストラリア東方から西経130°までの洋上に発生し，洋上にある諸群島，オーストラリアの東岸およびニュージーランドを襲う。発生数は年間9(2)個である。ハリケーンともいう。

（注）(1)　Willy-Willy：20世紀初め頃には熱帯低気圧を意味する言葉として用いられていた。
今日ではdust devil（じん旋風）の別名といわれる。
(2)　上記発生数は風力8以上の総数であり，（　）内は風力12以上に発達したものの数である。

熱帯低気圧は大体夏に発生するものが多い。したがって南半球の熱帯低気圧は北半球の冬（南半球の夏）に多いことになる。ただしベンガル湾，アラビア海で発生するサイクロンは7，8月を除いた4～6月と9～12月に多く，特にベンガル湾では秋が多い。これら世界の熱帯低気圧の発生をみると，一般に次のことがいえる。

ⓐ 北緯5°～南緯5°間の赤道付近では発生しない。
ⓑ 陸上ではまったく発生しない。
ⓒ 南大西洋上では発生しない。
ⓓ 海水温が27℃以上の洋上で発生する。
ⓔ 赤道収れん線上～5°前後極側で発生するものが多い。
ⓕ 大洋の西部で多く発生し，規模も大きい。

9-3　台　　風

9-3-1　熱帯低気圧の分類

極東で発生する熱帯低気圧は風力によって次のように分類される。

第9-2表　熱帯低気圧の分類

総　　称	日本での呼び名	国際的な呼び名と略号	域内の最大風力・風速
熱帯低気圧 tropical cyclone	熱帯低気圧	tropical depression (T. D)	風力7（33kt）以下 17.2m/s 未満
	台風 17.2m/s 以上	tropical storm (T. S)	風力8～9(34～47kt)
		severe tropical storm (S. T. S)	風力10～11 (48～63kt)
		typhoon (T)	風力12(64kt)以上

日本では熱帯低気圧と台風の二つに分けられているが，国際的には台風が三つに分けられている。

熱帯低気圧が台風（風力8以上）に成長すると，これらに番号がつけられる。たとえば，青函連絡船の洞爺丸を沈めた台風は，1954（昭和29）年の15番目の台風であるから5415台風と呼ぶのである。

（注）第二次世界大戦後しばらくの間（1952年まで），アメリカ極東空軍と気象庁の間で各台風に対して女性名がつけられていたが，その後，1979年より男性と女性名を交互に使用するようになった。
しかしこれも2000年より各国調整のうえ台風のアジア名が採用されることになった。ただし，日本の国内向けでは通し番号で呼ぶ。

9-3-2　台風の発生数

台風の活動期は暖候期であって，夏から秋にかけて多く発生し，冬から春にかけては少ない。年平均で26個くらい発生するが，この間，多い年は1940年の

49個，少ない年は2010年の14個などがある。日本への襲来数は平均3個で7，8，9月に多い。

二百十日は立春から数えて210日目にあたる日で，9月1日頃を指す。

第9-3表　月平均台風発生数と上陸数（1981～2010年）

月	1	2	3	4	5	6	7	8	9	10	11	12	年間
発生数	0.3	0.1	0.3	0.6	1.1	1.7	3.6	5.9	4.8	3.6	2.3	1.2	25.5
上陸数	—	—	—	—	0.0	0.2	0.5	0.9	0.8	0.2	0.0	—	2.6
接近数	—	—	—	0.2	0.6	0.8	2.1	3.4	2.9	1.5	0.6	0.1	11.4

上陸数：台風の中心が北海道・本州・四国・九州の海岸線に達した台風の数
接近数：台風の中心が日本の海岸線から300km以内に入った台風の数

接近数	沖縄7.4	伊豆・小笠原5.4	奄美3.8	九州南部3.3	九州北部3.2

（個／年）

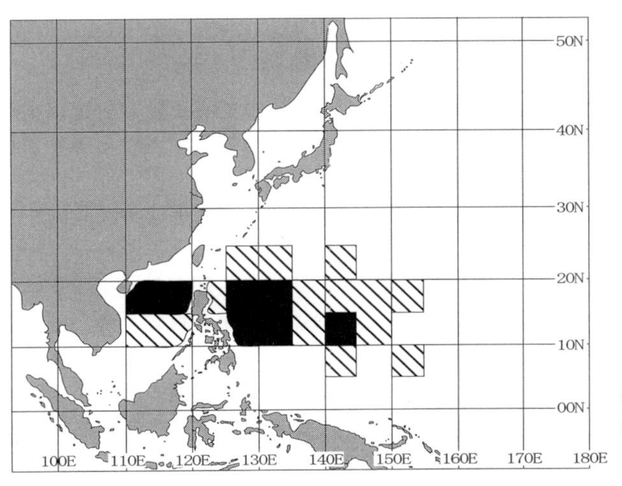

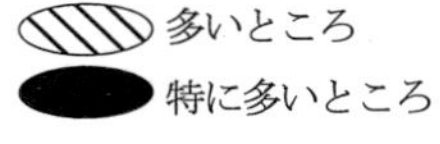

第9-2図　台風の発生地域

一般にはこの日に台風が最も襲いやすいとして知られているが，必ずしもこの日に台風が多いとは限らない。ただ稲の開花期でもあり，台風に対して警戒を喚起すべき時期という意味で二百十日の意義がある。

9-3-3　台風の発生

台風の発生はフィリピンの東方海上，10°N～20°N，125°E～145°Eの間と

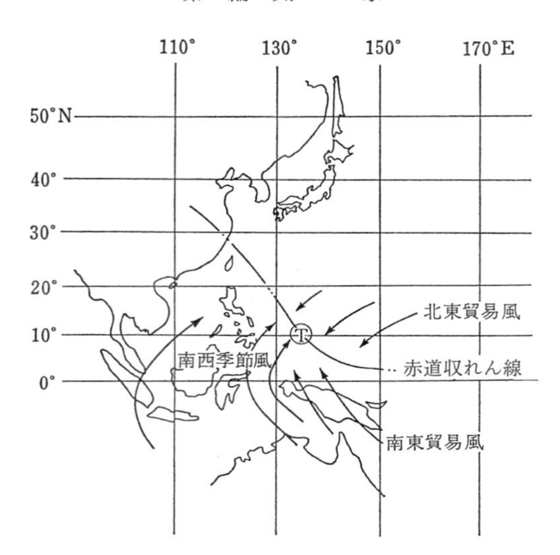

第9-3図　台風の発生原因

ルソン島の西方の南シナ海で最も多く発生している。このように，台風は太平洋の西部に集中している。その発生の原因は何であろうか。まだはっきりした定説は確立されていないが，一般的な説を紹介しよう。

第9-3図からわかるように赤道収れん線（赤道前線）は，北半球では夏にマリアナ・カロリン諸島付近から大陸にかけて急激に北上している。この付近では北半球の北東貿易風と南半球の南東貿易風，さらに南西季節風をつくっているインド方面の風がこの海域で会合している。この気流の会合点に上空の偏東風波動の気圧の谷がくると，擾乱がおこって台風が発生するというのである。

偏東風波動とは，低緯度のかなりの高さまで吹いている東風が南北にうねりながら，すなわち波動となって西へ移動していくことである。このうち気圧の谷にあたる部分が気流の会合点の上空にくると，気圧の低下がおこって台風を発生させると考えるものである。

9-3-4　台風の一生

台風の発生してから消滅するまでの一生は平均4，5日で長くなると1週間以上，最長2週間位である。

典型的な台風の一生は次のとおりである。

(1)　発生期

積雲やしゅう雨がさかんにおこり，これがしだいに中心にまとまって低気

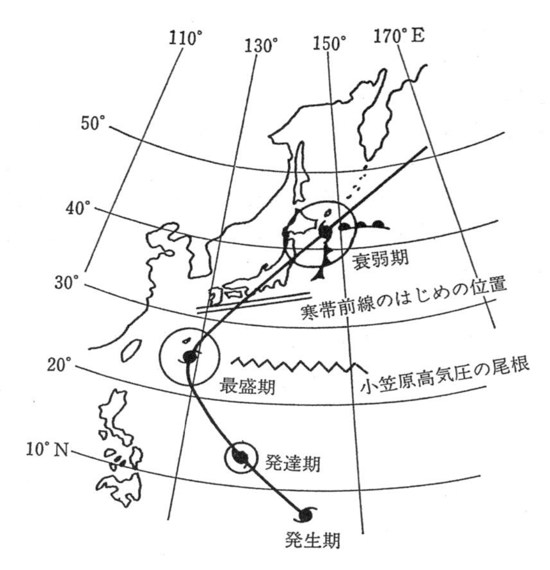

第9-4図　理想台風（転向型）の一生

圧性の渦となる。熱帯低気圧となってから台風になるまでの期間をいう。

① 中心気圧は，1,000hPa 以上
② 最大風速15m/s 位。
③ 偏東風にのって北北西に進む。
④ 進行速度は一定しないが，10～20km/h程度である。

(2) 発達期

15°N を越えると台風は急に発達し，偏東風の中を進みながら，中心気圧もどんどん下がっていく。

① 中心気圧960hPa 以下，最大風速25m/s の暴風域が広がり規模は雄大となる。
② 雲は中心付近にまとまり，らせん状の分布を示す。
③ 中心には眼がある。
④ 進行速度は20～30km/h位。

(3) 最盛期

中心気圧の下降が止まり，台風の半径は増大する。この頃が台風の最盛期である。

① 位置は20°Nを越えたあたりである。

② 中心気圧は930hPa 前後を示す。

③ 最大風速45m/s 以上となる。

最盛期を迎えた台風は，しだいに速度が鈍る。これは，台風が向きを変えるきざしである。台風が向きを変えることを転向といい，その場所を転向点という。したがって転向の時期が最盛期にも相当する。これは偏東風のなかを西に移動しながら北上してきた台風が，やがて上空の気圧の谷に引きずられて向きを変え，偏西風の中へと入っていくためである。

(4) 衰弱期

転向後は北東進する。偏西風は偏東風よりも風が強いので，台風は次第に速度を増し，30km/h から緯度が高くなるにつれ50km/h 位になる。

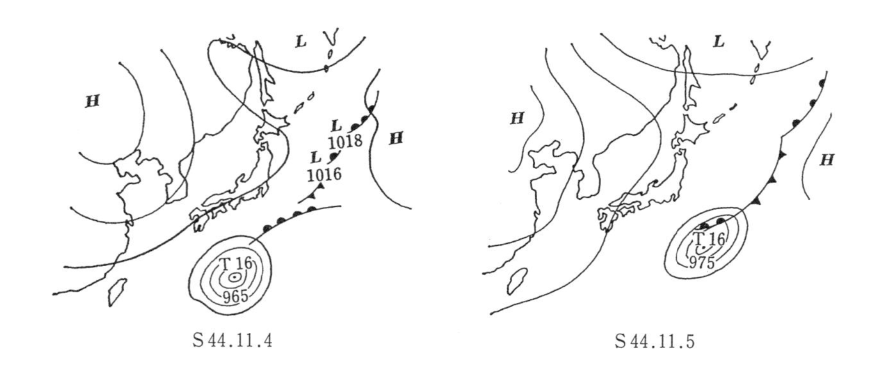

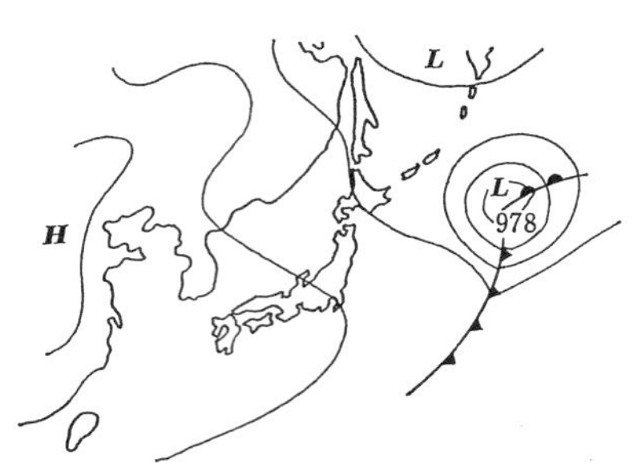

前線がだんだん中心をつらぬき，等圧線はゆがんでくる。

第 9-5 図　台風の温帯低気圧化

暴風圏の大きさはあまり変わらないが台風の形は崩れていき，中心気圧が960hPaと上がってきて最大風速も35m/s前後と衰えはじめる。日本にくる台風は大体この時期に相当する。しかし，衰えつつあるとはいえ台風の猛威には変わりはないから注意を要するのは当然である。

北上につれて寒帯前線に接近するので，寒帯気団が侵入してきて台風内に前線ができるようになる。これを台風の温帯低気圧化という。

以上は一般的な台風の一生であって，個々には様々な形態をとるから注意が肝要である。たとえば，日本付近で最盛期をむかえたり，偏西風に流されずに押し切って北西進するもの，あるいは偏西風の谷にのれないで消滅したりするものがある。ときには，進路が複雑で定まらず，逆もどりしたり，ループを描いたり，停滞したりする異常進路の台風もあって，これを迷走台風と呼んでいる。

9-3-5　台風の経路

台風の発生数の多いのは夏であり，1，2，3月の寒候期には少ない。寒候期の台風の経路はシベリア高気圧に左右されるが，夏では小笠原高気圧が支配的であり，台風は小笠原高気圧の一般流に流されるので，経路は小笠原気圧の消長に左右される。そこで一つの原則をのべれば，「台風は小笠原高気圧を右に見て進む」ことになる。

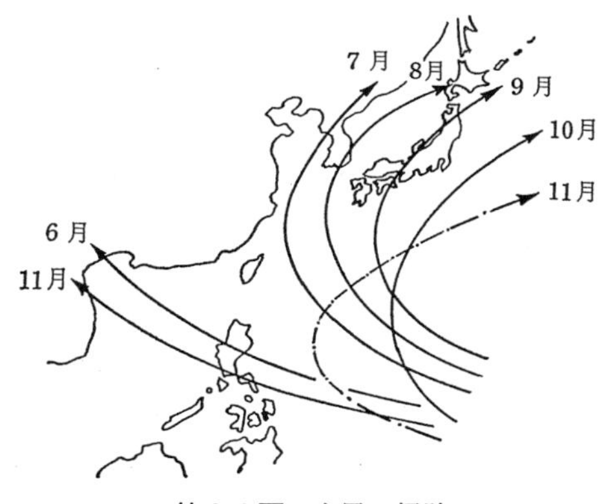

第9-6図　台風の経路

台風は背の高い渦で，地上から圏界面の高さにまで達するから，台風を押し流す風として対流圏の中間に相当する500hPa等圧面天気図（地上約5,500m）に現われる風から台風の進路を推定することが多い。

次に月別の平均的な経路の変化についてのべてみよう。

(1)　1，2，3月

シベリア高気圧が強く赤道前線は南へおし下げられて弱くなっているため，台風の発生そのものも少ないが，発生した台風はほとんどが西へ進む。

(2)　4，5月

シベリア高気圧が弱まって後退するので，転向して北東に進むものがでてくる。

(3) 6月

転向点は20°Nで，北東進するものも多くなる。5年に1度の割で日本にも襲来する。ときには梅雨前線を刺激し，大雨を降らせるので梅雨台風といったりする。

(4) 7月

転向点は20°N～25°N。気圧配置が夏型に移る時期で小笠原高気圧が勢力をまし，西に張り出してくる。転向したものは，東シナ海から朝鮮方面にぬけるものが多くなる。しかし，日本に襲来するのは2年に1度の割で前月よりふえる。

また小笠原高気圧が強いと，転向せずにそのまま北西に進んで中国大陸へ向かうものも多い。

(5) 8月

転向点は25°N～30°N。小笠原高気圧におされて北西に進むものが多いが，転向するものは日本海を北東進する。

この頃は赤道前線が最も北にあり，台風は高緯度に発生するのでそのまま日本に襲来するものも多く，1年に1個位の割合になる。迷走台風や豆台風の多い時期でもある。

(6) 9月

転向点は20°N～30°N。シベリア高気圧がそろそろ出現しだし，小笠原高気圧が後退する時期にあたるので転向して北東進するものが多くなり，日本に上陸しやすい進路となる。襲来数は1年に1個位である。

(7) 10，11月

転向点は20°N。シベリア高気圧が南下してくるので，発生地と転向点は南に移り襲来数は10月で10年で1個位となる。転向した台風は日本の南方海上を北東進する。また，そのまま北西進するものも多い。

(8) 12月

シベリア高気圧が根を下ろし始めるときで，台風は低緯度を西～西北西進して南シナ海にはいるものも多い。また転向しても，日本のはるか南方海上を北東進する。

台風には北西進して大陸に向かうものと，転向して北東進するものが多い。その割合は転向しない西行型が発生数の1/3，転向型が発生数の2/3にあたる。その他に北上型といって，マリアナ諸島から140°E線に沿って北上するものもある。これは，8月に多く，迷走台風になることがある。

台風の転向は結局上層の偏西風帯の気圧の谷に関係していて，台風の進路方

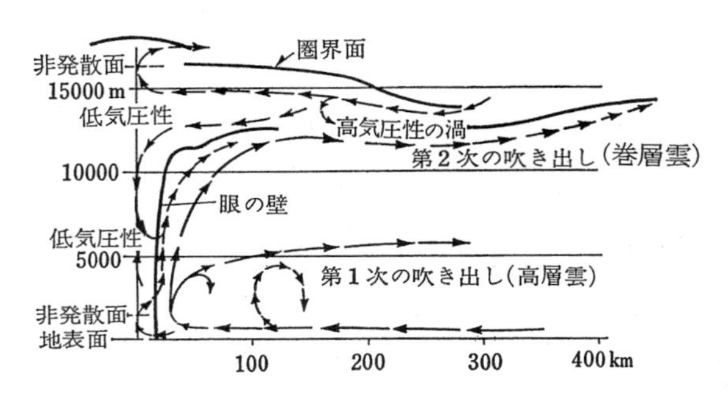

第 9-7 図　台風の立体構造を表わす気流の流入。流出の状況

向に上空の気圧の谷が重なると台風は谷前面の南西風に流されて向きを転じることになる。7，8 月は上層の気圧の谷の勢力が弱く，台風の進路に影響するほど気圧の谷は南下してはこない。これは結局，小笠原気団が大陸沿岸までいっぱいに広がっており，シベリア気団が高緯度に後退しているために他ならないからである。ところが 9 月以後になると，小笠原気団は後退を始めシベリア気団が少しずつ勢力を得てくるため，上層の気圧の谷も深くなり，谷の南端が低緯度に達するようになると台風の進路を支配するようになる。

9-3-6　台 風 の 構 造

(1)　規　　模

並みの大きさを持つ台風の直径は600～1000km で，その高さは圏界面であるから，全体からみれば薄く平たい空気の渦になっている。

台風の強さや大きさを表わすのに，台風の被害と密接な関係のある「中心付近の最大風速」と「風速15m/s 以上の半径」を用いる。また，暴風圏とは25m/s 以上の風が吹いている範囲をいう。なぜなら，この風速を境にして台

第 9-4 表　台風の強さの分類

階　　級	中心付近の最大風速	国際記号
……………	17m/s（34 kt）以上～25m/s（48 kt）未満	T.S（Tropical Storm）
……………	25 〃（48 〃）〃 ～33 〃（64 〃）〃	S.T.S（Severe Tropical Storm）
強　い	33 〃（64 〃）〃 ～44 〃（85 〃）〃	T.（Typhoon）
非常に強い	44 〃（85 〃）〃 ～54 〃（105 〃）〃	〃
猛　烈	54 〃（105 〃）〃	〃

第9-5表　台風の大きさの分類

階　　　級	風速15m/s 以上の半径
…………………………	200km 未満
…………………………	200km 以上～300km 未満
…………………………	300　〃　～500　〃
大　　型（大きい）	500　〃　～800　〃
超大型（非常に大きい）	800　〃

風による被害が急増するからである。

台風の強さの分類と台風の大きさの分類を第9-4表，第9-5表に示す。

(2)　台風の風

台風の風は，中心にあたる目の中では風が弱い。その外側のところで最大風速の暴風が吹き荒れている。この台風の目の中心から最大風速の吹いているところまで風は距離に比例して直線的に増加するが，この範囲を内域という。また最大風速の吹いているところから数百km までの範囲では，風速が中心からの距離の平方根に反比例していて曲線的に風速が小さくなり，この区域を外域という。

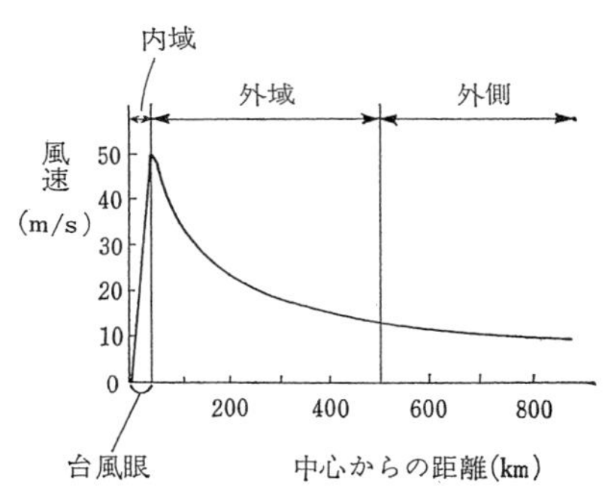

第9-8図　台風の風

最大風速は台風の中心気圧によってきまってくるから，中心気圧が低いほど風は強い。観測資料の乏しいときには，およその最大風速を知る方法として温帯低気圧の場合と同様次の公式を用いると便利である。

$$V=5\sqrt{1010-P}$$

V：中心の最大風速 m/s　　P：中心気圧 hPa

これは10分間平均風速の最大値であるから，瞬間値の突風率はその1.2～1.3倍になると考えなくてはいけない。

(3)　台風の気圧

等圧線は中心から気圧1000hPa 内外までほぼ同心円状になっている。気圧を連続的に観測してみると，第9-9図のようにじょうご型をしている。このように台風内では気圧は中心ほど急激に減少していて，等圧線も中心付近ほどこんでいる。目の中では気圧の変化はほとんどない。

(4)　台風内の気温と湿度

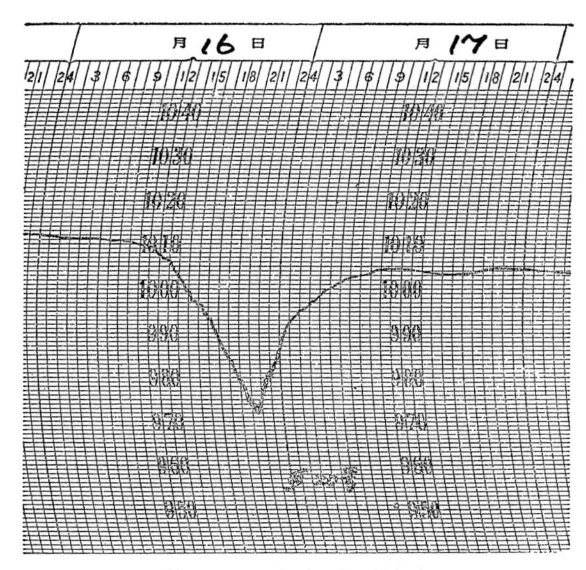

第 9-9 図　台風の気圧断面

秋の末，日本にくる台風でも域内の気温は25～27℃はある。湿度は100%に近い。目の中では下降気流があって断熱昇温するので，周囲よりも気温が高くなっている。

(5)　台風の雨

台風による雨は，高温・多湿な空気が激しく上昇する気流によって降るものである。雨雲は台風をらせん状に取り巻いていて，かなり前方からしゅう雨が断続的に降る。洋上では雨量そのものはそれほど多くなく，1時間に15 mm 程度で中心が通り過ぎても総雨量100mm 前後といわれる。ところが台風が日本に接近してくると，かなり前方から豪雨をもたらすことがある。これには高温・多湿な気流が山岳方面で滑昇して降らせる地形性降雨と，前線を刺激して降らせる前線性降雨とがある。

「梅雨期と中秋以後の台風は雨台風」というが，これは今のべたように，梅雨期は本邦南岸に梅雨前線が停滞しているために，台風のもたらす高温・多湿な気団が前線に沿って上昇し大雨になることからきている。上空の気流の模様は赤道気団が細長く舌状に侵入していることが多く，これを湿舌という。

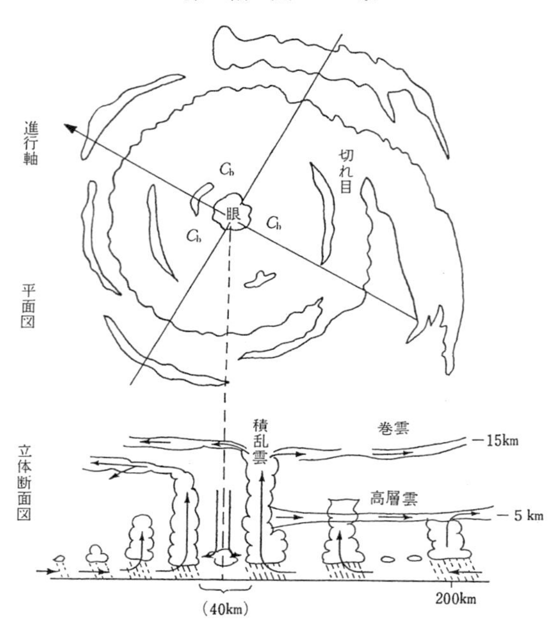

第9-10図　雲からみた台風の構造

また中秋以後ではシベリア気団が次第に強くなっていて，寒帯前線帯が日本付近に南下してくるため日本列島は南北で気温差が大きくなっている。そこへ台風による赤道気団が湿舌として侵入してくると前線を取り込んで大雨になったり，あるいは秋雨前線が存在していたりすると前線を刺激して大雨になったりするのである。（第6-3図参照）

(6)　台風の雲

台風の中心より1000km 前方から，上層の第2次吹き出しによる巻層雲が観測される。台風が接近するにつれて低い厚い雲に変わって，第1次の吹き出しによる高層雲，乱層雲となる。中心付近では積乱雲が壁のように立ちはだかっている。

これらの雲は連続的に広がっているというよりは，環状あるいは，らせん状に中心を取り巻いている。目の中は下降気流となっているので雲がないのがふつうである。

(7)　台風の目（眼）

台風の中心にある台風の目についての性質をまとめると次のようになる。

① ふつう直径20〜40km の大きさである。

② 風がほとんどなく雲が少ない。青空がみえ，うす日が射し込んでくる。

③ 風は弱くても，周囲を取り巻く方向の違う激浪が衝突して高い三角波を作っている。したがって船体に与える衝撃も大きい。

④ 台風の吹き返しに備える。目が過ぎると，目に入る前とは風向が正反対の暴風が吹き荒れるから船舶は荒天準備を補強し，錨の打ち換えなどもしておかなくてはいけない。

9-3-7　洋上での台風予報

台風に関しては気象機関からの情報を最大限に利用するのは当然ながら，洋上では観測値が少ないため観測もれをおこすような小型の豆台風があり，小型の割には中心の最大風速は強く，船舶にとっては危険なことがある。また台風情報の放送以前に台風が発生したり，急激に接近してきたりすることもあるわけだから自船による気象観測で気象の変化を予知する必要が生じてくる。特に低緯度航行中は，日本から離れている上に観測網もまばらであるから注意しなくてはいけない。

(1) 台風の発生と接近の一般兆候

① うねりについて

1. 台風の進行速度よりも速く進むので，いつもと違った波長，周期，方向をもったうねりが観測されれば台風の接近が予想できる。
2. 海岸地方ではうねりが海岸に当って海鳴りをおこすことがある。

② 雲について

1. 台風のはるか前方では，巻雲が台風の中心から拡がっている。放射状巻雲が水平線の一転から拡がっているとき，その方向に台風がある。
2. 巻層雲によって太陽や月に「かさ」がかかる（温暖前線のときも同様）。
3. 日出没時に空が異常に赤くなる。
4. 台風は背が高く上層の風に流されるから，上層雲の動きに注意してその動く方向や速さなどから台風の動きが予想できる。

③ 気圧について

気圧がその地の日変化以上に下がるときや，その場所の平均よりも5 hPa 以上気圧が低いときは台風の接近が予想できる。

④ 風について

1. 貿易風や海陸風は規則正しく吹くが，これが突然乱れるとき。
2. 風向が東よりから北よりに変わるとき。
3. 台風期に風が平均よりも25％以上強くなるとき。

これらの状況のときは，台風の接近が予想できる。

⑤ その他

1． 低緯度でスコールが頻発するときは台風の発生が予想できる。

2． 空電が多いときは台風接近が予想できる。

(2) 台風の中心方向を知るための簡便法

① バイス・バロットの法則（4-6後段参照）

② 放射状巻雲の放射の中心方向

③ うねりのくる方向

(3) 台風に対して，自船がどの象限にいるか知る方法

① 左半円か右半円かあるいは進行軸上か。

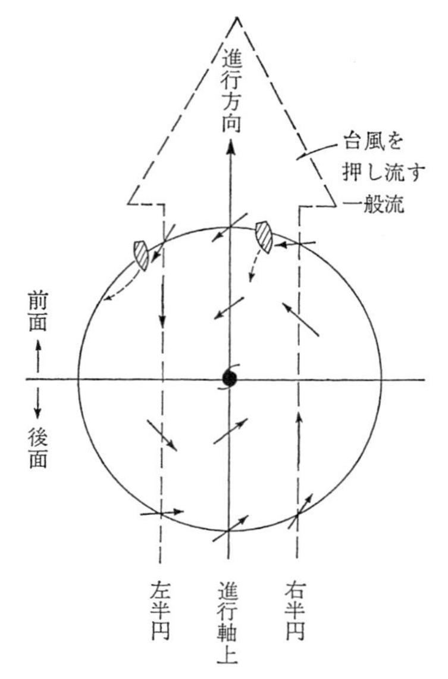

第9-11図 台風の四分円

風向が順転（右回り）するときは台風の右半円にいる。たとえば，台風が北上しているとき右半円にいれば，風向は東→南東→南→南西と変化していく。

風向が逆転（左回り）するときは台風の左半円にいる。たとえば，台風が北上しているとき左半円にいれば，風向は北東→北→北西→西と変化していく。

台風の進行軸にいるときは中心に近づくにつれ風は強くなるが，風向の変化はない。やがて目の中に入り，これが過ぎれば風向は反転する。

② 前面か中心か後面か

これは主として気圧の変化で知ることができる。

気圧はどんどん下がり，風や雨がますます強くなれば，台風の前面にいる。

気圧が底をつき風雨の強さもピークに達するとき，台風の中心が真横にきていることになる。ただし，目の中に入った場合は風もおさまり，雨が止んで晴れ間がのぞく。しかし，いずれにしても気圧は最低を示す。

気圧が次第に上がり出せば，台風の中心を過ぎて後面に入ったことになり，風雨もやがておさまってくる。

(4)　台風の危険半円，可航半円と避航法について

台風を通る進行軸に対して右半円を危険半円というが，その理由として2つのことが考えられる。まず，台風を押し流す風（一般流）が台風自身のもつ風系と同方向であるために台風自身の風に一般流が加わって風が強くなること。次に船がこの中に入ると中心に流されるような風系を受けることになり，暴風雨圏の中にいる時間が長引き，なかなか抜けだせないことである。

また，進行軸に対して左半円を可航半円というのは，一般流と台風自身のもつ風系が逆になるため風が幾分弱められること。さらに，船が左半円にいる場合は，外側に押す風系を受けることになり早く台風のうしろ側に脱出できるのである。

しかし，可航半円とはいえ台風内の現象であるから暴風が吹き募っていることに変わりはない。だから台風圏外に逃げられるのにあえて可航半円の文字のみにとらわれて，可航半円に入ってくる愚をおかしてはならない。

なお，台風内に入ったときの脱出法について，次の法則がある。

①　R.R.R の法則
（台風の右半円に入ったときは，風を右舷船首に受けて避航せよ。この半円内では風が右転するというもの。）

②　L.R.L の法則
（台風の左半円に入ったときは，風を右舷船尾に受けて避航せよ。この半円内では風が左転するというもの。）

（注）R は Right（右）の略，L は Left（左）の略である。

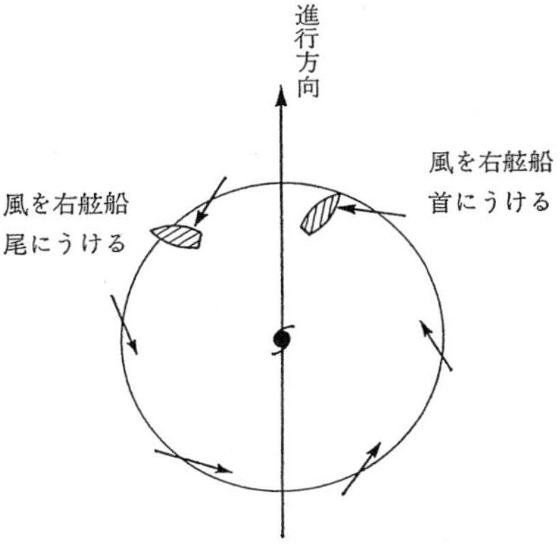

進行方向
風を右舷船首にうける
風を右舷船尾にうける

第9-12図　台風の避航法

9-3-8　高　　潮

台風や強い低気圧が襲来するとき，海岸では海水面が異常に高くなり，暴風雨とともに海水が陸地に侵入してくることがある。これを高潮といい，特に台風のときに顕著である。

高潮のおこりやすいところは大体きまっていて，有明海の熊本付近の海岸，周防灘の山口海岸，大阪湾の阪神海岸，伊勢湾の名古屋海岸，東京湾の京浜，千葉海岸などである。これらに共通していることは湾が南から南西の方向に開

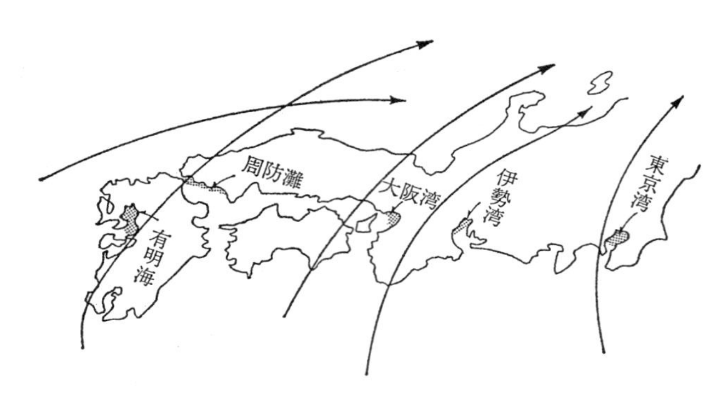

第9-13図　高潮の起こりやすいところ

いていて，水深も浅く，奥が低地であることである。しかも，台風が湾の西側を北東進する場合におこるのであって，湾の南から東に通るときはたいしたことはない。それは次にのべる暴風による海水の吹き寄せ作用に関係している。

(1)　高潮の原因

①　気圧が非常に低いため，海面が吸いあげられる場合。すなわち海面を押す大気の力が周囲より著しく弱いために，気圧の低い部分の海面が盛り上がる現象である。その上昇水位（cm）は〔(台風中心の気圧)hPa—(台風圏外の気圧)hPa〕cm で推定される。おおざっぱにいえば，東京周辺では1010hPaを基本にして，中心気圧が 1 hPa 下がるごとに 1 cm 高くなると思ったらよい。このふくれ上がった海面は台風の移動とともに一緒に進むが，もしうねりの速さに近い場合は共鳴作用をおこし，海面はさらに盛り上がる。

②　暴風による海水の吹き寄せ作用による場合。風が陸地に向かって吹き続けると，海水は風の力で海岸に吹き寄せられ，水位が高くなる。この場合，湾の水深が浅く，風向に対して湾の奥が長いほど顕著である。

高潮が日本の太平洋岸の湾でおこりやすいのは，台風が湾の西側を北東進するとき危険半円の強い風が湾口から湾奥にむかって吹き続けるからである。これに反し，湾の東方を通過するときは，風は陸岸から海にむかうため吹き寄せ作用がおこらないことになる。このことは，地形と風向を考えれば日本海側ではおこりにくいことがわかる。

吹き寄せ作用の際，水位の上昇は風速の二乗に比例する。風速をvm/secとすれば湾軸との偏角（θ）を考えて，その値は$bv^2\cos\theta$cmである。

bは比例定数で場所によって異なるが，東京湾で0.14，大阪湾で0.18とされている。

③　暴風による大きな風浪やうねりが見掛け上，水位を高くさせることになる。

④　台風による水位の上昇時刻が，潮汐の満潮時に重なると水位は異常に高くなる。

（注）高潮（たかしお）と潮汐の高潮（こうちょう）＝満潮と混同してはならない。

(2)　港湾停泊中の注意

港湾内では水位の上昇がきわめて速いこと，波が高くなることなどのため，流木が流れてきて衝突したり，また係留索が切れたり，錨がひけたりした船が流れてきて衝突することがあるから注意しなくてはならない。そのため他船が乗りかかり，本船も漂流を始める例が少なくない。

岸壁や桟橋係留中の船では，係留索の増しがけや船倉内の水はりで喫水を深くするような手段をとっても，水位の上昇が急激なため，係留索の切断がおきたり，船が岸壁の上に打ち上げられる危険がある。

浮標係留の場合でも船体の浮上によって係留索に過度の力がかかる恐れが多いから，本船の錨を用いてそれにも係留し，万一に備えなくてはならない。

錨泊の際は，満載排水量の80％以上の喫水にするのが理想とされている。伊勢湾台風のときは，天文潮の水位上3.5ｍに達している。

大きな風圧に加えて以上のような危険が生じるので，泊地の選定，停泊法には十分な注意が必要である。

（注）吸い上げ効果と吹き寄せ効果による潮位

$H = a\,(1010 - P) + bv^2 \cos\theta$

（H：潮位cm，P：中心気圧hPa，v：風速m/s，θ：主風向に対する偏角度）

	a	b	主風向
東　京	1.059	0.138	S7.0°E
名古屋	1.674	0.165	SSE
大　阪	2.167	0.181	S6.3°E

定数は台風が湾の西側を通過した場合の値。

第９章　問　題

▶三　級　＜＊＊＞

問１　日本に来襲する台風について答えよ。

㈠　おもな発生域をのべよ。

㈡　熱帯低気圧のうち，最大風速（又は最大風力）がどの位以上のものを台風というか。

〔解〕㈠　9-3-3参照。㈡　第9-2表参照。

問２　台風眼についてのべよ。

〔解〕9-3-6⑺参照。

問３　次図の台風の経路に関し次の問いに答えよ。

㈠　このような経路をとる台風は，一般に何月ごろのものが多いか。

㈡　Ｘ地点を台風の中心が通過するときの，気圧，風速の変化の模様をモデル的に縦軸に気圧または風速，横軸に時刻をとり，グラフを描け。

〔解〕㈠　８月。㈡　9-3-6の第図9-8図，第9-9図参照。

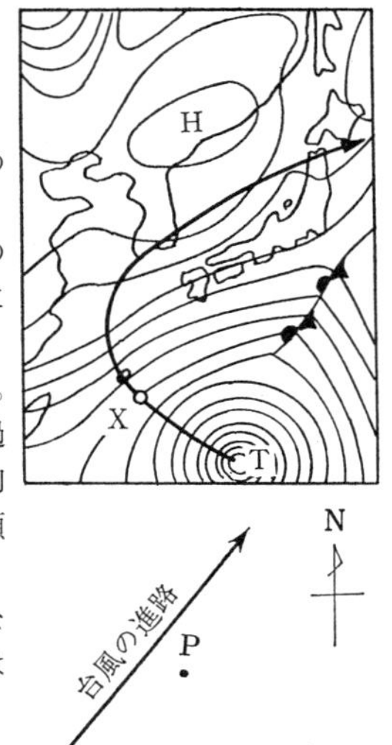

問４　右図に示すように，日本近海で，台風が近づき通り過ぎるとき，台風圏内にあるＰ地点とＱ地点とにおける風向の変化する範囲（幅）は，どのように異なるか。一般的傾向を図示せよ。

〔解〕Ｐ点―遠くにあるときの風向の変化は比較的少ないが，中心が接近・通過してゆく時の風向の変化は大きい。

Ｑ点―ほぼ一定に漸次変化してゆく。

問５　カリブ海やメキシコ湾に発生する熱帯低気圧は，通常，何とよばれるか。

〔解〕9-2⑵参照。

問６　転向点とは，何か。

〔解〕9-3-4⑶後段参照。

問７　台風の移動に関し，次の問いに答えよ。

⑴　台風の現在の動きをもとに，今後（12～24時間以内）のある時刻における台風の中心位置を予想するには，どうすればよいか。

⑵　日本の南方洋上に発生した熱帯低気圧（台風）のうち，(A)８月ごろ発生したものと(B)10月ごろ発生したものとを，下記の①と②について比較せよ。

①　転向点　　　②　転向後の概略の進行経路

〔解〕⑴　14-5-2⑸の①参照。⑵　9-3-5⑸，⑺参照。

問８　高潮(たかしお)はどのような原因により起こるか。

〔解〕 9-3-8(1)参照。

問９　台風の進路を予想する場合，下記事項はどのように利用すればよいか。理由も述べよ。

㈠　現在までの台風の動き

㈡　台風の周囲の気圧変化

㈢　台風の周囲の一般流

〔解〕 ㈠　14-5-2(5)①参照。台風は今までの動きをある程度持続する。㈡　14-5-2(5)②，③参照。㈢　9-3-5前段参照。

▶二　級　＜＊＊＊＞

問１　台風は温帯低気圧と違って前線を伴わないが，日本近海に近づいたとき，日本の南岸に沿って前線ができることがあるが，なぜか。

〔解〕 9-3-4(4)参照。

問２　㈠　台風域における気圧の分布はどのようになっているか。

㈡　台風域において風が最も強く吹いているのは，どの付近か。

㈢　台風の目の中において三角波を生じやすいのは，なぜか。

㈣　秋季，台風が日本付近に来襲した場合，中心が過ぎたあと風が強吹することがあるが，なぜか。

〔解〕 ㈠　9-3-6(3)参照。㈡　同(2)参照。㈢　同(7)③参照。㈣　台風が温帯低気圧化し，通過後発達した大陸高気圧からの吹き出しが強い場合。

問３　次は，それぞれどの海域で発生し，最大風速何ノット以上の熱帯低気圧をいうか。

(1)　サイクロン（cyclone）

(2)　ハリケーン（hurricane）

〔解〕 9-2(3)，(2)参照。(1)　およそ34ノット以上。(2)　64ノット以上。

問４　(ア)　国際的な分類（世界気象機関の分類）で typhoon とは，低気圧域内の最大風速が何ノット以上のものをいうか。

(イ)　日本では低気圧域内の最大風速が何ノット以上のものを台風と分類しているか。

〔解〕 (ア)　64kt 以上　　(イ)　34kt 以上

問５　㈠　台風の立体構造を鉛直断面図によってモデル的に描き，次の(1)～(5)を示せ。

(1)　高さ　　(2)　範囲（域内）　　(3)　台風眼

(4)　気流　　(5)　雲

㈡　台風域内の三角波はどの付近で発生するか。また，この波の特徴を１つあげよ。

〔解〕 ㈠　第9-7図，第9-10図参照。

㈡　9-3-6(7)参照。

問６　９月ごろ日本の南方洋上を北西方向に進んでいる台風が，北緯20度を超えてから転向し日本列島に来襲することがある。この転向は，どんな原因によるか。

〔解〕 9-3-4(3)後段，9-3-5末尾参照。

問7　低緯度で発生した台風が，一般に最初のうちは西進し，次いで北方に転向し，やがて東寄りの進路をとるのはどのような理由によるか。

〔解〕 9-3-4(3)後段，9-3-5(8)後段参照。

問8　台風（熱帯低気圧）が発生してから消滅するまでの過程は，通常，４つの段階に大別されるが，この４つの段階における台風の特徴（中心位置，進行方向，速度，規模，風の強さ等についての概略）を述べよ。

〔解〕 9-3-4参照。

▶一　級　<＊＊>

問1　台風（熱帯低気圧）と温帯低気圧を次の(1)〜(4)について比較し，どのような相違があるか要点を記せ。

(1)　等圧線が表す形，(2)　前線，(3)　雨域，(4)　エネルギー源

〔解〕 第9-1表参照。

問2　世界における著名な熱帯低気圧の発生地４つをあげ，その熱帯低気圧の呼称，最盛期および進路をのべよ。また熱帯低気圧の進行経路は，一般に放物線状を描く理由を説明せよ。

〔解〕 9-2および第9-1図参照。放物線を描く理由については9-3-4 参照。

問3　気団の分布（消長）の季節的変化が日本近海に来襲する台風の進路に及ぼす影響について説明せよ。

〔解〕 9-3-5参照。

問4　日本近海における台風に伴う高潮（たかしお）の発生条件をのべよ。また高潮になる恐れのある港湾に停泊中，台風が接近する場合は，高潮に対してどんな注意をしなければならないか。

〔解〕 9-3-8(1)(2)参照。

問5　台風に伴う高潮の発生原因のうち，下記について説明せよ。

(一)　風の吹走による吹き寄せ作用

(二)　気圧の低下による吸い上げ作用

〔解〕 9-3-8(1)以下参照。

問6　赤道前線（熱帯収束帯）について説明し，この地帯の天気の著しい特徴をのべよ。また，これと台風発生との関係について知るところをのべよ。

〔解〕 5-4-1(3)，6-6③および9-3-3参照。

問7　台風の一般的特徴のうち，下記の理由をそれぞれ述べよ。

(1)　台風は赤道の近く，および高緯度の地では発生しにくい。

(2)　台風は眼を有している。

(3)　発達した台風の中心域では気温が高い。

〔解〕 (1)　赤道：渦の原因をなす，コリオリ力がゼロ，高緯度：9-2ⓓⓔ，9-3-3参照。(2)　暴風が円運動するために強い遠心力が働き，中心部が拡がる。その中に眼ができる。(3)　9-3-6(4)参照。

問８　南太平洋，大西洋および印度洋における著名な熱帯低気圧の発生海域を１つずつあげ，それらの地域に発生した低気圧の(1)〜(3)についてそれぞれ述べよ。
(1)　呼称　(2)　多く発生する期間　(3)　発生地　(4)　進路
〔解〕 第9-1図，9-2参照。

問９　赤道前線は熱帯低気圧の発生及び移動と，どのような関係があるか。
〔解〕 9-3-3参照。最初，赤道前線に沿って西〜北西方向に進む。

問10　**偏東風波動**とは，何か。また，その気圧の谷の前面及び後面における天気を述べよ。
〔解〕 1.　低緯度対流圏では上層までほぼ偏東風が吹いている。その中を偏東風よりも遅い速度で南北にうねりながら進行するじょう乱をいう。
2.　東から西に20km/ｈ位で進む。
3.　偏東風波動は渦度保存の法則より谷の東側で気流の収束があり，にわか雨が降りやすく天気が悪い。西側では発散していて天気がよい。
4.　偏西風波動の場合と反対に偏東風波動は北にのびる部分が谷にあたる。
5.　この谷は西進するため，熱帯地方では谷の通過後に天気が悪くなる。これは中緯度の場合と反対である。
6.　波が不安定化すると渦を巻き，発達すると台風になる。この谷線は地上から上空に向かって東に傾いているが，不安定化するときは西に傾き，スコールが多くなる。

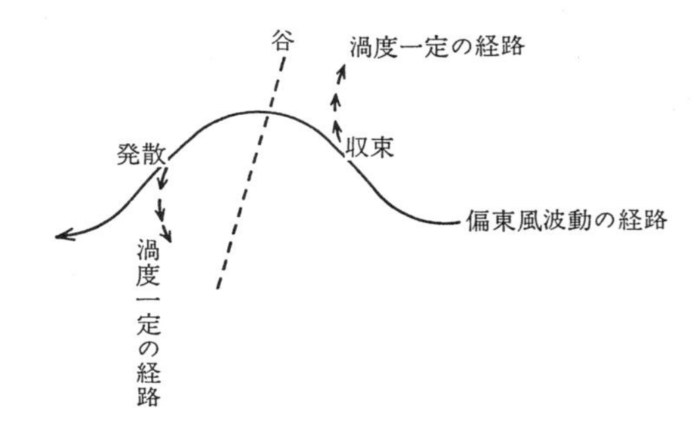

問11　日本沿岸における台風に伴う高潮は，どのような条件のもとに発生しやすいか。４つあげよ。
〔解〕 9-3-8参照。

▶**航海に関する科目**

問１　東京湾からオーストラリア東岸ブリスベーンに至る航路付近における熱帯低気圧の発生海域及び発生時期について述べよ。(航)
〔解〕 北太平洋は，9-3-2，9-3-3参照。
南太平洋は，５°〜10°Ｓ，145°Ｅ〜141°Ｗの海域。11月〜４月に多く，12〜

2月が最も多い。

問2　横浜からSingaporeに至る航路で，南シナ海における台風の発生海域及び発生時期について述べよ。(航)

〔解〕 10° N以北の南シナ海中部で発生する。

6～9月に多い。発生後，大陸に向かうものと，転向して台湾に向かうものとある。

問3　アラビア海付近で，サイクロンの多い時期とその進行方向について述べよ。(航)

〔解〕 サイクロンの多い時期：4～6月，9～12月。

4～6月期のサイクロンはアラビア海南部インド沖で多く発生し，北～北西に移動し，さらに西へ行くものと，北東に転向して大陸に向かうものとある。

9～12月期は，ベンガル湾南部のスリランカ沖で多く発生し，西～北西進し，インド南部を横切ってアラビア海に入るものと，北方へ転向し，インド東岸～バングラデシュに向かうものとある。

問4　北大西洋におけるHurricaneの発生海域，影響を及ぼす海域及び最多発生月を述べよ。(航)

〔解〕 メキシコ湾，カリブ海で発生し，フロリダ，バハマ，バミューダ付近の海域に影響を与える。

7～10月に多く，9月が最も多い。

問5　気圧が10ヘクトパスカル上昇すれば，水深はどのようになるか。(航)

〔解〕 およそ1 hPaにつき，1 cmである。この場合，気圧が高くなるので，水深が10cm低くなる。

第10章　高　　気　　圧

10-1　高気圧とは

高気圧とは気圧の高いところであり，まわりの気圧の低いところへ風が吹き出していく。それを補うために中心付近では下降気流があり，断熱昇温をするので大気中の水滴は蒸発する。雲が切れるから，天気は良い。

この場合，地上で周囲に吹き出す空気よりも上空で収れんする空気量の方が多ければ高気圧は発達するが，上空の収れん量が少なく地上の吹き出しが多いと気圧の高い部分が解消されて衰弱していく。

高気圧に関する基本事項をまとめてみると次のようになる。

① 高気圧は相対的に周囲よりも気圧の高い部分である。

② 内側ほど気圧が高くなっていて，気圧の一番高いところを「高気圧の中心」という。

③ 高気圧の中心の気圧を「中心示度」という。

④ 中心から周囲に向かって風が時計回りに吹き出している。

⑤ 下降気流により，雲が切れ天気は良い。中心付近では気圧傾度がゆるく，風は弱い。

⑥ 高気圧には，寒冷な空気がたまってできる寒冷高気圧，力学的な原因でできる温暖高気圧，まとまった形をして西から東に移動する移動性高気圧，気温の変化でできる小規模な地形性高気圧がある。

10-2　高気圧の種類

寒冷高気圧と温暖高気圧は規模が大きく，気団の発生に関係している。

(1) 寒冷高気圧

熱的高気圧ともいい，背の低い高気圧である。

大気の下層が地表の冷却によって重くなる結果形成される高気圧で，冬季に大陸が冷えて地表付近の空気が寒冷な気団となり，気圧が高くなってできるシベリア高気圧は代表的な例である。規模は大きく，直径 5,000km にもおよぶが，下層の冷却は 2～3 km の高さまでで，その上に逆転層ができるこ

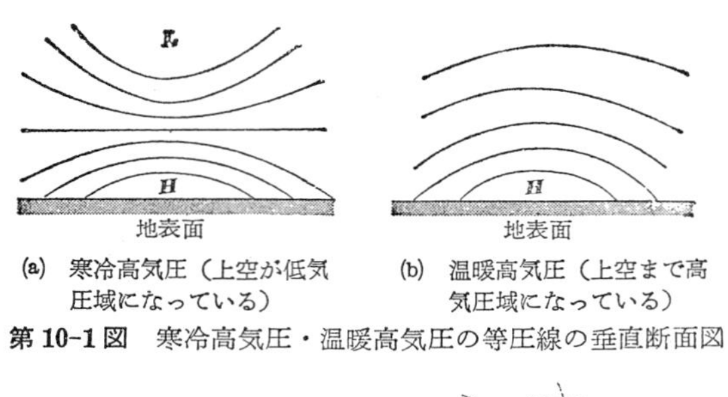

(a)　寒冷高気圧（上空が低気圧域になっている）　(b)　温暖高気圧（上空まで高気圧域になっている）

第10-1図　寒冷高気圧・温暖高気圧の等圧線の垂直断面図

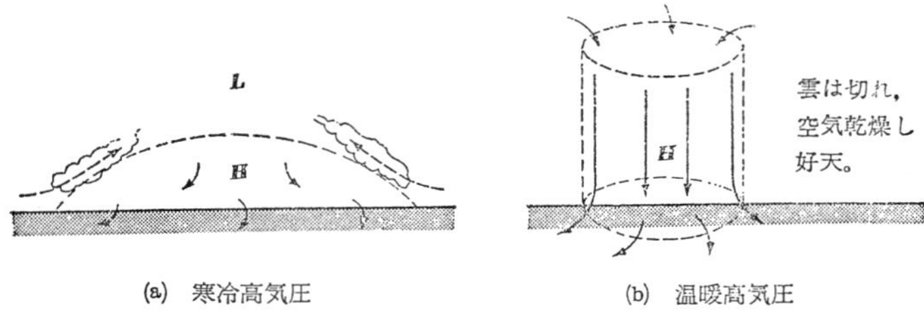

(a)　寒冷高気圧　　(b)　温暖高気圧

第10-2図　寒冷高気圧と温暖高気圧の天気

ともある。つまり，上空はむしろ周囲より気圧が低く，低気圧や気圧の谷になっているのでこの高気圧は背が低い。逆転層のために煙霧が多く，また地表面の冷却で霧や霜がしばしば発生する。

寒冷高気圧の上空の低気圧域に南風が吹き込んで雲が多くなることもあり，寒冷高気圧の存在は必ずしもよい天気をもたらすとは限らない。

(2)　温暖高気圧

大気環流の力学的原因でできる高気圧なので，力学的高気圧ともいい，背の高い高気圧である。10数 km の高さまで高気圧域になっている。緯度30°を中心にして地球を取り巻いているもので，亜熱帯高圧帯ともいう。季節によって広範囲に広がったり，比較的狭い範囲に存在したりする。

大気の上層から下降気流がおこっているので雲はほとんどなく，下層での熱対流によって積雲ができる程度であるから，天気は非常に良い。海上の下層をのぞけば一般に乾燥している。

（注）　陸上の砂漠地帯はこの亜熱帯高圧帯域にできている。たとえば，サハラ砂漠，ゴビ砂漠，タクラマカン砂漠，アラビア砂漠などである。ロスアンゼルスもこの部類である。

温暖高気圧の発生原因としては，対流説あるいは波動説（5-4-2，5-4-4(2)参照）の考え方がある。小笠原高気圧（北太平洋高気圧）やアゾレス高気圧

(北大西洋高気圧) はその例である。

(3) 移動性高気圧

比較的円形に近い閉じた等圧線をしていて，規則的に移動していく高気圧である。低気圧と交互に移動していくから，進行速度は低気圧とほぼ同じくらいである。したがって夏は遅く，冬は速くなる。

低緯度ではみられない高気圧で，北緯30°以南で発生するものは極めて稀である。

中心では風が弱く，天気も良い。そのため夜は放射冷却によって地面が冷え込むから，霧ができたり霜がおりることがある。うしろから低気圧が続くので良い天気は長続きしない。

移動性高気圧は寒冷高気圧の性質をもっているものや，移動途中で変質して温暖高気圧の性質をもつようになるものもある。寒冷高気圧のときはその縁で温暖気団がはい上がり，前線ができる。これに対し，温暖高気圧のときは域内全体に下降気流があって，前線が入ってこない。このため，寒冷高気圧より温暖高気圧の方が天気は長続きする。

(4) 地形性高気圧

夜間，陸地が冷えて局地的に狭い範囲で高気圧となるものである。日中，地面が暖められると消え，高さも低く1,000m位である。天気に与える影響はあまり大きくない。夏の海岸地方でみる陸風のときの沿岸がその例である。

10-3 日本近海の高気圧

日本近海に出現する主な高気圧は，シベリア高気圧，小笠原高気圧（北太平洋高気圧)，オホーツク海高気圧， 移動性高気圧である。これらが日本に与える影響は，6-5 日本付近の気団，第15章 日本の四季 にものべてあるから参照していただきたい。

(1) シベリア高気圧

秋分を過ぎると，シベリア高気圧が勢いを増し，しぐれがちの天気となる。真冬には直径 5,000 km の高気圧となり，中心示度も高く 1,060hPaにも達する（小笠原高気圧はこれほど高くならない)。この高気圧からの吹き出しが冬の季節風となる。

高気圧の強さにも周期性があり，高気圧の張り出しが強い3日間は寒く，張り出しがゆるんでその気圧の谷を低気圧が発生して東進している間は寒さがゆるみ，4日間続く。このように，冬は1週間を周期に天気が変わるので，これを俗に三寒四温というのである。

低気圧が日本の東方海上にぬけて発達すると，シベリア高気圧からの吹き出しも強く，突風を伴った強風が吹く。海上ではこれを大西風といって警戒される。気圧配置は典型的な西高東低型で，西と東の気圧傾度は急峻である。

〔注〕 (1) しぐれ：天気に関係なく，たちまち降るかと思えば，たちまち晴れる。こうした断続的に降る急雨である。
(2) 中心示度：1947年12月16日にはバイカル湖西方で 1,085hPa を記録している。
(3) 三寒四温：もともとは中国北部や朝鮮方面の諺であった。

(2) オホーツク海高気圧

春や秋には，オホーツク海を中心に高気圧が出現する。この高気圧は，オホーツク海の低温水域上に発達する寒冷高気圧の性質だけでなく，上層に切離高気圧（ブロッキング高気圧）の重なった背の高い温暖高気圧となっていることも多い。特に梅雨時にはこの切離高気圧が上空にあって，地上の低気圧の進行を妨げたり，むきをかえさせたりすると考えられている。したがって，梅雨明けは上空の切離高気圧の消滅を予想すればよい。

(3) 小笠原高気圧

6月になると勢いを増し，高温・多湿な気団を日本に送り込んでくる。しばらく，オホーツク海高気圧との境界に梅雨をもたらすが，7月中旬を過ぎると，梅雨前線を北に押し上げて日本の天気を支配するようになる。

9月の後退期には再びオホーツク海高気圧の間で停滞前線をもちやすく，天気がぐずつく。

北太平洋の緯度30°付近を中心として，太平洋の西から東まで続く大高気圧である。おもな中心は，北太平洋の東部にあるが，この他にいくつかの中心があり，日本近海では北太平洋高気圧のことを特に小笠原高気圧と呼んでいる。

(4) 移動性高気圧

シベリア高気圧と小笠原高気圧の勢力の中間地帯になっている春・秋に多い。大きさは直径 1,000km 位で，速度は 40～50 km/h である。

移動性高気圧はシベリア高気圧の縁辺から直接分離して移動してくるものと，揚子江気団を経て移動してくるものと二通り考えられる。

中心部では良い天気だが，西側には低気圧があって下り坂に向かうのが一般的なパターンで，低気圧からのびる前線が移動性高気圧の南西に広がっているため，中心から東側は気温が低く乾いていて，雲の少ない良い天気である。しかし，西側の部分では気温が上がり，雲の多い天気となっている。

移動性高気圧の速度は低気圧の速度とほとんど同じであるが，厳密にいうと移動性高気圧の速度の方がやや早く，これが前方の低気圧に微妙に作用して天気予報を狂わすことになる。ところで，晩春や晩秋には移動性高気圧が温暖高気圧になり，次々と東西にならんで好天が続くことがある。これを帯状高気圧型と呼んでいる。

移動性高気圧の経路は一般に次のとおりである。

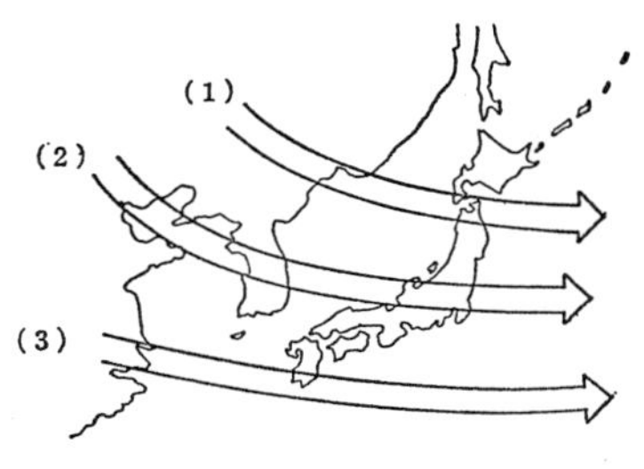

第10-3図　移動性高気圧の径路

① 中国東北区から南東に進んで日本海を通り，北日本を通るもの。これは北高型の天気をつくるので，北日本をのぞいて天気は悪い。

② 華北から南に下がり，黄海付近から朝鮮を経て日本海にはいり，本州を横切って東方洋上にぬけるもの。この経路が最も多い。一部の地域を除いて，全国的に良い天気となる。この経路がやや北に片寄ると①と同じ北高型となる。

③ 揚子江流域から東へ進み，本州や南方海上へ張り出した後，東方洋上へぬけるもの。南日本を中心に良い天気が広がる。しかし，北日本の一部では悪天となる。

10-4　高気圧の強さ

高気圧は同じ季節でも常に強さが変わっており，その強弱によって影響のおよぶ範囲も広くなったり狭くなったりしている。これは上層の偏西風波動に関係していて，波動は7～10日の周期で西から東へ動いており，波動の気圧の尾根の東側と地上の高気圧が重なると，高気圧が強まり，気圧の尾根の東進につれて，高気圧の一部分が本体から分かれ移動性高気圧となって東進する。また波動の気圧の谷の東側と地上の高気圧が重なると，高気圧は弱くなる。

第10章　問　題

▶二　級

問1　下記高気圧の例各1をあげ，その成因と特質をのべよ。

㈠　地形性高気圧　㈡　寒冷高気圧　㈢　温暖高気圧

〔解〕　10-2⑴，⑵，⑷参照。

▶一　級〈**〉

問1　日本近海の天気図により天気を予想する場合，高気圧について特に考慮しなければならない事項をのべよ。

〔解〕　10-2⑴⑵，14-5-2⑴，⑷参照。

問2　高気圧に関するつぎの問いに答えよ。

⑴　高気圧域内では天気がよいのが普通であるが，なぜか。

⑵　寒冷高気圧と温暖高気圧は，背の高さにどんな相違があるか。

⑶　春秋に日本付近に現われる移動性高気圧は，おもにどの付近からくるか。また，規模（直径）および移動速度（時速）は，どのくらいのものが多いか。

⑷　日本の梅雨期にブロッキング現象を起こしているといわれる高気圧名を記せ。

〔解〕　⑴　10-1④⑤参照。⑵　10-2参照。⑶　10-3⑷参照。⑷　10-3⑵参照。

問3　ブロッキング高気圧とは，どのような高気圧か。

〔解〕　10-3⑵参照。

第11章　霧

11-1　霧　と　も　や

11-1-1　霧

霧とは，細かい水滴が空中に浮かんで視程を悪くしている状態で，(水平)視程が1 km 未満のものをいう。水蒸気が凝結する際に，空中に凝結核が多いと霧ができやすい。工業地帯でよく霧が発生するのは，吸湿性の浮遊物が多く，これが凝結核として働くからで，ときには湿度80%位でも霧になる。逆に空気が清浄であると，湿度100%になっても凝結しないことがあり，この状態を過飽和であるという。

霧は本質的に雲と変わりはなく，上空にできたものが層雲であり，地上付近にできたものが霧であると思えばよい。

霧雨は層雲や霧に伴って降る。

強い霧雨（視程0.5km 未満），並の霧雨（0.5～1.0km 未満），弱い霧雨（1.0 km 以上）

11-1-2　も や と 煙 霧

① も　や：霧粒よりも小さな水滴が無数に浮かんで視程を悪くしている状態で，視程が1 km 以上～10km 未満の場合をいう。湿度はふつう97%以下で，霧より乾いた感じがあるが煙霧より湿った状態である。

② 煙　霧：煤煙，細塵，塩分などが無数に浮かんで視程を悪くしている状態で，湿度はもやの場合より低い。背景が暗いと煙霧は青味をおび，明るい背景では黄色味をおびる。視程は10km未満 である。

都市や工業地帯でしばしば発生する「スモッグ」は視程そのものにはこだわらずに，大気汚染を総称していうことが多い。もともと，煙（smoke）と霧（fog）の合成された状態をさし，これをスモッグという。煙とは発生源が明らかな，燃燻（ねんくん）によって生じた微粒子が浮かんでいる状態をさす。

11-2　霧　の　種　類

霧は多湿な空気塊の気温が下がるか水蒸気量が増加すると発生する。

一年を暖候期と寒候期で考えた場合，

①　暖候期に多い霧は移流霧，混合霧，逆転霧

②　寒候期に多い霧は蒸発霧，放射霧

③　一年を通じて発生する霧は前線霧，滑昇霧である。

1．移流霧　4．逆転霧
2．蒸発霧　5．放射霧　7．前線霧 ｛蒸発霧・混合霧・放射霧｝
3．混合霧　6．滑昇霧

(1)　移流霧（＝海霧）

海陸にかかわらず，暖かい大気が冷えた海面に移動したときにできる霧である。この型は次の3つ（a～c）に分類される。

ⓐ　大規模な海霧：大規模で湿った気流が暖かい海面上から寒流域上に流れ

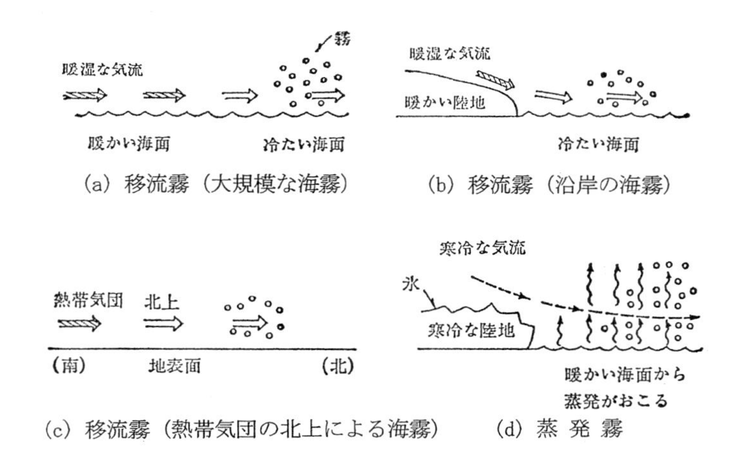

(a) 移流霧（大規模な海霧）　(b) 移流霧（沿岸の海霧）

(c) 移流霧（熱帯気団の北上による海霧）　(d) 蒸 発 霧

第11-1図　移流霧と蒸発霧

て下層から冷やされてできる霧。この移流霧が海上の霧の主因をなす。

ⓑ　沿岸の海霧：夏の初め，海水があまり暖かくならない時期に，陸風が海上に出て生じる霧である。

ⓒ　熱帯気団の北上による海霧：冬，熱帯気団が北上するときに，地表から冷やされて生ずる霧をいう。アラスカの南海上に発生することがある。

(2)　蒸発霧（蒸気霧）

比較的暖かい海面から盛んに蒸発が行なわれたときに，冷たい大気が流れてきて，海面上の水蒸気を冷やして生ずる霧をいう。高緯度の冬季によくみられる。

(3)　混合霧

気温と湿度の異なる2つの空気が風によって混合し，高温の方の空気は冷やされ，低温の方の空気は水蒸気を補給されて霧となるものである。

この場合，2つの気塊は飽和に近く，気温差が大きい必要がある。

(4)　逆転霧

逆転層の下に形成された層雲の雲底が下がって地表面に達して霧となる。層雲の上部が放射冷却して気層全体の温度が下がり，雲底が地表面に届くようになるものである。

(5)　放射霧（輻射霧）

陸上では，地面の湿度が高い風の弱い晴れた夜に地面が放射冷却してできる霧である。

上空に冷たく乾燥した気層が入りやすい秋〜初冬にかけて移動性高気圧に覆われたときに発生しやすい。

海上では雨上りの夜半過ぎに急に晴れると放射冷却して発生する。

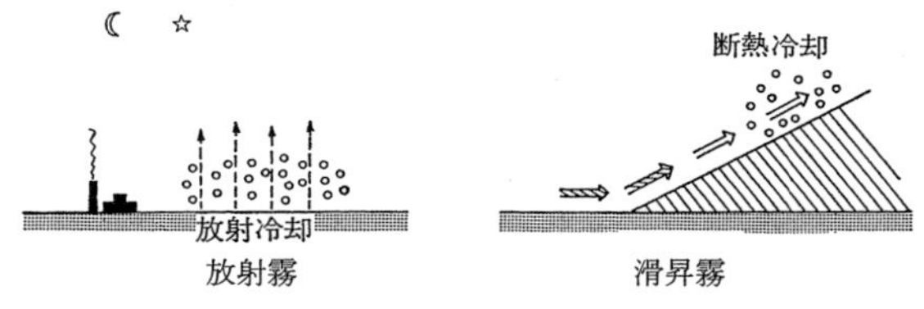

第11-2図　陸上の霧

(6)　滑 昇 霧（＝山霧）

陸上の霧で，山の斜面などに沿って気流が滑昇するときに断熱冷却して生じる霧である。

(7)　前 線 霧

前線付近で発生する霧である。

雨（＝水滴）が落下していく間に，水滴からは常に蒸発がおこって湿度が高くなる。この大気層を通る雨滴と地上に落ちた雨滴の蒸発によって大気が冷却されて霧が生じるのである

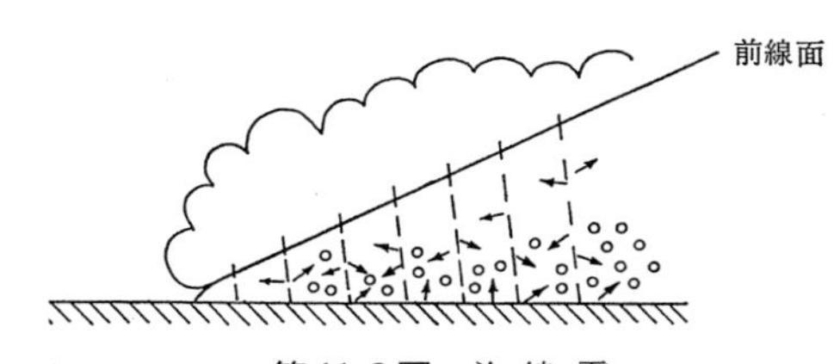

第11-3図　前 線 霧

（＝蒸発霧）。

（注）　雨滴が蒸発すると潜熱を奪って温度を下げる。

この場合，一般的にいえば，温暖前線や停滞前線の場合は雨域も広く，雨粒の小さい地雨であるから霧の範囲も広がるが，寒冷前線の場合は雨域が狭く，雨粒の大きいしゅう雨のため霧も小規模となる。

（注）　体積の同じ雨滴の集まりを考えた場合，小さい水滴の方が表面積が大きくなり，それだけ大気に接する面が広く蒸発がおこりやすいことになる。

また前線通過のときに，一時的に霧が出現することがある。これは前線の境界で，暖気と寒気が混合するため生ずる（＝混合霧）。

前線通過後，雨が夜半に止みその後急に晴れると放射冷却により霧となる（＝放射霧）。

11―3　日本近海の霧

日本近海で霧の発生の多い地域を大きく分ければ次の4つに大別できる。

①　黄海および中国沿岸

②　日本海北部

③　三陸沿岸から北の親潮流域およびオホーツク海

④　瀬戸内海

日本近海の海岸地域の霧日数を第11―1表に示してある。海上では必ずしもこ

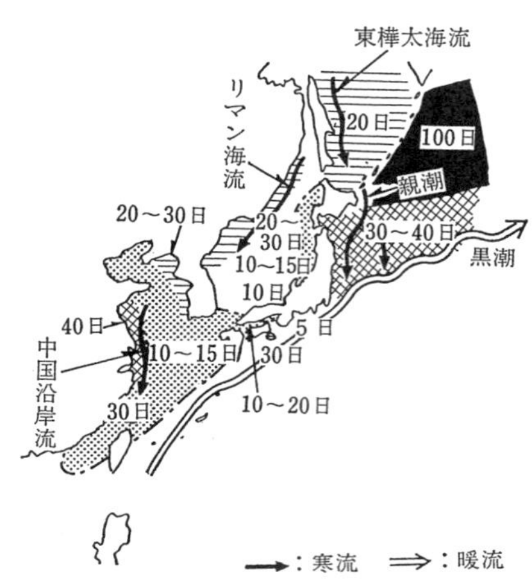

第11-4図　日本近海の霧日数（年間）

第 11-1 表　日本近海の年間霧日数と極大月

地　　名		霧日数	極大月	地　　名		霧日数	極大月
黄海および中国沿岸	仁　川	40.9	7	本州北部太平洋岸	銚　子	30.9	7
					小名浜	34.3	7
					石　巻	39.3	7
	大　連	23.8	7		宮　古	22.1	7
日本海北　部	羽　幌	13.3	6～7	北海道南東岸	浦　河	53.2	7
	雄　基	40.6	6		襟　裳	86.6	7
	城　津	25.7	7		釧　路	91.2	7
					根　室	85.0	7
瀬戸内海	呉	15.7	3～4	オホーツク海	紗　那	46.1	7
	四阪島	18.3	4，6		網　走	21.1	6～7
	洲　本	41.9	4，6		大　泊	37.9	7

れと一致しないがその傾向は知ることができる。

(1)　黄海および中国沿岸の霧

出現期は３～７月である。台湾海峡周辺で３～５月頃まで10～20％の霧日数がみられるが，６月になると台湾海峡以北に残る。台湾海峡以北の中国沿岸と黄海では，３～７月まで霧がみられ，特に，５～７月の揚子江付近や朝鮮西岸では30～40％の霧日数がみられる。

これらの霧の原因は，大陸方面の気温が上がっているのに海水温がまだ低いとき，沿岸の低温水域に周辺からの暖気が流れてくることによる。低水温の主な原因として，周辺から注ぎ込む大陸の大河川に源をもつ微弱な海流である中国沿岸流（寒流）があげられる。したがって霧の種類は移流霧である。

さらに，６，７月には梅雨前線に関連した前線霧も加味される。

(2)　日本海北部の霧

出現期は４～８月である。４月に北朝鮮東岸のピョートル大帝湾を中心として20％の霧日数をみるようになる。５月になると，霧の範囲は沿海州にそって北上し間宮海峡まで広がる。７月が最盛期でピョートル大帝湾から沿海州にかけて霧日数は30～40％になる。

間宮海峡から沿海州にそって南下するリマン海流（寒流）上へ，温暖な大陸の空気や南方の対馬海流（暖流）のもたらす空気が吹き寄せてできる。

霧の種類は移流霧である。

(3)　三陸沿岸から北の親潮流域，およびオホーツク海の霧

出現期は５～９月である。５月になると，三陸沿岸以北では霧日数が増えて20～30％になる。７月が最盛期で広い範囲にわたって40～50％の霧日数を

みるようになる。これは，1か月の半分は霧になっていることを示す。

発生原因は，5月にもなると南方の小笠原気団が勢力をのばしてきて，高温・多湿な空気が黒潮（暖流）を吹きわたってくる。そして親潮（寒流）流域にでたとき冷やされて生じるもので規模の大きい霧となる。

霧の種類は移流霧で典型的な海霧である。また6，7月の梅雨時に前線霧の影響も加わる。また，オホーツク海では寒冷で多湿な下層に温暖で乾燥した大気が上層に来ると逆転霧となることがある。

(4)　瀬戸内海の霧

出現期は3～7月である。霧日数は必ずしも多くないが，交通の要衝であるために，霧が船舶に与える影響は大きい。備讃瀬戸・燧灘（ひうち）・伊予灘の海上で年間20～40日の霧がある。

発生の原因は陸上の気温があがっても，海水の温度が低いためによる。したがって霧の種類は移流霧，まれに放射霧もある。5，6月には前線霧の影響も加わる。

日本の主要港の霧日数は第11-2表に示すとおりである。霧の種類は夏は移流霧であり，ときに前線霧も加わったりする。ところが冬にも霧が多く，これは秋から冬にかけて内陸部の放射冷却によってできる放射霧が海上に出てくるためで，特に工業地帯は煤煙による浮遊物が多いので，スモッグ性の霧になることが多い。

第11-2表　主要港の霧日数

	冬	春	夏	秋
神　　戸	2.0	2.3	1.5	1.4
大　　阪	5.4	2.0	1.1	4.3
名 古 屋	1.1	0.8	0.7	1.5
横　　浜	7.7	3.9	3.7	4.3
東　　京	4.0	3.6	5.7	4.4

11―4　世界の主な霧

(1)　移流霧（夏）

①　北大西洋のニューファンドランド東方海上
②　北アメリカ西岸のカリフォルニア海流流域
③　南アメリカ西岸のペルー海流流域
④　南アメリカ南東岸のホークランド海流流域

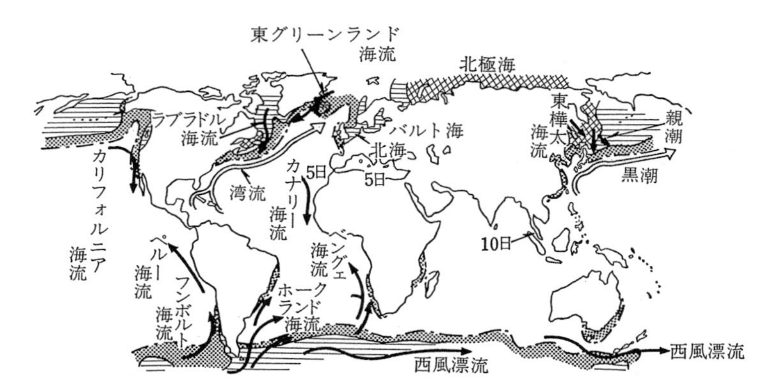

第11-5図　世界の主な霧日数（年間）

⑤　アフリカ北西岸のカナリー海流流域

⑥　アフリカ南西岸のベングェラ海流流域

(2)　蒸発霧（秋から冬）

⑦　北極海や寒帯の氷面と水面（五大湖，北海）

⑧　大陸の東岸沖

(3)　移流霧（沿岸の海霧，春から初夏）

⑨　北海やバルト海

(4)　移流霧（熱帯気団の北上による海霧，夏）

⑩　アラスカ海やアリューシャン列島

①のニューファンドランド東方海上の霧は，日本の三陸沖合の霧に匹敵するもので，期間も規模も大きい。これは，北大西洋気団のもつ高温・多湿な空気がメキシコ湾流（暖流）上を吹きわたり，それがグリーンランドから南下するラブラドル海流（寒流）流域に出て生ずるものである。

②～⑥はそれぞれ寒流流域上に周囲から暖気が流入してできるものである。

⑦～⑧で，北極海の霧は氷上の冷たくて乾いた空気が，それよりも高温な海面上にでるためにできる蒸発霧で，寒気と海面の蒸気圧差が大きいほど海面から盛んに蒸発がおこり，そこへ新鮮な寒気が流入することによって生じるものである。これは背の低い霧で15～30mの高さで，蒸発霧のとき北極海では海面がもくもくと煙立って見えることから，北極の海煙（arctic sea smoke）と呼

ばれる。その他，寒帯の沿岸流域でみられ，日本でも冬の日本海で湯気が立ったような蒸発霧を観測できる。

⑨北海バルト海では春から初夏にかけて北方の氷のとけた冷たい水が流れ込んで海水温が低くなっている。そこにヨーロッパ大陸から暖かい空気が流れてくるため沿岸性の移流霧を生じる。

⑩アラスカ湾やアリューシャン列島方面では，熱帯気団が直接北上してきて生じる移流霧が観測できる。

11—5 霧と海難

霧のために視界が閉ざされることは，海上を航行する船舶にとっては方向を見失ったり，他船の動静がつかめなくなることで，昔から乗揚や衝突の主因をなしている。

その場合の海難を防ぐ最も基本的なものが，霧信号であり，これによって自船の存在を知らせると同時に他船の存在も知ることができるが，音波による方法は到達する距離や方向が気象状態に大きく左右されてしまう欠点がある。たとえば，風の影響で，風下はよく聞こえるが，距離が近くても風上では聞こえにくいということがある。

その後，電波計器の発達により無線方位測定機や音響測深機を利用することができるようになったが，これらをいくら上手に使いこなして自船の位置を知ることができても，他船の動きに対しては盲同然である。これを補うものとして，現在ではレーダが広く使用されるようになり陸岸と自船の位置，他船の動静を知るうえで画期的な役割をはたしている。さらに一歩進めて，最近では衝突・座礁予防システムが取り入れられている。

(1) 大気中の音の伝播

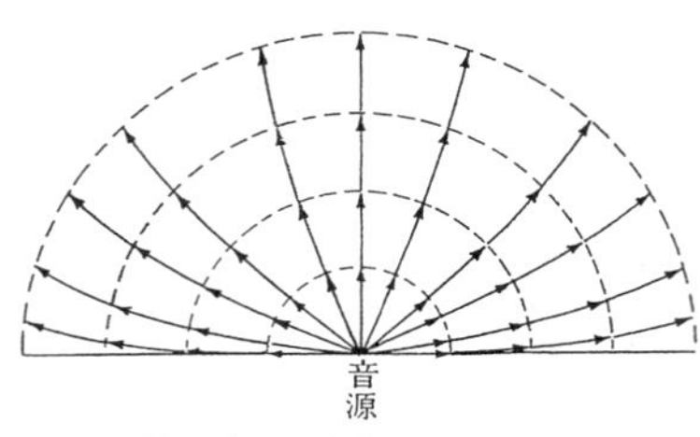

(a)上空ほど気温が下がる場合

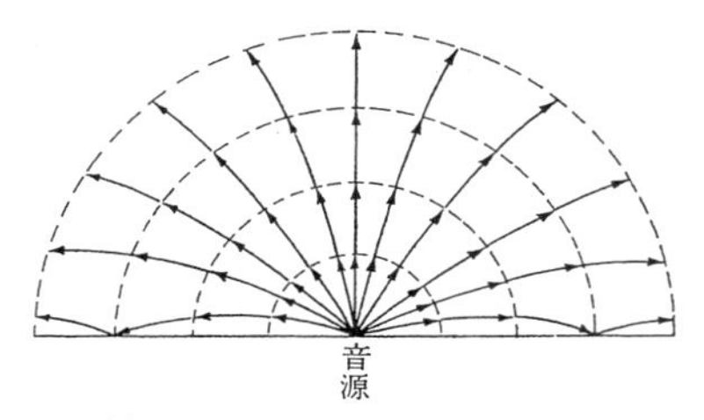

(b)地表面ほど気温が低い場合
（海上，陸上の夜間の放射冷却時）

第11-6図 気温の違いによる音の伝播

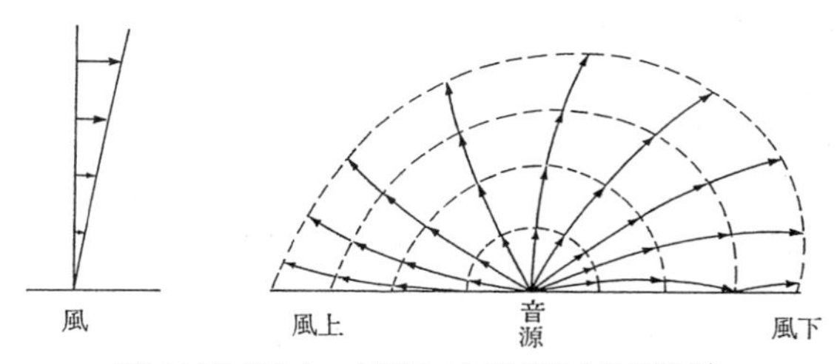

（地上に風がなく，上空につれ風が強くなる場合）

第 11-7 図　風がある場合の音の伝播

温度t ℃のときの音速cは$c=331.5+0.6t$ (m/s)　………………　(11.1)
で表わされるから，気温が高くなるほど音速が速くなることがわかる。温度0 ℃で331.5m/s，20℃ で343.5m/s の速さになる。

「気温」は高さとともに減少するから上空ほど音速は小さくなる。したがって地上から発射された音は伝播するにつれて上にカーブし，音源から離れたところで聞こえなくなる。ところが，夜，地表面の放射冷却があると，むしろ上空の方が音速が速くなり，地上を伝播する音は下にカーブし，地面の反射の影響もあって音は遠方に伝わる。夜は周囲の騒音が少なくなるだけでなく，上にのべたことから非常に遠くの音が聞こえてきたりするのである。

海上での音の伝播は，ちょうど陸上における夜間の状態に似ているので音の到達距離は大きい。

また，音の伝播は「風」に大きく左右され，上空にいくほど風が強くなるので風下側では音が下にカーブし，風上側では音が上にカーブする。このため，風下側では音が伝わりやすく，風上側では音が聞こえにくくなる。

さらに音の伝播中には，吸収，屈折，反射，散乱などのため音が減衰したり，特定の方向の音が聞こえたり，音源とは違った方向から音が聞こえたりすることがある。

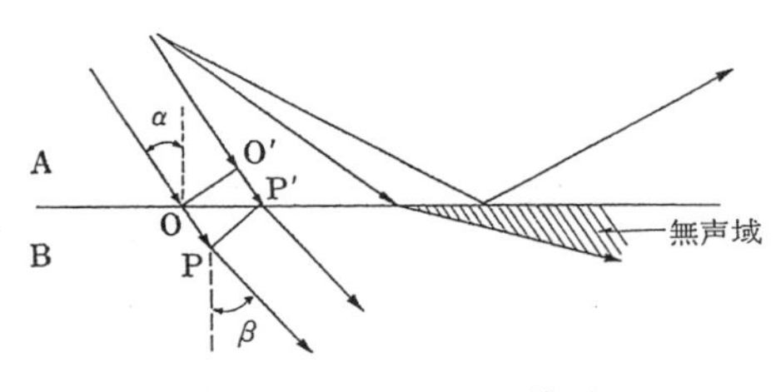

第 11-8 図　スネルの法則

「吸収」とは音が空気中に伝わる間に空気分子の摩擦の影響によって音のエネルギーが熱エネルギーに変わることであり，「散乱」とは音が空気分子や微粒子に衝突して，いろいろな方向に散らされる現象である。

(2)　屈折と反射

同じ空気内でも異なる媒質のものが接しているとき，Aの大気中とBの大気中の音をそれぞれv_1とv_2（$v_1 < v_2$）とする。Aの大気中からBの大気中に音が入射するとき，スネルの法則から一部分は反射してAにもどり，残りの部分は屈折波となってBの中を伝わる。

第11-8図から，入射角αで入ってきた音波の波面$\overline{OO'}$を考えるとOでは先に境界面に達してO′がP′に達するまでにOの方は先にBの大気中を進行する。このときB内の進行速度の方が速いとしたから，$\overline{O'P'}$よりも$\overline{OP}$の方が長い。したがってPP′の波面は入射したときのOO′とは異なる。その後，伝播方向はPP′の波面によってB内の大気中に伝わっていく。すなわち屈折がおこる。このときの屈折角をβとすると，次の式が成り立つ。

$$\sin\alpha : \sin\beta = v_1 \Delta t : v_2 \Delta t = v_1 : v_2 \quad \cdots\cdots (11.2)$$

$v_1 < v_2$であるから，$\alpha < \beta$となる。

この場合，もし

$$\sin\beta = \frac{v_2}{v_1}\sin\alpha = 1 \quad \cdots\cdots (11.3)$$

であれば，境界面で全反射がおこる。したがってBの大気中に音の到達しない部分が生じる。これを音の影（無声域）という。

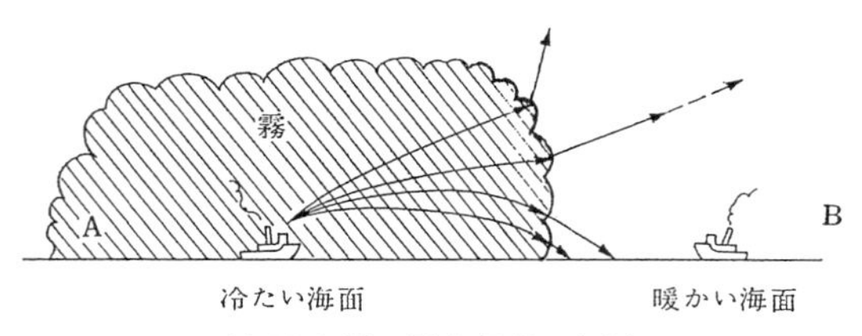

第11-9図　霧中信号の伝播

海霧が出る状態のときは，冷たい海面に気流が接しているわけで，海面付近ほど気温が低くなっている。また霧の中では，強風が吹いていないので音の伝播は良い。ところが，霧中の大気と外側の大気では媒質が異なり，音は霧の表面で屈折して反射をおこす。このため，同じ霧中にいる船同志では音がよく聞こえても，霧のすぐ外の船には聞こえにくかったりする。また霧中での音も反射音や散乱があって，音源を確認するのはむずかしい。

第11章　問　題

▶三　級　<＊＊>

問1　次の(1)と(2)の霧の成因を，それぞれ下のア～エのうちから選び，番号と記号で答えよ。

(1)　放射霧　(2)　移流霧

ア　暖かい水面の上に冷たい湿った空気がやってきてできる。 イ　冷たい水面の上に暖かい湿った空気がやってきて下層部が冷やされてできる。 ウ　雨あがりの後，晴れた日の翌朝などに風が弱いとき，地面付近の空気が冷やされてできる。 エ　前線に伴う降雨が蒸発してできる。

〔解〕　(1)-ウ，(2)-イ

問2　次の(1)～(4)のように発生する霧は，何霧といわれるか。

(1)　暖かい空気が冷たい海面や地面上を吹きわたって冷却されてできる霧で，千島列島付近，北海道東沖合いに，夏に多く発生する。

(2)　風のない晴れた夜間，放射によって地面が著しく冷却するとき地表面に接する空気が冷やされてできる霧で，丘で囲まれた港内などに早期発生する。

(3)　海面上の冷たい安定な空気塊が，海面からの急激な蒸発によって水蒸気の補給を受け飽和して発生する。

(4)　温暖前線が接近するとき，その前方で降る雨が，前線面の下方の空気の中で蒸発し，その水蒸気が凝結して生ずる霧。

〔解〕　11-2 参照。(1)　移流霧，(2)　放射霧，(3)　蒸気霧，(4)　温暖前線霧。

問3　(1)　移流霧は，日本沿岸では，いつごろ，どの付近に多く発生するか。

(2)　前線霧は，日本沿岸では，いつごろ，どのような場合に発生するか。

〔解〕　(1)　11-2①，11-3①～④参照。(2)　11-3(1)(3)(4)の各後段参照。

問4　海上に発生する霧を海霧といい，①□と②□のことをいうが，実際には，主として③□であることが多い。③は，温暖・多湿な空気塊が冷たい海面上を移動するときその空気塊の下層部が冷却して生ずる霧で，日本付近では，④□季に⑤□の東方海上に多く発生する。

〔解〕　①移流霧，②蒸気霧，③移流霧，④夏，⑤北海道

問5　瀬戸内海に霧が発生するのはいつごろか。また，どのような場合に発生するか。

〔解〕　11-3(4)参照。

問6　次の霧は，それぞれ何霧といわれるか。

(1)　前線に沿って２つの空気塊が混合してできる霧。

(2)　気温の逆転層の下にできた層雲などの雲底が下がって地表にできる霧。

〔解〕　(1)　前線通過霧又は混合霧。(2)　放射霧。

問7 次の(1)及び(2)の霧は，それぞれどのような場合に発生しやすいか。
(1) 放射霧（ふく射霧） (2) 移流霧
〔解〕 (1) 11-2(3)参照。 (2) 11-2(1)参照。

▶二 級 ＜＊＊＞

問1 次の(1)～(3)は，主に何霧といわれるものが多いか，それぞれについて記せ。
(1) 晩春から初夏にかけて日本海や三陸沖に発生する霧
(2) 5月ごろから10月ごろにかけて北海道東方から千島列島一帯に発生する霧
(3) 春から初夏にかけて瀬戸内海に発生する霧
〔解〕 (1) 前線霧。(2) 移流霧。(3) 移流霧（沿岸霧）。混合霧という説もあるが，異論が多い。

問2 次の(1)及び(2)に発生する海霧の最盛期と，海霧発生の一因となっている海流の名称を，それぞれについて記せ。
(1) 北米カリフォルニア沿岸（サンフランシスコ付近）
(2) 千島列島及びアリューシャン列島の南方海域
〔解〕 (1) 11-4(1)②参照。 (2) 11-3(3)参照。

問3 (1) 前線霧はどのようにして発生するか。
(2) 日本列島の沿岸水域で前線霧が発生する代表的な場所をあげ，その発生時期を記せ。
〔解〕 11-2(5)，11-3(1)(3)(4)参照。

問4 前線に伴って発生する霧の種類を2つあげ，それぞれについて成因をのべよ。
〔解〕 11-2(5)参照。

問5 次の水域付近において，海霧を多発する季節及びその発生原因をそれぞれ述べよ。
(1) 中国沿岸
(2) 北米西岸カリフォルニア沿岸
〔解〕 (1) 11-3(1)参照。
(2) 11-4②参照。

▶一 級

問1 下記水域における海霧の多発する季節および発生原因についてのべよ。
(一) 北米西岸カリフォルニア沿岸
〔解〕 (一) 11-4②参照。

問2 下記水域における海霧の多発時期と，そのおもな成因についてのべよ。
(一) 中国沿岸
〔解〕 (一) 11-3(1)参照。

▶航海に関する科目

問1 香港入口付近で霧の発生する時期，また雨が多い時期は，一般に何月から何月ま

でか。(航)

〔解〕 霧：１～５月。雨：６～８月。

問2　ジュアン・デ・フカ海峡付近における霧の発生状況について述べよ。(航)

〔解〕 付近一帯の寒冷海域に，比較的高温多湿な偏西風が吹き込んで霧となる。

冬季，15%の霧日数。

夏季，40°N以北を中心に40～50%の霧日数。

秋季に減少する。

問3　北太平洋の偏西風帯の夏季の霧の発生率及びその発生原因を述べよ。(航)

〔解〕 160°W以西，40°N以北では月に５～10日発生する。原因は，暖湿な南～南西風が親潮やベーリング海から流れ出す冷たい海面に移流するため。

160°W以東は少ないが，北米西岸カリフォルニア流域ではやはり月に５～10日発生する。

問4　Newfoundland 東方及び南方海域 (＝北大西洋において霧の発生が最も多い海域) について (航)

(1) 霧の発生原因及び発生時期を述べよ。

(2) 視程の一般的傾向を述べよ。

〔解〕 (1) 11-4(1)①参照。発生時期：４～８月 (６，７月が最も多い)。

(2) 東風と共に来る霧では昼間でも視程1,000m位になる。穏やかな時の霧は低く垂れ込め，視程50mまで下がるが，海上15mより高い所では晴れていたりする。

問5　ボンベイの煙霧の発生期は，いつごろか。(航)

〔解〕 ３～４月に多い。

問6　アデン海湾 (紅海) に砂じんやちり煙霧が発生する時期及び頻度について述べよ。(航)

〔解〕 ６月～８月に多く広がり，視程５海里以下の日がアデン海湾のアフリカ側で４，５日に１回，アラビア側で２日に１回の割で生じる。９月になると減少し，12～２月は殆どない。

問7　ペルシァ海湾の，年間を通じての視程の一般的傾向を述べよ。(航)

〔解〕 視程不良は６～９月の霧によるもので，最盛期には35～40%の霧日数を見る。また，夏季のサイクロンによる黄砂も視程不良を起こす。

問8　土佐沖で霧が多く見られるのは，いつごろか。(航)

〔解〕 ５～８月。

第12章　気　象　観　測

12-1　船舶の気象観測

船舶による気象観測は自船の航行安全ばかりでなく，気象庁へ報告することによって，そこに集められた船舶気象報の成果を総合判断して出された各種の予報・警報が放送されることで自船に還元される。同時に，他船舶の航行安全に寄与することはいうまでもない。特に広い洋上の観測は大切であるし，四面環海の日本にとって船舶の気象観測は重要である。

気象業務はその性質上国際性をおびているのは当然で，船舶気象の国際規模や協定の基本になっている「海上における人命の安全のための国際条約」（1960年，ロンドン）に基づいて，世界気象機関（WMO）が種々の決議や勧告を行なっている。わが国の船舶気象観測通報業務はほとんど全面的にWMOの規定した線に沿って実施されている。

（注）世界気象機関（World Meteorological Organization）は国際連合の専門機関の一つである。

気象業務法

(1)　船舶からの気象通報

つぎに掲げる船舶は気象業務法によって気象測器を備え，気象および水象を観測し，その成果を気象庁長官に報告することになっている。

①　遠洋区域，近海区域または沿海区域（100トン未満を除く）を航行する旅客船（12人以上の旅客定員をもつ船舶）

②　遠洋区域，近海区域または沿海区域を航行する総トン数300トン以上の船舶

③　総トン数100トン以上の漁船

(2)　船舶の備えつける気象測器

上記船舶は，航海中次に掲げる気象測器を備えつけなければならない。

①　船舶用アネロイド型指示気圧計

②　温度計

③　乾湿球温度計（(1)の①，②の船舶に限る）

④　風速計（(1)の①，②の船舶で遠洋区域を航行区域とするものに限る）

⑤　風向計（同上）

(3)　船舶による気象および水象の観測

100°E～160°W，0°～65°Nに限られた海域において，毎日グリニッチ標準時の0時，3時，6時，9時，12時，15時，18時，21時の3時間ごとに，次の種目について気象および水象の観測を行なわなければならない。

1．気圧，2．気温，3．露点温度，4．風（風向と風速または風力）5．雲，6．視程，7．天気，8．水温，9．波浪，10．海氷の状態，11．船舶の着氷の状態

ただし，中心示度が990hPa以下の熱帯低気圧の中心から500海里以内を航行していることを知った場合，または気象や水象の状況が異常で，航行上危険があると認められる場合の観測時刻は，毎正時（1時間ごと）とする。

(4)　観測成果の報告

本邦の海岸から50海里以内を航行中の船舶をのぞいて，毎日の観測成果を定められた形式で，電報によって気象庁長官に提出することになっている。この電報による報告を，船舶気象報といい，電報の宛名は「キショウ」とする。

またこれらの船舶は航海終了の日（外国の港から最初に本邦の港に到達した日）から10日以内に観測表を気象庁長官に提出しなければならない。

WMO技術規則

国際観測通報船舶は航海中の観測表を自国の気象機関（(4)参照）に提出しなければならない。

日本の船舶であれば，100°E～160°W，0°～65°N以外の海域においても，1日4回，0・6・12・18の各グリニッチ標準時に観測・通報しなければならない。また航海終了後は観測表を気象庁長官に提出する。

海上における人命の安全のための国際条約（1960年，ロンドン）

船長は50kt（風力10）以上の風に遭遇したときはいつでも付近の船舶および海岸局に通報すること。

12-2　船 舶 気 象 報

(1)　気象測器

気象測器の検定の有効期間は5年であるが，特に海上では自然条件が厳しいから，できれば検定の有効期間内にも，時々点検を受けることが望ましい。

船舶用のアネロイド型指示気圧計は狂いやすいから，少なくとも年2回比較点検を受けるのがよい。

(2)　観測の順序

観測は，正時の前後に，なるべく短時間ですべての気象要素を観測して正時の観測とする。

観測を行なう順序は，測器による観測と目視観測を交互に行なわないようにする。特に夜間暗さに目がなれる必要があることを思えば当然である。したがって目視観測を先に行ない，次に測器観測を行なうのが原則である。ただし，気圧は**必ず正時**に観測すること。

観測項目は12-１の(3)を参照のこと。

(3)　船舶気象報の型式と船舶気象観測表の記入要領

船舶気象報の型式は次のようになっている。

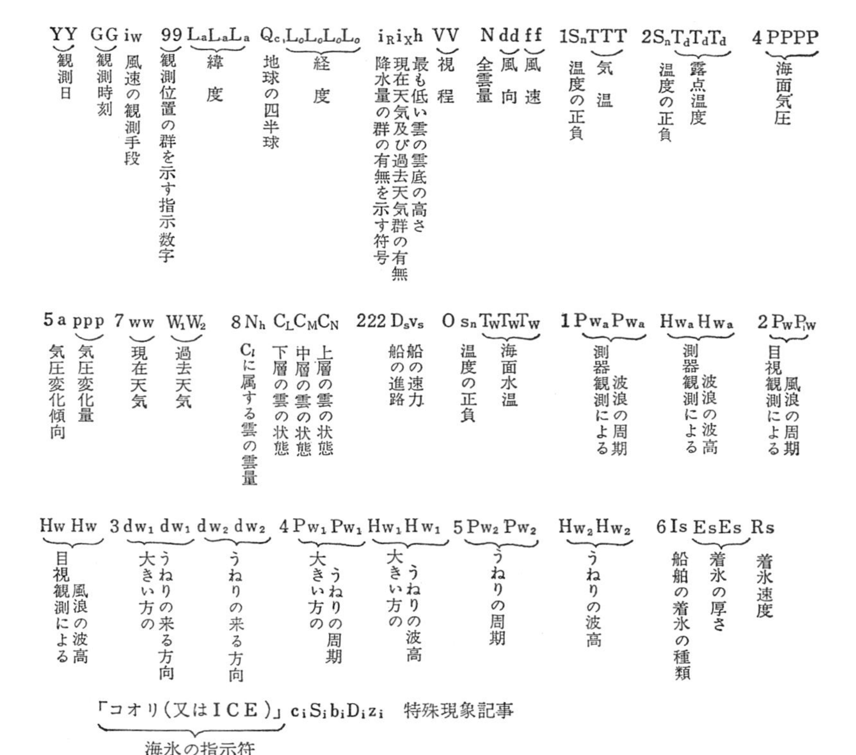

観測表の記入要領の詳細は省くが，その概要と注意事項をのべておく。これらは，「船舶気象観測指針」の第12章船舶気象報の要領によって，記号の下に０～９までの符号をあてはめていく。

① YY：観測日（グリニッチ標準時）
② GG：観測時刻（グリニッチ標準時）
③ i_w：風速の観測手段（目視の時３，風速計のとき４とする）
④ 99：観測位置の群を示す指示数字
⑤ $L_aL_aL_a$：観測点の緯度（10位，１位，1/10位）を表わす。
⑥ Q_c：地球上を４つに分け，その中のどの海域にいるか。
⑦ $L_oL_oL_oL_o$：観測点の経度（100位，10位，１位，1/10位）を表わす。
⑧ i_R：降水量の群の有無を示す符号（船舶では４）
⑨ i_X：現在天気（ww）及び過去天気群（W_1 W_2）の有無（通報する＝１，通報しない＝２，資料が入手できない＝３）
⑩ h：最も低い雲の雲底の高さ（海面からの高さを０～９の符号で表わす。）
⑪ VV：水平視程（90～99の符号で表わす。）（第12-5表参照）
⑫ N：全雲量（０～９の符号で表わす）。（第14-6表参照）
⑬ dd：風向（度の100位と10位による36方位）
⑭ ff：風速（ノットの10位及び１位）
⑮ S_n：温度（気温，露点温度，海面水温）の正負を示す符号（正又０のとき０，負のとき１）
⑯ TTT：気温（度の10位，１位，１/10位）
⑰ $T_dT_dT_d$：露点温度（度の10位，１位，１/10位）
⑱ PPPP：海面気圧（hPa の100位，10位，１位，1/10位）
⑲ a：気圧変化傾向（３時間前から現在までの気圧変化傾向を０～８の符号で表わす。）
⑳ ppp：気圧変化量（３時間前から現在までの変化量，hPaの10位，１位，１/10位）
㉑ ww：現在天気（観測時現在又は観測時前１時間内の天気を表わす。）00～99の100種の天気を区別している。（巻末付表Ⅰ参照）
㉒ W_1W_2：過去天気（過去３～６時間の天気）。過去の天気W_1とW_2は区別するが，一つしかない場合はW_1とW_2は同じ符号とする。（巻末付表Ⅰ参照）
㉓ N_h：C_L に属する雲の雲量（C_L がないときは C_M に属する雲の雲量。）

（第14-6表参照）

㉔　C_L：層積雲，層雲，積雲，積乱雲の状態
㉕　C_M：高積雲，高層雲，乱層雲の状態
㉖　C_H：巻雲，巻積雲，巻層雲の状態
（以上3項）0～9の符号で表わす。（第12-3表参照）（巻末付表Ⅰ参照）

㉗　222：船の進路・速度，海面水温，波浪，船舶の着氷・海氷等の観測成果が続くことを示す指示数字。

㉘　D_S：船の進路（3時間前から現在までの進路を0～9の符号で表わす。）

㉙　V_S：船の平均速度（3時間前から現在までの平均速度を0～9の符号で表わす。）

㉚　$T_wT_wT_w$：海面水温（度の10位，1位，1/10位）

㉛　$P_{wa}P_{wa}$：測器観測による波浪の周期（秒の10位，1位）

㉜　$H_{wa}H_{wa}$：測器観測による波浪の波高（波高を2倍したときの数字符号，0.5m毎）

㉝　P_wP_w：目視観測による風浪の周期（秒の10位，1位）

㉞　H_wH_w：目視観測による風浪の波高（㉜に同じ。）

㉟　$d_{w1}d_{w1}d_{w2}d_{w2}$：うねりの来る方向（度の100位，10位）。2つのうねりを区別している。一方向のみの場合は$d_{w2}d_{w2}$は××。

㊱　$P_{w1}P_{w1}P_{w2}P_{w2}$：うねりの周期（秒の10位，1位）。

㊲　$H_{w1}H_{w1}H_{w2}H_{w2}$：うねりの波高（㉜に同じ）。

㊳　I_S：船舶の着氷の種類（1～5の符号で表わす。）

㊴　E_SE_S：船舶の着氷の厚さ（cmの10位，1位）

㊵　R_S：船舶の着氷速度（0～4の符号で表わす。）

㊶　コオリ（またはＩＣＥ）：海氷の指示符

㊷　c_i：海氷の密接度又は配列（0～9の符号で表わす。）

㊸　S_i：海氷の発達過程（0～9の符号で表わす。）

㊹　b_i：陸氷の数（0～9の符号で表わす。）

㊺　D_i：主要な氷の縁の方位（0～9の符号で表わす。）

㊻　z_i：氷の現状と前3時間の状態の変化（0～9の符号で表わす。）

㊼　特殊現象記事（必要に応じて詳細を平文で報ずる。）

（注）ン（または／）は2や1と誤まりやすいから，観測表には×印を記入すること。

12-3　気 圧 の 観 測

12-3-1　気圧計の種類と構造

(1)　アネロイド気圧計

寸法も小さく軽いので，持ち運びに便利であるし，取り扱いが容易である。また船のように動揺するところでも正しい気圧を示すので，船ではこのアネロイド気圧計が使われている。

ただし，金属の弾性を利用して気圧を測るので日数がたつにつれて生じる経年変化や温度の変化が大きいと，生じる温度誤差などによって誤差が出てくる。このため，少なくとも年に2回の検定をしてもらうようにする。

第12-1図　アネロイド気圧計の構造

気圧計の構造と原理は次のようになっている。すなわち，気圧の変化を感じる部分に空ごうがあり，波形の凹凸をつけて空気をほとんど抜いてある。これは，もし空ごう内に空気があると気温の昇降によって，空ごう内の空気が膨張したり収縮したりしてあたかも気圧が変化したかのようになるのを防ぐためである。空気を抜くと気圧のため，空ごうは押しつぶされそうになるので，板バネを使って空ごうを支えながら，外の気圧が変動するとそれに敏感に反応して板バネが作用するような仕組みになっている。気圧が上がると空ごうはややへこみ，気圧が下がるとそれに応じて空ごうはふくらむ。その動きをてこで拡大しながら指針に伝達し，これが目盛盤上の気圧を指示するのである。

バイメタルは，気温が変化すると金属の弾性が変わるので，気圧測定の際，温度変化による金属誤差を調節するために設けられている。

原理はまったく同じだが，船用アネロイド気圧計では空ごうを3個ずつ対称に置いてある。これは機械による摩擦誤差を少なくし，動揺や振動にも強いので船舶用には最も適している。

（注）アネロイド型指示気圧計＝アネロイド気圧計

(2) 自記気圧計

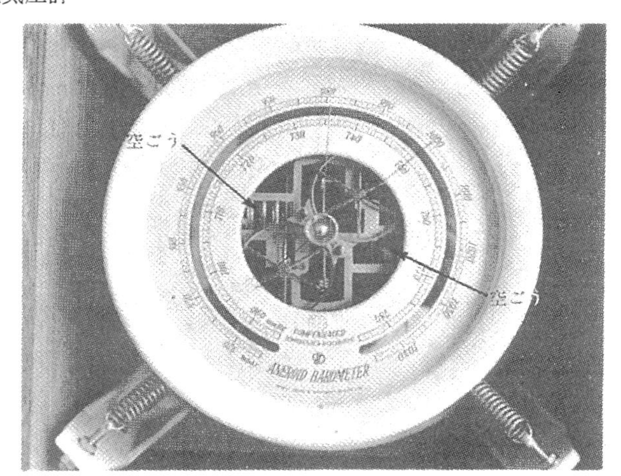

第12-2図　船用アネロイド気圧計

第12-3図　自記気圧計

原理はアネロイド気圧計と同じで，空ごうをいくつか重ねたベローズの変化をてこ装置で拡大伝達し，円筒上の自記紙にペンで記録される。

円筒が時計仕掛けで回転するから，気圧を連続的に，1週間の状態を1目でみることができ，台風の経過や天気の経過をみるうえで大変役に立つ。

(3)　水銀気圧計

以前は船舶用に改良された船用水銀気圧計があったが，精度のよいアネロイド気圧計が出現するにおよんでみられなくなった。

水銀気圧計は，アネロイド気圧計以上に震動が少なく，温度変化の少ない部屋に備えつける必要があって，取り扱いもやや繁雑である。しかし，非常に精度の高い測器であるので，気圧計の標準用として陸上では広く使われている。原理はトリチェリの理論を応用したものである。

読み取りに対する補正と更正では，アネロイド気圧計と同じ海面更正に加

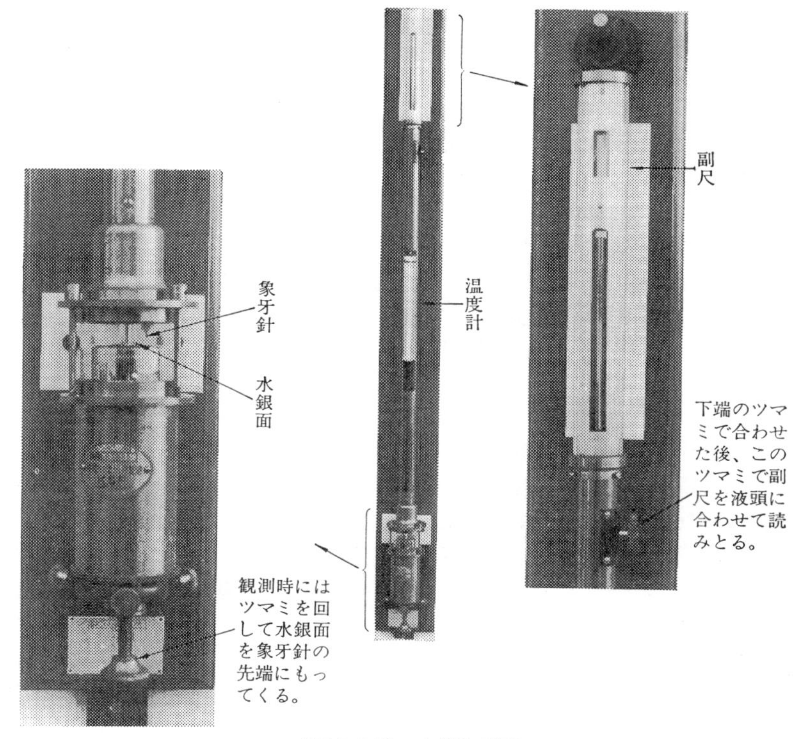

第12-4図　水銀気圧計

え，さらに温度補正と重力補正をする必要がある。

温度補正は，水銀柱の高さと尺度が気圧計の温度によって変化するので，0°C の値に相当するように補正する。

重力補正は，観測地の重力の値が緯度や高さで少し異なるから水銀柱の高さに影響を与える。したがって標準重力（980.665 dyn）のときの気圧の値に換算するための補正である。

12-3-2　気圧計の据え付けと観測

アネロイド気圧計についてのべる。

(1)　据え付け

①　直射日光をさけ，温度変化の少ない所を選ぶ。

②　動揺や振動の影響の少ない所

③　風の影響のない所

④　できるだけ水平におくようにする。

(2)　観　　測

①　目と示針を結ぶ線が文字盤に垂直になるようにして読む。すなわち，視差がないようにする。

②　示度を読む前に軽くガラス面に触れてみる。機械摩擦による指示の遅れを除くためである。

③　気圧は各正時に読むこと。

④　気圧は 1/10 hPaまで読みとる。

⑤　（正しい気圧）=（読み取り値）±（器差補正）+（海面更正）

（注）(1)　器差補正は機器特有の誤差であるから，検定証書に記載されている。
(2)　海面更正は常にプラスされる。10m の高さでおよそ+1.2 hPaである。

12-4　気温と湿度の観測

12-4-1　温度計と湿度計

測器には乾湿球温度計・振り回し式乾湿計・アスマン通風乾湿計・電動通風乾湿計などがある。一般の船上では乾湿球温度計を使うことが多い。これらはいずれも2本の乾球温度計と湿球温度計を使用する。

湿球温度計は乾球温度計とまったく同じものである。乾球温度計の示度が気温を示し，湿球温度計の示度から換算によって湿度あるいは露点温度を知ることができる。

温度計にはアルコール温度計と水銀温度計とがある。アルコール温度計は水銀温度計に比べると精度が劣るので，極寒海域を除いて水銀温度計の方がのぞましい。

（注）(1)　アルコールは揮発性があるので示度に誤差が出やすい。
(2)　水銀温度計は凍りやすい。
水銀温度計（沸点 357°C，氷点 −39°C）
アルコール温度計（沸点 60°C，氷点 −100°C）

(1)　乾湿球湿度計

温度計を2本並べて，1本を乾球温度計，1本を湿球温度計としている。湿球温度計の球部をガーゼまたは寒冷紗（しゃ）で包み，さらに球部からたらして下端を水つぼの中に入れてある。

① 寒冷紗またはガーゼは使用前に熱湯で煮沸してのりや油気をのぞいてやる。
② この布片は船上で汚れやすいので週1回程度交換するとよい。
③ 球部は長く使用すると水あかがつくので，希塩酸で洗ってから水で洗い落してやる。
④ 水つぼの水は蒸溜水か軟水を使う。

（注）寒冷紗：目のあらい薄地の綿織物

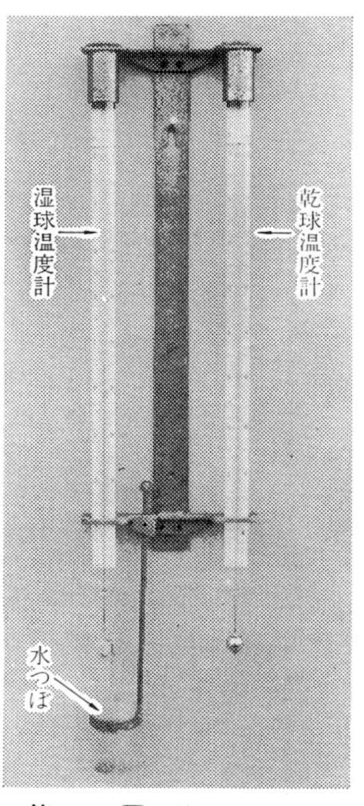

第12-5図　乾湿球湿度計

乾湿計の原理は湿度が高ければ高いほど，湿球から蒸発する水蒸気量が少ないから，奪う熱量も少なく乾球と湿球の差は少ない。逆に空気が乾燥していれば，湿球から奪う蒸発熱が大きくなるので，乾球と湿球の差が大きくなる。これを利用して湿度を測るのである。次にのべる乾湿計も原理はまったく同じだが，気温や湿度を測るのには通風が重要であり，それを強制的に行なって気温や湿度を測ろうとするものである。

(2)　アスマン通風乾湿計

乾球温度計と湿球温度計を平行して金属のわくで固定する。上部にファンがあり，ゼンマイか電動で回し下部から空気を吸い込む。

(3)　振り回し式乾湿計

金属の板に乾球温度計と湿球温度計を平行にならべ，振り回した時に湿球が外側になるように，乾球よりやや下げてある。板と握り棒を鎖か丸棒でつなぎ，握り棒で振り回すようになっている。

(4)　電動式通風乾湿計

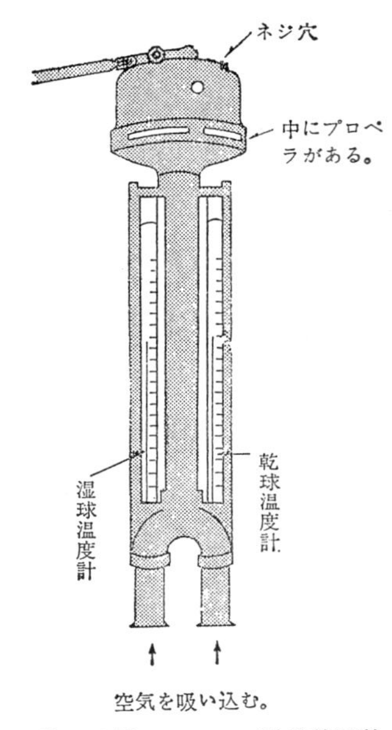

第12-6図 アスマン通風乾湿計

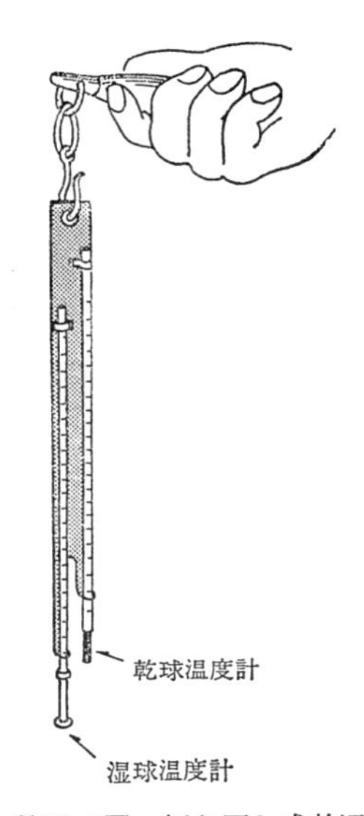

第12-7図 振り回し式乾湿計

乾球温度計・湿球温度計を平行にして，金属のわくで固定する。小型モータ（交流 100V）でファンを回転させ通風する。

これらはいずれも観測前に湿球をスポイトで濡らしてやる。この時，乾球が濡れないように注意する。示度が落着いたところで読み取るが計測時間に3～5分はかかる。

一般の船ではあまり使わないが，気温や湿度を測るのに，その他にも次のようなものがある。

① 自記温度計（バイメタル式，ブルドン管式）

② 最高温度計・最低温度計（横置式）

③ シックス型最高・最低温度計

④ 毛髪湿度計

12-4-2 温度計の据え付けと観測

舶用の小型百葉箱の場合を基準にして考える。

(1) 据え付け

① 波のしぶきのかからないところ

② 機関室，賄室の熱気や船体の放射熱の影響のないところ

③ 直射日光をさけ，日かげおよび通風の良い場所

(2) 観　　測

① 船上ではいろいろ制約があるので，観測時に据え付けの諸注意に従って，移動して測るとよい。

② 温度計にあまり近づいて，体温や息の影響がないようにする。

③ すばやく読む。

④ 最初は度目盛の小数位を読んでから，次に度目盛を読む。

⑤ 視差のないように温度計に対して直角に，水銀糸の頂部と一線になるところで読み取る。

⑥ 夜は熱のある灯火は近づけない。

⑦ 読み取り値に器差補正を行なう。

乾球および湿球の示度から露点温度を求めるには，

ⓐ 「露点温度を求める表」を使用する（船舶気象観測指針に掲載されている)。乾球温度（t）と湿球温度（t'）の差が横座標で，湿球温度が縦座標になっているから，両者の交わるところを読めばよい。

ⓑ $e=E'-K(t-t')$ または $e=E'-\frac{2}{3}\cdot\frac{P}{1,000}(t-t')$ ………………(12.1)

（アスマン式）

ただし，t：乾球の示度 °C
t'：湿球の示度 °C
E'：t' に対する飼和水蒸気圧 hPa
e：空気中の水蒸気圧 hPa
P：気圧 hPa
K：乾湿計の常数（およそ 0.8)

e を求め，飽和水蒸気圧表より e を飽和水蒸気圧とする温度が露点温度である。

12-5 水温の観測

気温の観測のときと同様に，水銀温度計あるいはアルコール温度計で測る。採水バケツ法とインテイク法がある。あるいは，電気の抵抗の変化を利用した電気式温度計による隔測法などで観測する。水温はよく混合された海水の表面１～２ｍでの温度を測るのが基準である。

(1) 採水バケツ法

ズック製のバケツを海中に投入して水を汲みあげ観測するものである。

観測上の注意事項は次のとおりである。

① すばやく読む。

② 最初は度目盛の小数位を読んでから，次に度目盛を読む。

③ 視差のないように温度計に対して直角に，水銀糸の頂部と一線になるところで読み取る。

④ 温度計の球部はバケツ内の海水につけたまま，読める程度に引き上げて読むとよい。蒸発熱の影響がさけられる。

⑤ 清浄な水を汲みあげるために，機関・厨房やその他の排水口付近はさける。

⑥ 航行中は安全性から，風下側で行なう。しかし，停船中は船体や排水口からの影響があるので，風上側の船首に近いところで測るとよい。

⑦ バケツの熱をのぞくために，2，3度海水につけた後，海水を汲みあげる。

⑧ 使用後のバケツは日陰におくか，海水を入れたままにして次に備える。

（注）　①〜③は気温の観測と同じである。

(2) インテイク法と隔測法

船が大型化し，高速化すると採水バケツ法では困難となる。これに変わるものとして，船底や機関の冷却水取入口を利用して水温を測る方法がとられている。

インテイク法はインテイクパイプのくぼみに温度計を差し込んで測るようになっている。

隔測法は船底や機関の冷却水取入口に受感部を置き，指示部を船室の都合のよい場所に導いて観測できるようになっている。この原理は，白金やサーミスタの抵抗温度係数が大きいことを利用して，電気抵抗の変化を水温に換算するのである。そのまま，指示を読む直示型や連続記録できる自動記録型がある。

観測上の注意事項は次のとおりである。

① 風の弱い時（風力3以下）や，低緯度海域では，水深の違いによる水温の温度傾度が大きいから，採水バケツ法を併用するとよい。

② 停船中は，船体の影響や機関が停止するので，採水バケツ法による。

12-6　風の観測

12-6-1　風向・風速計

(1) 風車型風向風速計

コーシン・ベーンとかアエロベーン（Aerovane）ともいう。

第 12-8 図　風車型風向風速計

4 枚羽根のプロペラをもつ発信器から，電線で船橋の必要な場所の風向指示器と風速指示器に導いて風向や風速を知ることができるようになっている。船では最も一般的に使われている。

これは瞬間の風向や風速を示しているから，指示部の針は常にふれている。

(2)　真風向風速計

(1)と同じように，プロペラをもつ発信器から導かれるが，船の航行によって生じる見かけの風を増幅器の中で改正して，真の風を求めて指示器に示すようになっているから便利である。

(3)　ロビンソン風速計

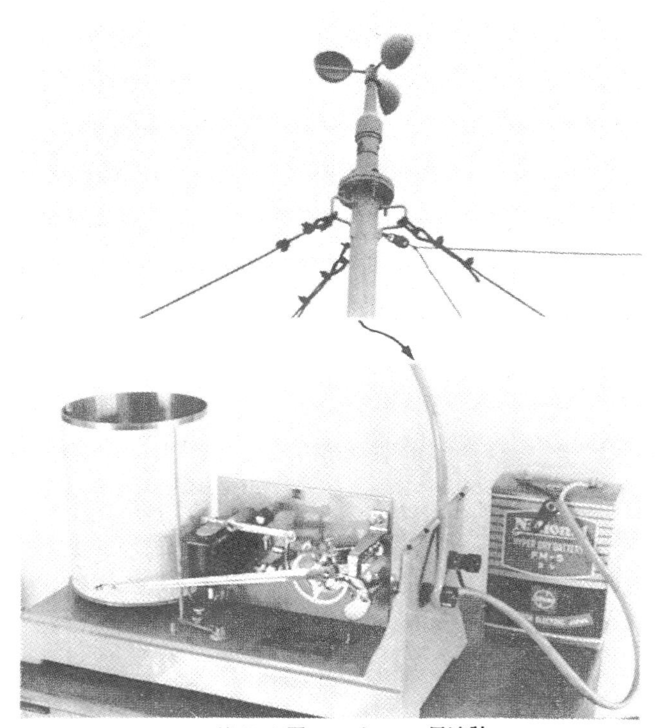

第12-9図　ロビンソン風速計

半球の殻（風杯）の回転体をつけた風速計で，従来は四つの風杯をもった4杯型がロビンソン風速計として知られているが，現在は改良されて3杯型が多く使われる。

これは，風の走った距離が100m（風杯が54回転）になるたびに，電気接点が開閉して電気盤や自記電接計数器に指示される。したがって指示器の目盛と時間から平均風速（10分間）を求めることができる。

陸上の観測用に多く使われている。

12-6-2　風　の　観　測

(1)　測器による場合

風車型風向風速計を基準にして考える。これの取付けは，船の特殊性を考慮して，構造物の影響の少ない所を選ぶと同時に故障時の修理に便利な場所に据え付けるようにする。

観測に際しては，瞬間値の風向と風速を指示することを考慮し，便宜上平均風速に近いと思われる次の方法を採用する。

① 風向は約１分間観測してその平均をとる。

② 風速は約１分間観測して，ふれの最大と最小を除いてほぼ一定したところの平均をとる。

③ 指示器で観測した値は，船が走っているために生じた風も含まれるので，この見掛け上の風向・風速（視風向・視風速）を真の風向・風速に直してやる。

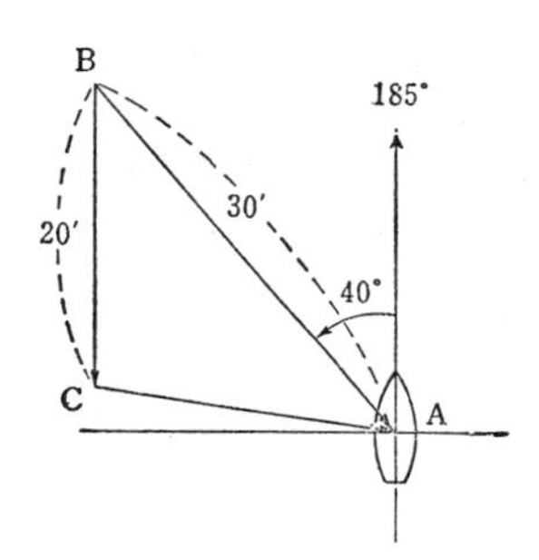

第12-10図　風向・風速のベクトル図

真の風向・風速を求める場合の原理は，ベクトル図を書けばよい。たとえば第12-10図のように船の進行方向に対して左舷40°から風を受ければその方向に，観測した風速に応

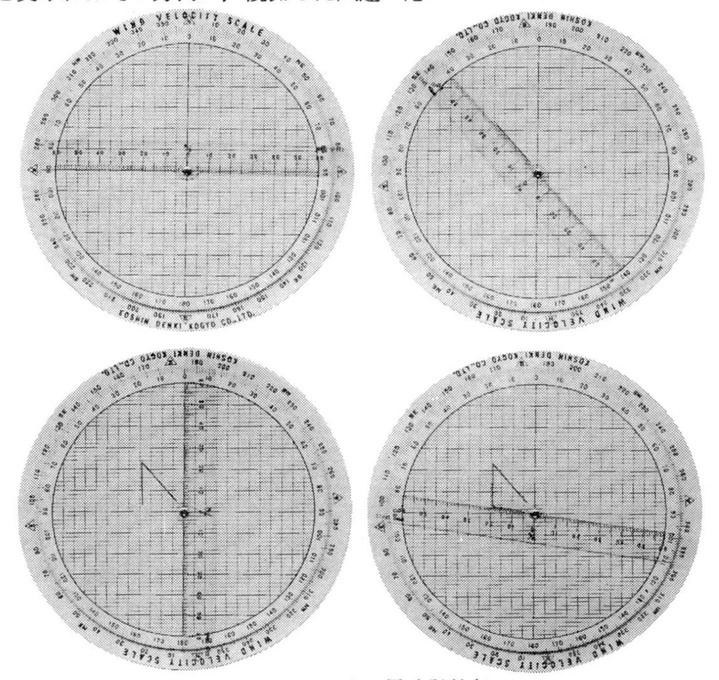

第12-11図　風向・風速計算盤

じた長さ（ここでは30kt）だけ船の中心からベクトル（$\overrightarrow{BA}$）を引く。しかし，これは見掛け上の風向・風速であるから，船速に応じてできる風(20kt)をB点から船の進行方向と反対にとってやる($\overrightarrow{BC}$)。このC点と船の中心A点を結んだ線（$\overrightarrow{CA}$）の長さが真の風速であり，$\overrightarrow{CA}$の方向が真の風向である。

風を観測するたびにベクトル図を書くのは面倒であるが，風向風速計盤があるからこれを使えば，上と同じ原理で即座に風向風速を求めることができる。

内側の円盤の目盛0を船首方向とし，185°の針路であれば外側の円盤の185°にあわせる。見掛けの風向が左舷40°であれば，内側の目盛の左へ40°（外側の目盛145°）のところへ，船の中心（円盤の中心）から添付してある物指しで30ktをとる。この端から風速20ktぶんを船の針路と平行に後へとって印をつける。この点と円盤の中心を結んで物指しで長さをとれば，その長さが真の風速(19.5ktまたは10.1m/s)であり，物指しの方向，外側の円盤の目盛が真の風向（104°）である。

(2)　目視による場合

風向の観測の要点は次のとおりである。

①　風の吹いてくる方向を36方位で観測する。

②　風浪の進んでくる方向が真の風向とみなせる。

③　船側に近い風浪は，自船の作る波の影響で乱されるから，ある程度離れたところの風浪をみる。

④　風浪の方向をコンパス上に移して風向を決める。

ただし，観測のとき注意することは，風向が急変した場合以前からの波が残っているので誤まりやすいこと，また陸岸や海氷など大きな障害物があると，風浪の方向が必ずしも風向と一致しないことがある。このため，風と海面の変化にたえず注意を払う必要がある。

また，風力の観測については，気象庁風力階級表に従って，海面状態から決定することができる。

この場合注意しなくてはいけないのは，風速の変化に海面状態がすぐに従わないこと，海潮流の方向と反対に風が吹くと波が高くなること，強い降水があると，海面がなめらかになるので風力を少なめに見積りがちであること，などである。また，冬の日本近海のように気温が水温よりもはるかに低いと実際の風力以上に波が高くなる。

第12-1表　気象庁風力階級表（ビューフォート風力階級表）

（海上関係抜すい）

風力階級	英語名	説明	相当風速 ノット	相当風速 メートル毎秒	参考波高*（メートル）	海上予報用語
0	Calm	鏡のような海面	<1	0～<0.3	—	海上はおだやか
1	Light air	うろこのようなさざなみができるが波がしらにあわはない	1～<4	0.3～<1.6	0.1 (0.1)	
2	Light breeze	小波の小さいもので，まだ短いがはっきりしてくる。波がしらはなめらかに見え，砕けていない。	4～<7	1.6～<3.4	0.2 (0.3)	
3	Gentle breeze	小波の大きいもの。波がしらが砕けはじめる。あわがガラスのように見える。ところどころ白波が現われることがある。	7～<11	3.4～<5.5	0.6 (1)	海上はおだやかなほうです。
4	Moderate breeze	波の小さいもので長くなる。白波がかなり多くなる。	11～<17	5.5～<8.0	1 (1.5)	海上は，多少風波があります。
5	Fresh breeze	波の中くらいなもので，いっそうはっきりして長くなる。白波がたくさん現われる。(しぶきを生ずることもある)	17～<22	8.0～<10.8	2 (2.5)	海上は風波があります。小型の漁船は注意を要します
6	Strong breeze	波の大きいものができはじめる。いたるところで白くあわ立った波がしらの範囲がいっそう広くなる。（しぶきを生ずることが多い）	22～<28	10.8～<13.9	3 (4)	海上は風波が高い(晴)。しけもようです(雨)。注意を要します。
7	Near Gale	波はますます大きくなり，波がしらが砕けてできた白いあわは，すじを引いて風下に吹き流されはじめる。	28～<34	13.9～<17.2	4 (5.5)	海上は風波が高くなります(晴)。非常にしけます(雨)警戒を要します。
8	Gale	大波のやや小さいもので，長さが長くなる。波がしらの端は砕けて水けむりとなりはじめる。あわはめいりょうなす	34～<41	17.2～<20.8	5.5 (7.5)	海上は風波が非常に高くなります(晴)。非常にしけま

風力階級	英語名	説明	相当風速		参考波高*（メートル）	海上予報用語
			ノット	メートル毎秒		
		じを引いて風下に吹き流される。				す(雨)。警戒を要します。
9	Strong Gale	大波。あわは濃いすじを引いて風下に吹き流される。波がしらはのめり，くずれ落ち，逆巻きはじめる。しぶきのため視程がそこなわれることもある。	41～<48	20.8～<24.5	7(10)	海上は暴風雨で大しけとなります。十分な警戒を要します。（警報）
10	Storm	波がしらが長くのしかかるような非常に高い大波。大きなかたまりとなったあわは，濃い白色のすじを引いて風下に吹き流される。海面は全体として白く見える。波のくずれかたは，はげしく，衝撃的になる。視程はそこなわれる。	48～<56	24.5～<28.5	9(12.5)	
11	Violent Storm	山のように高い大波（中・小船舶は，一時波の陰に見えなくなることもある。）海面は風下に吹き流された長い白色のあわのかたまりで完全におおわれる。いたるところで波がしらの端が吹きとばされて水けむりとなる。視程はそこなわれる。	56～<64	28.5～<32.7	11.5(16)	海上は猛烈な暴風雨で大しけとなります。厳重な警戒を要します。（警報）
12	Hurricane	大気はあわとしぶきが充満する。海面は吹きとぶしぶきのために完全に白くなる。視程は，著しくそこなわれる。	>64	>32.7	>14(—)	

（注）＊印の欄は，陸岸から遠く離れた外洋において生ずる波の高さのおおよその目安を与えるだけのものである。波高のみを観測し，逆に風力を推定するのに用いてはならない。内海あるいは陸岸近くで，沖に向う風の場合には波高はこの表に示された数値より小さくなり，波はとがってくる。括弧内は，おおよその最大の波高を示す。

12-7 雲の観測

雲の観測は雲量・雲形・雲高について行なう。

12-7-1 雲量と天気

雲量は全天を10として，その間を0～10までの数字で表わす。雲量0とは，空に全く雲がないか，あっても5％未満の時をさす。また雲量10とは全天を雲でおおわれているか，95％以上のときをさすのである。

観測上の注意は，

① 夜間は，星が見えない部分や星の光が薄くなっている所は雲がかかっているとして決める。

② 濃霧などで空がまったく見えなければ，これを雲と同様にみなして雲量を10とする。

③ 降水のないときは，雲量によって天気を判断するがその基準は次のようになっている。

快晴（記号 ○）：全雲量が1以下。
晴　（記号 ①）：全雲量が2～8。
曇　（記号 ◎）：全雲量9以上。＜薄曇／本曇

薄曇（記号 ⦶）：見掛け上の最多雲量が上層雲によっておおわれている。
本曇（記号 ◎）：見掛け上の最多雲量が上層雲以外の雲によっておおわれている。

12-7-2 雲高

一般に雲高（雲の高さ）といえば，海面から雲底の高さまでをいう。

ただし，雲の高さの考え方として，雲頂の高さ・雲の厚さ・雲底の高さの3つの考えが含まれるから混同してはならない。だから雲高（雲底までの高さ）が低くても，雲頂の高い雲もあれば，逆の場合もある。したがって単純に雲高はどうかと問われれば，雲頂の高さのいかんに関係なく，海面から雲底までの高さで答えることになろう。

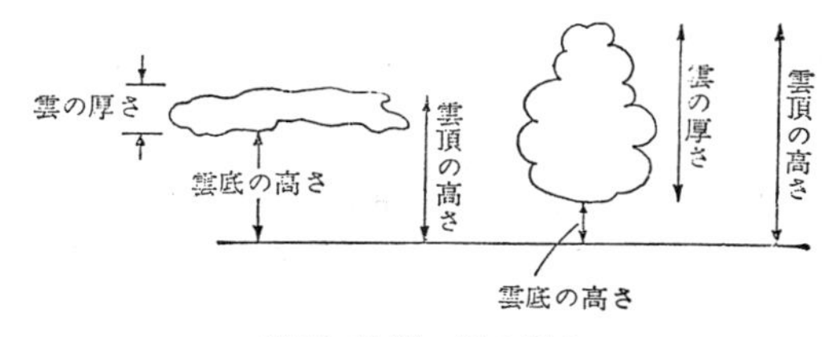

第12-12図　雲の高さ

雲高の観測は非常にむずかしいが，雲の種類によってできる高さはおよそ決まっている。また沿岸航行中であれば，山の高さとの関係で推定することが可能である。

12-7-3　雲　　形

雲の形を10種の基本形に分け，これを10種雲形という。

(1)　雲の分類

雲の形を10種の基本形に分けるが，実際はこの代表形をしていることは少なく，雲が発達したり消滅したり変形したりする変化の過程ではそれぞれの中間の性質をもつことが多い。そこで10種雲形を類として，それからわかれ

第12-2表　雲　の　分　類

族	類	国際名	国際略記号	備考
上層雲	1. 巻雲	Cirrus（シーラス）	Ci	
	2. 巻積雲	Cirrocumulus（シロキュムラス）	Cc	
	3. 巻層雲	Cirrostratus（シロストラタス）	Cs	
中層雲	4. 高積雲	Altocumulus（アルトキュムラス）	Ac	
	5. 高層雲	Altostratus（アルトストラタス）	As	主として中層にできるが，上層に広がることが多い。
	6. 乱層雲	Nimbostratus（ニンボストラタス）	Ns	主として中層にできるが，上層・下層に広がることが多い。
下層雲	7. 層積雲	Stratocumulus（ストラトキュムラス）	Sc	
	8. 層雲	Stratus（ストラタス）	St	
	9. 積雲	Cumulus（キュムラス）	Cu	下層から上層に向かって発達する。
	10. 積乱雲	Cumulonimbus（キュムロニンバス）	Cb	（垂直に発達する雲）

(注)　「絹雲」から「巻雲」へ　昭和63年からそれまでの「絹」から「巻」を使用することになった。これは昭和39年以前まで使われていたものが復活したことになる。

た種・変種・副変種など多種にわたる雲形が生じることになるが，これらはいずれも10種雲形をもとにしているのである。

雲の種類によって，もっとも発生しやすい層がきまっていて，次のように分けられる。

上層雲：中緯度では地上6,000m以上にできる雲

中層雲：中緯度では地上2,000〜6,000mにできる雲

下層雲：中緯度では地表面付近500〜2,000mにできる雲

垂直に発達する雲：地表面付近500m〜上層雲の高さまで発達する雲

いずれにも属さない雲：二層，三層にわたって広がる雲

次に雲形の分類を整理して表で示せば次のようになる。

(2)　雲形の特徴（巻頭口絵参照）

①　巻　雲（Ci）

氷晶でできており，「すじ雲」と呼ばれて，白いはけで空をさっとなでたような雲である。繊維状をした離ればなれの雲で陰はなく，白色で絹のようにみえる。その時に応じて房状，線状，羽毛状，コンマ状，かぎ状などさまざまであるが，常にすじ目がついている。

高い雲であるから，日出や日没の時には，黄色や赤色に色どられることがあり，一番早くからみえ，一番遅くまで残ってみえる。

一般に天気の良い時に出る雲である。しかし，端がかぎ状に曲がって現われる時は天気の崩れる前兆となることがある。

②　巻積雲（Cc）

氷晶でできており，「うろこ雲」と呼ばれる。小さく白い雲のかたまりがまだら状の群れになったり，海辺の砂浜にできるさざ波の形をしてならぶ。その形が魚のうろこに見えたり，さばの模様に見えたりするので，「さば雲」「いわし雲」「まだら雲」「うろこ雲」などと呼ばれる。

巻積雲は巻雲や巻層雲が変化してできたり，これらの雲に変化する途中にあらわれるので，単独にでることは少ない。

③　巻層雲（Cs）

氷晶でできており，「うす雲」と呼ばれる薄くて白いベール状の雲である。太陽や月にかかると「かさ」を生ずる。巻層雲は低気圧や前線の前方に広範囲に発生するので，この雲が全天をおおってあらわれると１，２日で天気が悪くなる。昔から「かさ」がかかると雨の兆（きざし）といわれる。

（注）「かさ（暈）」とは氷晶からなる薄い雲によって太陽や月の光が反射屈折されておこる現象。半径22°の内かさと46°の外かさがある。ともに内側が赤

色である。内かさはない場合もある。

④　高積雲（Ac）

水滴からできている。巻積雲よりも大きな雲のかたまりが，白色や灰色をして規則正しくならぶ。牧場に群がる小羊のように見えるので「羊雲」ともいう。また，「むら雲」とも呼ばれる。この雲が太陽や月にかかると，雲の周辺に「光冠（コロナ）」が現れることが多い。高積雲はいろいろな天気状態のときにあらわれる。

（注）⑴　光冠とは無数の水滴に回折されて生ずる半径約1～5°の色づいた光の輪で，外側が赤褐色，内側が菫色を呈しており，「かさ」の場合と逆になっている。

⑵　高積雲と巻積雲は見わけにくいことがある。その際，雲片1個の大きさが見かけの角度で1度未満（腕を一杯にのばしたときの小指の幅が一度）なら巻積雲，1度以上から5度未満なら高積雲とする。

⑤　高層雲（As）

主として水滴からできているが，ときには氷晶と混在する。「おぼろ雲」といわれ，灰色や薄ずみ色をした層状の雲である。太陽や月に「かさ」はかからない。全天をおおうことが多く，薄いときには太陽や月がスリガラスを通したように見え，厚いときには太陽や月を隠してしまう。この雲が厚くなると雨や雪をパラつかせることもある。高層雲は巻層雲に連続して現われ，これがさらに厚く低くなっていくようだと，「乱層雲」に変化して雨や雪となる。

（注）　花開く4月頃，高層雲が空をおおって曇天が続くとき，これを「花曇り」などという。

⑥　乱層雲（Ns）

主として水滴からなるが，上部は氷晶になっている。別名「雨雲」という。暗灰色の雲のすき間からみえる比較的明るい一様な雲で連続した雨や雪を降らせる。いわゆる「地雨」である。雨のとき，乱層雲の下に低くて暗色の「ちぎれ雲」（片乱雲）が数多く飛んでいくが，この雲が雨を降らせているのではなく，実際はその上に広がる乱層雲が雨を降らせているのである。

⑦　層積雲（Sc）

水滴からできている。高積雲より低く大きな団塊状の雲で，雲塊が規則正しくならんでいる。塊がお互いに接近して縁がつながっていることが多い。一般に天気の良いときに現われ，特に冬，上空の風が強いときに見られる。その形から，「ロール状」「うね状」などといわれ，丸太棒を空に並べて下から眺めたような雲である。

⑧　層　雲 (St)

水滴からできている。低い雲で灰色または薄墨色の層状の雲である。霧の足が地面から離れているものと思ったらよい。霧雨が降ることがある。一般に天気のあまり悪くないときに現われ，局地的なことが多く，切れ目ができると青空が現れる。

⑨　積　雲 (Cu)

水滴でできている。垂直に発達する雲で，上面は白く丸味をおびて隆起し，下面は平らで陰影がある。次の積乱雲とともに，垂直流の発達する寒冷前線でみられる。また春・夏・秋の天気のよい日によくみられる雲で，日中地面が暖められておこる対流が原因である。

⑩　積乱雲 (Cb)

下部は水滴，上部は氷晶からできている。積雲がさらに垂直方向に発達して，雲頂が上層雲の高さに達している。下面は暗黒で水平であり，激しい突風とともにしゅう雨やしゅう雪を降らせる。ときには「ひょう」や雷を伴う。上面は圏界面に達し，巻雲となって横に流れ出している。この頂がかじやのかなとこのように広がることから「かなとこ雲」といい，また「夕立雲」「雷雲」などともいう。

以上10種の雲の特徴について説明してきたが，これらは発生原因によって次の３つの系統に大別できる。

ⓐ　積雲 (Cu), 積乱雲 (Cb)：垂直に発達した「積雲状の雲」。これは大気の下層が暖められて不安定となり，対流がおこってできる。

ⓑ　巻積雲(Cc)，高積雲(Ac)，層積雲(Sc)：１つ１つの雲形がはっきりしている「団塊状の雲」。これは寒気・暖気の接している面や

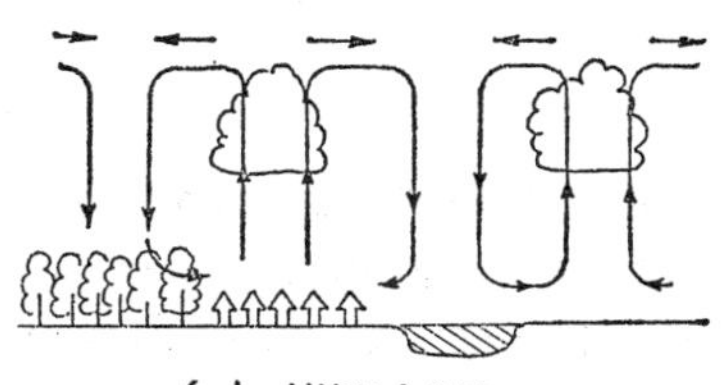

(a) 対流による雲

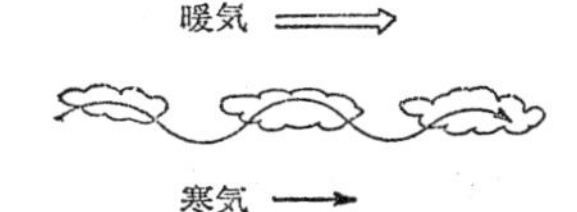

(b) 波動運動による雲

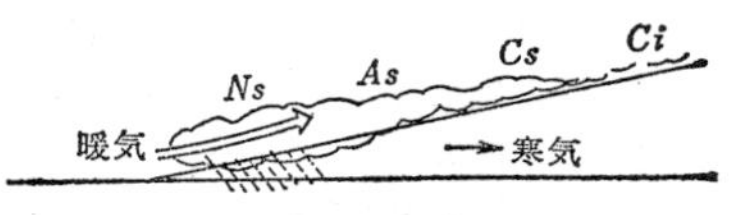

(c) 温暖前線に生じる線

第12-13図　雲の発生の３つの型

気温の逆転層のある逆転面の波動運動，またごくゆるい傾斜面を滑昇するときにできる。

（注）「波状の雲」「うね状の雲」あるいは「積状雲」ともいう。

ⓒ　巻層雲(Cs)，高層雲(As)，乱層雲（Ns），層雲（St）：「一様な層状の雲」。層雲を除いて，大規模なゆるい滑昇面に生じる。温暖前線が接近してくると，高い雲から順次 Cs→As→Ns と変化しながら厚く低くなってくる。

（注）とりとめのない話をよく「雲をつかむような話」とたとえられるように，雲形の特徴をおぼえるのもなかなか骨が折れる。そこで一つの公式を次に示してみよう。

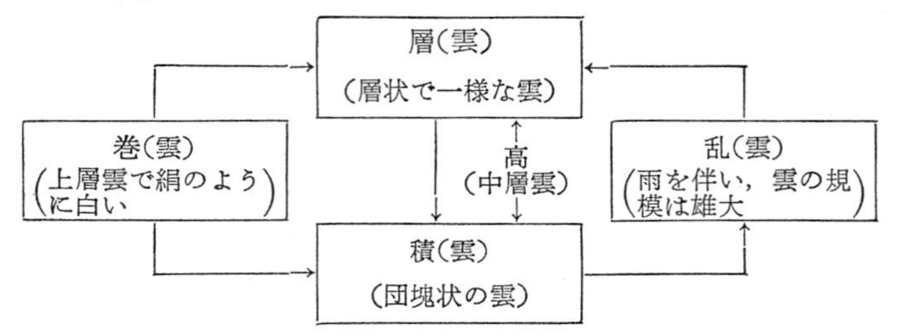

12-7-4　雲の状態の観測

雲の状態の観測では，12-7-3 の雲形の知識をもとにして，それらがどのような発達，衰弱の過程にあるかを知ることが必要である。

気象報では雲の高さに応じて，C_L（層積雲・層雲・積雲・積乱雲），C_M（高積雲・高層雲・乱層雲），C_H（巻雲，巻積雲，巻層雲）の3つに分類し，それぞれの状態に応じ0—9の符号（第12-3表）で報告する。

第12-3表　雲の状態の分類

符　号	C_L
0	C_L の雲がない。
1	積雲—へん平または悪天候下のものでないときの積雲—断片またはそれらの共存
2	積雲—並または積雲—雄大：これらのすべての雲は雲底が同じ高さにある。積雲—断片，積雲—へん平，層積雲があってもよい。
3	積乱雲—無毛：積雲，層積雲，層雲があってもよい。
4	積雲がひろがってきた層積雲：積雲があってもよい。
5	層積雲：ただし積雲がひろがってできた層積雲をのぞく。
6	層雲—霧状または悪天候でないときの層雲—断片。
7	悪天候下の層雲—断片または積雲—断片（ちぎれ雲）：通常高層雲または

符号	C_L
	乱層雲の下にある。
8	積雲と層積雲：ただし，この層積雲は積雲がひろがってできたのではなく，積雲とは雲底の高さが違う。
9	積乱雲—多毛（かなとこ状をしていることが多い。）積乱雲—無毛，積雲，層積雲，層雲，ちぎれ雲があってもよい。
ン（または /）	C_L の雲が暗くて見えない。霧，風じん等の現象で C_L の雲が見えない。

符号	C_M
0	C_M の雲がない。
1	高層雲—半透明
2	高層雲—不透明または乱層雲。
3	高積雲—半透明：一層をなし，全天をおおう傾向はない。
4	高積雲—半透明：レンズ状のもの，たえず形が変化し，またできたり消えたりする。全天をおおう傾向はない。
5	高積雲—半透明，帯状のものまたは高積雲—半透明または高積雲—不透明，一層または二層以上の層をなす。これらの雲はいずれもしだいに空に広がっていくか，または全体が厚くなっていく。
6	積雲または積乱雲が広がってできた高積雲。
7	高積雲—不透明または二層以上の高積雲—半透明：雲が全天に広がる傾向はない。または高層雲か乱層雲を伴う高積雲。
8	高積雲—塔状または高積雲—ふさ状。
9	こんとんとした空の高積雲で一般にいくつかの層になっている。
ン（または /）	C_M の雲が暗くて見えない。霧，風じんなどの現象で C_M の雲が見えない。下の層が連続した雲層をなしているため C_M の雲が見えない。

符号	C_H
0	C_H の雲がない。
1	巻雲—毛状または巻雲—かぎ状，空に広がる傾向はない。
2	巻雲—濃密，空に広がる傾向はない。積乱雲からできたものでない。または巻雲—塔状，巻雲—ふさ状。
3	乱積雲からできた巻雲—濃密。
4	巻雲—かぎ状または巻雲—毛状またはそれらの共存。しだいに空に広がっていく。普通全体として厚くなっていく。
5	巻雲（しばしば放射状である。）と巻層雲または単に巻層雲，しだいに空に広がっていき，全体として厚くなっていくが，連続したベール状の層は地平線上 45° 以上に達していない。
6	巻雲（しばしば放射状である。）と巻層雲または単に巻層雲。しだいに空に広がっていき一般に全体が厚くなっていく。連続したベール状の層は地平線上 45° 以上に広がっているが，全天をおおっていない。

7	巻層雲：全天をおおう。
8	巻層雲：空をおおっていないし，またそれ以上空に広がる傾向はない。
9	巻積雲または C_H の雲の中で巻積雲が卓越している。 巻積雲のみ，または巻雲や巻層雲と共存している巻積雲，ただし巻積雲が卓越している。
ン(または/)	C_H の雲が暗くて見えない。霧，風じんなどの現象で C_H の雲が見えない。低い連続した雲層があって C_H の雲が見えない。

12-8　大気現象の観測

降水にはしゅう雨性降水と，そうでないものとがあるが，これを区別して，しゅう雨性降水であれば▽なる記号を降水記号の下につけ加える。たとえば，しゅう雨は$\overset{\bullet}{\triangledown}$，しゅう雪は$\overset{*}{\triangledown}$などとする。

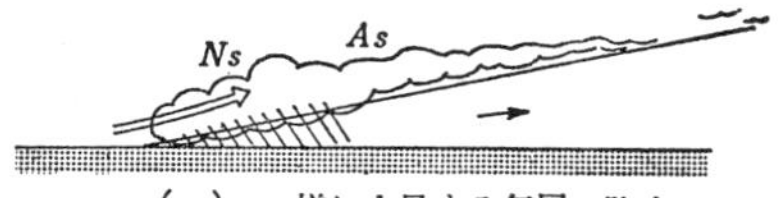

(a) 一様に上昇する気層の降水

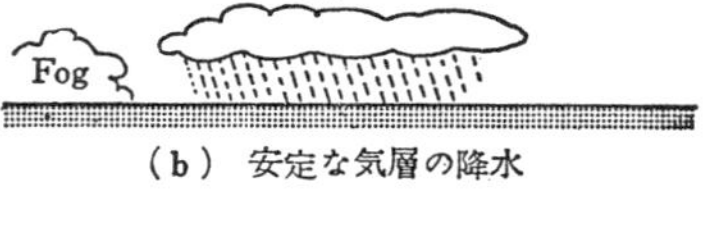

(b) 安定な気層の降水

(c) 不安定な気層の降水

第12-14図　降水の3つの型

降水の種類と3つの型を掲げる。

(1)　一様に上昇する気層の降水

①　雨（●）：乱層雲から降ってくる水滴で，多くは直径 0.5 mm 以上である。まれには高層雲からも降る。

②　雪（✱）：空から降ってくる氷の小片である。

③　みぞれ（$\overset{\bullet}{*}$）：雨と雪が同時に降るもの。

(2)　安定な気層の降水

①　霧雨（❟）：層雲から降る細かい雨である。直径0.5 mm 以下。

②　凍雨（△）：雨が落下中に凍ってできたもの。透明または半透明な氷の粒である。

③　霧（≡）：きわめて微細な水滴が，空中に浮かんでいるもの。視程は1 km 未満である。

④　もや（＝）：霧のうすいときで，視程は1 km 以上である。

⑤　煙霧（∞）：乾燥した小さな塵埃で，肉眼では見えない。視程を悪くする。視程は10km 未満である。

(3) 不安定な気層の降水

① しゅう雨性降水（$\dot{\triangledown}$）：積乱雲から降る。急に降り出したかと思うと，急に止んだりする。強度変化の大きい降水である。

② 雪あられ（$\overset{\times}{\triangle}$）：球形のときが多い雪の粒で，粒はもろい。雪の降り始めや降り終りに多い。

③ 氷あられ（$\overset{\cdot}{\triangle}$）：雪あられを核として，薄い氷の層で包まれている。凍雨と同じ記号である。

④ ひょう（$\blacktriangle$）：氷の小粒またはかたまりで，直径は 5～50mm 位である。雷雨に伴って降り，気温の低いときは降りにくい。

大気現象の観測の際，航海者の間では天気のビューフォート記号が使われ，ログ・ブックの記載時に利用されている。

第12-4表　天気のビューフォート記号

記号	記号の由来	天気
b	blue sky	雲のない青空（快晴）
bc	fine but cloudy weather	晴
c	clouds detached	雲の一部にすき間がある（曇）
d	drizzling rain	霧雨
f	foggy	霧
g	gloomy	嵐のきそうな陰うつな天気
h	hail	ひょう
l	lightning	電光
m	misty	もや
o	overcast	全天雲におおわれている（曇）
p	passing showers	しゅう雨が通過している
q	squally	はやて
r	rain	雨
s	snow	雪
t	thunder	雷鳴
u	ugly	悪天気，今にも雨か雪になりそう
v	visibility	遠方の物が異常によく見える
w	wet, dew	湿っぽい，露
z	hazy	煙霧

12-9　視程の観測

視程とは，大気の混濁度のことで，観測は次の要領で行なう。

① 目標物の形が認められる最大距離である。
② 正常な視力の人が裸眼ではかる。
③ 方向によって視程が異なるときは，最短距離の方向の視程をとる。
④ 夜間は昼に準じて行なう。視程は明るさには関係ない。
⑤ 垂直視程もあるが，通例視程といえば，水平視程のことをさす。

目標物の視認できる最大距離とは，遠くに何かあるらしいが，はっきりしないというのではなく，船なら船として識別できることが必要である。

陸岸，山，島，他船などが見えるときは，これらの見え具合によって判断するとよい。この場合，海図やレーダで目標までの距離を測っておくとよい。まったく目標がなければ，水平線の見え具合を手掛りにする。観測者の眼高（hm）からの水平線までの距離（L km）は次式であらわされる。

$$L_{(\mathrm{km})}=3.9\sqrt{h}_{(\mathrm{m})} \quad \cdots\cdots (12.2)$$

次に視程階級表を示す。

第12-5表　視程階級表

階級	視程	階級	視程
0	50m 未満	5	4 km 未満
1	200m 〃	6	10km 〃
2	500m 〃	7	20km 〃
3	1 km 〃	8	50km 〃
4	2 km 〃	9	50km 以上

（注） 気象報では90を加えて90～99の10階級となる。

12-10 波浪の観測

波浪の観測には，船橋からの目視観測によらねばならない。風浪とうねりがあればそのおのおのを記録する。観測は波の向き・周期・波高を測定する。

(1) 波の向き

① ふつう36方位で観測する。
② 波浪のやってくる方向をコンパスに移して測る。
③ 船の作る波の影響を避けるため，船から少し離れた所の波浪を見る。
④ うねりと風浪の方向は必ずしも一致しないから注意すること。

（注） この観測法は風向の目視観測をするときと同様である。

(2) 周　期

① 一つの波の山が通過してから，次の波の山が通過するまでの時間 (sec) をいう。

② 波によってできたあわあるいは藻，その他の浮遊物などを目標にして，一度あがってから，次にあがるまでの時間を測る。

③ 周期といっても複雑だから，何回か測ってその平均をとるとよい。

(3) 波　高

① 波が小さい場合，船の高さを基準にして，波高が舷側に示す高さを目安

第 12-6 表　気象庁風浪階級表

階級	英　語　名	風浪階級の説明	波の高さ(単位　m)
0	Calm (Glassy)	鏡のようになめらかである。	0
1	Rippled (Very Smooth)	さざ波がある。	0 をこえ　$^{1}/_{10}$まで
2	Smooth (Wavelets)	なめらか，小波がある。	$^{1}/_{10}$をこえ　$^{1}/_{2}$まで
3	Slight	やや波がある。	$^{1}/_{2}$をこえ　$1^{1}/_{4}$まで
4	Moderate	かなり波がある。	$1^{1}/_{4}$をこえ　$2^{1}/_{2}$まで
5	Rough	波がやや高い。	$2^{1}/_{2}$をこえ　4 まで
6	Very Rough	波がかなり高い。	4 をこえ　6 まで
7	High	相当荒れている。	6 をこえ　9 まで
8	Very High	非常に荒れている。	9 をこえ　14
9	Phenomenal	異常な状態。	14 をこえる

第 12-7 表　気象庁うねり階級表

階級	英　語　名	うねりの階級の説明	
0	No swell	うねりがない。	
1	Low swell	短くまたは中位の	弱いうねり（波高 2 m未満）
2		長　く	
3	Moderate swell	短　く	やや高いうねり（波高 2 m以上 4 m未満）
4		中位の	
5		長　く	
6	Heavy swell	短　く	高いうねり（波高 4 m以上）
7		中位の	
8		長　く	
9	Confused swell	2方向以上からうねりがきて海上が混乱している場合	

（注）1. 「短く」とは，波長 100m 未満（周期 8.0 秒以下の程度をいう）。
2. 「中位の」とは，波長 100m 以上 200m 未満（周期 8.1 秒から 11.3 秒まで）の程度をいう。
3. 「長く」とは，波長 200m 以上（周期 11.4 秒以上）の程度をいう。

（注）第12-6表，第12-7表とも，気象報用の符号はまた別に定められているから，混同してはならない。

にするとよい。

② 波が大きい場合，船が波の谷にきたとき，波の山と水平線が一直線になるような目の位置を決める。水面から目の位置までの高さがわかるので，波高が推定できる。ただし，ローリングやピッチングのために高く見積りやすいから注意する。

③ 波高の観測は特に難しいので，日頃から習熟しておく必要がある。

風浪とうねりの階級はそれぞれ10階級に分けられている。

第12章　問　題

▶三　級　<＊＊>

問1　海上における気温の観測は，天気を予想する上で，どのように役立つか。

〔解〕 露点温度と共に，気団と前線の位置・性質を解析するのによい。気温・湿度・降水量・霧の予想にも利用される。

問2　海上における雲の観測は，天気を予想する上で，どのように役立つか。

〔解〕 雲と気圧系を比べて，気圧系の構造や性質を解析する。雲と天気の関係から気象現象を予想する。

問3　船舶で気象観測を行う場合，下記事項の観測上の注意を説明せよ。

㈠ 水　温　㈡ 視　程　㈢ 気　温　㈣ 風　力　㈤ 風向，風速（測器による場合）㈥ 気　圧　㈦ 雲　量

〔解〕 12-3 以降，各要素の観測法には目を通しておくこと。

問4　船における気圧測定の必要性をのべ，アネロイド気圧計により気圧を測定した場合に必要な更正および補正について説明せよ。

〔解〕 気圧の測定は，天気予察上欠かせない。それはなぜか考えて見よ。12-3-2(2)⑤および2-1-3 参照。

問5　アネロイド気圧計の取り扱いに関し，読取値にはどんな補正を施す必要があるか。

〔解〕 12-3-2(2)⑤参照。

問6　航行中，船舶気象報による通報を行うために乾湿球温度計により気温と露点温度を観測する場合，次の問いに答えよ。

(1) 観測場所としては，どのような所を選べばよいか。

(2) 湿球の水つぼの水については，どんな注意が必要か。

(3) 露点温度を求めるには，どうすればよいか。

〔解〕 (1) 12-4-2(1)参照。　(2) 12-4-1(1)④参照。
(3) 12-4-2(2)のⓐ，ⓑ参照。

問7　航行中，船舶気象通報による通報を行うために雲を観測する場合の次の問いに答えよ。

(1) 雲量はどのように表されるか。

(2) 濃霧のため空が全く見えないときは，雲量をどのように決めるか。

(3) 天空の一部が降水で見えないときは，雲量をどのように決めるか。

〔解〕 (1)(2) 12-7-1 参照。(3) 降水で見えない部分を雲量とみなす。

問8　天気と雲量の関係をのべよ。

㈠ 快晴　㈡ 晴　㈢ 曇

〔解〕 12-7-1③参照。

問9　気象観測でいう視程とは何か。

〔解〕 12-9 冒頭，①～⑤参照。

問10 航行中，船舶気象報による通報を行うため，定時に観測するおもな事項をあげ，それらの観測順序についてのべよ。

〔解〕 12-1(3)，12-2(2)参照。

問11 気圧と湿度の観測計器には，それぞれどんなものがあるか，1つずつあげよ。

〔解〕 12-3-1，12-4-1 参照。

問12 気象要素の観測に関する次の問いに答えよ。

(1) 気圧計により気圧を測る場合，読み取った目盛値に何と何とを加減しなければならないか。

(2) 気温を測るための温度計の置き場所については，どんな注意が必要か。

(3) 水温を測る場合，できる限り正しい数値を得るためには，あらかじめどんな注意をしなければならないか。

(4) 上記(1)～(3)の計測において，それぞれの計測器の指針又は指標が示す数値を正しく読み取るときに注意しなければならない共通の事項は，どんなことか。

〔解〕 (1) 12-3-2(2)⑤参照。(2) 12-4-2(1)参照。(3) 12-5(1)①～⑧，同(2)①②参照。よく混合された海表面1～2mの温度を測ること。(4) 視差のないようにする。

問13 持続性の雨を降らせるもの，及びしゅう雨性の雨を降らせるものを，それぞれ1つずつあげよ。

〔解〕 乱層雲と積乱雲。

問14 気象庁風力階級表に定められる次の(1)及び(2)のときは，海面はどのような状態を示すか。

(1) 風　力　3　　　(2) 風　力　6

〔解〕 第12-1表参照。

問15 海上で，目視によって波浪を観測する場合は，通常波浪のどんな要素を観測するか，3つあげよ。

〔解〕 波の向き，周期，波高

問16 次の(1)～(4)の文は，それぞれ下のア～クの内のどれに最も関係があるか。

(1) その内部には下降気流がある。

(2) その前線面の地表面に対する傾斜面はゆるやかなことが多い。

(3) それは低緯度ほど顕著である。

(4) それは0から9までの10階級に分けられている。

ア　気圧の日変化　　イ　気温の日変化　　ウ　視程階級　　エ　ビューフォート風力階級　　オ　寒冷前線　　カ　温暖前線　　キ　高気圧　　ク　温帯低気圧

〔解〕 (1)-キ。(2)-カ。(3)-ア。(4)-ウ。

問17 次の(1)～(4)の文は，それぞれ下のア～ソの内のどれに最も関係があるか。

(1) その内部には上昇気流がある。

(2) その前線は広い降水域を伴い，雨の降り方は一般に連続的である。

(3)　それは0～12までの階級に分けられている。
(4)　それはベール状の白味がかった薄い雲で，普通，月のかさ，日のかさを生ずる。

ア　高気圧	イ　低気圧	ウ　気団	エ　寒冷前線	オ　温暖前線
カ　閉そく前線	キ　気象庁風力階級表		ク　気象庁うねり階級表	
ケ　視程階級表	コ　Cb	サ　St　シ　Ns	ス　Cs　セ　As	ソ　Cu

〔解〕(1)-イ。(2)-オ。(3)-キ。(4)-ス。

問18　船上で(1)と(2)を観測する場合の注意事項をそれぞれ述べよ。
(1)　風向・風速（風向・風速計による場合）　(2)　視程
〔解〕(1)　12-6-2(1)参照。(2)　12-9参照。

問19　A丸は速力9ノットで航走中，船首方位が315°のとき，風向・風速計は下記を示していた。
視風向：船首方向から右げんへ60°，視風速：18ノット
この場合の(1)及び(2)を求めよ。ただし，海潮流の影響はない。
(1)　真風向　　(2)　真風速
〔解〕12-6-2(1)参照。(1)　45°。(2)　15.6ノット
「データが変っても対応できること。」この場合，正三角形の垂線から直角三角形になりピタゴラスの定理を用いて求まる。

問20　船上において露点温度を求めるには，どのようにすればよいか。
〔解〕12-4-2(2)ⓐ参照。

▶二　級

問1　10種雲形で，下記の雲形に属するもの各2をあげ，これらの雲形の雲が発生する主因をのべよ。
(一)　積雲状の雲　(二)　層状の雲　(三)　波状の雲（うね状の雲）
〔解〕12-7-3(2)後段のⓐ～ⓒ参照。

問2　次の(1)及び(2)の雲の名称を，基本雲形（10種）の名称を用いて2つずつあげよ。
(1)　しゅう雨性降水をもたらしやすい雲
(2)　連続的降水（地雨）をもたらしやすい雲
〔解〕(1)　積乱雲，（積雲）。(2)　乱層雲，（高層雲）。

問3　気象庁波浪階級表による次の(1)～(3)の波浪の階級は，波高が何メートルから何メートルの間のものであることを表すか，それぞれについて記せ。
(1)　5（Rough）　(2)　7（High）　(3)　9（Phenomena）
〔解〕第12-6表参照。

問4　波浪観測用の気象庁風浪階級表及び気象庁うねり階級表において
(1)　風浪及びうねりは，それぞれどんな階級に分けられているか。
(2)　風浪及びうねりの階級は，それぞれ何を基準として定められているか。
〔解〕第12-6表，第12-7表参照。

問5　下記①～③の天気は，雲量が，それぞれいくらのときをいうか。

① 快　晴　　② 曇　り　　③ 晴　れ

〔解〕 12-7-1③参照。

▶一　級

問1 (1) 次の①～③のように現れる雲を基本雲形（10種）の名称を用いて２つずつあげよ。

① 鉛直に発達した塔状の雲　　② 波状（うね状）の雲　　③ 層状の雲

(2) (1)の①～③について答えた雲のうち，(A) しゅう雨性の雨をもたらしやすい雲 (B) 俗に雷雲とよばれる雲を，それぞれあげよ。

〔解〕 (1) 12-7-3後段ⓐ～ⓒ参照。(2) ともに積乱雲。

第13章　気　象　通　報

天気予報は，観測→通報（通信）→天気解析→予報という手順を経て世の中に発表される。この天気予報には，広く一般を対象とする一般予報と，特別にある仕事を対象とした特殊予報がある。また WMO の分担により船舶向けに放送される国際暴風警報がある。

その種類と内容についての一覧を第 13-1 表に示す。

この中で船舶の安全にとって特に重要なものは，臨時に出される注意報・警報・情報と海上予報，国際暴風警報である。

13-1　一般のための気象通報

13-1-1　気象情報の伝達

船舶が利用する通報については次節でのべるが，主として一般の利用者のために気象情報はどのようにして伝えられるか参考のためにのべておく。

気象官署によって次のような分担を決めている。

①　全国予報区

本邦の全域を対象にする。週間予報や季節予報を定期的に行ない，台風襲来のような重大な時には総合的気象情報を発表する。気象庁（東京）が担当している。

②　地方予報区

地方予報区の天気予報・週間予報・季節予報・津波予報を定期的に行ない，台風襲来の重大な時には総合的気象情報を発表する。

地方予報区と気象庁の間で有線や無線による密接な連絡があり，管下の気象官署の情報も地方予報区に集められてから，気象庁に送られる。

地方予報区は11地区に分けられている。

北 海 道（札幌管区気象台），近　畿（大阪管区気象台）
東　　北（仙台管区気象台），中　国（広島地方気象台）
北　　陸（新潟地方気象台），四　国（高松地方気象台）
関東甲信（気 象 庁 本 庁），北九州（福岡管区気象台）
東　　海（名古屋地方気象台），南九州（鹿児島地方気象台）
沖　縄（沖縄気象台）

第13-1表　天気予報の種類とその内容

予報の種類			予報の内容
一般予報	定期的なもの	短期予報	今日，今晩，明日，明晩，明後日（地上天気図解析のつど発表）
		週間予報	むこう1週間の日別（毎週2回発表）
		長期予報	むこう1カ月間の旬別（毎月17日，27日発表） むこう3カ月間の月別（毎月9日発表） むこう6カ月間の寒候期と暖候期（年2回発表）
	臨時	注意報	被害の予想される場合，その原因となるおそれのある強風，大雨，大雪，風雨(雪)，濃霧，異常乾燥などについて都道府県別に出す。
		警報	著しい災害を生ずると予想される場合，その原因となるおそれのある暴風雨(雪)，大雨，大雪などについて大体府県別に出す。天気予報の最終的段階である。
		情報	注意報や警報の出されるような現象を具体的に説明する。たとえば台風や大雨情報
特殊予報	事業対象	海上予報	航行船舶の安全のため，全般海上予報，地方海上予報，漁業気象無線通報などがある。
		航空予報	航空路の天気予報
		鉄道予報	鉄道の交通安全，線路など施設の保全のため
	現象別のもの	洪水予報	おもな河川ごとに，雨量や水位を予報して水防関係へ通報
		雷雨予報	5～9月の間の毎日，雷雨の有無，強弱などを主として電力関係をはじめ一般にむけて予報する。
		降霜予報	主として農家を対象として，特に晩霜については毎日予報する。
		火災予報	乾燥，強風により出火の危険が大きくなりそうな場合に発表。
国際暴風警報			日本がWMOの分担にしたがい，100°E～180°，0～60°Nの海域に暴風のおそれのあるなしを定期的に無線放送し，必要に応じて放送回数を多くする。

③　府県予報区

府県の天気予報・週間予報・波浪予報を行なう。また，気象・地面現象・高潮・波浪に関する注意報と警報を出す。これらは府県の県庁所在地にある気象官署が担当する。

④　地区予報区

気象庁長官が指定した地区に対して，指定された気象官署が，その地区の天気予報・波浪予報・海氷予報を行なう。また府県予報区と同じ注意報や警報を出す。

以上それぞれの予報区から，主としてラジオ・テレビ・新聞・電話（177番）を通して発表されるが，その他掲示・口達などの方法もある。

13-1-2　一般のための注意報および警報

一般むけのために府県予報区を担当する気象官署が必要に応じ随時に注意報や警報を出す。港湾や沿岸20海里までは府県予報区に含まれているから，海上保安庁を通じて港湾や沿岸の船舶にも知らされる。

(1)　気象注意報

強風注意報・風雪注意報・大雨注意報・大雪注意報・濃霧注意報・雷注意報・着氷注意報などがある。

この注意報を出す基準は，上にあげた現象によって被害を生ずると予想される場合に，その旨を注意するために出されるものである。

風であれば，平均風速 10 m/s 以上，雨であれば 30～50 mm の雨量が予想されると注意報を出すかどうか考慮される。

(2)　気象警報

暴風警報・暴風雪警報・大雨警報・大雪警報などがある。

警報を出す基準は上にあげた現象によって，著しい災害を生ずると予想される場合に警告するために出されるものである。

風の平均風速が 20 m/s 以上が予想されると考慮される。

風速や雨量の基準は目安であって，土地の状況やその時の経過などによって異なるから一概にはいえない。たとえば，ビルの多い都会と人家まばらな農山村では出す基準も当然違ってくるであろう。またその日の雨量はわずかでも，それまでに降雨が続いていて何らかの被害が予想されれば大雨注意報が出されることになる。この判断を担当しているのが，府県予報区である。

それぞれの注意報と警報の標識は13-2-3 (2)と(3)を参照されたい。

なお，その他の注意報や警報のうち，海上に関係の深いものとして，津波・高潮・波浪などの注意報や警報が必要に応じて随時に発表される。

13-2　船舶のための気象通報

13-2-1　気象情報の伝達

海上予報・警報 ｛ 全般海上予報区（100° E～180°，0～60° Nの海上）
　気象庁が担当し，セイフティネット，
　JMH スケジュールによって放送される。

地方海上予報区（沿岸300′の海上）

札幌，函館，仙台，気象庁，新潟，名古屋，神戸，舞鶴，長崎，福岡，鹿児島，沖縄の各気象台，海洋気象台が担当し，海上保安庁所属の通信所からナブテックス送信される。

13-2-2 船舶が利用できる気象通報

前節にのべてきたことを通じて，船舶が利用できる気象通報を一括してまとめると次のようになる。

① ラジオの気象通報

② 海上保安庁海岸局からの気象通報

③ 無線方位信号所等の気象通報

④ 気象庁気象放送。GMDSS または無線電話と FAX がある。

⑤ 外国気象機関の気象放送。外国の沿岸を航行中の場合に利用される。各国の気象放送，国際暴風警報と FAX による。

(1) ラジオの気象通報

NHK 第2放送と日本短波放送によって定時に放送される。

全国天気概況ではじまり，各地の天気・漁業気象と続く。日本近海の詳しい天気図を書くことができる。

(2) 海上保安庁海岸局からの気象通報

ナブテックスにより地方海上予報区の通報を担当している。

① 地方海上予報

概況・実況・予報の本文である。高気圧・低気圧・前線の状態・沿岸主要地点と船舶の観測成果（実況）と24時間の予想が行なわれる。

② 地方海上警報

随時に発表される。むこう24時間内に予想される最大風速によって，次の5種に分けられる。警報事項に続いて「概況」を付け加えている。

(イ) 一般警報

英文では「WARNING」，和文では「海上風警報（カイジョウカゼケイホウ）」または「海上濃霧警報（カイジョウノウムケイホウ）」と冒頭する。予想される最大風力7以下の場合で，低気圧発生の兆候を警告したり，濃霧を警告したりする。天気図上では〔W〕，また FOG〔W〕と付記する。

(ロ) 強風警報

英文では「GALE WARNING」，和文では「海上強風警報（カイジョウキョウフウケイホウ）」と冒頭する。予想される最大風力は8～9である。天気図上では〔GW〕と付記する。

(ハ) 暴風警報

英文では「STORM WARNING」，和文では「海上暴風警報(カイジヨウボウフウケイホウ)」と冒頭する。予想される最大風力は10～11である。天気図上では〔SW〕と付記する。

(ニ) 台風警報

英文では「TYPHOON WARNING」，和文では「海上台風警報(カイジョウタイフウケイホウ)」と冒頭する。台風によって最大風力が12以上予想できる場合。天気図上では〔TW〕と付記する。

(ホ) 警報なし

英文では「NO WARNING」，和文では「海上警報なし(カイジョウケイホウナシ)」，または「海上警報解除(カイジョウケイホウカイジョ)」と冒頭する。警報を行なう現象が予想されないとき，または継続中の警報を解除するとき。

(3) 無線方位信号所（灯台）等の気象通報

航海上の重要な地点を占める灯台では，無線電話による気象通報を行なって，付近の航行船舶の安全をはかっている。

① 航路標識付近の気象・海象の状況を毎日定時に通報する。

② 通報内容は，観測時刻，風向，風速，天気，視程，風浪，うねりおよび流氷の有無である。

(4) 気象庁による気象通報

セイフティネット（NAVAREA XI）とFAXにより全般海上予報区を担当している。インマルサット船舶地球局は気象庁船舶気象無線通報の放送時間で発表される。

JMHスケジュール（FAX.）

無線模写電送装置による気象庁気象模写通報のことで，種々の気象図が完成した形で模写できるので非常に便利である。世界の放送網も完備されてきたので，この機械があればどこでも撮ることができる。このため，最近の普及には目ざましいものがある。日本では気象庁のJMHスケジュールによって放送される。受画できる図は多種にわたっているが，特に船舶に関係すると思われる主なものは次のとおりである。

●地上解析図（ASAS）

地上天気図のことである。詳細は第14章参照。

●海上悪天24時間または48時間予想図（FSAS24，FSAS48）

地上24時間・48時間予想天気図のことである。ここでは特に悪天となる台風や低気圧・前線周辺の予想風向・風速が記入されているので船舶にとって参考になる。

●高層解析図（AUAS）

等圧面天気図のことで，850hPa，700hPa，500hPa，300hPa面が放送される。詳細は第14章参照。

●外洋波浪図（AWPN）

洋上の船舶，沿岸の観測所からの資料をもとに，波浪の状況を解析した図である。詳細は第２編・第２章参照。

●平均海面水温図（COPN）

各観測所，観測船および一般船舶の資料をもとに，10日間あるいは１カ月間の水温平均図である。

●海流図（SOJP）

前月の日本近海における海流観測資料をもとに作成した図である。

●海氷図（STPN）

主として，漁業関係者に多く用いられてきた図で，気象衛星，その他の観測資料をもとに，オホーツク海海域の海氷状況および海面水温を解析した図である。

●気象衛星による雲写真

わが国初の気象衛星「ひまわり」によるデータが昭和53年４月５日から，FAX. で受信できるようになった。これは140°Eの赤道上36,000kmの上空にある静止気象衛星からの観測資料である。シベリア北部から南極海まで雲の分布や海面の状態が測定できるので西太平洋からアジア地域に関する気象情報の入手が以前にも増して飛躍的に増したことになる。

「気象衛星」による利点として考えられることは

1.　静止衛星であるため常時観測が可能である。
2.　赤道の上空にあるため，観測資料の少ない熱帯の海域のデータが得られることである。特に台風の発生・移動の経過ならびに大気の状況を知ることができる。
3.　雲や雲のシステムに関する情報を中心に台風・低気圧・前線などの模様を時間の経過を追って鳥瞰図としてとらえることができる。

気象衛星による雲写真では，雲の分析が一目瞭然で，連続して受信すれば雲の発達・消散過程も知ることができる。雲解析図，地上解析図と併行して利用すれば有効である。

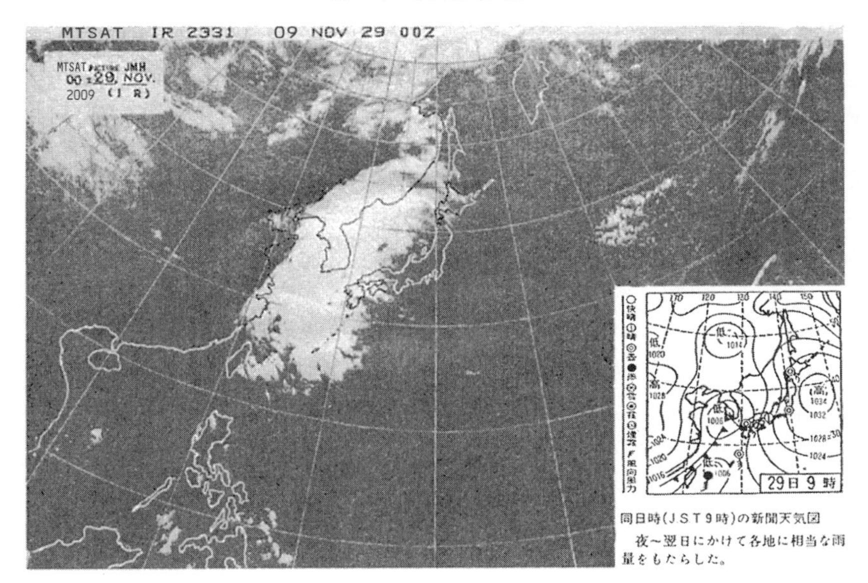

第13-1図　雲写真

第13-2表　可視画像（VIS）と赤外画像（IR）の違い

項　目		VIS	IR
範　囲		太陽に照らされた地球部分しか写らない。	昼夜に関係なく地球全体が写る。
鮮 明 度		鮮　明	コントラストが弱く，不鮮明
	上層雲	大規模な場合を除き，写りにくい。	真っ白に写る。
雲	中層雲	真っ白に写る。	ややくすんだ白い雲として写る。
	下層雲	白く，斑紋状か不規則な形の広がりを持って写る。	写りにくい。

この図を見る上において，基本的なことを次にのべる。

写真の白い部分は雲，霧または雪か氷を意味し，写真の黒い部分は雲のないこと，すなわち晴れていることを意味している。

第13-1図で，

「MTSAT」とは「運輸多目的衛星（**M**ulti functional **T**ransport **SAT**ellite）」のことであり「IR 2331」とは画像の種類が赤外画像で，23時31分より写真の撮影を開始し，00時GMTにおける雲写真であることを示している。

「衛星」は可視光と赤外線による雲の観測を行っている。

可視画像（VIS：visual）では，空中分解能0.5kmの大きさをひとつの画素が占めるので，これ以上細かい雲の状況はわからない。一方，赤外画像（IR：infrared）では，可視画像の4倍（2km）の画素であるため，それだけ分解能が落ちている。

MTSATでは差分画像を利用することによって霧や下層雲の観測が進んだ。赤外3 μm帯の温度が11 μm帯の温度より低いのを利用してその温度差をとり，この部分を明るく（白く）表示して霧域や層雲を特定するもので差分画像という。しかし，日中は太陽の影響で可視光線の波長帯に近い3 μm帯の温度が高くなり，差分画像が逆に暗くなる。従って日中は可視画像を利用するのが望ましい。

（注）　上記にあげた各天気図の後の括弧内は冒頭符を示している。

前の2文字が気象報（図）の種類を示し，後の2文字が気象報（図）の放送区域を表している。

〔種類〕

A S：Surface Analyses（地上解析）

F S：Surface prognoses（地上予想）（F：Forecast）

A U：Upper-air Analyses（高層解析）

A W：Wave Analyses（波浪解析）

C O：Mean Surface Climatic Ocean data（平均水温図）

S O：Surface Current Ocean data（海流図）

F B：Significant Weather prognoses（悪天予想）

〔地域〕

A S：Asia（アジア）

P N：North Pacific（北太平洋）

J P：Japan（日本）

例えば「ASAS」とは地上解析図を意味し，放送区域がアジアということになる。

(5)　外国気象機関によるFAX. 放送

各国とも地上解析図は放送されるが，その他の図に関してはそれぞれの国に応じてスケジュールが組まれている。

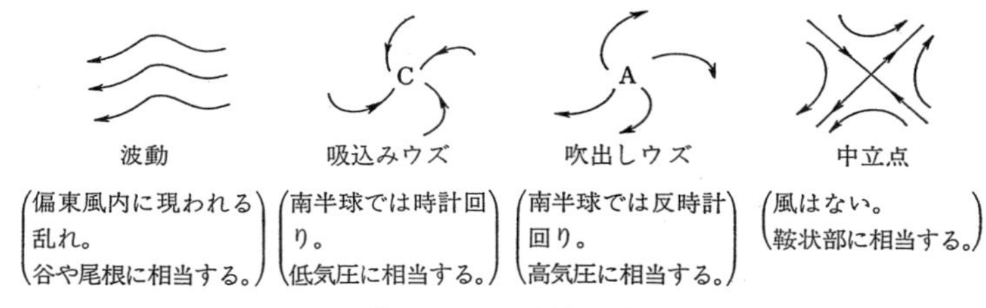

第 13-2 図　流線の型

諸外国の放送図を見る際，日本の場合と比べて注意すべきいくつかの点を次に述べることにする。

●地上解析図

Guam や Pearl Harbor などの地上解析図の場合，低緯度地域は，一般に気圧の差が少ないため，等圧線の間隔が広がりすぎてまばらになるので，等圧線では気象状態を十分に表現できない。そこで，等圧線にかわり大気の流線解析で表している。

Bracknell の英国による地上解析図では，高・低気圧，前線の解析は国際通報式の解析気象通報式（IAC　code）で表されている。

●高層天気図

Pearl Harbor，Norfolk，Washington（アメリカ），Rota（スペイン），etc.から放送される。

●波浪図または同予想図

Guam，Pearl Harbor，San Francisco（アメリカ），Khabarovsk（ロシア），Madrid，Rota（スペイン），Bracknell，Northwood（イギリス），Moskva（ロシア），Halifax（カナダ），Washington（アメリカ），New Delhi（インド），etc.から放送される。

●海氷の状況図または同予想図

単に氷量のみでなく，航行可能な水路位置や氷塊等も示される。冬の期間中の特定の曜日に放送されることが多い。

Pearl Harbor（アメリカ），Rota（スペイン），Bracknell（イギリス），Quick born（ドイツ），Stockholm（スウェーデン），Helsinki（フィンランド），Edmonton（カナダ），Boston（アメリカ），etc.から放送される。

●天気分布図または同予想図

主として，米国空軍により放送される図で，内容は高層と地上の主な気象現象の解析と予想である。

主として航空のために解析されるものであるが，陸上や海上の要素も多くとり入れてあるので船舶においても利用できる。

地上の内容：等圧線，高・低気圧，不連続線，天気現象（雨，雪，霧，etc.）
高層の内容：0度線および天気現象（着氷，乱流）etc.

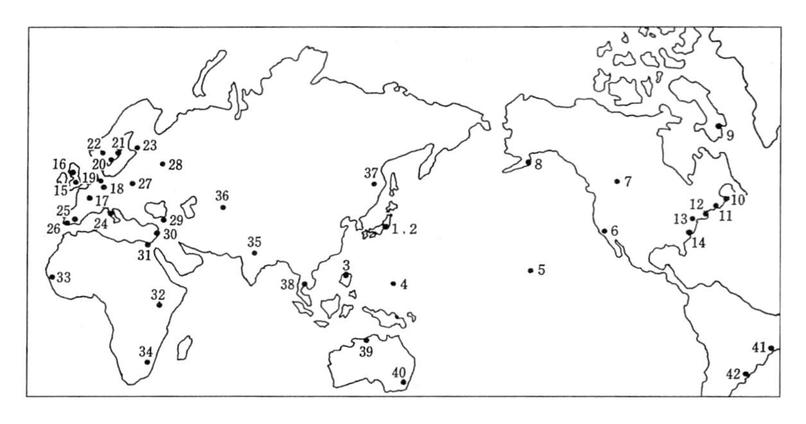

1．東京第1（日本）
2．東京第2（日本）
サングレイ ポイント
3．*Sangley Point*（フィリピン）
グアム
4．*Guam*（アメリカ）
パール ハーバー
5．*Pearl Harbor*（アメリカ）
サンフランシスコ
6．*San Francisco*（アメリカ）
エドモントン アルタ
7．*Edmonton Alta*（カナダ）
コディアック
8．*Kodiak*（アメリカ）
フロビッシャー
9．*Frobisher*（カナダ）
ハリファックス
10．*Halifax*（カナダ）
ボストン
11．*Boston*（アメリカ）
ブレント ウッド
12．*Brent Wood*（New York アメリカ）
ワシントン
13．*Washington*（アメリカ）
ノーフォーク
14．*Norfolk*（アメリカ）
ブラックネル
15．*Bracknell*（イギリス）
ノースウッド
16．*Northwood*（イギリス）
パリ
17．*Paris*（フランス）
オッフェンバッハ
18．*Offenbach*（ドイツ）
クイック ボーン
19．*Quick born*（ドイツ）
ストックホルム
20．*Stockholm*（スウェーデン）
ノルケピング
21．*Norrkoping*（スウェーデン）
オスロ
22．*Oslo*（ノルウェー）
ヘルシンキ
23．*Helsinki*（フィンランド）
ローマ
24．*Roma*（イタリア）
マドリッド
25．*Madrid*（スペイン）
ロタ
26．*Rota*（スペイン）
プラハ
27．*Praha*（チェコ）
モスクワ
28．*Moskva*（ロシア）
アンカラ
29．*Ankara*（トルコ）
エピスコピ
30．*Episkopi*（キプロス）
カイロ
31．*Cairo*（エジプト）
ナイロビ
32．*Nairobi*（ケニア）
ダカール
33．*Dakar*（セネガル）
プレトリア
34．*Pretoria*（南アフリカ）
ニューデリー
35．*New Delhi*（インド）
タシュケント
36．*Taschent*（ロシア）
ハバロフスク
37．*Khabarovsk*（ロシア）
バンコック
38．*Bangkok*（タイ）
ダーウィン
39．*Darwin*（オーストラリア）
キャンベラ
40．*Canberra*（オーストラリア）
リオ デ ジャネイロ
41．*Rio de Janeiro*（ブラジル）
ブエノス アイレス
42．*Buenos Aires*（アルゼンチン）

第13-3図　主なFAX放送センター

Pearl Harbor（アメリカ），Rota（スペイン），Paris（フランス），Washington（アメリカ），etc.から放送される。

以上がFAX.に関するガイド・ラインであるが，気象通報(図)の種類や放送時刻，その他記号のくわしいことは「気象模写放送スケジュールと解説(気象庁通報課監修)」によるとよい。

放送スケジュールは変更することがある。

13-2-3　気象信号標識

最近ではラジオ，その他の放送で通知がゆきわたるので，以下に述べる信号標識の必要性はうすらいでしまった。

一般の気象通報用に，信号標識を掲揚する方法がとられている。港湾や沿岸20′以内の船舶もこれらを利用するようになっている。

① 天気予報標識
② 気象注意報標識（13-1-2参照）
③ 気象警報標識（13-1-2参照）
④ 津波警報標識（13-1-2参照）
⑤ 暴風標識（これは船舶用標識である）

これらには，昼間標識と夜間標識があり，昼間は日出～日没，夜間は日没～日出までをさす。

(1) 天気予報標識

① 風向（三角旗）: 白は北，緑は東，赤は南，青は西が基本になっている。

② 天気（方旗）: 白は晴，赤は雲，青は雨，緑は雪，青と赤のいちまつ模様が霧になっている。

夜間は色灯を掲げる。色別は方旗と同じである。

③ 寒暖（長三角旗）: 赤は暑く（暖かく）なる。白は寒く（涼しく）なる。

旗の掲揚は上から三角旗（風向）→方旗（天気）→長三角旗（寒暖）の順に掲げられる。0時～12時までは今日の天気，12時～24時までは明日の天気を表わす。

(2) 気象注意報標識

昼間は吹流し，夜間は色灯2個の連掲による。

赤：強風注意報　　青：大雨注意報
緑：大雪注意報　　赤と青：風雨注意報
赤と緑：風雪注意報

(3) 気象警報標識

昼間は円筒，夜間は色灯3個の連掲による。

赤→暴風雨警報または暴風雪警報

青→大雨警報または大雪警報

(4)　津波警報標識

①　弱い津波警報：鐘を１点ずつ連続して打つ

②　大津波警報：鐘を３点ずつ連続して打つ。またはサイレンを６秒おきに５秒間鳴らす。

③　津波解除標識：鐘を１点打っては２点を打つ斑(はん)打を連続して行う。

(5)　暴風標識

これは特に沿岸を航行中または在港の船舶に対して暴風の強さ，風向およびその変化（順転・逆転）を知らせるための標識である。

24時間以内に風力６以上になると予想されるとき出される。細かいことは省略し，そのあらましをのべれば次のとおりである。

①　風力６，７が予想されるとき

昼間：球形の標識　　夜間：なし

②　風力８～11

昼間：円びし形の標識

夜間：白色灯１個または白色灯と赤色灯の２個を風向に応じて組み合わせる。

③　風力12以上

昼間：十字形の標識　　夜間：赤色灯１個

上記の風力標識に続けて，円錘形（風向）の標識，円筒形（風向の順転か逆転か）の標識の順に，いろいろ組み合わせて用いるようになっている。

第13章　問　題

▶三　級〈＊＊〉

問1　気象無線模写放送（ファクシミリ放送，またはFAX）とは何か。

〔解〕 13-2-2(5)②前段参照。

問2　ファクシミリ（facsimile）による天気図を使用すれば，どんな利点があるか。

〔解〕 13-2-5(5)②参照。

問3　海上警報において，それぞれどのような場合に発令されるか。

(1)　海上風警報　(2)　海上暴風警報　(3)　海上台風警報

〔解〕 13-2-2(2)の②参照。

問4　気象無線模写通報（ファクシミリ放送又はFAX）で送られてくる地上天気図に記載されることがある次の(1)及び(2)の記号はそれぞれ何の表示で，どのような内容を表しているか。

(1)［W］　(2)［GW］

〔解〕 13-2-2(2)の②参照。

問5　次の(1)〜(3)について詳しく記載してある水路書誌名をあげよ。

(1)　無線方位信号所の位置，電波の型式・周波数，利用可能範囲等

(2)　沿岸，港湾の地形，局地的な気象及び海象，港湾施設等

(3)　航路に影響を及ぼす気象及び海象の概略の状況等

(4)　日本近海における標準航路及びその航路の気象，海象などの概況を知りたいとき。

(5)　潮時，潮高，潮流を調べるとき。

〔解〕 (1)　灯台表，　(2)　水路誌，　(3)　航路誌，　(4)　近海航路誌，
(5)　潮汐表。

▶二　級

問1　気象警報のうち，次の(1)と(2)は，それぞれどのような場合に発令されるか。

(1)　一般警報　(2)　暴風警報

〔解〕 13-2-2(2)②(イ)及び(ハ)参照。

第14章　天気図と天気予報

14-1　天気図のおいたち

日々の天気図が発行されるようになったのは，百数十年ほど前の19世紀中半を過ぎてからである。そこに至るまでの経過には，まず暴風雨の移動の発見があった。それまでは一地点での観測にしかすぎなかったが，何か所かの観測の比較を手紙のやりとりで行なっているうちに，暴風雨は突然にその地で発生し，被害を与えるのではなく，移動して行くということがわかったのである。

西洋気象学史の中でこれを最初に発見した人は，1703年の暴風についてのべたアメリカのフランクリンということになっている。ところが，日本ではそれに先立つ1679年，山鹿素行が８月27日播州赤穂を襲った暴風が，江戸では翌日の夜中から吹き出したことについて記述しており，暗に暴風雨の移動を示唆していることは注目に値するところである。

その後1819年にドイツの物理学者のブランデスがはじめて等圧線を用いた天気図を書きあらわした。しかし，この天気図は25年以上も昔の資料が使われており，実際の予報には使えないものであった。実用に供するには，いかに広範囲の地域からすみやかに資料を収集するかということで，通信の発達が必須の条件であり，また，各地の協力体制が欠かせない。

このことを大きく前進させるきっかけになったのがクリミア戦争で，フランス軍艦の沈没事件に端を発している。したがって，天気図が発行されるようになったのは，フランスが最も早く1863年のことであった。

第14-1表　世界で毎日の天気図が発行されるようになった年

年	国名
1863 年	フランス
1871 年	アメリカ
1872 年	イギリス
1873 年	ロシア
…………	…………………
1883 年	日本

(注)　クリミア戦争（1853年〜1856年）：英仏露の膨張政策が近東，バルカンで交錯したもので，ロシア対イギリス，フランス，サルジニア同盟軍間の攻防

である。黒海のクリミア半島にあるバラクラバは同盟軍の補給地でセバストポリの要塞を基点として戦闘が行なわれたが，いつ果てるとも知れぬ戦いで，各国とも損害のみ多く，得るところは少なかったようである。ときあたかも1854年11月上旬，このときは Indian Summer と呼ぶ秋の好天が続き絶好の日和であった。ところが11月13日夕刻から強い雨と北東風が同盟軍の夜営地に吹き荒れ，明けて早朝には南東の暴風に変わり，やがて強い西風にスコールと雪をも混じえた天候に急変し，厳しい寒さがクリミア半島一帯をおおった。これによって同盟軍の補給に集った艦隊，補給船は大きな損害をこうむり，特にフランスの最優秀鋼鉄製旗艦「アンリⅣ世号」の沈没によって7,000 ton の積荷，医薬品，長靴，衣類4万着などが海の藻屑と消え去った。陸上は飢えと寒さで戦闘能力は低下してしまった。そこで，この暴風雨がどうして忽然と吹き荒れたのか原因を調査するため，フランスの陸軍大臣ヴェイランが，まだ気象学部門が確立されていないなかでパリ天文台長であるルヴェリエに調査を依頼した。彼は惑星の中で海王星の存在を予言して，後にそれが立証されたことで有名である。そこで彼は当時の天気の模様を各地から取り寄せて調べてみた結果，暴風は各地で同時に発生するものではなくて，次第に進行して行くものであることがわかった。したがって暴風警報を出して事前に危急に備えるには，局地的な観測だけでは駄目で，気象観測網を充実することを提唱するに至る。このような経過から，世界で毎日の天気図が発行されるようになったのはフランスが最初ということになる。

14-2　地 上 天 気 図

広く総観的に気象の変化を調べたり，天気図を作成したりするには，お互いに国際的な協力が必要である。世界気象機関（WMO）が中心になって，観測の時刻・項目・通報の形式などを取り決めている。日本でもこの線に沿って気象業務が行なわれている。

各方面から集められたデータは解析され，再びわれわれのもとに還元されるのである。

天気図を記入したり，見たりするために天気図には何が書かれてあり，それらの記号はどうなっているかを調べて見よう。

ラジオの漁業気象や新聞でおなじみの気象要素の記号は国内だけで通用するので，日本式といわれるが，これは簡単でわかりやすいので捨てがたい。それに対し，無線放送や FAX. で送られてくるものは国際式で，世界で共通するものである。この両者の違いに注意しながら，基本的なことはのみこんでもらいたい。

(1) 気象要素の記入

第14-1図 日本式の記入型式

観測所を表わす位置にかかれた円を地点円というが，これを中心にして各気象要素が記入される。日本式と国際式がある。

① 日本式記入法

1. 風：風向と風力を風向軸と矢羽根で示す。

第14-2表 日本式風の記号

風 力	0	1	2	3	4	5	6	7	8	9	10	11	12
記 号													

（注） 第12-1表 気象庁風力階級表参照

2. 天気：地点円の中に記号で示す。

第14-3表 日本式天気記号

記号	天気	記号	天気	記号	天気	記号	天気	記号	天気
	快晴		霧		雨		雷		雷
	晴		えんむ	キ	霧雨	ニ	にわか雷	ツ	雷強し
	曇		風じん	ニ	にわか雨	ツ	雷強し		あられ
			地ふぶき	ツ	雨強し		みぞれ		ひょう

3. 気圧：地点円の右方に hPa で1/10位は四捨五入し，1,000 と 100 位を省略した形で示す。

例えば，1020.4hPa であれば，20とし，995.8hPa であれば，96とする。周囲の状況からこれを特に 1096hPa と見誤まることはない。

4. 気温：摂氏（°C）で1/10位を四捨五入し10位と 1 位で示す。船舶の報告では省略される。

<記入例>

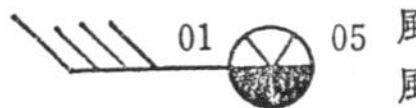

風向→西 天気→みぞれ 気温→1°C
風力→4 気圧→1005hPa

② 国際式記入法

1. 風：風向（dd）と風速（ff）を風向軸と矢羽根で示す。短矢羽根（平均5kt），長矢羽根（平均10kt），旗矢羽根（50kt）で表わす。ただし，静穏のときは，地点円に円を加えて二重円にし風向軸のみの場合は1～2 kt を示している。

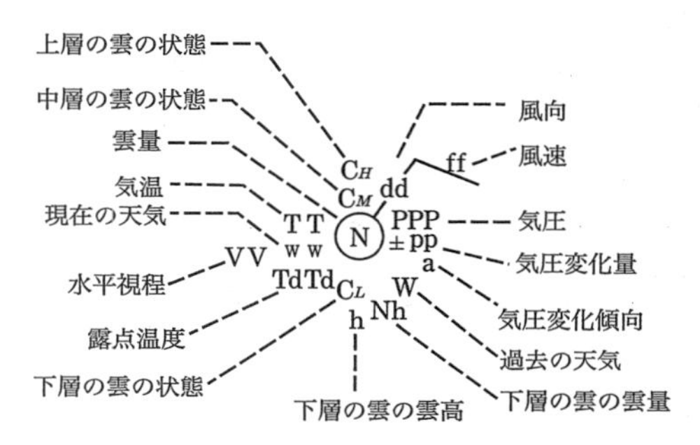

第 14-2 図　国際式の記入型式

第 14-4 表　国際式風速記号

風速(kt)	1～2	3～7	8～12	13～17	-----	48～52	-----	63～67
平均風速	1～2	5	10	15		50		65
記　号					-----		-----	

（注）日本式記入法で，風力を書きこむ際に国際式の風速記号を用いると手早く記入できるので便宜的に短矢羽根一つが風力の１つぶん，長矢羽根一つが風力の２つぶん，旗矢羽根が風力10として使われることがある。

これはあくまで簡便法であり，正式なものではないから，国際式の風速と混同してはならない。

2. 天気（*ww*）：日本式とちがい，地点内の左横に示す。100個の記号があるが，その主なものをあげておく。（巻末付表Ⅰ参照）

第 14-5 表　国際式天気記号

記号	天気	記号	天気	記号	天気	記号	天気	記号	天気
∞	煙霧	,	霧雨	△	あられ		風じん	▽	しゅう雨性降水
═	もや	●	雨	▲	ひょう		地ふぶき		
≡	霧	✳	雪		雷電		煙		

また，雨の記号では，下記のように，縦にならぶと強さをあらわし，横にならぶと連続性をあらわす。

• 断続の弱雨	: 断続の並雨	⁝ 断続の強雨
•• 連続の弱雨	∴ 連続の並雨	⁘ 連続の強雨

3.　気圧（ppp）：地点円の右肩に，hPaの10位，1位，1/10位で示す。
例えば，1020.4hPaは204とし，995.8hPaは958と表わす。

4.　気温（TT）：地点円の左肩に摂氏（°C）の10位，1位で示す。地域によっては，華氏（°F）のこともある。
例えば，20は，20℃，70は－20℃を表わしている。氷点下の場合は気温に50を加えて表わす。
以上の気象要素までは，日本式と同じ項目だが，国際式ではさらに以下の項目がつけ加えられる。

5.　雲量（N）：地点円の中に記号で示す。

第14-6表　雲　量　記　号

符字	0	1	2	3	4	5	6	7	8	9
雲量	0	1以下	2～3	4	5	6	7～8	9～10で隙間あり	10隙間なし	天空不明
記号	○	⦶	◔	◔	◑	◑	◕	⦶	●	⊗

（注）1/4円の黒塗り（◔）から，3/4円の黒塗り（◕）までが晴の範囲になっている。

6.　水平視程（VV）：電文符号をそのまま示す。現在天気の左側にかく。

7.　露点温度（T_dT_d）：摂氏（°C）の10位，1位で示す。地点円の左下にかく。

8.　気圧変化量（PP）：観測時前3時間の気圧変化量を1位，1/10位で示す。
例えば，3時間で気圧が1.5hPa下がれば－15とする。地点円の右横にかく。

9.　気圧変化傾向（a）：観測時前3時間の気圧の変化傾向を記号で示す。
例えば，3時間の間に下降後上昇する傾向があれば記号で∨と表わす。気圧変化量の下にかく。

10.　過去の天気（W）：過去3時間または6時間内の天気を示す。（巻末付表Ⅲ参照）地点円の右下にかく。

11．雲の状態：それぞれ地点円を狭んで縦に上から（C_H，C_M，C_L）の順に記号で表わす。その主なものは次の通りである。（巻末付表Ⅰ参照）

第14-7表　主な雲の形の記号

C_H 型の雲	巻　雲	巻層雲	巻積雲
C_M 型の雲	高層雲	高積雲	乱層雲
C_L 型の雲	層積雲 積　雲	層　雲 雄大積雲	積雲一断片 層雲一断片 積乱雲

12.　雲高 (h)：C_L (C_L がない場合は C_M) で報じた雲の雲底の海面からの高さ。C_L の下に符号で表わす。

13.　主として下層の雲の雲量 (Nh)：C_L (C_L がない場合は C_M) で報じた雲の雲量。数字で表わす。C_L の右下に符号で表わす。

国際式の場合実に多くの要素が書きこまれることがわかる。慣れないとこの記号の配列を憶えるのに苦労をする。大局的な分類をして大きな所をつかまえてみよう。

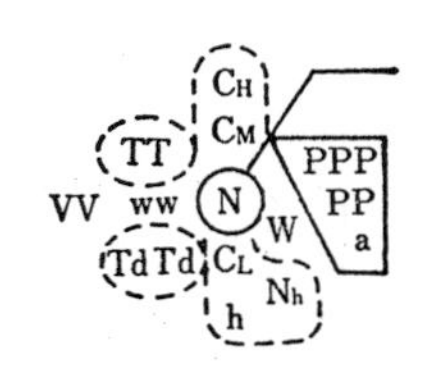

地点円の右側の実線で囲まれた部分に「気圧関係」の要素が記入されている（日本式も同じ）。地点円の左側の破線で囲まれた部分に「気温関係」の要素が記入される（日本式も同じ）。地点円を狭んで縦に「雲関係」の要素が記入される。そして日本式と大きく異なるのが地点円の中に「全雲量」を記入し，地点円の左側に現在の天気が記入されることである。

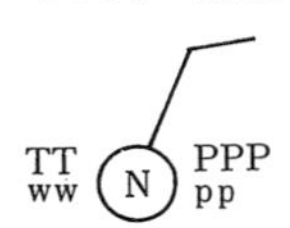

ところで，実際には時に応じていくつかの要素が省略されることもあり，最小限度としては，日本式記入法に全雲量の要素が加わった程度のこともある。

最低このパターンは知っておかなくてはならない。

<記入例1>

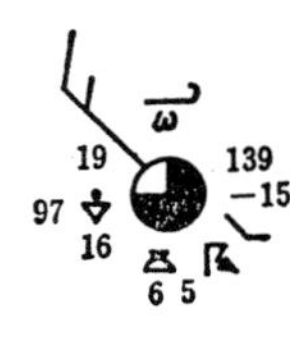

風向：北西　風速：15kt：　雲量：7又は8　気圧：1013.9 hPa　気圧変化量：−1.5hPa
気圧変化傾向：下降後一定，気温：19°C，露点温度：16°C，視程：階級7 (10〜20km)，現在天気：弱いしゅう雨，過去天気：雷電，

雲の状態：

→ $C_H=1$　毛状またはかぎ状の巻雲で空に拡がる傾向がない。

→ $C_M=3$　高積雲一半透明なもの。

→ $C_L=9$　積乱雲一多毛

雲高：（C_L の雲高）符号＝6→1000m以上～1500m 未満
下層の雲の雲量：（C_L の雲量符号）＝5→雲量6

<記入例2>

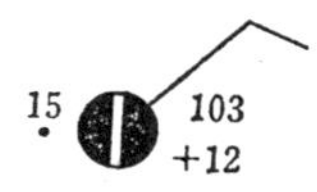

風向：北東　気圧：1010.3hPa　気圧変化量：＋1.2hPa
風速：10kt　気温：15°C　雲量：9又は10隙間あり。　天気：雨（断続の弱雨）

(2)　天気図解析記号

(1)の気象要素が記入されると，次に低気圧の位置，高気圧の位置，前線の位置と種類などが記入される。これらの記号を天気図解析記号という。

第14-8表　天気図解析記号

	記　号	色　別
地上の温暖前線		赤
上空の温暖前線		
発生中の温暖前線		
解消中の温暖前線		
地上の寒冷前線		青
上空の寒冷前線		
発生中の寒冷前線		
解消中の寒冷前線		
地上の停滞前線		赤青交互
地上の閉塞前線		紫

	記　号	色別
熱帯低気圧の中心	T.D	赤
台風の中心	, T.S又はS.T.S, T.	赤
高気圧の中心	H, High又は高	青
温帯低気圧の中心	L, Low又は低	赤
連続降雨（降雪区域）	緑色でぬる 雪では緑色の*印	緑
断続降雨（降雪区域）	緑色の斜線 雪では緑色の*印	緑
霧の区域	黄色でぬる	黄
しゅう雨の区域	分散した▽印	
霧雨の区域	分散した ❟ 印	
雷電の区域	分散した ☈ 印	

そして，低気圧や高気圧の中心には中心示度を示し，それらが移動する方

向，速度などが記入される。

FAX.の地上解析図（ASAS）では，海上警報の種別と前線系・気圧系の移動に関し次の略記号が記入される。

Fog〔W〕：(Fog Warning)
〔W〕　：(Warning)　SLW：(Slowly)
〔GW〕：(Gale Warning)　STNR：(Stationary)
〔SW〕：(Storm Warning)　UKN：(Unknown)
〔TW〕：(Typhoon Warning)

〔GW〕,〔TW〕及び台風に関する〔GW〕が出ている場合は，該当する低気圧や台風の中心気圧，中心位置，警報事項などを次の例のように略記し，24時間の予想進路を誤差円（日本付近での半径は約200km）で示す。

〔例1〕

記載形式	略語の意味
T 0205 AGNES	2002年台風第5号，アグネス。
970 hPa	中心の気圧970hPa。
21.8N 138.4E PSN GOOD	中心の位置北緯21.8度，東経138.4度，位置は正確。
NNW 10KT	北北西へ10ノットで進行中。
WINDS	風の状態
MAX 70KT	最大風速70ノット
60KT WITHIN 60NM	中心から60海里以内の風は60KT以上
40KT WITHIN 130NM	中心から130海里以内の風は40KT以上である。

〔例2〕

記載形成	略語の意味
DEVELOPED LOW 980hPa	発達した低気圧があり，中心気圧980hPa。
NE 20KT	北東へ20ノットで進行中。
WINDS 35-60KT	低気圧の南側500海里以内と北東象限の250海里以内
WITHIN 500NM S-SIDE	では風速が35—60ノットである。
250NM NE-QUAD	

(3)　等圧線

(1)の気象要素，(2)の天気図解析記号が記入されればあとは等圧線が引かれることによって天気図は完成したことになる。

この等圧線を引くのは，何でもないようでも，ある程度経験を重ねないと以外に難しい。そのためには，等圧線の性質を知る必要がある。最近はFAX.の発達によって自分で天気図をかく機会が減ってしまったが，等圧線の性質だけでなく，天気の原理を知るには，実際に自分で天気図作成をして見るのが最も良い。

等圧線はふつう 2 hPa ごと，4 hPa ごとにかかれることが多い。時には 5 hPa ごとのこともある。

等圧線を 2 hPa ごとに実線で引いていて，その中間の 1 hPa を引きたい場合は点線で引いてやるとよい。

次に完成した天気図での等圧線の性質と，等圧線を引く時の注意をまとめてみた。

① 等圧線の性質

1. 一本の等圧線の一方の側で気圧が低ければ，その反対側では気圧が高くなっている。この関係は，その等圧線に沿って変わらない。
2. 同じ値の等圧線の間に，他の等圧線が一本だけ通ることはない。
3. 等圧線が交差したり，枝分かれしたり途中で切れたりすることはない。
4. 等圧線をずっと引いていくと，高気圧や低気圧の中心部のように元へ戻ってきて，必ず閉じた曲線となる。

　(注)　天気図上では範囲が限られているので低気圧や高気圧付近では閉じているが，他の等圧線は閉じていないで，天気図の端で終っている。これを伸ばせば，どこかよそにいってしまうような気がする。しかし，これは全地球的な規模で考えれば，必ず元に戻ってくることに注意すべきである。

5. 高気圧と高気圧，低気圧と低気圧が向き合うときは必ず同じ示度の等圧線が対向する。

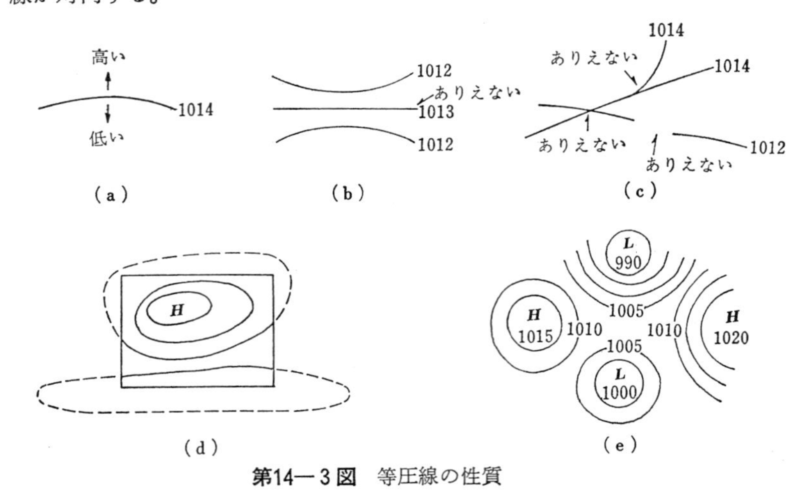

第14—3図　等圧線の性質

②　等圧線の引き方

1．等圧線は資料の多いところから書き始める。例えば陸上の観測の多いところとか，高気圧，低気圧の周辺部から始める。
2．等圧線はでこぼこさせないで，なめらかな曲線を引く。
3．各観測点間の等圧線は，適当に比例配分しながら引く。
4．等圧線と風向のなす角は，海上で15〜30度，陸上で30〜40度くらいで，気圧の低い方に向かって吹く。ただし，陸上や風の弱い時は地形の影響で必ずしもあてはまらないこともある。
5．等圧線は前線のところで，気圧の低い方を内側に折れ曲がる。
6．気圧が上昇している地域では風向と等圧線との角が大きく，下降している地域では小さくなる。
7．等圧線の間隔は比較的規則正しいものであるから，ふぞろいに急に広くなったり，狭くなったりすることはない。
8．等圧線の間隔が狭いほど風が強く，広いほど風は弱い。（気圧傾度参照）
　（注）日本付近で2hPaの気圧差が緯度2°（222km）の場合，陸上では風力2〜3，海上では風力3〜4吹く見当といわれる。

14-3　等圧線型式

前節では，天気図の解析記号を通して話を進めてきたが，今度は，天気図を見る場合の等圧線型式と次節の気圧配置について話してみたい。等圧線型式についていえば，等圧線の形と天気の間に密接な関係があることが知られている。

したがって，この等圧線の形をいくつかに分類して，その移動を予測すれば，天気もそれにつれて変化することがわかる。

よく使われる主な等圧線の形式を列挙する。

1．低気圧　　2．副低気圧
3．気圧の谷（V状低圧部 or U状低圧部）
4．鞍状低圧部（コル）
5．高気圧　　6．くさび状高圧部
7．気圧の峯　　8．直線状等圧線

(1)　等圧線型式と天気

①　低気圧

相対的に周囲より気圧の低い部分である。等圧線はほぼ円形をしている。風は反時計まわりに吹き込むので，域内では上昇気流が起こり，雲が多く

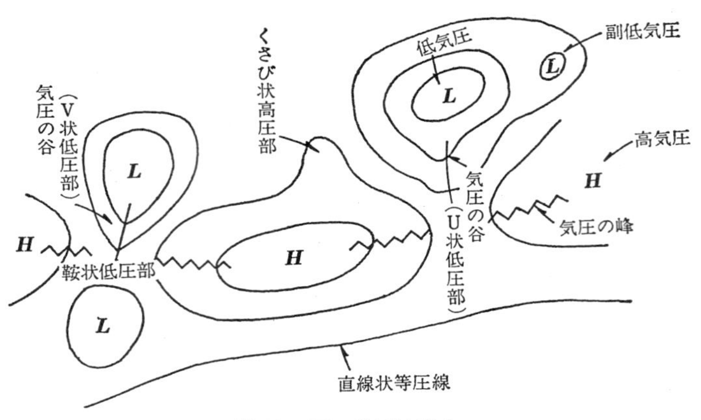

第14-4図　等圧線型式

降水があり天気は悪い。

気圧傾度は大きく風が強い。

② 副低気圧

主低気圧の縁辺の等圧線の内部にできる二次的な低気圧である。この他に，低気圧が陸地や山脈に近づいたとき，風下側にできる地形性副低気圧がある。

一つの低気圧としての雲と雨をもたらし，ときには，主低気圧以上に発達して猛威を振うこともあって，発達の過程を見ていないとどちらが主低気圧か副低気圧かはわからないこともある。

③ 気圧の谷（V状低圧部またはU状低圧部）

低気圧の中心から細長く伸びた低圧部である。そのときの等圧線の形によってV状等圧線とかU状等圧線といわれるものである。V状等圧線は気流が不連続にぶつかるところであるから，風は横切って他方に吹き抜けない。前線が発生することが多い。

U状等圧線は不連続性が比較的ゆるく，風は横切って他方に吹き抜けることができる。しかし，気流の収れんするところで，前線の発生につながることもある。

V状でもU状でも気流が収れんし，上昇気流が起こるので雲が多く，雨をみる。

④ 鞍状低圧部（コル）

向かいあった2つの高気圧と2つの低気圧に狭まれた部分である。一般に，内部では，風速が弱く，風向不定である。しかし，遠方の気団からくる気流が収れんするところにあたるので，雲が多く，雨を見る。また気流が収れんするところということは，前線発生の温床になる。気圧の峠ともいう。

（注）　等圧線が高気圧を連ねる方向に引き伸ばされると，気流はむしろ発散量がふえるので天気は良くなる。このときを，高気圧の背または帯状高気圧という。

⑤　高 気 圧

相対的に周囲より気圧の高い部分である。風は時計回りに，外側へ吹き出すので域内では下降気流となり，断熱昇温する結果，雲は切れ天気は良い。気圧傾度は一般にゆるく，風も穏やかである。

⑥　くさび状高圧部

大きな高気圧の一部が舌状に突出した部分である。前面から中心部にかけて天気はよい。中心部では風が弱く，風向も不定である。

東側では，西風が吹き，西側では南西風になっている。

良い天気は長続きせず，中心部が過ぎると後に続く低気圧の影響を受けて急速に悪くなる。また高圧部の先端ではしゅう雨の起こることもある。

（注）　気圧の峯：高気圧の中心から細長く伸びた高圧部のことで，地表面に現われる気圧の峯を特にくさび状高圧部と呼ぶことが多い。

気圧の最も高いところを結ぶ線を嶺線とよぶ。

⑦　直線状等圧線

広範囲にわたって等圧線が平行して直線状に伸びることがある。これは，大型の高気圧や低気圧の外側にできるものである。

天気は等圧線の走向に関係しているので，一概にはいえない。日本近海では，冬期，シベリア高気圧の東側で等圧線は南北に直線状に日本付近を通る。このときの等圧線を乙字型といったりする。天気は季節風が強く，海上では大西風が吹き寒波が襲う。

また夏には，小笠原高気圧が発達すると，南側では東西に長く伸びた直線状等圧線ができる。この場合は風力３ぐらいで良い天気となっている。

（注）　等圧線型式を考える場合，地図の等高線と同じように立体的にして考えれば理解しやすくなる。例えば，高気圧の中心が山の頂上であり，低気圧の中心が谷底という具合に地形と対応させてみる。

14-4 日本近海の主な気圧配置

天気図を理解するのに，前節の等圧線型式以外に，気圧配置がある。気圧配置は二度と同じにはならないが，これをいくつかのパターンに分類してみると，季節によって，類似した気圧配置のもたらす天気は似ているから，これらを理解することによって天気予報に役立てることができる。

日本近海の主な気圧配置を調べてみよう。

① 西高東低型（冬の代表型）
② 南岸低気圧型（冬から春に多い）
③ 日本海低気圧型（冬から春に多い）
④ 移動性高気圧型（春と秋）
⑤ 帯状高気圧型（春と秋）
⑥ 梅雨型（初夏）
⑦ 南高北低型（夏の代表型）
⑧ 東高西低型（夏）
⑨ 台風型（夏と秋）
⑩ 北高南低型（秋，その他の季節にもみられる）
⑪ 二つ玉低気圧型（冬から春先に顕著）

(1) 西高東低型

冬の代表型である。大陸にはシベリア高気圧が張り出し日本の東方海上には，低気圧がある型である。この型は，3，4日間同じ状態が続く。北西季節風をもたらす型で，特に強大な高気圧が張り出し沖合いの低気圧が発達すると，気圧傾度が急峻となり吹き出す季節風も大層強いものになる。海上では，大西風として警戒する。大陸の寒気があふれ出し寒波が襲来する。西高東低型では，日本海側は雪か，南部では雨で，陰うつな天気となる。太平洋側では晴天で乾燥し，からっ風が吹く。

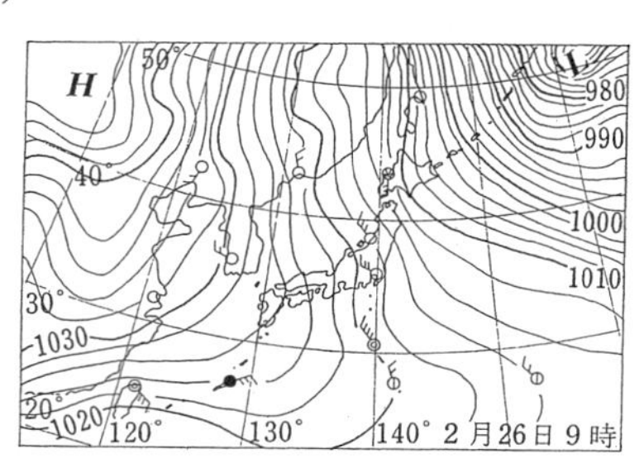

第14-5図(1) 西高東低型

(2) 南岸低気圧型

冬から春にかけて多いが，その他の季節にも見られる。西高東低の気圧配置がゆるんでシベリア高気圧が南東に張り出し，季節風が弱まったとき，等圧線が波打って，石垣島方面の風向が南よりになると発生することが多い。

台湾付近の等圧線が丸くなって発生するので，台湾坊主などといわれた。

東シナ海から，本邦の太平洋岸を通るもので，天気変化は速く，進行速度は80km / hに達することもある。発生してから，約12時間後には九州方面で，24時間後には関東方面で天気が崩れる。冬の太平洋岸に本格的な雨や雪をもたらすのはこの型である。

（注）低気圧が本邦南岸沖に発生した場合も含む。**東シナ海低気圧型**ともいう。

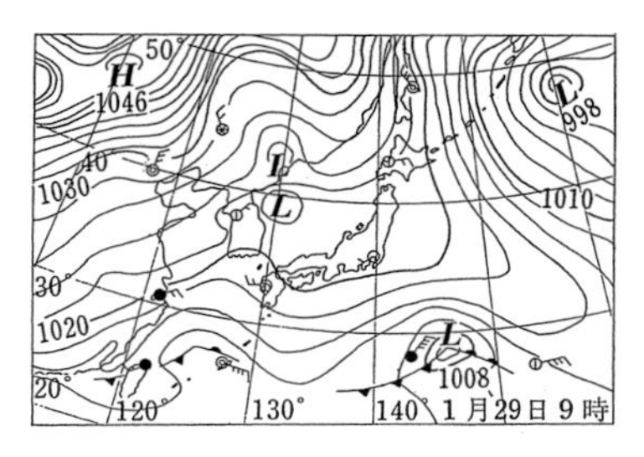

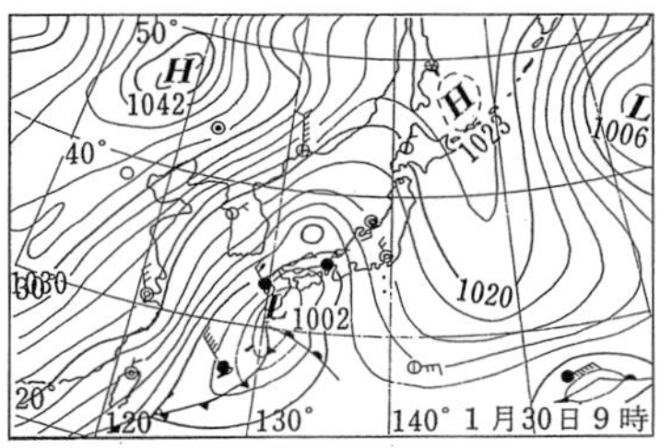

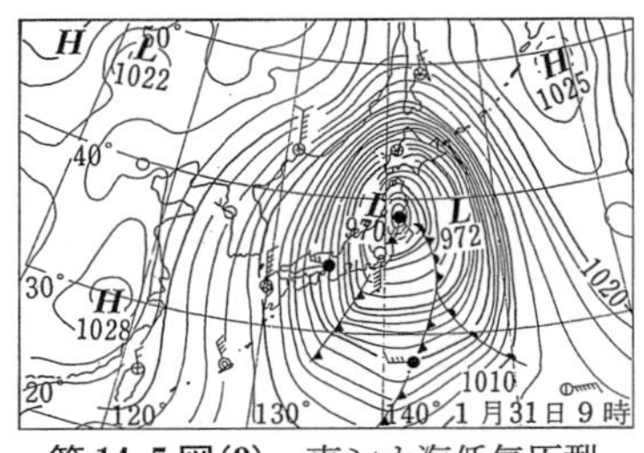

第14-5図(2)　東シナ海低気圧型

(3)　日本海低気圧型

冬の終りから春にかけて顕著に発達する。日本海を北上する型で，弱い低気圧が急に発達するから注意が必要である。急に発達する場合は朝鮮方面の気圧が急に下がること，日本の上空の南風が強くなることで予測する。

暖域に吹き込む風は強く，突風性となる。日本は暖域の中に入り，南の暖風が吹き込むので気温は上がる。日本海低気圧型の第1陣は例年2月下旬頃に現れる。今までの寒さを吹き飛ばし，気温が上がるので「春一番」などといわれる。また寒冷前線通過時にはにわか雨があり，突風を伴う。

移動性高気圧が通過した後，この低気圧の経路が40°N以北を通るときは本邦にもたらす雨は少ない。このため，日本の脊梁（せきりよう）山脈を越えた強い南風は日本海側で断熱昇温して乾燥し，吹き下りる風も強いところから，フェーン現象がおきる。

(4)　移動性高気圧型

春と秋に多い。シベリア高気圧と小笠原高気圧が一時退いている期間に出現する。中心の東側から中心にかけて天気はよいが，中心が過ぎると後に続く低気圧のために曇りだし雨になる。この晴から雨の周期は3～4日位であ

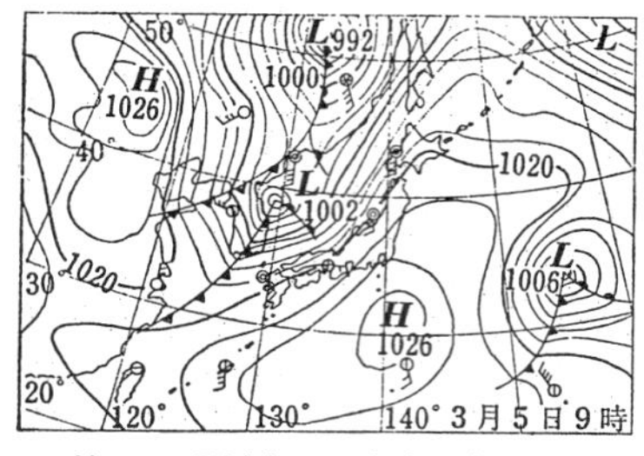

第14-5図(3) 日本海低気圧型

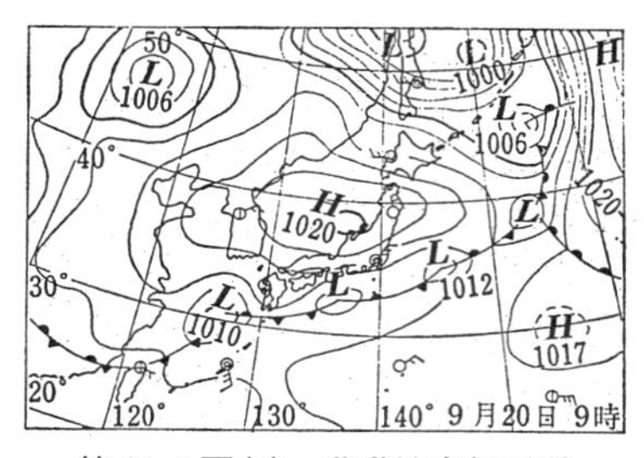

第14-5図(4) 移動性高気圧型

る。平均の直径は1,000km，移動速度は40km/hで東へ進む。

(5) 帯状高気圧型

春と秋の穏やかな時期にみられるもので，移動性高気圧が東西にいくつも並んで進む。北日本ではいくぶん天気の悪いところもあるが，本州各地は乾燥した良い天気が数日間続く。好天持続型である。

(6) 梅 雨 型

初夏の候にあらわれる。ふつう，6月中旬～7月中旬の約1か月間続く。これは，オホーツク海高気圧と小笠原高気圧に挟まれた前線帯が日本の南岸に位置する。ここに，停滞前線が発生して居座わる。前線の北側300kmではしとしと雨が降り続き，天気はぐずつく。

(7) 南高北低型

夏の代表的気圧配置である。夏の季節風をもたらし，日本の夏の気候を支配する。小笠原高気圧の張り出しがやや南寄りに日本をおおい，低気圧が大陸の北方に存在するので南高北低型という。持続性があり，むし暑くて良い天気が続く。

南高北低型の一種で，日本に伸びる小笠原高気圧の等圧線の上端が日本の

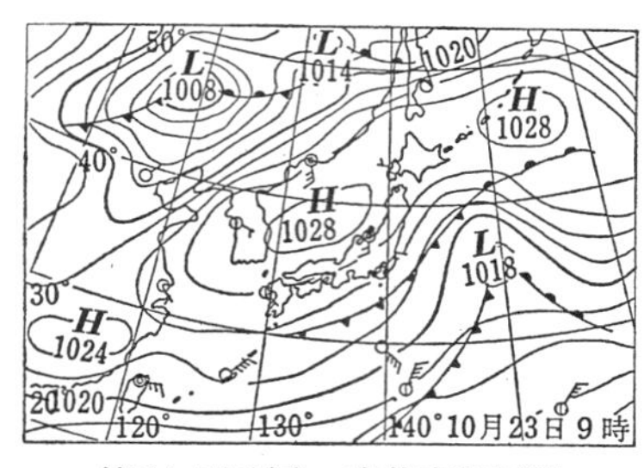

第14-5図(5) 帯状高気圧型

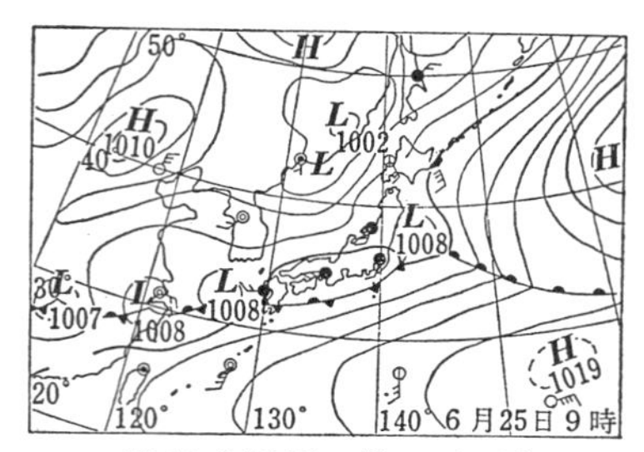

第14-5図(6) 梅 雨 型

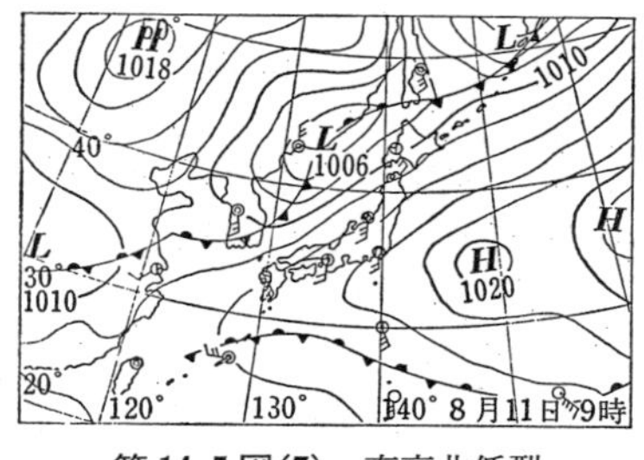

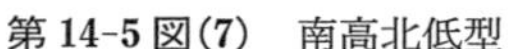
第14-5図(7)　南高北低型

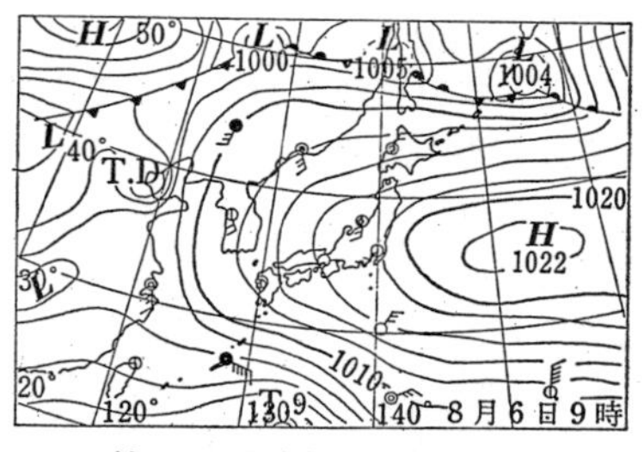

第14-5図(8)　東高西低型

ところでくびれた形になると等圧線の形からこれを特に「鯨のしっぽ（鯨の尾型）」と呼ぶことがある。この型は一年中で最も静かな時期となる。北日本の一部を除き，全国的に快晴となり，炎天が続く。海上は平穏である。

(8)　東高西低型

夏型である。南高北低型に比べて，小笠原高気圧の張り出しが北に片寄っている場合で，各地とも東風が吹く。

この型は持続性があり，乾燥するうえ，各地とも高温となる。この結果，水不足や火災の危険がある。さらに，この型のときは，豆台風の発生が多くなるから注意する必要がある。

(9)　台風型

台風襲来型ともいうべきもので，日本が気圧の谷になりやすい夏から秋にかけて多くなる。南方を移動しているときは，20km/h 位で進んでいるが，小笠原高気圧のへりを回って転向し，次第に速度をあげながら日本に襲来する。ときには80km/h 以上になることもある。日本各地に暴風雨をもたらす。台風の進路や規模については常に情報をキャッチして，適確な判断をしなくてはならない。

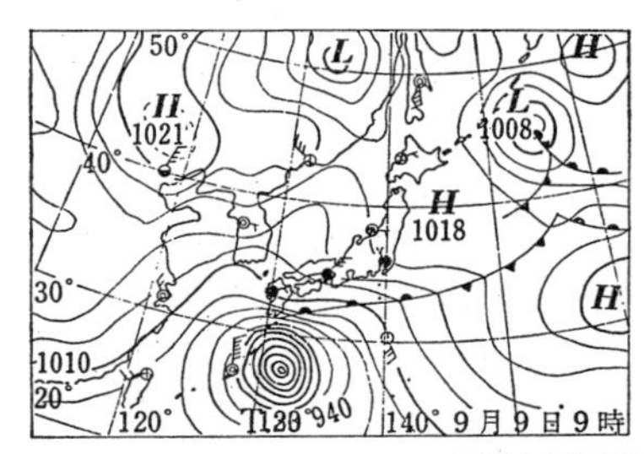

第14-5図(9)　台　風　型

⑽　北高南低型

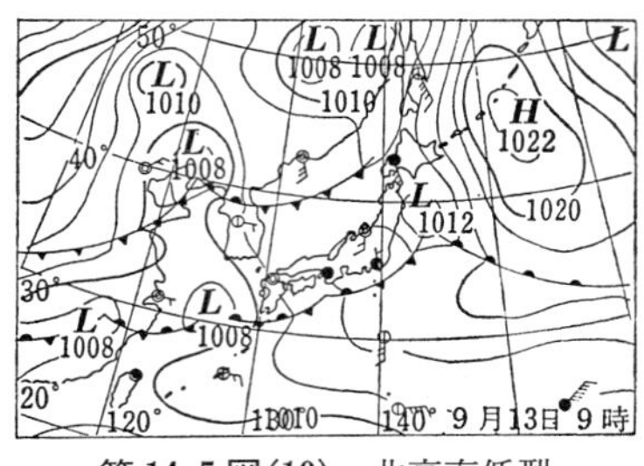

第14-5図(10)　北高南低型

主として秋にみられるが，その他の季節にも出現する。

北日本は天気がよいが，関東以西では気温が低く，天気がぐずつく。また北東風が多くなる。持続性があるので，この型になると雨が続き，梅雨のような天気となる。初秋の秋霖（しゅうりん）がこれに相当する。秋霖時の高気圧の根はオホーツク海にあるが，他の季節に出現するときは高気圧が沿海州方面にあることが多い。

（注）　梅雨型も広い意味では，北高南低型の一種になるだろう。

⑾　二つ玉低気圧型

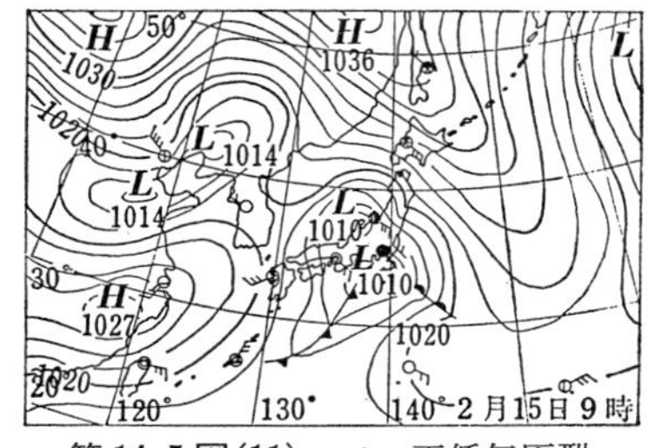

第14-5図(11)　二つ玉低気圧型

日本をはさんで北と南に2個の低気圧がならんで東進するものをいい，冬～春先によく発達する。

この場合，日本海を進行する低気圧は秋田沖で消滅し，太平洋側を進行するものが三陸沖で発達する。その後，季節風が強まるから注意が必要である。

a．8-3⑶③で述べた二つ玉型副低気圧の場合は活発で，九州～東北地方にかけてかなりの雨量が見込まれる。

b．東シナ海の北部と南部で別々に低気圧が発生して進行する場合は，南の低気圧によって太平洋側に若干の雨がある。

一方，日本海側は北の低気圧の暖域内に入るので雨はほとんどなく，寒冷前線通過時にしゅう雨がわずかにあるだけである。

14-5　高 層 天 気 図

高層の状態がわかってくるにつれ，地上の気象は高層の状態と深いつながりがあることはすでに述べてきた。しかも高層の気象は地上ほど複雑でなく，全体の動きが比較的とらえやすい。したがって高層の変化を追うことによって，地上の気象の予測を立てることも可能になってきたわけで，この意味からも高層天気図についての基本的なことを知っておくことは重要である。

14-5-1　等圧面天気図

等圧面天気図は850hPa，700 hPa，500hPa，300hPa の各等圧面のものが一般的である。700hPa 面や500hPa 面の気圧の谷や峰が移動して，いつその地点にくるか，またそれが強まるか弱まるか予想する。

300hPa 面ではジェット気流，特に風速60kt 以上のところの動きを調べるのに使われる。

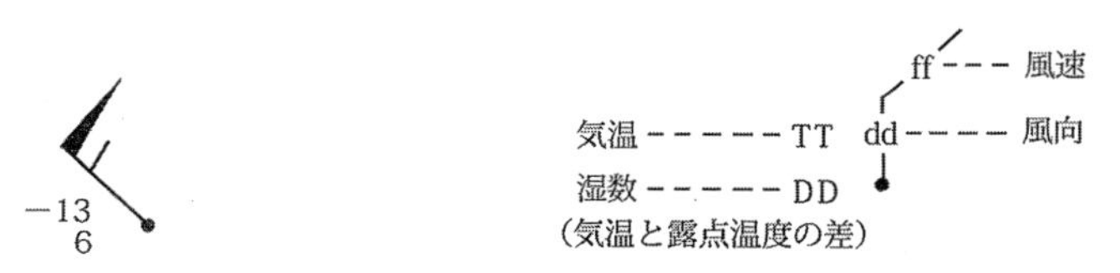

第 14-6 図　等圧面天気図記入形式

(1)　記入の要素

記入法は地上天気図の国際法に準拠して，風向，風速，気温，気温と露点温度の差（＝湿数）が記入される。

温度は負のときは，－をつける。

(2)　等高線が実線で，等温線が点線で引かれる。その他，寒域（C），暖域（W），高気圧，低気圧，熱帯低気圧，台風が必要に応じて記入される。

等高線は850hPa，700hPa，500hPaが60m，300hPa は120mごとに引く。等温線は６℃ごとで，必要に応じて３℃ごとに引く。

等圧面天気図を見る上で基本になる事項を上げてみよう。

1.　高層風は摩擦の影響が少なく，地衡風に近い。したがって，等高線は風向とほぼ平行になっている。
2.　等高線間隔が狭くなるほど風が強く，同じ等高線間隔であれば低緯度ほど風が強い。
3.　地上の低気圧の中心や，気圧の谷は高層に行くほど寒気側に移る。また逆に，高気圧の中心や峯は暖気側に移る。
4.　温暖高気圧は高さとともに顕著になり，寒冷高気圧は高さとともに消える。
5.　等高線が北に張り出している方が気圧の峯であり，南に張り出している方が気圧の谷にあたる。

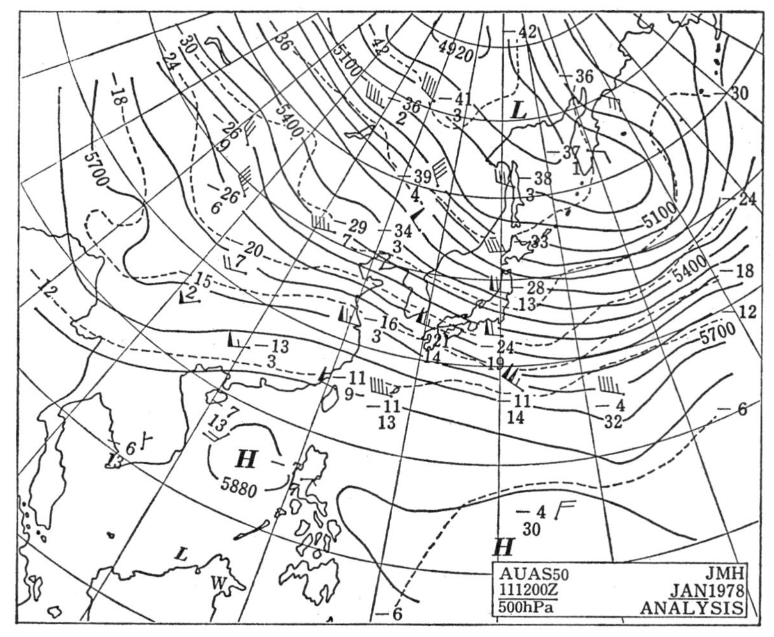

第14-7図(1)　500hPa 等圧面解析図

6．　上層の気圧の谷の西側は北西流の場であり，寒気は気圧の谷の西方から谷に向かって南下してくる。この場合，気圧の谷の西方の等高線と等温線の交わりが大きいほど寒気は南下しやすい。さらに，気圧の谷が深まるほど寒気は南下しやすいと言える。

寒気が南下すると気温傾度が増大し，谷の東方で地上の前線が活発になり，低気圧が発生・発達する。したがって，強い寒気が観測されたら今後の動きに十分注意しなくてはならない。

7．　気圧の谷の東側は南西流の場で，暖気が流入するところである。先の寒気の流入に伴って暖気が流入することも低気圧の発生・発達には欠かせない。ここでは，低気圧は北上する傾向をもち，速度も早くなることが多い。

8．　要するに，谷の東側では前線の活動が活発で天気が悪くなりやすい。

一方，谷の西側では前線も不活発で，地上の低気圧の移動が遅くなったり，衰弱したり，ときには消滅する。そして逆に高気圧が発達しやすく，天気は良いことが多い。

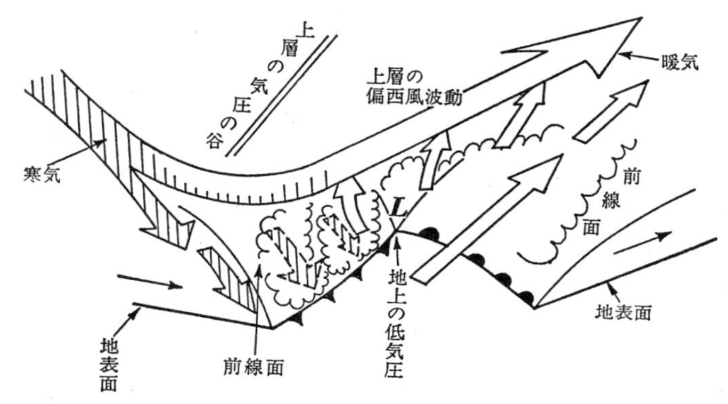

第 14-7 図(2)　上層の気圧の谷と地上の低気圧

9.　このことから，地上の低気圧にとって上層の気圧の谷の接近を予報することが重要になってくる。そして谷の東側なのか西側なのか，谷の中にあるのか，この状態がこれからどう変化してゆくのか，あるいはこの状態が数日から一週間も続くのかを判断するのである。

(3)　寒冷低気圧

上層の偏西風波動のうねりが大きくなって谷側に分離すると切離低気圧が発生する。

この中心は周囲より低温で，上層ほど低気圧性循環がはっきりしてくる。このことから上層寒冷低気圧と呼ばれるが，寒気が中心に取り込まれているので**寒冷渦**ともいう。

この上空の寒冷渦の南東側では地上で低気圧が発生し，大規模な低気圧となって発達するので注意が必要である。

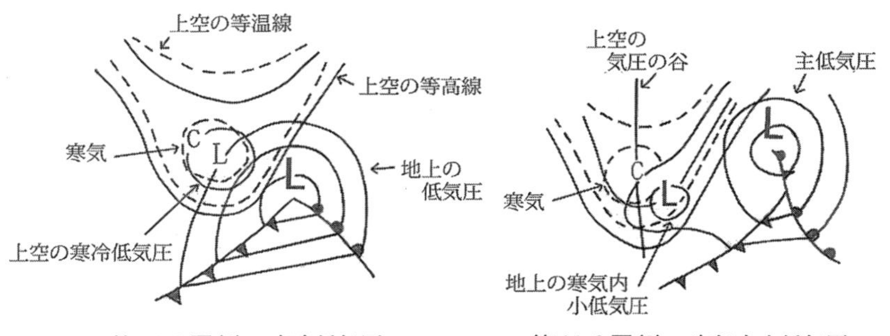

第 14-8 図(1)　寒冷低気圧　　第 14-8 図(2)　寒気内小低気圧

また，ときには寒冷渦の中心付近，すなわち寒冷前線の西側の寒気側に小低気圧が発生する。その際，大きな正渦度がやってくると発達するので渦度分布の動静に着目するとよい。この小低気圧を**寒気内小低気圧**（**ポーラー・ロウ**，polar low）と呼ぶ。

寒冷渦の中心～南東にかけて，あるいは寒気内小低気圧において背の高い積乱雲が発達し，雷雨や豪雨，強風に伴う突風に見舞われる。そして風向や気温の急変があるので，海上では高波や三角波に注意しなくてはならない。

この寒気内小低気圧（ポーラー・ロウ）は北東大西洋～ノルウェー海にかけて，また北太平洋の西側～ベーリング海～北太平洋の東側（アラスカ湾），そして日本海（北海道西岸）で多く発生する。

14-5-2　渦度解析図（AUFE50）

鉛直軸の周りの回転運動を伴う流れの部分を渦といい，その回転角速度の2倍を渦度という。真っすぐな流れでも速度シアーのある部分には渦度が存在する。

この図では，渦度分布（渦の強さ）が記入されている。図の縦線模様内が低気圧性の渦(+)で気圧の谷に相当する。また，上昇流域でもある。白抜き内が高気圧性の渦(−)で気圧の峰に相当する。また，下降流域でもある。

図中の実線が等高度線を示し，渦度は0の実線を挟んで(+)と(−)域が破線で示

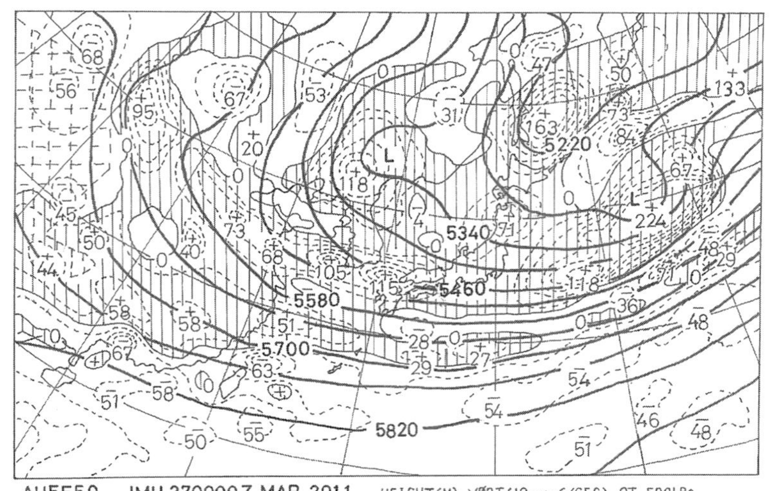

第14-9図　北半球500hPa高度，渦度解析図

されている。渦度の等値線は20×10^{-6}/secごとに引かれている。

この渦度を追跡することによって予報をしようとするものである。

・プラス渦度移流が大きいところでは低気圧が発生・発達しやすい。

・帯状の上昇流域が存在するときには，そこに前線の存在する可能性が強い。

・風速極大帯では渦度が0となり，渦度0線の下に地上の前線が対応するものである。

（注）　回転運動に伴う流れの部分を渦という。等高線の場から東西方向の風速成分を求めれば各点の渦度が求まる。

$$\zeta = \frac{\Delta c}{\Delta n} + \frac{c}{r} \qquad \begin{pmatrix} \Delta c：速度差，& \Delta n：垂線距離 \\ c\ ：線速度，& r\ ：曲率半径 \end{pmatrix}$$

（渦度）$\begin{pmatrix}シア\\ー項\end{pmatrix}$ $\begin{pmatrix}曲率\\項\end{pmatrix}$

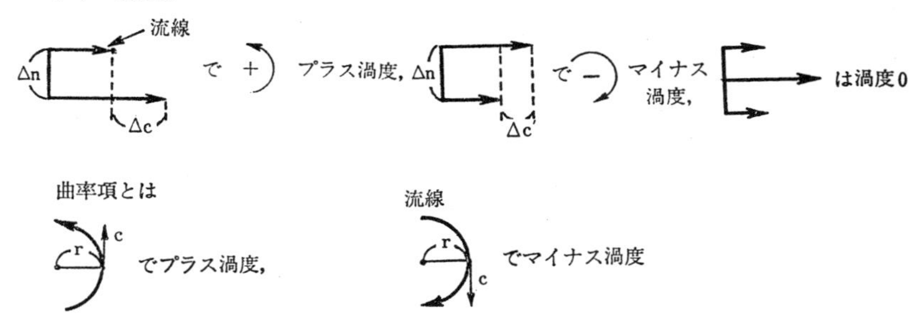

14-5-3　上昇流解析図

図の太い実線は850hPa面における気温（毎3℃）を表し，同時に風向・風速を併記している。そして細い実線は750hPa面での上昇流の0域を示し，10hPa/hrごとに破線で示している。上昇気流（－）は縦線の模様内であり，下降気流（＋）は白抜きの域内である。

1 cm/secの上昇速度は3 hPa/hrの鉛直P－速度に相当する。

①　上昇気流のあるところでは気圧が低下し，下降気流のあるところでは気圧が上昇する。

②　地上気圧系の変化傾向を知る。

③　鉛直流の値が大きければ現象は活発である。

④　上昇気流のあるところでは，鉛直流は負（＝気圧低下）で天気が悪い。下降気流のあるところでは，鉛直流が正（＝気圧上昇）で天気が良い。

⑤　前線や低気圧の活性化には上昇気流（－）を伴うので，一般に空気は湿潤となる。したがって，湿潤域や曇雨天域の存在や移動は低気圧の発生や発達

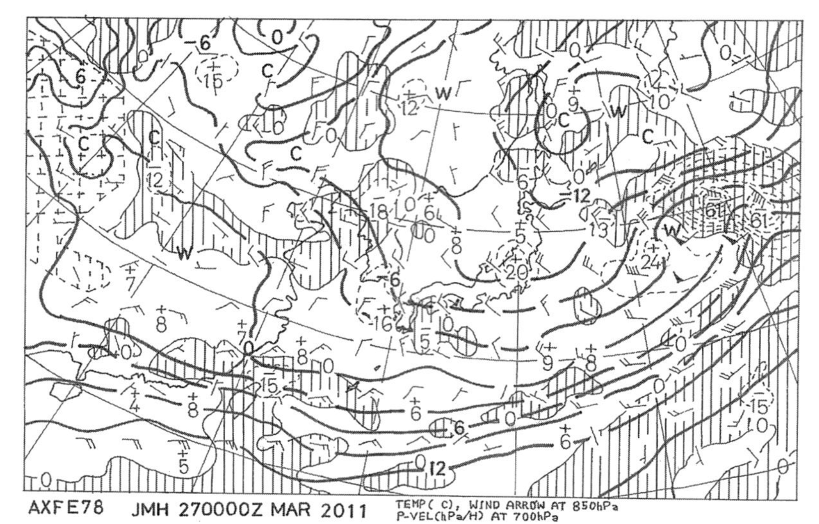

第14-10図　850hPa気温・風，700hPa上昇流解析図（AXFE78）

の手がかりとなる。

なお，低気圧性の気流に関して，渦度は正で表し，上昇気流では負になる。そして高気圧性の気流では渦度は負，上昇気流では正で，正負が逆になるので注意しなくてはならない。

14-6　天気予報の指針

今までの知識を総まとめにする意味も含めて，ここでは天気予報の指針として，船上で手許にある資料を駆使して自分なりに予報を立てる場合の方法についてのべてみよう。

14-6-1　観　天　望　気

体感による天気予察の方法を観天望気の法という。すなわち，気象測器を用いないで，自分自身の五体に感じとることから天気予報を行なおうというものである。観天が主として雲の状態（雲形，雲の種類，雲の進行方向・速度）のことをさし，望気が大気の透明度を観察する言葉である。

この方法は昔から行なわれてきたもので，人類が遊牧時代を経て一個所に定着するようになると，次第に法則なるものができてきた。なかには迷信的な，とるにたらないものもあったが，現在でも科学的に裏付けのできる貴重なものもたくさん受け継がれている。

資料の少ない海上で，特に低緯度地方航行中などはこの観天望気の法も必要である。

この方法の特徴についてのべれば，

① 気象測器がいらない。

② 経験を積むことによって，ある程度の予報が可能となる。

③ 普遍性がなく，特定の人が行なうので主観的である。

④ 局地的で短期時間の予報しかできない。

⑤ 天気の原因と性質が明らかでないから，その予報が正確であるとはいいがたい。

長い間の観天望気の経験則から作り出された**天気俚諺**(りげん)がたくさんある。その中で海上でも有効と思われるものをいくつか紹介しよう。

① 夕焼けは晴，朝焼けは雨の兆。（偏西風によって，天気は西から東に変ることから理解できる。）

② 日のかさ，月のかさはやがて雨。

③ 遠くの音がはっきり聞こえるのは，雨の兆。

④ 沖から海鳴りが聞こえれば，嵐になる。

⑤ 南東風は嵐の前兆。（低気圧が接近してくると，その前方で南東風が吹く。）

⑥ 海陸風が乱れるのは台風の兆。

⑦ 綿雲は晴の兆。（好晴積雲）

⑧ 朝霧は10時までに晴れる。（放射霧の場合）

⑨ 雲が早く動くと日中風が強くなる。

⑩ 星のきらめくときは，翌日風強し。（上空の風が強いと，浮遊物は消散して視程が異常に良くなる。このとき，星はキラキラ輝いて見える。）

⑪ 朝雨は女の腕まくり。（海陸風の発達する季節の言葉。陸風と接するところに不連続面ができ，雨がパラつく。陸風がなくなり，海風に変わると晴れあがる。）

⑫ 船乗りは朝の雷を警戒する。（日射の弱い朝方の雷雨は，低気圧の内部や前線に伴うものであるから警戒が必要である。）

⑬ 気温が昇ると天気が悪くなる。

⑭ 夏季，むし暑くなれば台風がくる。—八重山地方—（台風とともに熱帯気団が運ばれてくるので，その前方で急に蒸し暑くなることがある。）

次に船の測器と観天望気による一般的な天気予報法についてまとめてみた。

(1) 気圧の昇降について

① 気圧の変化が少なければ，天気は安定している。

② 気圧の日変化を越えて気圧が下がれば，天候の悪化が予想できる。

低緯度地方では気圧の日変化が 4 hPa ほどあり，中緯度地方では 2 hPa 前後あるから，それ以上変化する場合，たとえば，気圧の下降が 1 時間に 1 hPa 以上であると，低気圧や台風の接近に注意する必要があろう。

(2) 風について

① 気団が安定しているときは，朝から昼にかけて風が強く，夜は弱くなる。この場合天気は良い。

② 気団が安定していると，中緯度では夏，低緯度では海岸地方で一年中海陸風が観測される。したがってこの海陸風が突然乱れるときは，低気圧や台風の接近が予想できる。

(3) 雲について

① 層状の雲が次第に低く厚くなっていくときは，低気圧に伴う温暖前線の接近が予想できる。

② 積乱雲（入道雲）がむくむく盛り上がって水平線上に拡がっているときは，低気圧に伴う寒冷前線の接近が予想できる。

14-6-2　各種予報の指針

(1) 気団に関する予報の指針

① 気団が寒冷な地域を移動するときは下から冷やされて，安定度が増す。逆に温暖な地域を移動するときは不安定化する。

② 冬，気団が海上から陸上に出れば，安定化し，夏であれば不安定化する。また気団が陸上から海上に出る場合はその逆となる。

③ 停滞性の大陸高気圧内の気団は秋～冬にかけて安定化し，春～夏にかけて不安定化する。

④ 高気圧が停滞して発達すると，高気圧内の沈降性逆転が強くなり安定化する。すなわち，対流が起こりにくくなる。

⑤ 気団は安定化すると，気流の乱れが少なく水平に流れる。

(2) 前線に関する予報の指針

前線の移動については，

① 地表の風速が前線を直角に押す成分に近い速度で移動する。

② 温暖前線は地衡風速の60～70％，寒冷前線は地衡風速の70～80％位の速さで進む。

③ 850hPa 等圧面において，前線を直角に押す実測風速の成分に対し，寒冷前線はその風速で，温暖前線はその70～80％の速さで進む。

④　等圧線に平行な前線は負の気圧変化傾向の中心に向かって，ゆっくり移動する。

⑤　前線は前方の気圧変化傾向の負の度合い，後方の気圧変化傾向の正の度合いが大きいほど移動が速い。

⑥　高気圧域内では前線は停滞性となり，消滅する。

前線の発生と発達については，

ⓐ　気圧の鞍状部において，気流の流入軸が等温線と45°以上の角をもつときは前線が発生したり，発達する。

ⓑ　前線は気圧の谷に近づけば発達し，遠ざかれば消滅する。

ⓒ　移動の速い寒冷前線は消滅しやすい。

ⓓ　寒冷前線は山脈に近づけば発達する。

ⓔ　山脈は前線の移動を妨げる。

ⓕ　温度分布が北に寒冷であれば，前線の持続性は強い。温度分布が北に温暖であれば，持続性は弱い。

3)　低気圧に関する予報の指針

低気圧の進行については，

①　若い低気圧は暖域内の等圧線の方向に進み，閉塞した低気圧は最暖域内の等圧線の方向に進む。

②　閉塞が完了した低気圧は進路を左に変える傾向がある。

③　対流圏上部に達しない低気圧は500hPa 面の風の方向に進む。

④　低気圧域内に顕著な気温の極大域と極小域があるときは，両者を結んだ線に直角に進む。

⑤　同じ規模の二つの低気圧はお互いに反時計回りに回る。

⑥　低気圧は高温域を右にみてその周囲を回る。

⑦　発生してから，前線が閉塞するまでは低気圧の速度が増し，閉塞が始まれば減少する。すなわち停滞性となる。

⑧　低気圧が若返ると，速度は速くなる。

⑨　発達する低気圧は速度が速い。

⑩　一般に500hPa 等圧面における地衡風の半分の速さで進む。

低気圧の発生と発達については，

ⓐ　低気圧は主前線上，または強くて長い停滞前線上に発生する。

ⓑ　低気圧の閉塞点には二次的低気圧（副低気圧）が発生することがある。

ⓒ　前線の波動は，前線の両側の気団が不安定なほど低気圧の発生がおこりやすい。

ⓓ　主前線上の気圧下降域は低気圧発生の第一の徴候となる。

ⓔ　500hPa面の流れが地上の前線に平行なとき，この前線上で低気圧は発生・発達する。

ⓕ　低気圧は閉塞するまでは発達し，閉塞の初期がその最盛期である。閉塞後は次第に低気圧は衰弱する。

ⓖ　衰弱中の低気圧に，新鮮な寒気が流入すれば再び発達する。

ⓗ　気団の不安定度が増せば低気圧は発達する。

ⓘ　気圧傾度に比べ，風の強い低気圧は消滅しやすく，逆に気圧傾度に比べ風の弱い低気圧は発達しやすい。

ⓙ　低気圧の気圧降下が著しいのに，風が弱い場合，低気圧は大発達を遂げる恐れがある。

(4)　高気圧に関する予報の指針

①　対流圏上部に達しない高気圧は500hPa面の風の方向に進む。

②　前線性低気圧の間に挟まれた高気圧は低気圧と同一方向に同一速度で進む。

③　寒帯気団よりなる一系列となった高気圧は南下するにつれて発達する。

(5)　台風に関する予報の指針

進路予報については，

①　外挿法による。今までの運動をもとにして，進路，速度，発達の状態を考えながら半日かせいぜい1日までの予報をする。

②　気圧降下の最も大きい地域を連ねた線上を進む。気圧等変化線図を作れば，全体の気圧降下域や上昇域の模様がよくわかる。

③　前方に気圧上昇域や発散場があると停滞するか転向する。

④　暖域に向かって進む。前方の寒域があると停滞するか転向する。

⑤　台風の東側で南風が強くなると北上するか。北上速度が速くなる。

⑥　異常進路の後の台風は異常進路になりやすい。盛夏に日本の南海上で発生する台風はこの傾向がある。

⑦　500hPa等圧面の気流から，台風を押し流す風，すなわち一般流（指向流）を見つけだす。

⑧　台風は気圧の谷を進む。上層の偏西風波動の気圧の谷の季節的消長ならびに，いつ台風の近辺を気圧の谷が通るかを知ることが必要となる。

　気圧の谷を進むとは，いいかえれば雨域・等温線・前線帯に沿って進むといってもよい。

⑨　500hPa等圧面天気図上で5820～5860mの等高線に沿って進む傾向が

あり，東西に伸びる気圧の峯の南3～5°lat.で転向しやすい。

台風の発達

ⓐ　カロリン・マーシャル群島付近で発生する台風は発達しやすい。最低気圧の平均は940hPaである。

ⓑ　20°N以北，フィリピン近海，南シナ海で発生する台風はあまり発達しない。最低気圧の平均は980hPaである。

ⓒ　発生してから，中心気圧が急下降（1日に50hPa以上）するまでの日数は3～6日で4日目が最も多い。

ⓓ　13～20°N，130～150°Eの海域で特に発達する傾向がある。

ⓔ　20°N以北でも，海水温の高い水域では発達する。

(6)　移流霧に関する予報の指針

①　霧の発生に好都合な条件，すなわち強い温度傾度にそう暖気の移流があることを確かめる。特に風が弱く湿度が高い場合の低気圧暖域に注意する。

②　850hPa天気図により，温度および比湿の移流の大きさを求める。移流が正の場合におこりやすい。

③　到達が予想される気団の温度および湿度の鉛直分布を断熱線上で解析する。気温減率が小さいほど，また比湿減率が大きいほど霧は発生しやすい。

④　雲底高度の分布と変化に注意する。雲底高度が下降すれば視程が悪くなるだけでなく，移流霧が発生する可能性が増大する。

14-6-3　天気予報の種類

天気予報はその予報時間に応じて次の種類がある。

(1)　短時間予報　・降水ナウキャスト（2時間先までの予報）
　　　　　　　　・降水短時間予報（6時間先までの予報）
(2)　短期予報　　・天気予報（1～2日先までの予報）
　　　　　　　　・地方天気分布予報
　　　　　　　　・地域時系列予報
(3)　中期予報　　・週間天気予報（2～7日先までの予報）
(4)　長期予報　　・季節予報（1～6月先までの予報）
　　　　　　　　　1か月・3か月予報，暖候期・寒候期予報

(1)　短時間予報

・降水ナウキャスト（2時間先までの予報）

現在の天気のきめ細かい解説と2時間先までの予報を行う。気象衛星，気象レーダー，リモートセンシング機器，そして通信手段の発達によって強雨，竜巻，雷を対象に急速に発生・発達する現象をレーダーによる10分ごとの観測でとらえ，天気の変化傾向を外挿して降水量を予測し，それを迅速に提供する。10分ごとに2時間先までの10分間降水量を予測する。

・降水短時間予報（6時間先までの予報）

　中小規模のライフサイクルが対象で，この予測の有効期間の目安は6～12時間先までである。気象レーダーと雨量計から得られたデータをもとに解析した解析雨量を初期値にして，30分ごと，6時間までの1時間降水量を予測する。

(2)　短期予報（1～2日先までの予報）

・天気予報

　寿命が数時間～数日の前線，台風，雷雨，メソサイクロンなどのメソスケール（2 km～2000km）から地上天気図，高層天気図に描かれる高気圧，低気圧やそれに伴う天気現象の総観スケール現象（2000km～数千 km）が対象である。

　風，天気，気温（最高，最低），降水確率を求めて提供する。

(3)　中期予報（2～7日先までの予報）

・週間天気予報

　総観スケール現象を取り扱うもので，短期予報法に加え，高層の長波や超長波の谷や峰に着目してその推移を予想する。推移予想から前線や高気圧，低気圧の移動や発達か衰弱かの予想を求める。

　そしてこれらの現象に伴うモデル的な天気分布を適用して日々の天気を予想する。

(4)　長期予報（1～6か月までの予報）

・季節予報

　広い領域を対象に平均的な状況を予想し，気候学的に期待される状態の平年からの偏りを確率的な表現で予報する。つまり，ある事象が起こる確からしさを確率値として表す確立予報をもとにデータを処理して提供するものである。

　以上いずれの予報においても観測から得られた初期データを使って物理学の方程式や経験式からコンピュータによって将来の天気現象を予測する数値予報が土台となっている。

　幅広く集めた観測データと誤差の少ないデータの収集，そしてコンピュータの性能の発達によって客観解析や数値予報モデルの精度の向上は目覚ましい。

数値予報から得られた値の後の予報作業はアンサンブル予報や天気予報ガイダンスを用いて行われる。

アンサンブル予報：

初期値に含まれる誤差を利用して数値予報を行い，それを確率的にとらえて最も確からしい結果を得て予報する方法。短期予報～長期予報まで幅広く用いられている。

天気予報ガイダンス：

数値予報で計算される気象データを，カルマンフィルターやニューラルネットワークによる統計処理によって，天気予報に使われる天気，降水，気温，雷などの要素を算出して表し，予報作業に使うものである。

第14章　問　題

▶三　級　＜＊＊＞

問1　次の天気図記号（国際式）の風速をのべよ。

〔解〕 第14-4表参照。

問2　右図は，地上天気図に用いられる気象要素の記入形式（国際式）の一例を示す。その内容について説明した次のうち，<u>誤っている</u>ものはどれか。

(1)　雲量は7または8である。
(2)　風向は北西で，風速6ノットである。
(3)　気温は20℃である。
(4)　気圧は3時間前より低く，その気圧変化量は1.5hPaである。

20　135　−15　16　5　6

〔解〕 (2)，風速15ノット

問3　次はそれぞれどのような気圧配置の場合に起こるか。

(1)　春一番　　(2)　秋雨前線

〔解〕 (1)　日本海低気圧型，(2)　北高南低型。

問4　次図に示す日本近海の天気図により下記に答えよ。

(一)　この気圧配置が現れやすい季節
(二)　図のように大陸高気圧の一部が南東に張り出しているときは台湾付近において低気圧が発生しやすいが，なぜか。
(三)　日本南岸における今後の天気を予察せよ。

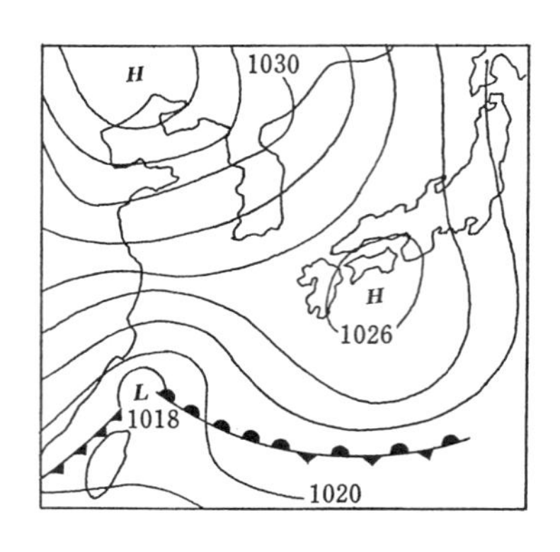

〔解〕 14-4(2)参照。

問5　日本付近の天気図型の例を，5つあげよ。また，一般に天気図型は，どのようなことに役立つか。

〔解〕 14-4参照。

問6　日本付近の天気図に見られる次の(1)と(2)は，それぞれ普通どんな特性をもつか。

(1) 南北に伸びる気圧の谷　(2) 東西に伸びる気圧の谷

〔解〕 (1) 前線に伴う低気圧が発達しやすく，天気変化が早い。(2) 低気圧もあまり発達せず，天気はぐずつく。14-3(1)③，7-2参照。

問7　(一) 次図は，日本付近の天気図の一部を示したものであるが，誤って描かれたものがある。誤っているものはア～カのうちのどれか，2つ記号で示せ。

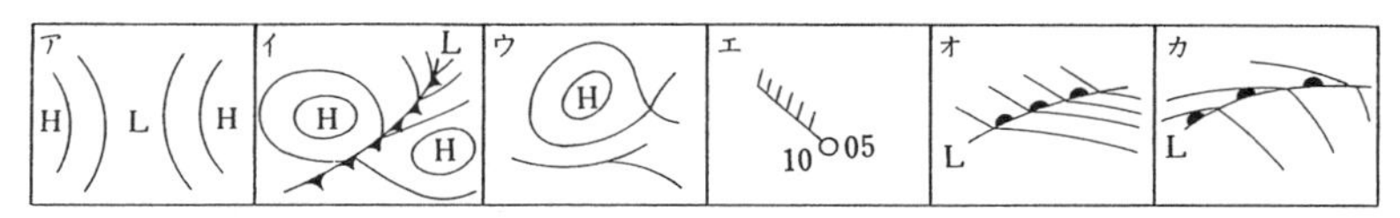

(二) 右図は，くら状低圧部の3つの型を示す。安定したよい天気になることが多いのは，a～cのうちのどれか。(理由も記せ。)

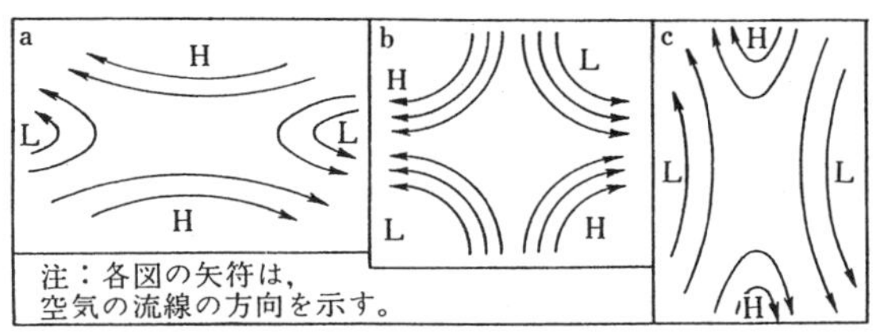

〔解〕 (一) ウ，オ。

(二) a，14-3(1)④の(注)参照。東西の温度差が少なく気温差を解消させる。aは高気圧性あん部（高気圧の軸に沿って長く伸びた状態）bは中立のあん部（まもなくどちらかの型に移行，あん部の温度差が大きくなると前線が発生）cは低気圧性あん部

問8　気温と雲の観測は，それぞれ天気の予想にどのように役立つか。

〔解〕 気温：露点温度と共に，気団と前線の位置・性質を解析するのによい。気温・降水量・霧の予想にも利用される。

表8-1 表（気温），14-6-1 後段⑬⑭，14-6-2(6)の①③，15-5(2)参照。

雲：雲と気圧系を比べて，気圧系の構造や性質を解説する。

雲と天気の関係から気象現象を予想する。

9-3-7(1)の②，14-6-1後段①②⑦⑨，14-6-1(3)の①②，14-6-2(6)の④参照。

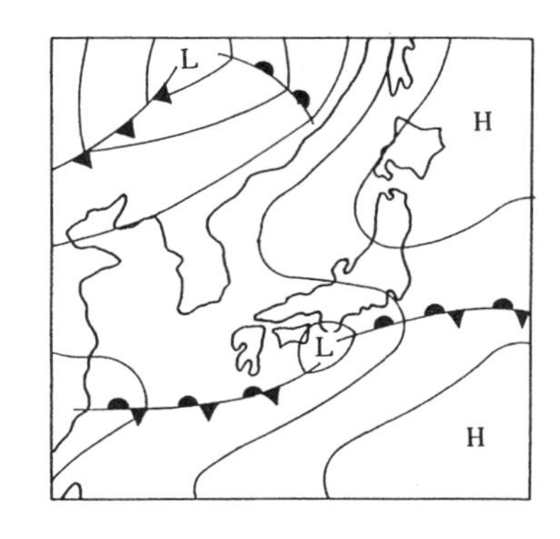

問9　右図は，日本付近の地上天気図の1例を

略図で示したものである。次の問いに答えよ。

(1)　このような気圧配置のときの天気図型は，何型といわれるか。

(2)　このような気圧配置は，何月ごろにみられるか。

(3)　北海道東方の高気圧と本州南方の高気圧は，それぞれどのような性質の高気圧か。

(4)　本州南方海上にある前線の北側と南側は，一般にどんな天気か。

〔解〕　14-4(6)参照。

問10　次図は，過去の天気図を，観測地点，観測された要素及び等圧線の示度等を省略し，転記したものである。次の問いに答えよ。

(1)　このような気圧配置は，いつごろに多くみられるか。

(2)　この天気図は，何という天気図型に該当するか。

(3)　この場合の本州南岸における次の①～③について記せ。

①　風　向

②　気　温

③　天　気

〔解〕　14-4(3)参照。

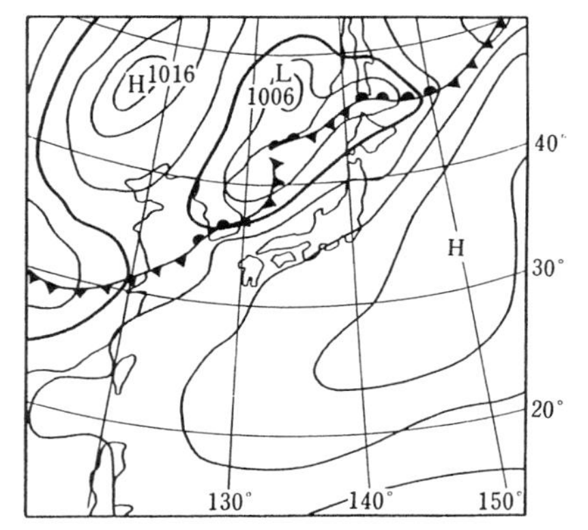

問11　次図は，ある時期に日本付近でみられる天気図をモデル的に描いたものである。次の問いに答えよ。

(1)　このような天気図がみられるのは，いつごろか。

(2)　九州地方から四国地方にかけて異常気象が予想されるが，どんな異常気象か。

(3)　(2)は，右図のどんな要素や状況によって判断し得るか，説明せよ。

〔解〕　(1)　14-4(6)参照。

(2)　大雨と低気圧の発達。

(3)　南岸にある台風のもたらす赤道気団，西方より気圧の谷が接近している。

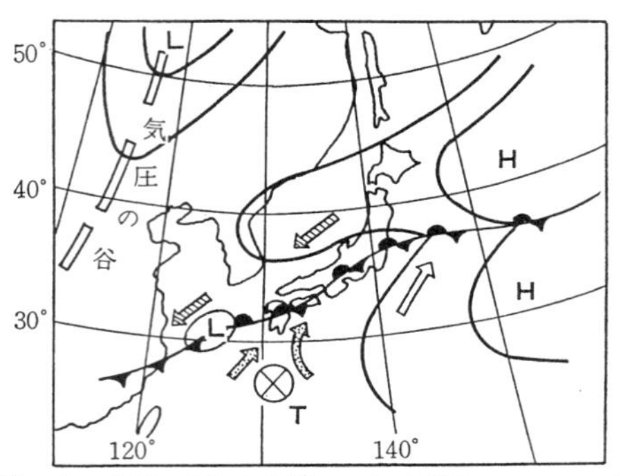

(注)⇨は高温・多湿な気流，⇨は暖気，⇨は寒気

問12　気象通報等による低気圧の中心示度は，天気図上ではどこに記入されるか。

〔解〕　低気圧の中心を示す天気図解析記号の下方に気圧と共に記す。

問13　日本にくる温帯低気圧のうち，台湾付近に発生するもの（東シナ海低気圧）が日本に接近するとき，その進行状況については，どのような特徴がみられるか。

〔解〕 14-4(2)参照。

問14　右図は，地上天気図に用いられる気象要素の記入形式（日本式）の１例である。

①　天気記号は何を表すか。②　(ア)と(イ)が示す数値は何を示すか。

〔解〕 ①　第14-3表参照。②　第14-1図参照。

問15　次の(1)～(5)の文は，地上天気図を作成する場合，等圧線を描くときの一般的な注意事項を述べたものである。文中の□内にあてはまる語句を次の枠内の(ア)～(コ)の中から選び，番号と記号で示せ。〔解答例：⑥―(サ)〕

(1)　１本の等圧線は，途中で［①］を出したり途切れてしまうことはない。
(2)　異なった値を示す等圧線は，［②］したり，接したり，結びつくことはない。
(3)　等圧線は，前線の位置で［③］側へ折れ曲がる。
(4)　等圧線と風向とは約［④］度の角度をもつ。
(5)　等圧線は，普通［⑤］ミリバールの間隔毎に描く。

(ア) 交　差	(イ) 60	(ウ) 枝	(エ) 低　圧	(オ) 高　圧
(カ) 直　線	(キ) 2	(ク) 30	(ケ) 5	(コ) 曲　線

〔解〕 ①―(ウ)，②―(ア)，③―(エ)，④―(ク)，⑤―(キ)。

問16　低気圧および高気圧の移動を予測する｛　｝内のうち正しいほうを記号で答えよ。

(1)　だ円形の低気圧はその｛(イ) 長軸／(ロ) 短軸｝の方向と気圧下降変化の最も｛(ハ) 小さい／(ニ) 大きい｝方向との中間方向に移動する傾向がある。

(2)　低気圧はその周囲の最も風の｛(ホ) 弱い／(ヘ) 強い｝部分の流れの方向に進む傾向がある。

(3)　高気圧は気圧が最も｛(ト) 下降／(チ) 上昇｝している方向に移動する傾向がある。

(4)　示度が非常に高い高気圧は｛(リ) 速く／(ヌ) ゆっくり｝移動する傾向がある。

〔解〕 (1)　(イ)(ニ)　(2)　(ヘ)　(3)　(チ)　(4)　(ヌ)

問17　FAXで送られてくる地上天気図上の次の(1)～(3)の記号は，それぞれ何の表示で，どのような内容を表しているか。

(1)　［W］　(2)　［TW］　(3)　［GW］

〔解〕 14-2(2)，13-2-2(2)参照。

▶二　級　＜＊＊＊＞

問１　気圧の谷を説明し，日本付近における気圧の谷と天気予報との関連について説明せよ。

〔解〕 14-3③，14-5-2(2)後段ⓑ，同(5)⑧参照。

問2 気圧の谷（Trough）に関する次の問いに答えよ。

(1) 地上天気図においては，どのようなところを気圧の谷というか。

(2) 気圧の谷は前線を伴うことが多いが，なぜか。

(3) 気圧の谷が低気圧の付近にくると，この低気圧はどのような影響を受けるか。

(4) 気圧の谷が東西方向にできる場合と，南北方向にできる場合とでは，一般に，天気の変化にどのような違いが見られるか。

〔解〕 (1)，(2) 14-3③参照。(3) 低気圧が発達しやすくなる。気圧の谷へ進む。

(4) 東西：低気圧もあまり発達せず，天気はぐずつく。

南北：前線に伴う低気圧が発達しやすく，天気変化が早い。

14-3(1)③，7-2参照。

問3 地上天気図における気圧の谷の付近では，一般に天気が悪いことが多いが，なぜか。

〔解〕 14-3③参照。

問4 右図は，日本付近の地上天気図の1例を略図で示したものである。

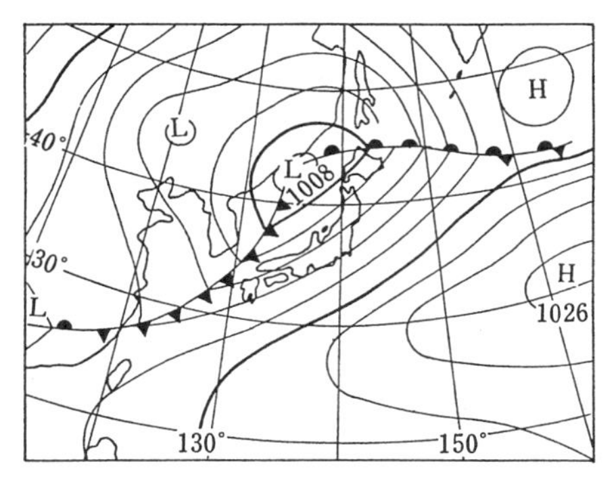

(1) この天気図は，何型とよばれるか。

(2) このような型は，どの季節に多くみられるか。

(3) この型における日本付近の天気の特徴を述べよ。

(4) この型において，日本海の低気圧が本邦の東方海上に進むと，どのような気圧配置となるか。また，その場合の日本付近の天気の特徴を述べよ。

〔解〕 (1)～(3) 14-4(3)参照。(4) 14-4(1)参照。

問5 日本付近における二つ玉低気圧型の1例を略図で示し，この型における日本付近の天気の特徴を述べよ。

〔解〕 14-4(11)参照。

問6 台風の進路を予測する場合，次の事項はどのように利用すればよいか。理由を付して述べよ。

(1) 現在までの台風の動き

(2) 台風の周囲の気圧変化

〔解〕 (1) 14-6-2(5)①参照。今までの動きがある程度持続する傾向がある。

(2) 14-6-2(5)②，③参照。

問7 温帯低気圧の発達が予想されるのは，次の(1)～(5)が，どのような状況の場合か。

(1)　低気圧の前方における気圧の上昇又は下降
(2)　低気圧周辺の寒気と暖気の動き
(3)　低気圧に伴う前線を境にして接している寒暖両気団の温度差
(4)　低気圧に伴う寒冷前線の進行速度
(5)　低気圧の強い発達が予想される場合の中心の気圧降下の場合

〔解〕 (1)　気圧の降下があるとき。　(2)　寒気と暖気の流入があるとき。　(3)　温度差が大きいとき。　(4)　速度が早いとき。　(5)　気圧降下が大きいとき。それぞれ14-6-2(3)ⓓⓖⓗ参照。

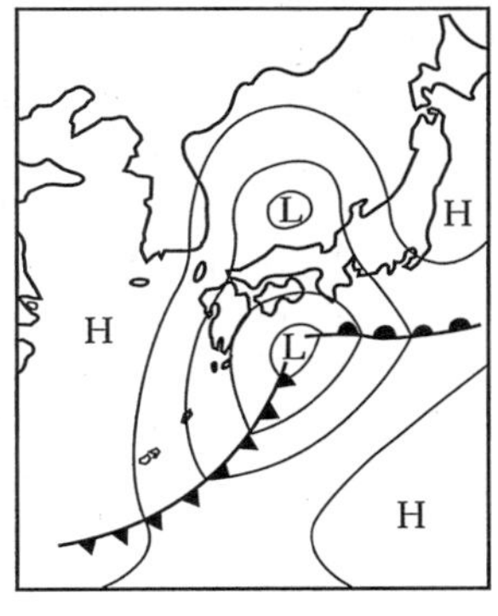

問8　右図は，日本付近で見られる地上天気図型の1例を略図で示したものである。次の問いに答えよ。
(1)　このような気圧配置は，いつごろ多く見られるか。
(2)　このように，日本を挟んで2つの低気圧が現れることがあるのは，どのような場合か。2例をあげよ。
(3)　これらの低気圧が通過中及び日本の東方海上に抜けたときの日本付近の天気の特徴をそれぞれ述べよ。

〔解〕 14-4(11)参照。

問9　東高西低型，日本海低気圧型について
(1)　それぞれどの季節に多く見られるか。
(2)　日本の天気は，それぞれ一般にどのような特徴があるか。

〔解〕 14-4(8)，(3)参照。

▶一　級　<＊＊＊>

問1　右図に示す地上天気図に関し，下記について答えよ。ただし，⌒⌒は上空の温暖前線を，A，B，Cは各気団を示し，—・・—・・—は便宜上付したものである。
(一)　図上の閉塞前線は何型か。
(二)　—・・—・・—における鉛直断面図を描き各気団の動静，雨域，雲の一般的傾向および前線の位置を示せ。
(三)　図上，下部中央の地点に示す記号（国際式）の意味。

〔解〕 (一)　寒冷型。(二)　第7章の第7-9図参照。 (三)　14-2(1)②国際式記入法参照。

問2　前線帯あるいは前線は発生するためには，1つの境界に向かって両側から温度の異なった気流が収束する必要があるが，このような状態は2組の高気圧と低気圧がそれぞれどのように配置された場合に，どのような経過で生じるか。図示して説明せよ。

〔解〕 14-3(1)④参照。中立の状態から等圧線が低気圧を連ねる方向に引き伸ばされると，気流の収束が増え，前線が発生しやすくなる。三級問6(2)参照。

問3　上層のトラフが，日本近海に来襲する台風の進路におよぼす影響について説明せよ。

〔解〕 14-6-2(5)⑧および9-3-5後段参照。

問4　(1)　等高度線（等高線）の間隔は，それぞれ何メートル毎に描かれているか。

(2)　風と等高度線との関係を述べよ。

〔解〕 14-5-1(2)参照。

問5　FAX放送により船で受画できる次の高層天気図は，それぞれ主に何を調べるのに役立つか。

(1)　**層厚図**　　(2)　**渦度分布図**　　(3)　**鉛直流分布図**

〔解〕 (1)　1.　2つの等圧面天気図の間の高度差をとる。

2.　気温が高いと高度差（層厚）が大きい。

3.　1000hPaと700hPa層厚は，100mの差が約0.65℃の差になる。

4.　層厚から等層厚線を描く

5.　等層厚線は等温線の分布を表している。

6.　これから，寒気と暖気の分布と温度風によってその移動の模様がわかる。

7.　これは，さらに高・低気圧の発達や移動に関係している。

（温度風とは，寒気を左にみて等温線に平行に吹く上層の風である。）

(2)　14-5-2参照。

(3)　1.　上昇気流のある所では気圧低下，下降気流のある所では気圧上昇。

2.　地上気圧系の変化傾向を知る。

3.　値が大きければ現象は活発である。

4.　$\Delta p/\Delta t = \rho g \Delta z/\Delta t$ の関係がある。

（$\Delta p/\Delta t$：気圧変化（鉛直p－速度），Δp：気圧差，Δz：高度差
$\Delta z/\Delta t$：上昇速度　Δt：時間差，
ρ：空気密度，g：重力）

5.　上昇気流（$\Delta z/\Delta t>0$）では鉛直 p －速度は負。
下降気流（$\Delta z/\Delta t<0$）では鉛直 p －速度は正。

6.　FAXでは現在700hPa上昇流分布図が使われている。700hPa高度では，およそ1cm/secの上昇速度が3hPa/hrに相当する。

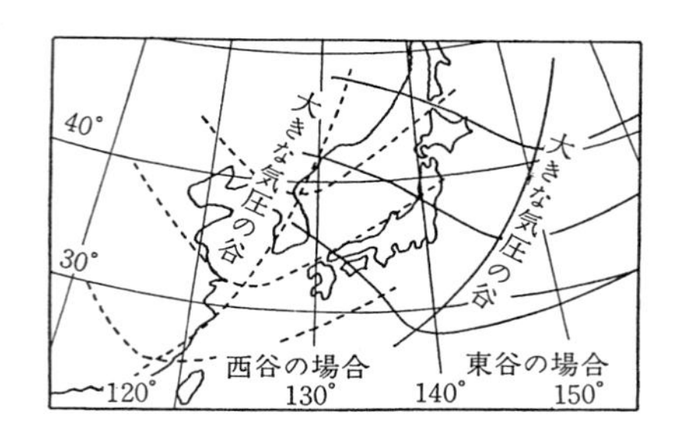

問6　次図は，プラネタリ波（惑星波）の大きな気圧の谷が日本付近で停滞する場合の様子を，500hPa等圧面天気図上にモデル的に，東谷の場合を実線で，西谷の場合を点線で描き1枚の図にして

示したものである。次のａ～ｃの場合，それぞれ日本付近の天気の特徴には，どのような一般的傾向が見られるか。

ａ　東谷の場合　ｂ　西谷の場合

ｃ　図には描いていないが，上空の流れが緯度圏に平行な帯状となり，東谷とも西谷ともいえない場合

〔解〕ａ―日本列島への寒気団の南下。太平洋東方洋上での低気圧の発生と発達。

ｂ―日本海，東シナ海周辺での低気圧の発生と発達。

ｃ―前線が停滞しぐずつく。前線付近では霧の発生がある。

問7　下図の〔A〕は，地上天気図の一部を模図化したもので，〔B〕は，このときの上層天気図の変化を示したものである。次の問いに答えよ。

(一)〔A〕図を見ると，東シナ海に低気圧の発生が予想されるが，その判断の根拠を述べよ。

(二)〔B〕図を見ると，〔A〕図における低気圧発生の予想をさらに確度の高いものにすることができるが，その判断の根拠を述べよ。

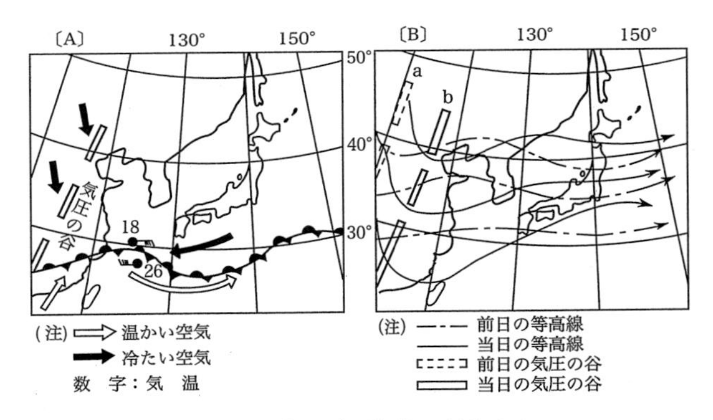

〔解〕(一)　停滞前線に向かって寒・暖両気流の侵入がある。

(二)　気圧の谷の接近と谷が深まっていること。

問8　温帯低気圧の移動，発達等に関し，次の問いに答えよ。

(1)　発生初期の若い低気圧の進行方向と進行速度は，その低気圧の形状や風速等により一般にどのように予測することができるか。

(2)　500mb（又は，700mb）高層天気図の等高線や風速は，地上低気圧の進行方向と進行速度を予測するため，どのように利用されるか。

(3)　北半球において，500mb 高層天気図の気圧の谷が，この谷に対応する地上低気圧の西側にあってその谷が深い場合，この地上低気圧は発達するかどうか。

(4)　地上低気圧の真上に上層の低気圧がある場合は，地上低気圧の進行速度は，速くなるか，遅くなるか。

〔解〕(1)　進行方向：暖域の等圧線に平行に進む。楕円形であれば，その長軸の方

向に進む。

進行速度：暖気側における風速で進む。

(2)　一般流となる等高線に沿った風の方向に進む。速さは500mb 面の風速の約50％である。

(3)　発達する。

(4)　遅くなる。

問9　大規模な気流系において，気圧の峠（pressure col）は前線の発生に適しているといわれるが，気圧の峠ではどのような経過で前線が発生するか。図示して説明せよ。

〔解〕　東西線と南北線の交わりが，鞍状低圧部（col）である。図のように一対の低気圧と高気圧が向かい合っている。今，等温線と流線の交わりが45°である（中立の状態）。これが45°以下になると，東西線に向かって気温が収斂するので前線の発生が起きる。45°以上になると，東と西に向かって気流が発散するので好天に向かう。

問10　地上低気圧の発生，発達は上層の気圧の谷の強弱に左右されるが，次図はこの谷の強弱を説明するためのモデル図の1例である。次の問いに答えよ。

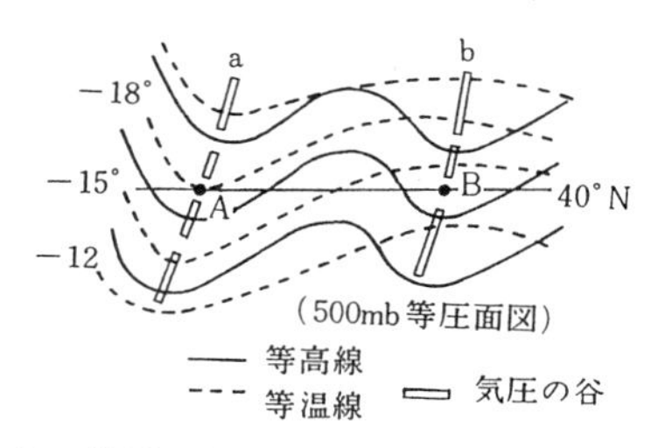

(1)　a，b 2つの気圧の谷のうち，どちらに低気圧は発生しやすいか，また，両方に低気圧が発生した場合，どちらのほうが発達しやすいか，判断の根拠を付して答えよ。

(2)　(1)の谷に対応する地上の低気圧の位置は，どの付近になるか。

〔解〕　(1)　a，同緯度（40° N）の気温で，A：−18℃，B：−14℃である。a の谷は寒気の南下があった後で，低気圧は最盛期を過ぎた段階である。この後，新しい寒気の流入があれば低気圧も発達しやすい。

b の谷は暖気が侵入しており，しだいに浅くなる。

(3)　谷の東側。

問11　地上天気図と高層天気図を対照して天気を予想する場合の方法として：

(1)　地上の低気圧が発達するかどうかは，上層の気圧の谷のどんな状況をみるか。

(2)　上層の気圧の峰及び谷と地上の低気圧及び高気圧との概略の位置関係を記せ。

〔解〕　(1)　14-5-1(2)6 参照。

(2)　14-5-1(2)8 参照。

問12　次図は，地上天気図を見て台風の進路を大まかに予想する場合の方法を説明するためのモデル図である。次図を写し，台風の予想進路をそれぞれに記入せよ。

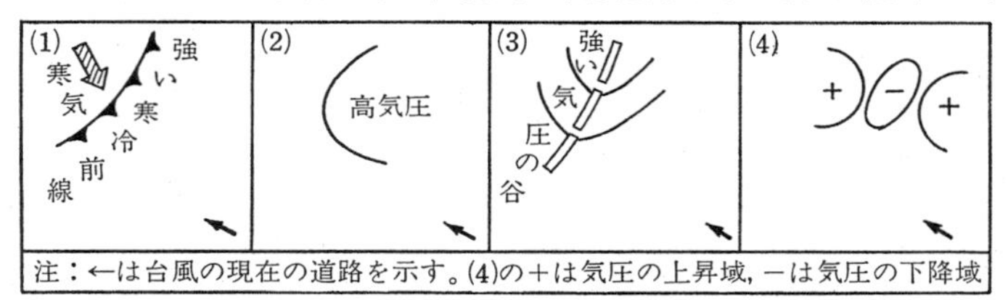

〔解〕 (1)　14-6-2(5)④参照。　　(2)　9-3-5前段参照。
　　(3)　14-6-2(5)⑧参照。　　(4)　14-6-2(5)②参照。

問13　イサロバール（気圧等変化線）とは何か。また，これは，天気を予想する場合どのようなことに利用されるか。

〔解〕 天気図上で，ある時間内（通常，過去3時間内）の気圧変化における各地点の気圧差をとり等しい所を結んだ線。一般に，低気圧の前面では気圧が下降し，高気圧の前面では上昇するのを利用して，気圧系の移動や消長を予報する。
14-6-2(5)②参照。

問14　日本近海における上層の寒気の動静は，それぞれどのような関係があるか。

(1)　突風の発生　(2)　低気圧の発生・発達

〔解〕 (1)　2-4-5参照。　(2)　14-5-1(2)の6. 参照。

問15　高層天気図における次の等圧面天気図について，下の問いに答えよ。

(a)　850mb　(b)　700mb　(c)　500mb　(d)　300mb

〔問〕 (1)　(a)〜(d)は，それぞれ標準大気で，おおよそどのくらいの高さに位置するか。
(2)　(a)〜(d)の天気図上の等高線（等高度線）の間隔は，それぞれ普通何メートル毎に描かれているか。
(3)　各等圧面図には，高度のほかどんな要素が記入されているか。
(4)　(c)は，一般にどんなことに利用されるか。
〔注〕(a)(b)(d)についても知っておくこと。

〔解〕 (1)，(4)は5-5-1(1)〜(4)参照。
(2)，(3)は14-5-1(1)，(2)参照。

問16　高層天気図（主として500mb 又は700mb 等圧面天気図）を地上天気図と対照して次の(1)〜(3)を予測する場合，高層天気図のどんな点に注目して見るか。

(1)　地上低気圧の発生の可能性及び発生する場合の位置
(2)　地上低気圧の発生が予想されるものとしてその発達の可能性
(3)　地上低気圧の進行方向

〔解〕 (1)，(2)　14-5-1(2)6〜8，14-6-2(3)後段ⓔ参照。
(3)　14-5-1(2)6〜8，14-6-2(3)前段③参照。

問17　右図は，日本付近の高層天気図の略図である。次の問いに答えよ。

(1)　右図は，何 hPa 等圧面天気図を示すか。

(2)　図中ア及びイで示したところは，それぞれ何と呼ばれているか。

(3)　輪島（石川県）上空の風速はいくらか。また，一般に風向・風速のほかどのような気象観測結果が記載されているか。

(4)　地上低気圧の次の(ア)～(ウ)を予想する場合，この種の天気図のどのようなところに着目すればよいか。

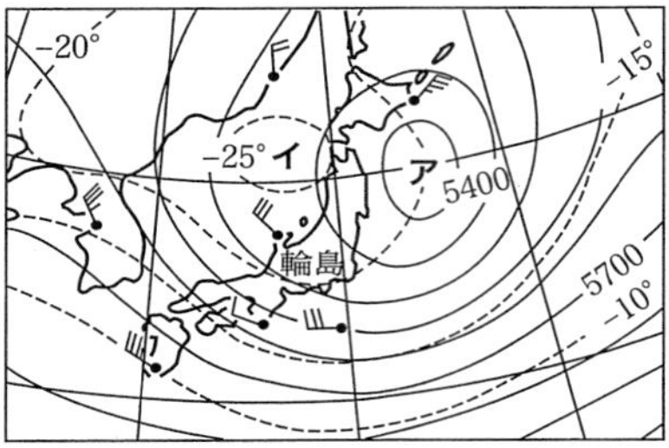

(ア)　発生位置　　(イ)　進行方向，速度　　(ウ)　発達，衰弱

〔解〕(1)　500hPa 等圧面天気図。

(2)　ア：低気圧，　イ：寒冷域。

(3)　30kt。気温，気温と露点温度の差（湿数）。

(4)　(ア)　気圧の谷の東側。

(イ)　等高線の向き。風速の30％～50％の速度。

(ウ)　谷の西側の寒気が強い（発達）・弱い（衰弱）。谷の東側に位置する（発達）・直下から西側に位置する（衰弱）。谷が深くなる（発達）・浅くなる（衰弱）。

問18　高層天気図に関する次の問いに答えよ。

(1)　天気予察上の利用価値について述べよ。

(2)　何ヘクトパスカルの等圧面天気図があるか。

(3)　等高度線の高度が高いところ及び低いところは，それぞれ何に該当するか。

(4)　上層の風は，等高度線に対してほぼ平行に吹くが，なぜか。

(5)　この天気図には，等高度線のほか，どのようなことが記入されているか。

〔解〕(1)　5-5-1前段，5-5-2，5-5-3後段参照。

(2)　14-5-1前段参照。

(3)　高いところ：高圧部，低いところ：低圧部。

(4)　14-5-1(2)1参照。

(5)　14-5-1(1)，(2)前段参照。

問19　高層天気図の渦度分布図（渦度解析図）に関する次の問いに答えよ。

(1)　正の渦度及び負の渦度とは，どのようなものか。

(2)　北半球のジェット気流の北側と南側では，渦度分布はどのようになっているか。

(3)　**渦管**とはどのようなものか。また，渦管の傾きは，地上の低気圧の発達とどのような関係があるか。

〔解〕(1)　14-5-2参照。

(2)　北側は正，南側は負の渦度。

(3)　無数の渦線に囲まれた管で，渦線の接線方向が渦度ベクトル。渦管が上空から東に傾いていれば発達，直下で最盛期，西に位置すれば衰弱となる。

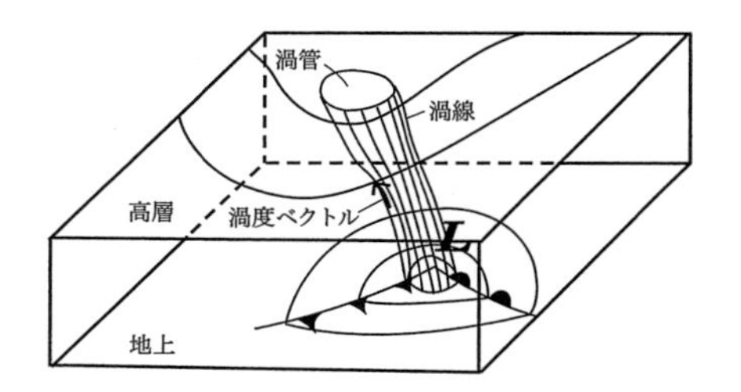
渦管
渦線
高層
渦度ベクトル
L
地上

第15章　日 本 の 四 季

15-1　春

(1) 春のはじまり

シベリア気団の衰えがはじまり，西高東低型の気圧配置が崩れるようになる。２月中旬を過ぎると，低気圧は日本海にはいり，暖域に吹き込む南風によって急に春めいた陽気になる。

(2) 寒の戻り

一時的に暖かくなっても，低気圧が通過すると，寒冷前線の後方にシベリア気団が流れ込んできて，再び西高東低型になることがある。これを寒の戻りというが，真冬のようには長続きしない。こうして，気温が上がったり下がったりして本格的な春へと近づいて行く。

(3) 太平洋側の雪

冬の間中，日本海側では多量の雪が降るが，太平洋側ではむしろ，乾燥，晴天の天気となる。ところがまれに太平洋側にも雪が積もることがある。

それは，低気圧が日本の太平洋岸に沿って北上する経路のときである。この場合，雨域が太平洋側一帯に広がり，シベリア気団の寒気が流入して来ると太平洋側に積雪を見るのである。しかし，これが雪になるか雨になるかは微妙であって，条件が整えば地上の気温がおよそ４℃以下のときは雪になるようである。

(4) 春 の 嵐

春は低気圧の発達が盛んで，一年中で最も暴風日数が多い。低気圧が太平洋側を通るときは，東シナ海で発生してから，一日で九州南端，翌日は房総沖，翌々日は北海道へと進んで行く。このとき。１日に気圧が10hPa 以上，低気圧の中心気圧が1000hPa 以下に下がるときは警戒を必要とする（南岸低気圧型）。

また，日本海低気圧は日本が暖域に入り暖かく，雨量も少ないが，強い南風が吹きまくり，突風性を帯びているから油断できない。陸上では山岳方面でなだれ，日本海側でフェーン現象を起こすので大火には充分警戒が必要である。

立春（2月4日）以降春分の間で，前日より気温が上昇し，南よりの風が風速8 m / s以上吹いた最初の日を春一番と呼んでいる。この暖域が去った後は，寒冷前線による強風と突風が続き，寒冷前線が通過した後は北風となって気温が低下する。

（注） 春一番に続く，日本海低気圧を，それぞれ春二番，春三番，春四番などと呼ぶことがある。およその基準をのべれば，春一番（2月中旬），春二番（春三番の間にあるもの），春三番（今までつぼみだった桜を暖気の流入によって一度に開花させる）。せっかく春三番によって開花した桜は，一週間もしないうちに春四番で打ちのめされてしまう。

⑸ 春　雷

日本海低気圧に伴う寒冷前線が発達すると，前線の積乱雲によって雷がおこる。新潟を含めた北陸地方で多い。

⑹ 移動性高気圧

2月中旬になると，等圧線の間隔も広がり，西高東低型による季節風も弱まり，長続きしない。そして，低気圧，高気圧，低気圧と周期的に日本を通過して行くようになる。したがって春の天気の移り変わりは早く，春の天気は「四日周期」といったりするのである。冬の間，降雪の続いた日本海側も次第に晴れるようになり，これに対し，晴天の続いた太平洋側は雲が多くなっ

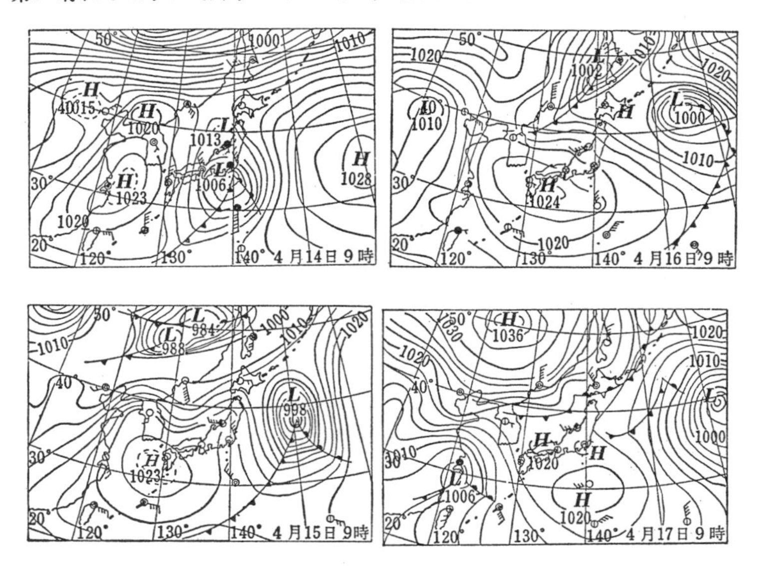

第 15-1 図　4日周期の天気

て，同じような天気状態に変ってくる。

天気の動きは早く，一両日中に崩れてくる。まず花曇りといわれる曇天となり，やがて雨が降り出す。春のしとしと雨は「春雨」といわれる。

こうした目まぐるしい天気も5月に入ると，移動性高気圧は温暖型となり，時には帯状高気圧となって東西に連なったりしていわゆる「五月晴れ」という好天が続くようになる。

(7) 北高型の天気

高気圧の張り出しや，通過が40°N より北の場合は，北高南低型の気圧配置となるので本州南岸に前線が停滞する。梅雨と同じ状態になり，ぐずついた天気が続く。3月中旬～4月中旬にかけて見られることがあり，これを「菜種梅雨」などと呼ぶ。

ただし，北日本では天気は良い。

(8) 晩（ばん）霜（そう）

移動性高気圧におおわれた穏やかな日の夜は霜がおりて，農作物に被害を与えたりする。この晩霜は春の終りから初夏にかけて見られるもので，昔からいわれる「八十八夜の別れ霜」（立春から数えて88日目，通常5月2日頃）はこの頃を境にして以後霜が降りることもなかろうというもの。ただし，この言葉は関東以西にあてはまるもので，北日本では依然として霜の心配はある。

(9) 蜃気楼

日本では4～6月頃に富山湾で蜃気楼を見ることがある。日本アルプスの積雪が融けて日本海側に注ぎ込み，付近の海水の温度が下がるので，それに接する気温も低くなる。その上を吹く風の気温との温度差から，光が屈折現象を起こし，遠方の物標が間近かに見えたりする現象である。

15-2　梅　　雨

(1) 梅雨型

初夏の頃，シベリア気団が後退した後，小笠原高気圧が北上して来るが，このときオホーツク海高気圧と日本の南岸でぶつかり合う。この両者の間にできる停滞前線が梅雨前線であり，前線の北側に沿ってぐずついた天気が続くのである。さらに前線上を低気圧が西から東に移動して行くと，前線を刺激して雨量は多くなる。

2つの高気圧がほぼ均衡を保った状態が続くから，梅雨となるのだが，もし，どちらか一方の高気圧が強いと，天気が変化する。

(2) 入　　梅

入梅は南に始まって次第に北へ及んで来る。小笠原諸島や南西諸島方面では早いが，期間も短く，この現象を「夏ぐれ」などという。

実際に梅雨に入るのは年によって違うが，平均すれば6月上旬位から始まる。

梅雨現象が顕著なのは，東北地方南部から九州までの地域で，東北地方北部や北海道では，はっきりした梅雨現象は見られない。

	沖　縄	奄　美	九　州 南　部	九　州 北　部	近　畿	関　東	東　北 南　部
梅雨入り	5／8	5／10	5／29	6／5	6／6	6／8	6／10

(3) 梅雨の雨

梅雨の前期はオホーツク海高気圧の勢力が強く，寒気団が日本を支配している。したがって気温も低くてうすら寒く，雨もしとしと雨が降り続く。梅雨の後期（6月下旬以降）に入ると，小笠原高気圧が強くなって来て，暖気団がしばしば日本に侵入して来るようになる。気温も上がり，蒸し暑さを感じさせる。それとともに，雨の降り方も強くなり，通過する低気圧が前線を刺激して局地的豪雨がある。

(4) 梅雨の中休み

梅雨期間中，前線は一個所に停滞しているものではない。常にわずかずつオホーツク海高気圧が勢いを増したり，小笠原高気圧が勢いを増したりしていて，それによって前線の位置が南下する場合と，北上する場合がある。この時，一時的に晴れ間がのぞくことがあって，梅雨の中休みと呼んでいる。

(5) 梅雨明け

平均して7月も中旬になると小笠原高気圧が勢いを増し，オホーツク海高気圧が衰弱するので，前線を北に押し上げて日本は小笠原高気圧におおわれるようになる。

気温が上がって，蒸し暑くなり，各地とも晴天となって夏に突入するのである。この際，梅雨の末期には低気圧が発達して豪雨が起こるから，「梅雨末期の豪雨」は梅雨明けの前兆ともいうことができる。しかし時には，オホーツク海高気圧の勢力が強く前線を南に押し下げたまま，オホーツク海高気圧が変質して前線が消滅し夏に入ることがある。

	沖　縄	奄　美	九　州 南　部	九　州 北　部	近　畿	関　東	東　北 南　部
梅雨明け	6／23	6／28	7／13	7／18	7／19	7／20	7／23

(6)　から梅雨（つゆ）

年によっては，はっきりした梅雨を見ないで夏に入ることがある。一つは例年より小笠原高気圧が強く前線が弱かったり，いきなり前線が北に上げられるときで，最初から暑い日照りが続き，干ばつで水不足の恐れがある。

もう一つは，例年よりオホーツク海高気圧が強くて，梅雨前線がはるか南方に押し下げられたまま季節が進み，やがてオホーツク海気団が変質して，小笠原気団と同化してしまい夏になる場合である。この時はオホーツク海気団による寒冷で多湿な気団が日本を支配し，雨量は少ないがすっきりしない，うすら寒い陽気となる。東北以北では冷害の恐れがある。このときの夏は，「冷夏」になることが多い。

15-3　夏

(1)　夏の気圧配置

小笠原高気圧が南方から張り出し日本をおおい，日本の気候を支配する。気圧配置は南に高く，北に低圧部が横たわるので南高北低型が夏の代表型である。この型の一種として，好天が持続する「くじらの尾型」がある。夏の天気を崩すものは，台風の接近や，上陸，あるいは局地的な雷雨である。

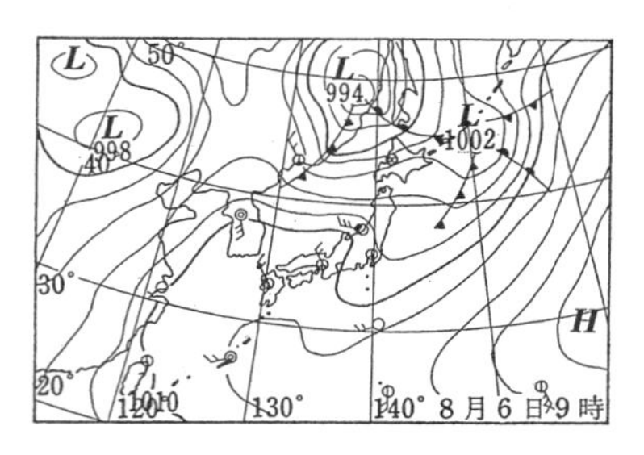

第15-2図　くじらの尾型

(2)　雷　　雨

強い日射のために，日中陸上では積乱雲が発達し，それに伴って夕立ち，雷雨が見られる。山岳方面で顕著で，雷の特に多い地方は北関東の山沿いから中部山岳部，鈴鹿山脈付近，九州の日田盆地である。

「雷三日」というのは，気圧配置が安定しているから，一度雷が発生すると翌日も翌々日も似た時刻に雷が続いて発生することを意味している。

(3)　夏の台風

東シナ海から日本海に抜けるものが多い。盛夏に台風が通り抜けた後に小笠原高気圧がさらに張り出して来て，夏型の気圧配置は安定し，むし暑い晴天がつづく。小笠原高気圧の張り出しが北に片寄り，東高西低型になると，赤道収れん線も北上して来るので，本邦の南方海上で豆台風がたくさん発生しやすくなる。

夏も終りに近づく頃，台風が日本付近を通過すると，シベリア高気圧が引き出されて南下し，日本は涼しく急に秋らしい陽気になることもある。

15-4　秋

(1)　秋の気圧配置

退ぞいて行く小笠原高気圧とオホーツク海高気圧あるいはシベリア高気圧の間の停滞前線が，再び日本付近に停滞しだすので天気はぐずつく。梅雨の場合は，前線帯の北上に伴って南から北に移って行ったが，秋の場合は前線帯の南下に伴って，北から南に移って行く。

移動性高気圧と低気圧が交互に通過して天気変化が早く，春に似た天気となる。

さらに，台風が日本を襲うようになるのも秋の特徴である。

(2)　秋の長雨

秋は北高型の天気になりやすく，北高南低型になると，停滞前線（秋雨前線）が南岸に停滞して梅雨に似たぐずついた天気が続く。9月頃～10月中半までは天気は不安定である。このことを秋の長雨とか秋霖とかいう。ただ梅雨ほど明瞭でなく，年による違いは大きい。

時には春と同じ移動性高気圧→低気圧の周期的な天気変化を示す。

(3)　台　　風

秋には前線帯が日本を通り，上空の気圧の谷も深まることもあって，台風は日本を襲いやすくなる。台風が接近してくると，天気は崩れて先に前線による雨が降り始め，続いて台風自身による雨が降るので降水量はかなりのものとなる。特に中秋以後の台風は雨台風といわれる。

(4)　台風一過の秋晴れ

台風通過後，移動性高気圧が張り出してきて，日本は大陸のさわやかな気団におおわれて，秋晴れとなることをさしている。

(5)　秋 晴 れ

変わりやすい天気も，10月10日を過ぎると，前線帯が南下し移動性高気圧がすっぽりと日本をおおうようになるので，秋晴れの日が多くなる。低気圧が後に続いてくると崩れるが，春ほど発達せず，すぐ第2の高気圧によって回復する。またしばしば帯状高気圧型となって移動性高気圧が東西に連なるので，晴天が長続きする。

11月20日頃には，低気圧の通過後大陸の高気圧が南下してきて季節風第1号が吹き，初雪や初霜，初氷などがみられ冬のはしりを経験するが，まだ本格的でなく長続きしない。

15-5 冬

(1) 冬の気圧配置

12月20日頃を過ぎると，シベリア気団も根を降ろし本格的な冬になってくる。西高東低型が冬の代表型で，日本付近の等圧線は南北にのびる乙字型を示し，気圧傾度も急峻である。一般にシベリア高気圧は本州南方海上にふくらんで広く張り出す。日本海側は雪，太平洋側は晴天となる。西高東低型が崩れ気圧傾度がゆるんでくると，日本海側の海岸線に大雪のおそれがある。

シベリア高気圧が，特に日本海から北日本にかけて張り出す場合は，北高型となるので太平洋側も雪が多くなる。

(2) 寒　　波

日本近海の冬の寒さは，シベリア気団が流れ込んでくることである。したがって大陸の寒気が低く充分蓄積された状態でやってくると，寒波襲来となる。シベリア高気圧の消長に関していて，高気圧の気圧が高くなった2，3日後には日本近海の気温が低くなる。また高気圧の気圧が低くなると気温が上がる傾向がある。

(3) 日本海側の一時的晴天

西高東低型がゆるんで，日本海に低気圧が発生すると晴れ間がのぞく。しかし，これも一時的で低気圧が北日本に達するころには再び雨や雪となる。また東シナ海低気圧が発生したときも一時的に晴れ間がのぞく。

(4) 東シナ海低気圧

冬～春先にかけて，シベリア高気圧の一部が南東に張り出し，冬型がゆるむと，等圧線が丸くなって東シナ海に低気圧が発生する。発達が急激であるから船舶は注意しなくてはいけない。

第２編　海　　洋

第1章　海　　洋

1-1　海　と　は

(1)　海洋の面積

地球上で海洋の面積は，およそ3億6千万 km² であり，陸地の面積は，およそ1億5千万 km² であるから，海は地球の全面積の70.8%を占め，陸地は29.2%に相当する。ところが北半球では海洋と陸地の比率が60.7%と39.3%，南半球では80.9%と19.1%になっており，北半球に陸地の割合が多くなっている。

(2)　海洋の区分

地球を取り巻く海洋を区分すると，面積が広く，塩分はほとんど一定で独自の潮汐と海流を持ち，海洋生成当時からある「大洋」と，面積が比較的小さく独自の潮汐や海流をもたず，大洋からの影響を受け生成も大洋より新しい「付属海」とに分けられる。付属海はさらに，地中海と沿海に分かれる。

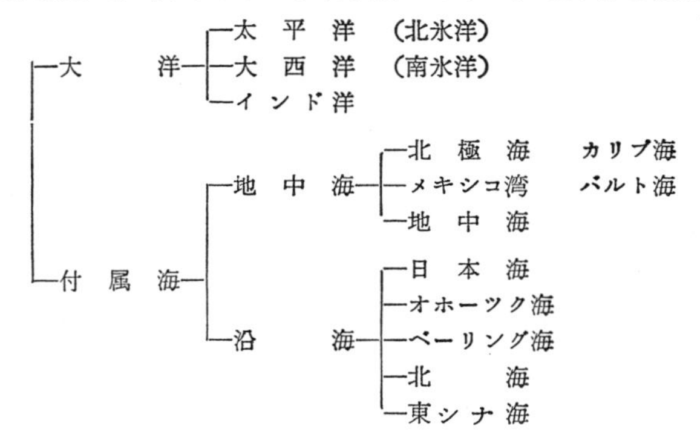

地中海は陸地に深く入り込み，周囲はほとんど陸地で囲まれているところであり，沿海は外洋から半島や島で不完全に分離されている。

さらに，副分類としては，湾や海峡がある。

（注）　昔から，七つの海（The Seven Seas）を乗り越えてくるといわれるが，この言葉は古く，起原はバラモンの神話にあるといわれる。現在では世界の全

海洋をさし，次のようになっている。

1. 北太平洋　2. 南太平洋　3. 北大西洋　4. 南大西洋　5. インド洋
6. 北氷洋　7. 南氷洋

(3)　海水の成因

海洋を形成する海水はどうしてできたのだろうか。いまだにはっきりしたことはわからないが，最も有力と思われる2説をのべてみよう。

一説は，地球表面の温度が非常に高く，どろどろになった状態があったとするもの。

このため地球上の水分は水蒸気になって浮遊するが，やがて地球がしだいに冷えてくると，雨になって地表にもどり，塩分の少ない海水がまずできた。次に川の水が塩分をもたらし，現在の海のようになったというもの。

他の一説は，地球表面が高温でどろどろになっていたことはないとするもので，この説からすると，地表の水分が大量に蒸発したことはなかったことになる。海水は，地下の深くから地殻の割れ目を通ってしみだしてきたり，火山ガスとして出てきた水分が，長い間にたまって現在の海を形成しているとするもの。これは塩分を最初から溶かしているので，川の水によって得られる塩分そのものは少ないと考えられている。このため，海水の塩分は昔から今まで，あまり変っていないことになる。また，海水の量は，地質時代が始まってからしだいに増えてきたことになる。地質時代の古生物を調べてみると，海水中の塩分は，現在と比べあまり変動していないようだ。

最近では後者の説，すなわち海水は，地球の内部から徐々にしぼり出されたとする考えが見直されるようになってきた。

結局，海水の成因は地球の誕生と関連している。前者は地球の誕生が“高温起源説”によるという考えから生まれており，地球の誕生は，太陽から分離した高温のどろどろした火球で，それがしだいに冷えてきたとする。また，後者は“低温起源説”による考えから出ていて，太陽と地球はまったく別のもので，宇宙に散らばって浮かんでいたあまり温度の高くないガス体や星クズが，渦巻いて太陽のまわりを回っているうちに，引き合い，衝突し合って熱を生じ，長い間に一つに固まって原始地球を作ったというものである。

(4)　海水の塩類

海水中に塩分が含まれているのは，なめて見てもすぐわかるが，その中でも特に塩気(しおけ)と苦味があることに気がつく。塩気は塩化ナトリウム（食塩）であり，苦味は塩化マグネシウム（にがり）のためで，海水中の塩類の中で最も多く含まれている。その他に5種類の主要塩類がある。これらは海水中で

9割までイオンの形で存在している。

海水1kgに含まれる塩類の合計のグラム数を塩分といい「パーミル(‰)」で表わしている。たとえば，1kg中に塩分が35g含まれていれば，35‰(パーミル）と書く。

海水の塩分は，大洋では平均35‰になっている。しかし，塩分は時と場所によって変動があり，この変動に影響する要素がいくつか考えられる。たとえば，塩分を増加させる働きをするものとして，海水の蒸発や海水の結氷があり，塩分を減少させるものとして，降水や大河川・融氷雪からの流入がある。あるいは，海流による塩分の移動，潮流による水塊の移動なども考えられる。

第1-1表　海水の主要塩類

塩　　類	含有量(g)	%
NaCl　(塩化ナトリウム)	27.213	77.758
$MgCl_2$　(塩化マグネシウム)	3.807	10.878
$MgSO_4$　(硫酸マグネシウム)	1.658	4.737
$CaSO_4$　(硫酸カルシウム)	1.266	3.600
K_2SO_4　(硫酸カリウム)	0.866	2.465
$CaCO_3$　(炭酸カルシウム)	0.123	0.345
$MgBr_2$　(臭化マグネシウム)	0.026	0.217
計	35.000	100.000

表面塩分の分布で，極端な例として，アマゾン河口付近の15‰と紅海奥部の41‰以上というのがある。一般的にいえば，洋上では，極地方から高緯度では31‰位で塩分は少ない。それは蒸発量が少ないことと，亜寒帯低圧帯による降水のためである。緯度10°～30°の亜熱帯高圧帯から貿易風帯にかけては，降水が少なく乾燥した貿易風が定常的に吹いているので蒸発が盛んなため塩分が濃い。大西洋で37.7‰，南半球のインド洋，太平洋の36.5‰，北太平洋ではやや少なく35.5‰位を示している。

赤道地方の北緯10°～南緯10°間では，赤道収れん線にあたるところで，風向が不安定なうえに，スコールによる降水があるので，塩分は34.5‰位を示している。

（注） 1981年ユネスコは新しい定義による塩分と海水の状態方程式を採用し，それらを国際的に使用することを申し合わせた。日本でも，1982年以降この作業が進められている。

従来の質量に対する溶存物質の質量の比で定義される塩分（‰）を絶対塩分（S_A）という。しかし，塩分の測定・算出の精度化に伴い，電導度比のみによって決定される塩分が使用されることになった。これを実用塩分（無次元）といい，今後，単に塩分（S）というときは，これを指す。

従って，従来の35‰に対して，単に35という表示になる。実用上は，従来の‰の値と新しい測定法によるSの値は殆ど同じである。

(5) 海水の比重

海水には塩分が含まれているため，真水より重い。真水の比重を1.000とすると，海水の比重は1気圧，17.5°C，塩分35‰の場合1.028となる。これは1 l の真水が1000 g であれば，海水は1028 g の重さになる。

比重を測るのには，精度がやや落ちるが，船上では，赤沼式比重計が使われる。

（注）海水の比重は塩分と海水の温度によって変わるから，比重計の読取値から表によって比重計を検定した時の水温（日本では15°C）に対する値に換算する必要がある。詳しいことは「海洋観測指針」（日本海洋学会刊）を参照するとよい。

(6) 海水の電気伝導度

海水は電気の良伝導体である。電気伝導度は 1 cm²，長さ 1 cm の海水の電気抵抗（Ω数）の逆数である。

(7) 海　の　色

海面を垂直に上から見た場合に見える海の色を水色という。これは，海中から出てくる光の波長によってきまる。光を出す原因を探ってみると，

① 水の分子による光の乱反射，すなわち拡散作用によるもの，波長が短かいほど起こりやすいので，藍色の光線が出てくる。

② 光の波長と等しい大きさの徴細な浮遊物から短波長の光線が出てくる。

③ 大形のプランクトンや，泥粒による光の反射

④ 水分子よりも大きく，大形のプランクトンや泥粒よりも小さい中間の大きさの浮遊物が多いと，この浮遊物に応じた波長の光を特によく乱反射する。これを選択反射という。

①と②は，海が青藍色になる原因であり，③と④は海中の浮遊物によって海の色がいろいろに変化し，黄緑色になったり黄褐色になったりする。

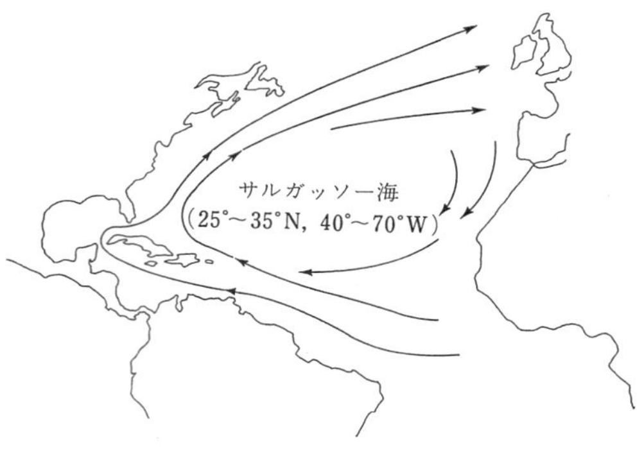

第1-1図　藻の海（サルガッソー海）

黒潮は，濃藍色を示し，親潮は緑色を示す。

(8)　海の透明度

海の透明度を測るには，セッキ円板（透明度板）を用いる。これは直径30cmの白色の円板で，海中に垂直におろして行き，真上からその円板が見えなくなる深さをメートルで示す。浮遊物が多ければ，当然透明度は悪くなる。

大西洋の藻の海（Sargasso Sea）が最大で60m～70m位になっている。ここは，北大西洋の中央にあり，沿岸から遠いことや，海水の動きが小さく浮遊物の沈澱が速いからと考えられている。

日本近海では，黒潮の透明度が最大で一般に20～40m，親潮流域では10～15mになっている。黒潮は，浮遊物が大形で少ないこと，親潮では，小形の浮遊物が多いことによる。沿岸では，透明度ははるかに減少する。

世界の海で，色の名前がついているものがあるが，これらはおもに表面の海の色からきている。たとえば，

① 紅海：ある種のプランクトンの多量の発生で紅色に見える。

② 黄海：大陸の黄土地帯の黄砂が大河川によって運ばれてきて黄色にみえる。

③ 紫海：カリフォルニア湾のことで，ある種のプランクトンの多量の発生で紫色にみえる。

第1-2図　白　　海

④ 白海：海氷のため，海面が白一色となる。

⑤ 黒海：海底が黒色の泥でおおわれているため黒くみえる。

先にものべたように，海面近くに浮遊物が多いと，海の色がいろいろに変わる。同じことで，プランクトンが爆発的にしかも多量・濃密に発生すると，海水は黄褐色や赤紫色になり，にごってねばり気をおび，ときには臭気を発する。ときには１～２週間も続くことがあり，これを赤潮と呼ぶ。

三陸沖合いの厄水（やくみず）（錐水（きりみず））もこの一種である。

(9)　水中判別の視野

水面上から水中をのぞいてよく判別がつく範囲は，透明度を抜きにして，目を頂点とし，目の高さと等しい半径を海上でもつ円錐形円とされている。

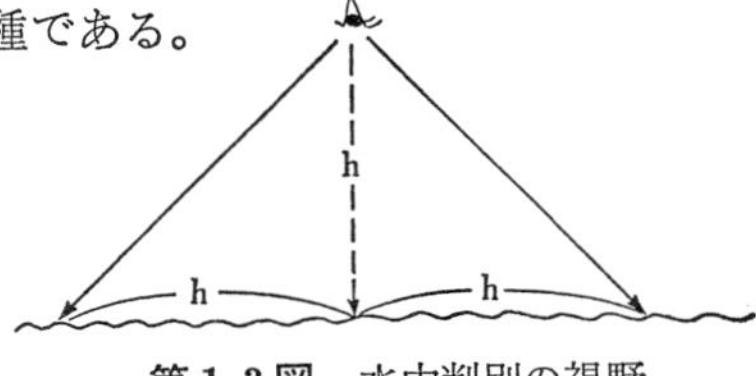

第1-3図　水中判別の視野

また，海中の物を上方から見ると，実際の深さの 3/4 の深さに見える。

1-2　海底地形

(1)　海底地形

①　大陸棚：海面から深さ200mまでの海底を指す。傾斜がゆるく平均傾斜が7分のところである。大陸棚の平均幅は30海里だが北氷洋に面したシベリア沿海の陸棚は750海里に達する。全海底の7％を占め，航海，漁業，海底資源の開発上重要な部分である。

②　大陸棚斜面：大陸棚を過ぎると，海底の傾斜面が急に増して 3～5° になる。200m～2500mまでの水深の部分で，全海底の11％を占める。

③　深海底：2500m～6000m深の海底は全体にならして平らである。深海底は全海底の79％を占める。深海底には，大小規模の海山，海底山脈が存在する。

④　平頂海山：頂上が円や楕円形をした深海底から立ち上がった山で，海面から頂上までの深さが200m以上のものをいう。

⑤　堆・礁：平頂海山の頂上が海面から200mより浅い場合をいう。

堆→普通は海上航行の安全には充分な深さがある。

礁→海面か，海面近くにある岩で海上航行の危険となる。

⑥　海底山脈：海嶺→長くて広い深海底のもり上がりで，その側壁はゆるやかに平滑に立ち上がっている。海膨→長い深海底のもり上がりで，側壁は急で，しかも海嶺よりも不規則である。

⑦　海底の谷：海谷→谷の両壁の傾斜がゆるいもの。　海底谷→長く，しかもけわしい側壁をもった谷で，ときに大陸棚，または，大陸棚傾斜面を横

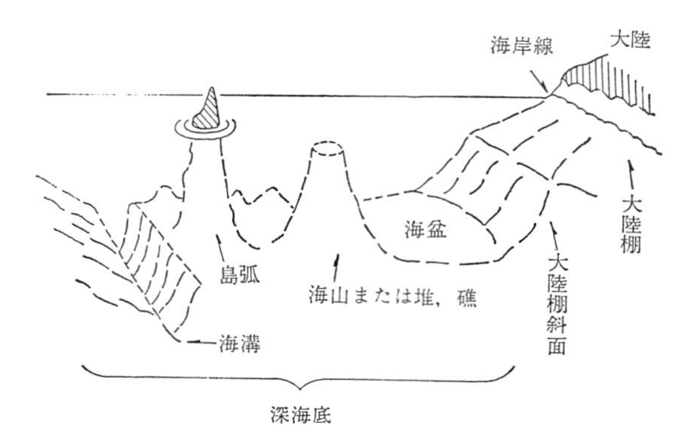

第1-4図　海底断面模式図

切っていることがある。

⑧　海　盆：大小かかわらず深海底の凹所である。

⑨　超深海：6000m以上の深さになると，傾斜は急になり，海溝，海淵と呼ばれるものになる。全海底の3％を占める。

海　溝→長くしかも幅の狭い深海底の凹所で，その両壁は，比較的険しい。

海　淵→深海底中の明確な深所で，海溝内の特に深い部分である場合が多い。

(2)　水　　圧

海水の圧力は深さが10m増すごとに，ほぼ一気圧（1cm²につき約1kg重）増す。したがって，10m深のところでは大気圧1気圧を加えて，2気圧の圧力が働くことになる。10000mの深さでは，水圧が実に約1000気圧，すなわち目方にして1cm²に1tonの圧力となる。海洋開発を妨げているのは，この絶大な水圧に他ならない。

我々が，地上にいて大気の圧力を感じないのと同様，深海の魚は，水が体内に浸透し，体内外の圧力をバランスするように体の構造ができているから，水圧につぶされるようなことはない。だから逆に，深海魚を釣り上げて急に海表面までもってくると，水圧の調節が狂って，眼球が飛び出したり，内臓が口からはみ出したり，浮袋が急にふくらんで，ひっくり返ったりする。

ところで人間が，海中で潜水活動をする方法は，すもぐり，アクアラング，潜水球，潜水筒，深海艇などがあるが最近非常にさかんになったアクアラングは，1943年フランスのクストーによって開発された。高圧の圧搾空気をつめたボンベを背負い，空気調節器をへてから，ゴム管で口中に空気を送り込むものである。このアクアラングによる潜水の場合，注意しなくてはならないのは，暗くて高圧の場に長くいると，神経が鈍くなって動作がのろくなることであり沈黙の世界であるため，孤独感に悩まされることや時間の観念がうすれ，方向感覚を失うことである。

（注）　海中1mの深さ（0.1気圧）でも大人の胸に加わる力は約80kgにもなるので大気中から管を通して息を吐くことはできても空気を吸うことはできない。昔の忍者が竹筒を口にくわえて水中にひそんだりする場合，よほど海面すれすれならまだしも，竹筒で息をすうのは，不可能だろう。もし，無理に空気を吸おうとすれば，空気が入ってこないで，口の回りから水が侵入して来ることになる。

1-3　水　　温

海水の熱源はいくつか考えられるが，そのなかで最も重要なものは太陽からの輻射熱である。したがって，太陽からの距離，太陽の高度，空気の混濁度，太陽定数の変化によって日射量も変わり，全海洋の水温の水平分布も，ほとんどこの日射分布で説明できる。海水の熱容量は 0.956 cal，陸地は平均して 0.5 cal，だから海水の熱容量は，陸地のおよそ2倍に相当する。したがって，同じ熱を加えた時に，海水が 1°C 上がれば，陸地は 2°C になる。これは海水が熱しにくく冷めにくい理由で，いいかえれば，海水温度は持続性があることになる。

(1)　海水に吸収された熱の伝播

海水温度の放熱は，表面から長波長の放射となって天空に出ていくものと，海水の蒸発による潜熱の放出が大きい。

熱の移動の原因
1.　海流と潮流
2.　海流の湧昇流と下降流
3.　海水内部の垂直移動や水平渦動，対流
4.　海水の熱伝導

海水の熱伝導は金属の 1/50～1/250，油類の 3～4 倍であり，熱の絶縁物と考えてよいから，熱伝導による熱の伝播はほとんど考えなくてよい。

そこで，海水の熱の移動の原因は，1～3の他へ伝播される海水の移動の作用が主であり，気候に大きな影響を与えている。

(2)　水温の垂直分布

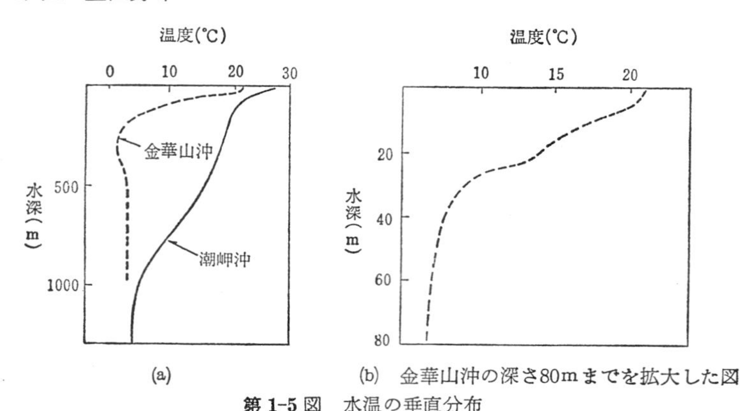

第 1-5 図　水温の垂直分布

第1-5図に金華山沖の場合と，潮岬沖における水温の垂直分布を示した。これを見ると，表面から10～30mのところに，水温が急に下がるところがある。また，潮岬沖では，さらに，600m 付近にも水温が急に下がるところがある。この水温が急に下がる層を躍層という。前者を特に第一躍層，後者の深いところのものを第二躍層といったりする。

浅い方の第一躍層は，海水の渦動や対流作用が起こる範囲を示していて，季節によって変化する。深い方の第二躍層は，黒潮の下に反対に流れる親潮がもぐり込んでいることを示している。すなわち親潮潜流との境を示す。これは常に流れている。

(3)　水温の水平分布

①　日本近海の水温分布

第1-6図から南下する寒流のリマン海流や親潮と，北上する暖流の対馬海流や黒潮の影響がよくわかる。例えば，黒潮と親潮が三陸沖で出会うためそこの等温線が密集している。

②　太平洋とインド洋の水温分布

全体にみれば，等温線は日射量に応じ，緯度にほぼ平行に走っているのがわかる。最高水温海域は 28°C 以上の区域である。北太平洋では西側(日本付近)で等温線が密集し，東側（アメリカ西岸）で疎(まばら)になっている。この原因は海流によるところが大きい。

(4)　水温の日変化と年変化

熱容量のところでのべたように，海水温の日変化や年変化は気温の場合と比べて変化は少なくなっている。

①　日 変 化

気温の場合と似ており，午前4～8時頃に最低を示し，午後2～5時頃最高を示す。地域的に見れば，

・沿岸で大きく，沖合いで小さい。
・中緯度で大きく，熱帯と極地方で小さい。
・春秋に大きく，夏冬に小さい。
・風が弱いと大きく，風が強いと小さい。

第1-2表　水温の日較差（沖合い）

風	天気	日較差	風	天気	日較差
軟　風	曇　天	0.39°C	微　風	曇　天	0.91°C
	晴　天	0.71°C		晴　天	1.59°C

②　年 変 化

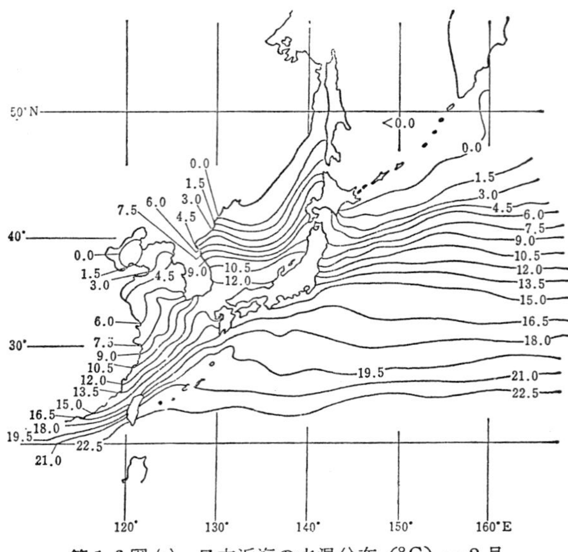

第 1-6 図 (a) 日本近海の水温分布（°C）—２月

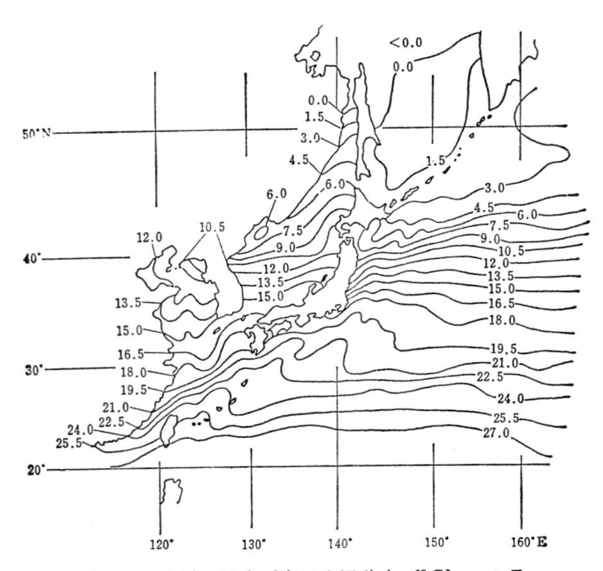

第 1-6 図 (b) 日本近海の水温分布（°C）—８月

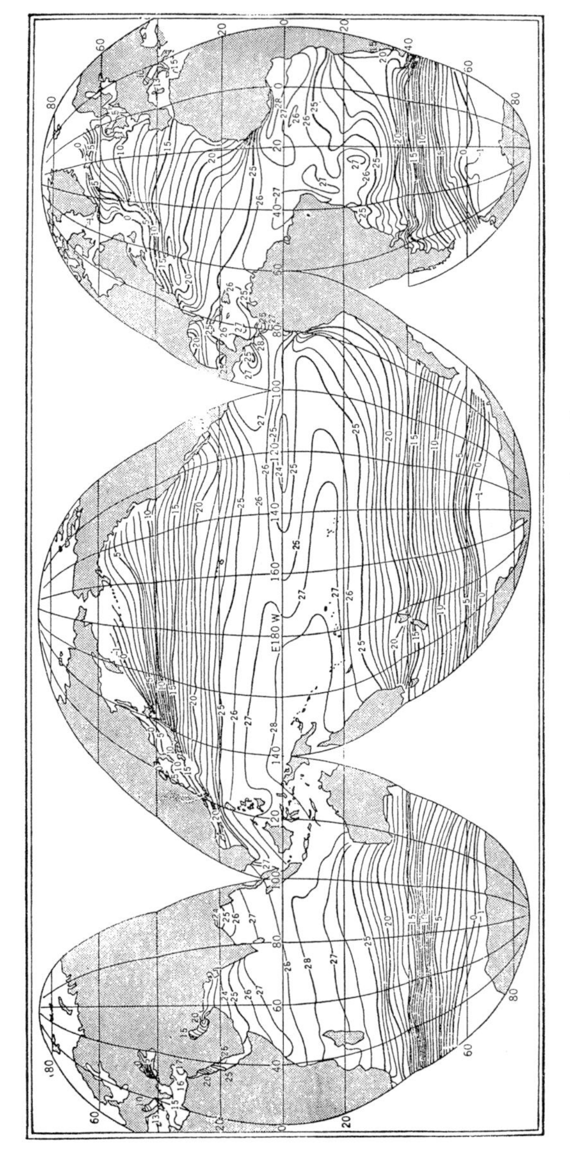

第1-7図 (a) 世界の水温分布—2月

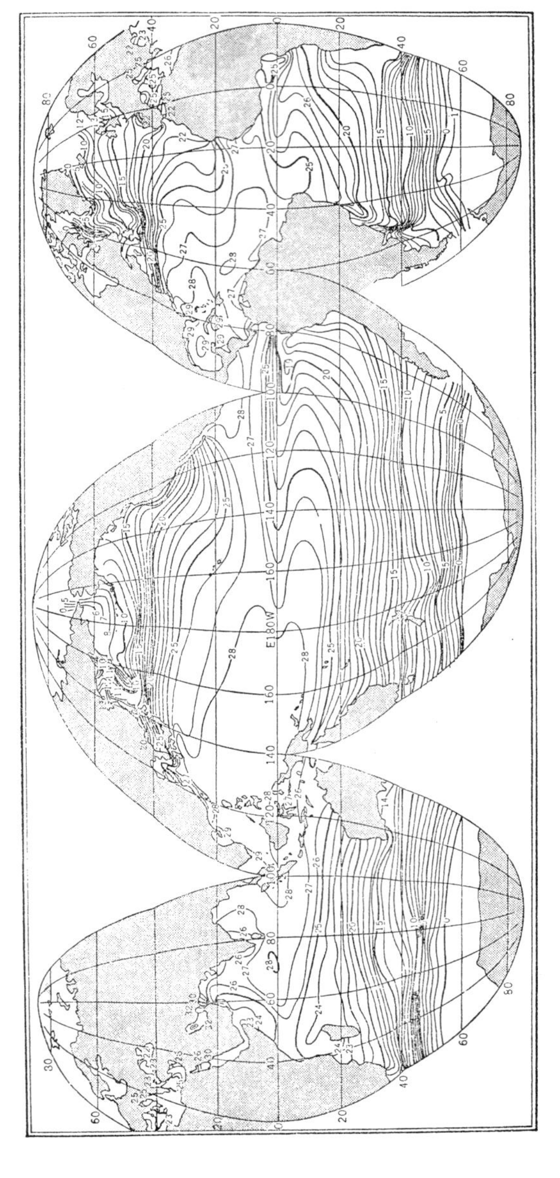

第1-7図 (b) 世界の水温分布—8月

水温の年変化は沖合いの場合で3月頃に最低を示し，9月頃に最高を示す。

地域的にみれば，日変化のときがそうであったように中緯度で大きく，熱帯と極地方では小さい。また沿岸では河川の流入する海域とか，寒流と暖流が季節によって変わる海域では較差が大きい。例えば日本近海では，渤海湾，三陸沖，ウラジオストック沖が較差が大きいところにあたる。

年較差(沖合い)は，	極地方で	数　度	である。
	中緯度で	10数度	
	低緯度で	2, 3°C	

1-4　水　中　音　波

水中音波の伝達速度は，海水の弾性率を海水密度で割った平方根で表わされ，1445～1630m/sec（0°C，34.85‰），すなわち約1500m/secで伝わる。

海水密度は，水圧によって異なる。音速は水温1°C上がると4m/s増し，塩分1‰増えると1.3m/s増し，水深100m増に対し，1.7m/s増す。したがって，この3つの兼ね合いから表層で音波速度が大きく，次第に深くなるとともに減じて行き1000～1500m付近で音速が最小になる。さらに深くなると，再び速度が大きくなる。

音速が最小になる層は，音波エネルギーの吸収損失が最も少なく，遠方にまで到達する。これを音筒軸とよぶ。下方の音速の方が速いときは，音波は，上方に曲げられ，下方の音速の方が遅いときは，音波は下方に曲げられる。これは音筒軸を中心に起こる。密度の異なる層（水中から表面）にきた音波はスネルの法則に従って屈折をおこす。

(1)　音波の吸収

音波が伝わるにつれて，海水の粘性によってエネルギーの一部が熱に変わるので，音波の強さが減っていく。高周波をもつ超音波の場合は，影響が大きい。水平方向に遠くまで音波を伝えようと思えば，長波長の音がよい。

(2)　音の分散

海中で一点から出る音波は，四方にエネルギーが分散して減退する。したがって，音響測深の際，海底から反射して船底に達するエネルギーは，発射時の何百分の一という微量になる。これをできるだけ防ぐために，音響測深機は音波に指向性を持たせるために発信器を金属製のかさでおおい，音波を一方向に集中させるために超音波を使用している。

(3)　気泡の影響

船の進行による造波によって船首付近では気泡ができ，船底に沿って流れる。さらに海中では，化学作用やその他によって気泡が自然に発生する。音波はこうした気泡によって吸収されるので著しく減衰する。空気の量が水量の10％程度になると，全反射がおこり，目的物に達しないこともある。このため，音響測深機の取り付けは，泥のできにくいように設計された個所にする必要がある。船が後進する場合は，プロペラの回転によって気泡が船底に入り，音響測深の効果を少なくする。

(4)　迷走反響

船体のローリングやピッチングが大きいと，船から起こる雑音，すなわち主機関，補助機関，ポンプ，電気的雑音などが受信部にはいって記録を乱す迷走反響があるから，音響測深機の発信部と受信部を船体からできるだけ離す必要がある。

(5)　反射作用

海底の構造によって，反響に強弱があり，海底が砂や砂利や岩石であると，完全反射をするが，泡，浮泥であると反射が弱くなる。反射作用を乱すものとして，海草が繁茂しているところ，海底が不規則に凹凸が多いところでは，音波が不規則に乱反射して記録が不明瞭になることがある。

(6)　反復反響

海が浅く，海底が硬いと，一度海底で反射した音が，水面でまた反射して時によっては数回繰り返して反復することがある。記録には，並行に何本か現われるので判別できるが，これがくっつき合うと判別が難しくなる。

(7)　海水中の音響の利用

音響測深機（垂直方向の音の伝播を利用する）。ソナー，ソファー（水平方向の音の伝播を利用する。座礁，衝突予防に有効である）。

第2章　波とうねり

2-1　海の波の分類

われわれが波といえば，さざ波であるとか風浪，うねりを思いえがくだろう。しかし，この他にも波といえるものがある。

波は，波を起こそうとする力，波を元に戻そうとする復元力，波の発生する場所などによってそれぞれ違うが，この考えを目安にして海の波を分類してみよう。

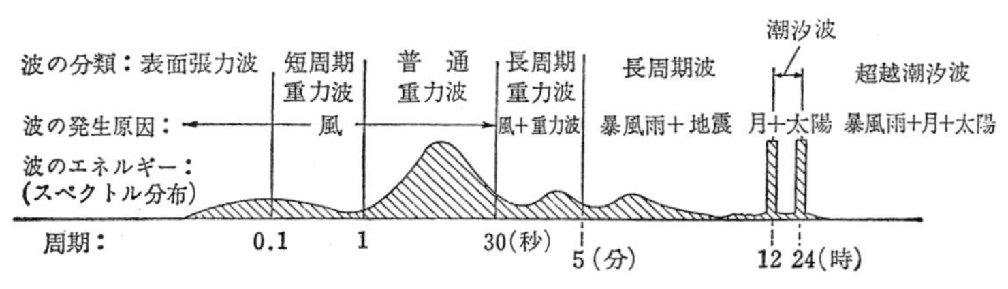

第2-1図　周期による波の分類

① 表面張力波：風速が1 m/s 位のとき，海上一面にチリメンのようなシワから，ウロコのようなシワになり，やがて目につくほどの細波になる。風の海面におよぼす応力（摩擦力）が，海水の表面張力以上になってできるもので，「毛細波」とか「さざ波」とかいう。

周期は 0.1 sec 未満，波長は 2 cm 程度である。

（注） 理論上可能な最小の表面張力波は，波長 1.73cm，波速 23.2 cm/sec である。

② 短周期重力波：重力波と表面張力波の中間の波。風速 1～2 m/s のときできる。周期は 0.1～1 sec である。

③ 重力波：風が 2 m/s 以上になると，重力を復元力としたもっと大きい波ができる。周期は 1～30 sec である。風浪，うねり，船によって作られる波などふつう海で見られる波がこれである。

④ 長周期重力波：重力波よりも周期が長く，30sec～5 min のものをいう。

⑤　長周期波：周期 5 min～12 hr の波をいう。
⑥　潮汐波：周期は 12～24 hr で月や太陽の起潮力が原因で起こる。
⑦　超越潮汐波：周期は 24 hr 以上の波。天体の起潮力，気象擾乱，気候や海流の変化が原因で起こる。

以上の波が合わさって波浪スペクトルが形成されている。周期の長い波は，われわれには波として目にうつらない。以下には，重力波の風浪とうねりについてのべていくことにする。

2-2　波の 7 要素

波の性質を調べるには，波長，波高，周期，波速，波のけわしさ，波令，波の峰幅を測ることが必要である。これを波の 7 要素という。

①　波　　長：1つの山（谷）から山（谷）までの長さをいう。
②　波　　高：波の山から谷までの高さを波高という。波高の半分を振幅という。
③　周　　期：ある点に波の山が来てから次の山がくるまでの時間を周期という。
④　波　　速：波の進行する速さをいう。

波長（L），周期（T），波速（C）の間の基本的な関係は次式である。

$$L=CT \quad \text{または} \quad C=\frac{L}{T} \qquad (2.1)$$

⑤　波の険しさ：波高（H）と波長（L）の比を波の険しさという。波の険しさ（δ）として

$$\delta=\frac{H}{L} \qquad (2.2)$$

⑥　波　　令：波速（C）と風速（v）の比を波令という。波令（β）として，

$$\beta=\frac{C}{v} \qquad (2.3)$$

⑦　波の峰幅：波の峰の部分の幅をいう。

海の波とひと口にいっても，その形は複雑で，船上で観測するにはかなりの熟練を必要とする。また，波向は波の進んでくる方向をさす。

2-3　風　　浪

風浪とは，風の吹いている海上で，その場の風によって直接起こされた波をいう。この風浪が発生域の外に伝えられれば「うねり」となる。

(1)　風浪の特性

不規則性にその特性がある。個々の波は鋭い角度の峰を持っていて，峰幅は短く波長の2～3倍程度である。波の伝搬方向も一定していないで，主方向より30°あるいはそれ以上ずれて伝えられるから，ある場所で観測される風浪はすべてスペクトル構造をなしていて，波高，周期，方向の異なる多くの波が合成されてできていると考えられる。(第2-2図)

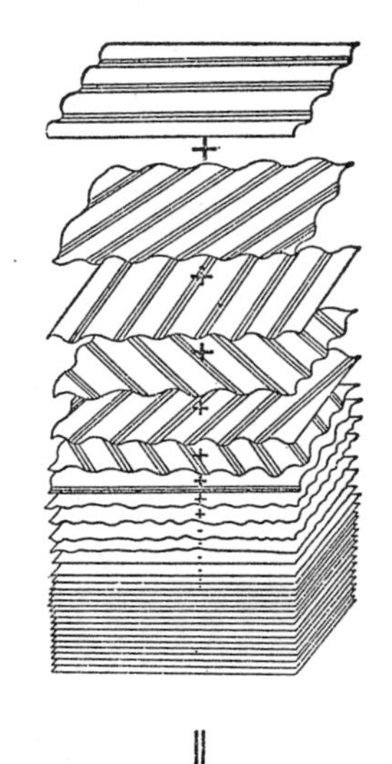

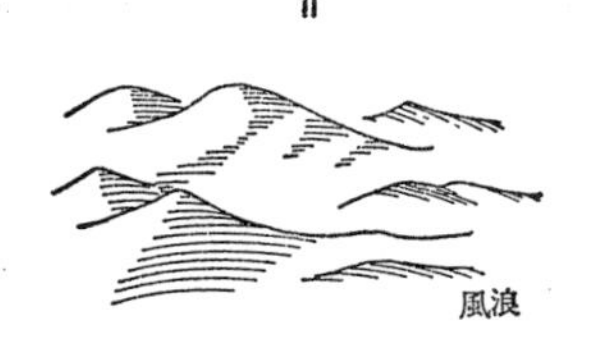

複雑な風浪はいろいろな波向，周期，振幅，位相をもつ正弦波の組み合わせとして考えることができる。

第2-2図　風浪の構造

今，ある風浪を各成分波に分解すると，第2-3図のようになる。これを整理して各周波数 f_i とそれに対応するエネルギー $S(f_i)$ の関係として図示すれば，第2-4図の棒グラフで表わすことができる。すなわち，横軸に周波数 f をとり，縦軸にエネルギー $S(f)$ をとるのである。

周波数間隔を Δf として周波数 f_i のもつエネルギーが $S(f_i)$ であれば，$S(f_i)\times\Delta f$ が棒グラフ1つの面積となり，この周波数帯域におけるエネルギー量を表わしている。

各成分波の振幅 a_i の二乗の半分がその成分波のスペクトルの値に比例することから，

$$\frac{(a_i)^2}{2}=S(f_i)\Delta f$$

となる。

この棒グラフの総和がこの風浪のもつ総エネルギーとなるので，

$$\sum_{i=1}^{N}\frac{(a_i)^2}{2}=\sum_{i=1}^{N}S(f_i)\Delta f$$

となり，総エネルギー E を

$$E=\sum_{i=1}^{N}a_i{}^2=2\sum_{i=1}^{N}S(f_i)\Delta f\cdots\cdots\cdots\cdots(2.4)$$

として定義することができる。

今，Δf を非常に微小な幅にして行くと，棒グラフは一つのなめらかな曲線となる。これをスペクトル曲線といい，スペクトルとは『一見複雑に見える海面の波浪を沢山の規則正しい成分波に分解して周波数の順にならべたエネルギー分布』をさすのである。

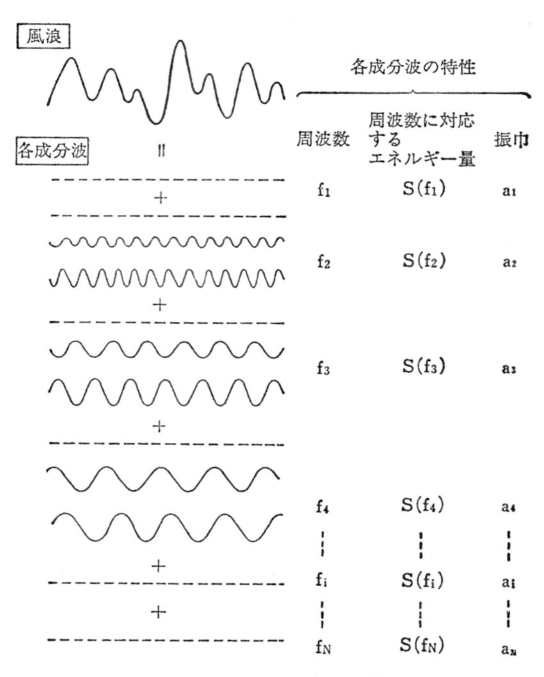

第2-3図　各成分波と風浪

このことから，総エネルギー E はこの曲線の面積を2倍した

$$E=2\int_0^\infty S(f)df \quad \cdots(2.5)$$

として表わすことができるのである。

この考えによれば，全ての波をスペクトルとして解析できることになる。

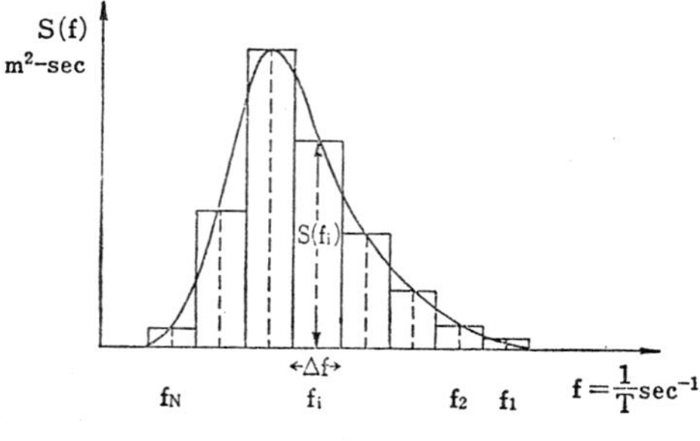

第2-4図　風浪のスペクトル

風浪の発達の条件として重要なことは，「風速，吹続時間，吹走距離」の3つである。

この中のどれが欠けても波は十分に発達しない。たとえば，いくら暴風が吹き出したとしても風の吹き続く時間（吹続時間）が短いとか，あるいは風上側に障害物があって風が吹きわたる距離（吹走距離）が短ければ波高の発達は，不完全なものとなる。そして，吹続時間，吹走距離が共に十分であるとき，その風速に対してこれ以上大きな波にはなり得ない状態になる。この状態を「十分に発達した風浪」と言う。

第2-5図に20^{kt}，30^{kt}，40^{kt}の時の十分に発達した風浪のスペクトルを示している。

風が強くなるにつれて高周波（周期の長い）の方に最大エネルギーが移っているのがわかる。

十分に発達した風浪の有義波高は Pierson-Moskowitz によれば，風速を u(m/sec) として

$$H_{1/3}=0.0212\times u^2 \quad \text{(m)} \qquad \cdots\cdots(2.6)$$

として計算することができる。

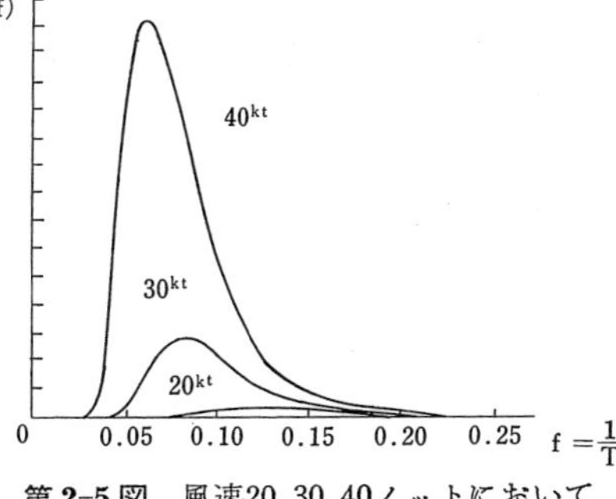

第2-5図　風速20, 30, 40ノットにおいて十分発達した波のスペクトル

第2-1表　エネルギーが最大に達するときの吹続時間と風速の関係

風速(kt)	吹続時間(時間)	最大エネルギー S(m²-sec)	周波数(sec⁻¹)	周期(sec)
20	17	3.5	0.13	7.7
30	20	25	0.087	11.5
40	23	110	0.065	15.4

（井上）

(2)　波の発生

風浪が風によってどのように発生し，どう成長するかはいろいろな考え方があるけれども，その中の一説を紹介しよう。

1.　Phillips の共振現象説

全く波のない海面上を，風が吹き過ぎるとする。風は一様のようでも微小な現象をとらえれば常に変動しているものであり，一つのスペクトルをもっている。このスペクトルに応じて海面に共振現象がおこる。つまり，風に対応する各成分の周波数が波に与えられてランダムな波が発生するのである。

共振現象とは，たとえば一本のギターの絃をかき鳴らしたときに，一オ

クターブ異なるとなりの絃が共鳴して振動を始めるような現象で，これが風と波の間で行なわれることに他ならない。

2.　Miles の不安定機構説

こうして発生した波は，次にどのように成長してゆくのかといえば，ある波速で動いている波に風が吹いてきたとすると，海面に接する風は波速よりも遅く，ある高さ以上になって風速の方が速くなるのである。この境界が整合層と呼ぶ中立点で，整合層を挟んで波に対する風の作用が反対になるので擾乱が生じ，大気から波へ運動量が移ってゆくので波が成長するのである。

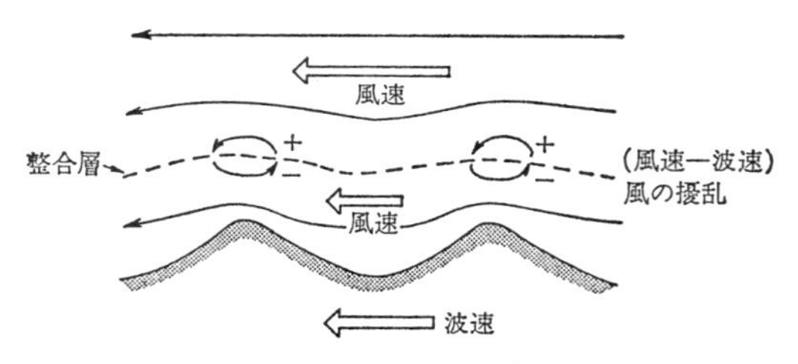

第2-6図　Miles の不安定機構説

(3)　有 義 波

引き続き観測された N 個の波の中から高い順に選んだ $N/3$ 個の波の平均波高と平均周期を有義波または，1/3 最高波という。

この波は経験によると，熟練した観測者が波高を観測するときにほぼ有義波に近い値を得るという。

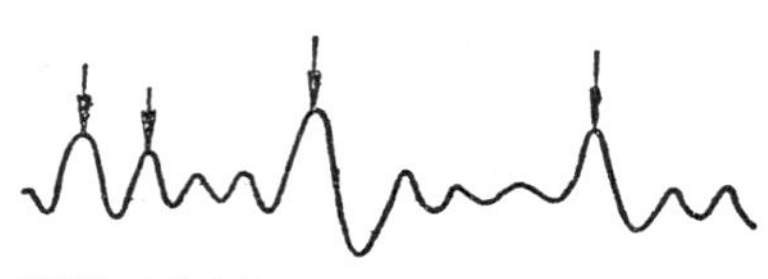

観測した波を高い方から1/3を選び、平均する。（図中の矢印）

第2-7図　有　義　波

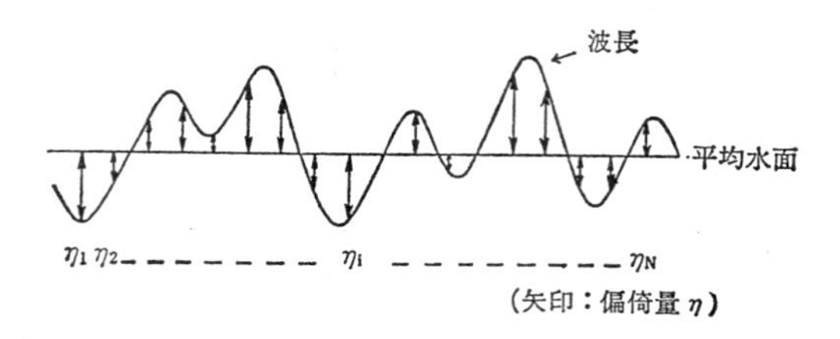

第2-8図　波浪の観測記録

ある観測波浪中において，平均水面からの偏倚量を η とすれば，波のエネルギーは偏倚量の二乗に比例するから等時間間隔の偏倚量 η_i……，η_N を考えれば，波の総エネルギー E は先に述べた方法以外に，次のように表わすことができる。

$$E=\frac{2}{N}\sum_{i=1}^{N}\eta_i^2 \quad \cdots\cdots (2.7)$$

与えられた E の値に対して予想される波高を統計的に示せば次のようになる。また，有義波高を1.0としたときのそれぞれの波高を併記した。

最も頻繁に起こる波高は	$1.414\sqrt{E}$ (m)	………0.50
すべての波の平均波高は	$1.772\sqrt{E}$	………0.63
有義波高は	$2.832\sqrt{E}$	………1.00
1/10最大（最高）波高は	$3.600\sqrt{E}$	………1.27
1/100最大波高は		………1.61
1/1000最大波高は		………1.94

(4)　水粒子の運動

理想的な波を考えたとき波の断面はトロコイド曲線（大円をころがしたとき，その中の小円の一点が描く曲線）に近く，水の粒子の軌道は進行しないで円を描く。円の直径が波高に相当する。海底が浅い場合は，楕円軌道になる。波がしだいに大きくなると，水粒子が波の山で前進する距離が波の谷で後退する距離よりも大きくなり，円運動しながら少しずつ進むようになる。

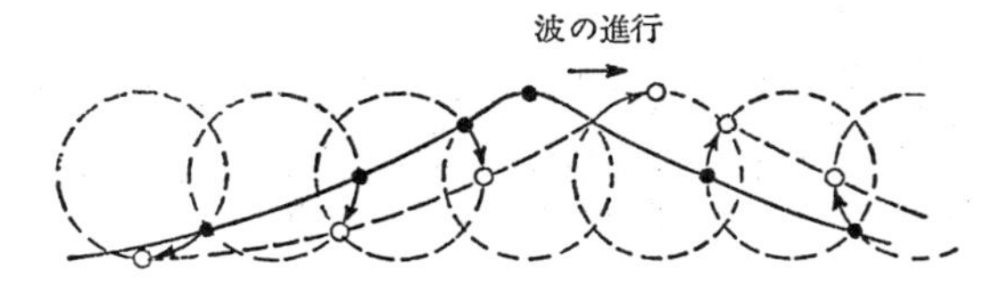

水の粒子は円を描くのみで進まない。

第2-9図　トロコイド波

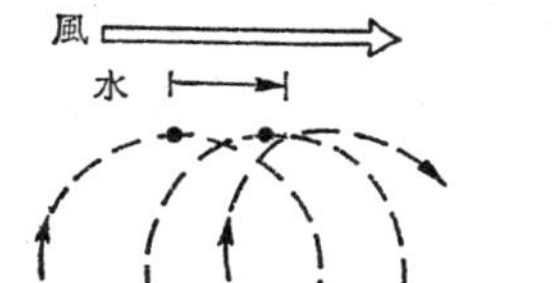

（円運動と前進運動が重なる）

第2-10図　波が高い場合の水

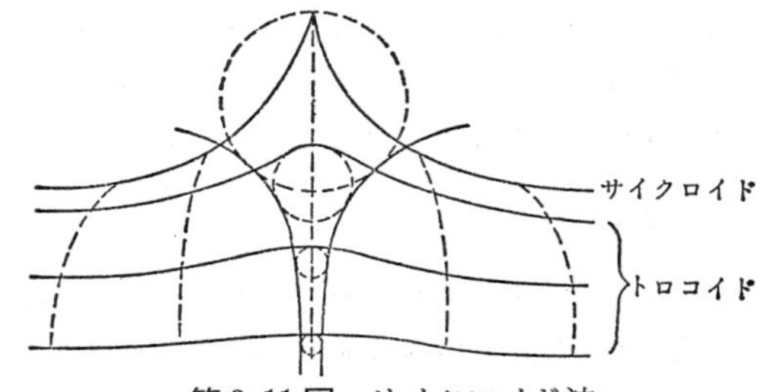

第2-11図　サイクロイド波

風速が3～5m/sec以上になると，トロコイドがサイクロイドの形に変わり，波頭が砕けて白波ができるようになる。風速6.5m/sec以上で波のエネルギーは急増し，白波も急に増える。風速が10m/sec以上になると，波の泡の塊が，縞状にすじをひき，波高は2.0m以上になり，しだいに小山のように盛り上がってくる。風速が15～20m/sec以上になると，波高は4m以上となり，海面は怒濤で真白になる。しまいには，シブキと水煙で視界を失うほどになる。

(5) 大 浪

海上で2～5mの波高になると，時化模様となるが，これは最も多く観測される高波である。外洋で遭遇しうる最高波高の目安は15m位と考えられている。しかし，時にはとてつもない大浪が襲うことがあり，その例がいくつか報告されている。たとえば，1933年米国のタンカー「ラマポ号」はフィリッピンからサンジェゴに帰航中の月夜に37mの波高を観測している。

(6) 三 角 波

進行方向の異なる2つの波がぶつかってできる波で混乱波ともいい，海が突き上げられたように三角形の峰が尖った大波になる。吹き込む風の方向が異なる低気圧の中心付近に見られるが，特に台風の目の中に見られる三角波は規模が大きく，その典型的なものである。

油断をすれば，小型船を転覆させるだけでなく，大型船といえども破壊して沈めてしまうこともある。

（注） 漁業者が昔からいい伝えた「三大八小」とは，海上が大シケのとき，最初8つの比較的小さい波が来て，その後3つぐらい大波がつづいてくることを指している。この時，大波の最初の一波で船が傾いたところに，二波，三波の大波が躍りこんできて船を沈めるということである。

(7) 鎮 浪 油

これはシケのときに船の周囲へ油（機関室の残油，粘り気のある動物性油，特に魚油）を流して波を静める効果をねらったものである。これは，油の薄膜が海面に広がって粘性によって波のエネルギーを減らし，風浪の白波を消そうとするものであるが，うねりは残る。しかし，鎮浪油の効力を物理的に明らかにしたものはない。

2-4 う ね り

うねりとは，その場所の風で直接起こされたものでない波をいう。すなわち，風浪が発生域を離れて他の海面に進んできたもの，あるいは風が急に止んだ後に残っている波などがうねりである。

(1)　うねりの特性

風浪に比べかなりの規則性を持っている。個々の波はいつも丸味を持ち，峰幅はかなり長く，波長の数倍はある。

波の伝搬方向はほぼ一定で，うねりの波高はゆるやかに変化し，相次ぐ高波はほとんど同じ波高を持ち，一つの波をかなり長い間にわたって追跡することができる。

したがって，うねりは減衰しつつある波で，一般にその場所の風と異なる方向をとる。

うねりのスペクトルの周期帯は狭い。うねりが風浪に比べて規則性を持つようになる理由は，波の「分散」と「角伝搬」である。

(2)　波の分散

波速が周期によって異なるような現象を分散といい，このような性質をもった波を分散波という。したがって，風浪は当然分散波である。風浪の進行と共に周期の長くて速い成分波は前方に進出し，波形がしだいに崩れてくる。波形があまり崩れない範囲で，合成波が一かたまりとして進む速度を群速度という。

群速度は波のエネルギーの伝搬速度と密接な関係があり，うねりのような大きな距離の波の伝搬を考える場合は，波は群速度で進む。深海波では，群速度 C_g は成分波の速度 C の半分になる。

$$C_g=\frac{1}{2}C \quad \cdots\cdots(2.8)$$

なお，浅海波では，$C_g=C$ である。

このように，風浪の進行につれてうねりを構成する成分波は次第に単純化されるとともに，規則的になっていく。それとともに波高は漸次減少していく。

(3)　波の角伝搬

風浪が伝わって行く時に，風の方向ばかりでなく，その側方にも拡がってゆくことを波の角伝搬という。

このため，波は減衰しながらうねりとして伝わってゆくのである。

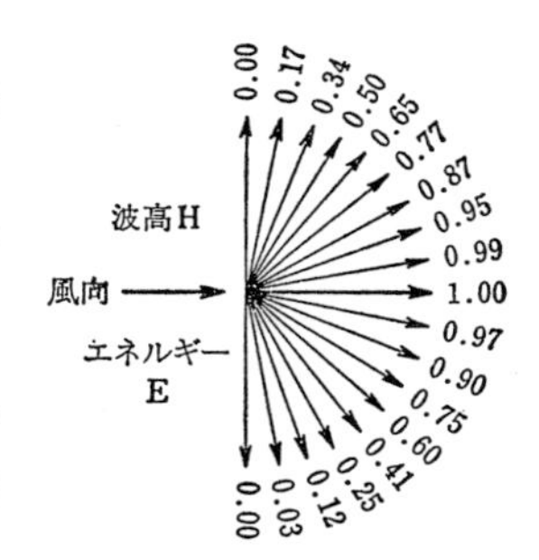

第2-12図　角伝搬(P. N. J法)による波高とエネルギーの風向に対する分布比

2-5　いろいろな波

(1)　浅海波と深海波

波の性質は，水深と波長との比の大きさによって浅海波と深海波に分けられる。水深が波長の1/25より小さいと，水粒子の運動は，海底まで届き，海底の影響を受けるようになる。こういう波を浅海波，あるいは長波という。浅海波の波速 C_1 は

$$C_1=\sqrt{gh} \quad \cdots\cdots(2.9)$$

（ただし，g：重力の加速度，h：水深）

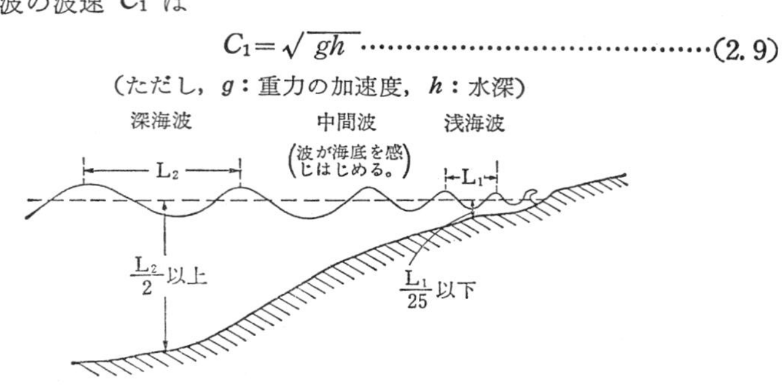

第2-13図　浅海波と深海波

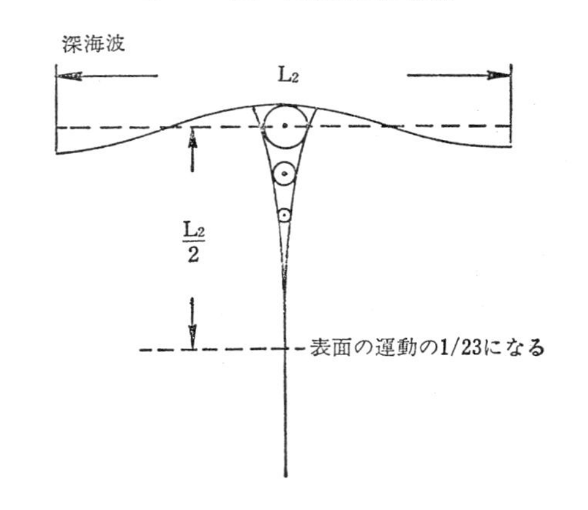

第2-14図　浅海波と深海波の水粒子の軌道

で与えられる。

水深が波長の1/2以上になると水粒子の運動は海面近くに限られ，海底の影響を受けない。こういう波を深海波あるいは短波という。外洋では，大体深海波になる。波速は波長との関係で決まってくる。

深海波の波速（C_2）は

$$C_2=\sqrt{\frac{gL_2}{2\pi}} \quad \cdots\cdots(2.10)$$

（ただし，L_2：波長）

で与えられる。

浅海波と深海波の中間にある波を中間波といい，波速は波長にも水深にも関係する。

波の動揺は，波長の半分位の深さのところで表面の1/23になる。だから，ふつう 60～70m 潜ると，波の動揺がにぶく，ほとんど感じられなくなる。荒天でも潜水艇で海面下 50m 位下に潜っていればノンビリしていられるわけである。

たとえば海面の波高 6 m の大シケの時でも，100m 深のところでは動揺は25cm 程度である。200～300m 深では，ふつう，海面の動揺は及ばず，どんな大荒れの日でも水面下400～500mでは全くの静寂の世界が支配している。

深海波は，式からもわかるように波長（L_2）の長い（大きい）ほど速く進む。これに対し，浅海波の波速は水深の関数で波長には関係がない。深海波のように波長によって波速が違う場合を分散といい，分散波という。これに対し浅海波は非分散波である。

（2.1）式から

$$\frac{C_2}{L_2}=\frac{C_1}{L_1}=\frac{1}{T} \quad \cdots\cdots(2.11)$$

（C_1, L_1 は浅海波の波速と波長。C_2, L_2 は深海波の波速と波長）

という関係があり，波が深海から浅海に進入しても波速と波長は変わるが周期は変わらない。

つぎに，（2.11）式から，

$$C_2=\frac{L_2}{T}$$

$L_2=TC_2$ を（2.10）式に代入する。

（2.10）式から

$$C_2=\frac{gT}{2\pi}$$

したがって，

$$C_2=\frac{gT}{2\pi}=\frac{L_2}{T}$$

となる。

$$\therefore\quad L_2=\frac{g}{2\pi}T^2$$

$$C_2=\frac{g}{2\pi}T$$

となり，このことからつぎの近似値が得られる。

$$C_2=1.56\,T\ (\mathrm{m/s})$$

$$L_2=1.56\,T^2\ (\mathrm{m})$$

すなわち，周期がわかれば，波速と波長をおよそ知ることができる。

(2)　表面波と内部波

波とは2つの密度の異なる流体の境界にできる波動である。

空気と海水の境界である海の表面にできる目に見える波を表面波という。これに対し海の中でも密度の異なる海水が上下にあるとそこの面に波動が起こり目に見えない内部波が発生することがある。

高緯度の海や大河川からの淡水が流れ込む海域では，表層に塩分が低く密度の小さい水があり，下層に塩分の高い密度の大きい外洋水があって内部波の起こりやすい状態になっている。この海域に小さな船が乗り入れると，船の推進力の大部分が内部波を起こすエネルギーとして消費されてしまうので船は止ってしまい，「ひき幽霊」とか「死水（しにみず）(Dead water)」と呼ばれている。ただし，船の馬力が大きければ，内部波に悩まされることはない。

第2-15図　内　部　波

(3)　進行波と定常波

波形が一つの方向に進む波を進行波という。進行波を正弦波で示せば次式のようになる。

$$\eta=a\sin\left(\frac{2\pi}{L}x-\frac{2\pi}{T}t\right)\cdots\cdots\cdots\cdots(2.12)$$

（ただし，a：振幅，x：原点からの距離，t：経過時間
　　　　η：t 秒時の x 点における偏倚量）

たとえば，時間が $t=0$ 秒のときの波は図の実線で示され，それから $t=\dfrac{T}{4}$ 秒たった時の波は点線のようになる。この間，矢印の方向に波が進んだことになる。

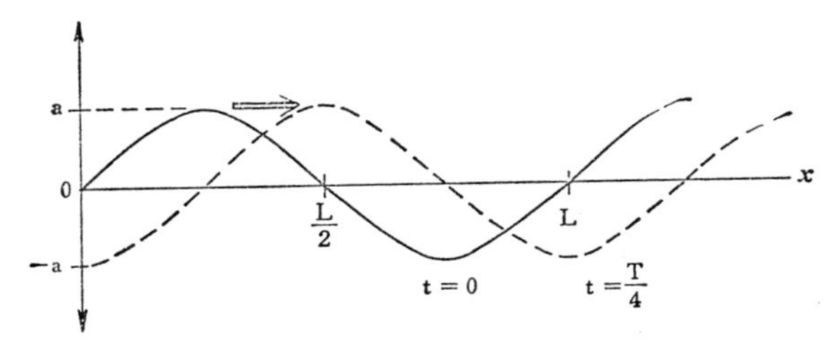

第2-16図　進　行　波

これに対し，波形が進行せず，波の峰や谷がいつも同じ場所にあって，上下動する波を定常波という。

定常波は逆向きの波が合成されてできるものであるから，これを正弦波で示せば次式のようになる。

$$\eta=\eta_1+\eta_2=a\sin\left(\frac{2\pi}{L}x-\frac{2\pi}{T}t\right)+a\sin\left(\frac{2\pi}{L}x+\frac{2\pi}{T}t\right)$$

$$=2a\sin\frac{2\pi}{L}x\cdot\cos\frac{2\pi}{T}t \quad\cdots\cdots(2.13)$$

たとえば，図から $t=0$ のときの波が実線で示されている。最大の振幅が合成前の2倍になっている。それから，$\dfrac{T}{2}$ 秒後の状態が点線で示されている。振動が反対になっているが腹と節の位置は変らない。このことは，同じ位置で山と谷が繰り返され，0の位置は常に変らないので波としては進んでいるようには見えないのである。

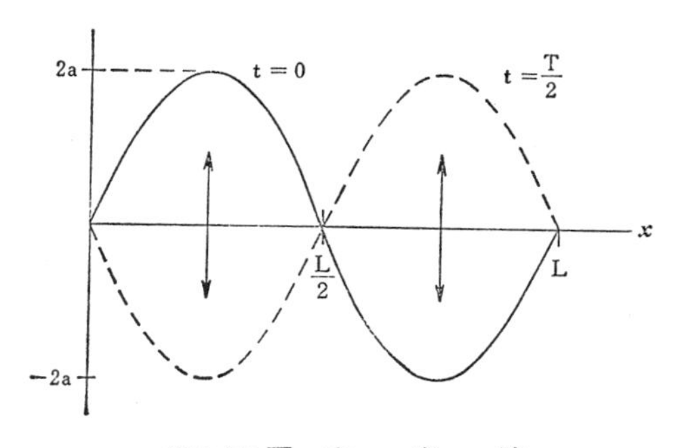

第2/17図　定　常　波

沖合から来た波が切りたった海岸あるいは岸壁などにあたり，反射波を生じる所は，入射波と反射波が合成されて波高が2倍になって振動する。このため船の動揺が激しくなるから，岸壁から交通艇に上下艇する時とか，風を避けて風下の陸岸に近づくとき，などは注意しなくてはならない。

潮汐や気圧変動が原因となってどこの港湾でも起こる固有振動（静振またはセイシュ）は，定常波である。一般に周期は数分～数10分，振幅は数cm～数10cmである。この場合，湾の奥が上下動の最大となる腹になり，湾の入口が上下動のない節になる。

長崎の「アビキ」，下田の「ヨタ」といわれて来たものはこのセイシュのことである。

第2-1表 セイシュの周期と振幅の1例

地　点	卓越周期	最大振幅
長　崎	34～38分	1.3m
宮　古	44～52分	1.5m

セイシュによる波長は長いので浅海波として考えることができる。

湾の長さを l とすると，定常波の波長 L は $4l$ となり，次式からその湾におけるセイシュの周期を計算することができる。

$$C=\frac{L}{T}=\frac{4l}{T}=\sqrt{gh}$$

$$\therefore \quad T=\frac{4l}{\sqrt{gh}} \qquad \cdots\cdots(2.14)$$

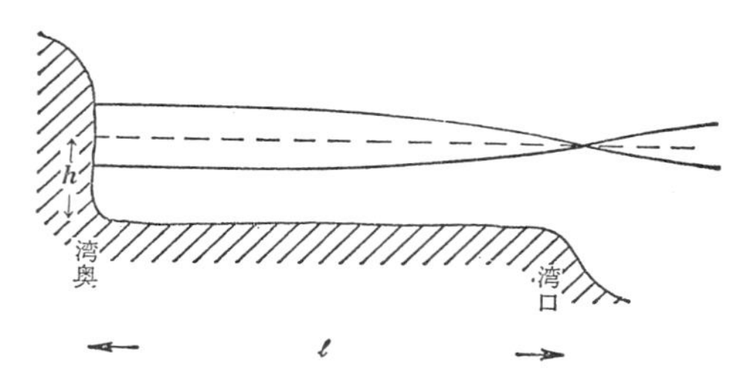

第2-18図 セイシュ

(4) 潮波（しおなみ）

強い海潮流のために起こる波の意味で，特に流向と風が反対のときには大きくなり三角波が立つ。日本近海でよく起こるところは，黒潮の岸近くせまる岬付近，トカチ海峡，豆南諸島，五島列島，瀬戸内海，千島の瀬戸などである。

(5) 津　　波

海底地震とか海底火山の爆発によってできた波が四方に伝わり，大きな波となって海岸に及ぶものである。津波の周期は，数10分から数時間，波長は数 100km の長いもので，波高も洋上では数 10cm 以下のため，洋上ではこれを波として観測できない。ところが湾，特に切れこんだ三角形（V 字形）の湾に達すると急に水位が高くなり，被害を与える。

津波の波長も洋上の水深と比べてはるかに長いので，浅海波と考えられる。したがって，津波の進行速度は　$c=\sqrt{gh}$ で計算できる。

（注） 1960年5月24日のチリ地震による津波は，波速 200m/s 前後で一昼夜後に地球の裏側にあたる日本に達し，八戸では波高 4 mの津波がおそってきた。1964年4月1日のアリューシャン地震（ウニマック島南）による津波は同島灯台（海面上19m）に高さ30mを越える大波となっておそい，これを破壊し，さらに波速 250m/s で伝搬してハワイへ5時間足らずで襲来し，16mの波で死者 173 名を出している。（太平洋の平均水深を 4200m として計算してみよ。）

(6) 高　　潮

台風のとき起こる風津波を高潮といい潮位が異常に隆起する現象である。

（注） 1934年9月21日の第1室戸台風や1959年9月26日の伊勢湾台風時の高潮では，それぞれ数千人の死者が出た。

2-6　外洋波浪図について

波浪図は，日本では現在 JMH（気象庁），JJC（日本気象協会）によって放送されている。対象海域は JJC が北太平洋全域と南シナ海，JMH では北太平洋西部の海域であり，いずれも内容は実況が主体になっている。

第 2-19 図には JMH による外洋波浪図の例をあげてある。この場合，船舶による観測データの表わし方と記号の説明は第2-20図のようになっている。この波の方向，速度の記号は各国の放送局により異なることがあるが，これを第2-21図の 3 種にまとめることができる。これによると，アメリカはフィート，カナダは通報コードである。日本では実況値は 0.5 mごとだが，等波高線は 1 mごとに画かれる。

第2-22図には JJC による波浪図の例をあげてある。この放送内容は図をみればおよそ理解できるが，1，2 説明をつけ加えると，図（上）の北太平洋波浪概況図は 1 mごとの等波高線で示し，波高の状況を波浪階級表の頭文字で示している。図（下）の気圧配置・高波高域分布図は，気圧系と高波高域との関連をひと目でわかるようにしてある。高波高域は波高 4 m以上の区域を示す。

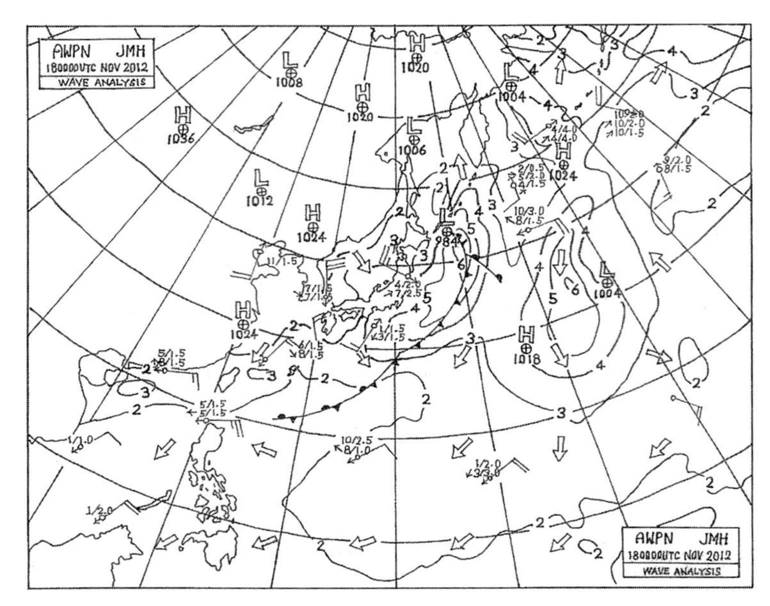

第2-19図　外洋波浪図　J.M.H.

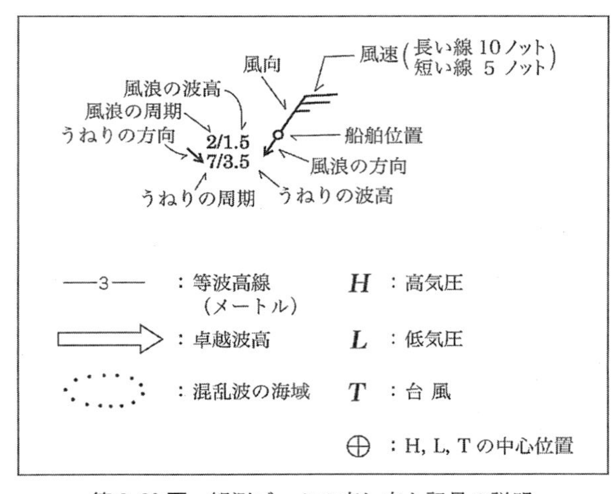

第2-20図　観測データの表し方と記号の説明

さらに図の上端に解説文をつけて，利用の便をはかっている。

（注）JMH と JJC の放送スケジュールは変更することがある。

これらの波浪図を見る場合，心得ておかなくてはならない事項は次の通りである。

(1) 観測通報波高は風浪・うねりとも有義波高を示している。

(2) 波浪図の等波高線は風浪とうねりの合成波となっている。それは，

$$\sqrt{(風浪の波高)^2+(うねりの波高)^2}$$

として計算される。

卓越波向は風浪とうねりが共存する場合，いずれか高い方の波を示す。

N. S. S.（U. S.　NAVY）

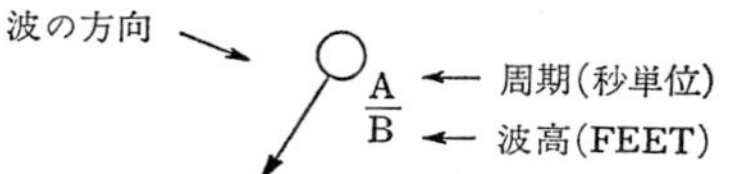

C. F. H.（CANADA　HALIFAX）

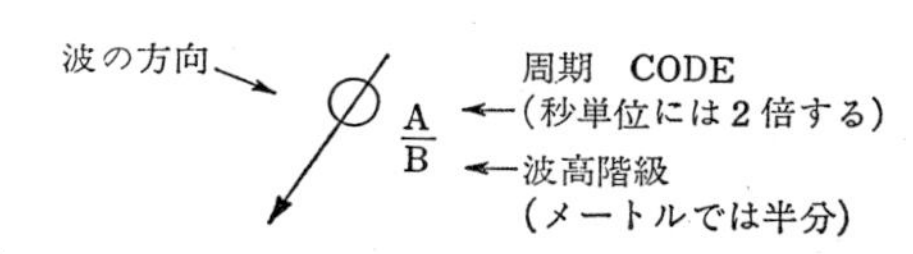

N. P. G.
（U. S.　CALIF　SAN-FRANCISCO）

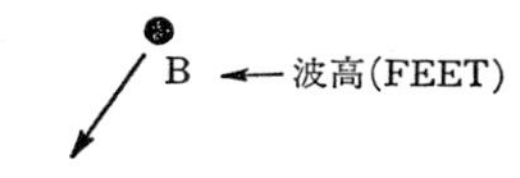

第2-21図　観測データの表わし方

(3) 沿岸50海里以上の観測通報資料を用いるから，沿岸や海底の地形による波の変形効果は考慮していない。したがって沿岸を航行する場合は，変形によるいそ波，海潮流によるしお波についても考える必要がある。

(4) 黒潮を横断したり，逆航したりする場合，黒潮の影響を考えなくてはならない。たとえば２～３ kt の海流に対し，10～15m/s の風が反対方向に吹続する場合，海流のないときの20～30％波が高くなり，険しい波になる。風浪の周期が短ければくだけ波となる。

冬季シベリアの寒気と黒潮の温暖な海流の間では，気団が不安定となって，気圧傾度から推定される風よりも強い風や突風が局地的に吹くので，混乱波が生じやすい。

(5) じょう乱規模として 200 km 程度以上を扱っているので，それ以下の中規模の解析は十分でない。

〔解説〕 アリューシャン南方海上は大きな気圧の谷に入っているため，全般に20～40ノットの風が吹いており，この海域では4～5 mの波が出ている。また，日本の南海上には3つの低気圧があって北東へ進んでおり，関東の東海上から日本の南方海上にかけては25～35ノットの風が吹いている。このため，これらの海域では4～5 mの波が出ている。尚，南シナ海には台風18号があって北東へ進んでおり，台風の南東海域では5 m以上の波が出ている模様（日本気象協会）

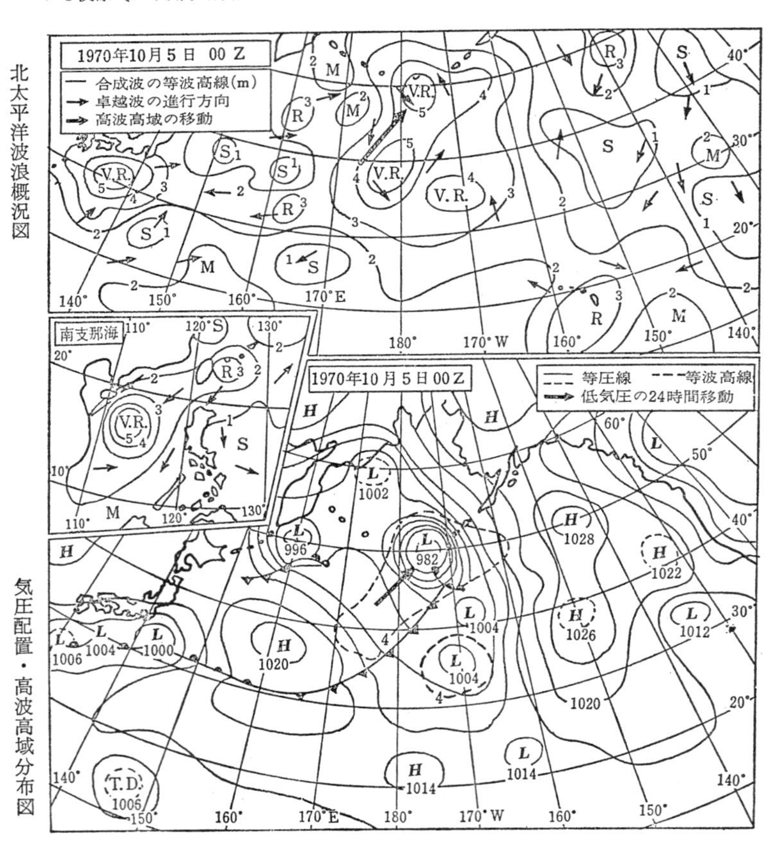

第2-22図　外洋波浪図　　JJC

第2章　問　題

▶二　級

問1　風浪はうねりに比べて，一般にどのような点が違っているか3つあげよ。

〔解〕　風浪：2-3(1)前段，うねり：2-4(1)参照。

問2　外洋波浪図に示された高波高域上に低気圧が発生したり，あるいは高波高域上を低気圧が進行する場合は，その高波高域内の海面は，どのような状態となることが予想されるか。

〔解〕　三角波が立ったり，異常に高い波が発生したりする。また，異なった方向の風浪同志がぶつかりあい混乱波となりやすい。

▶一　級　＜＊＊＞

問1　波浪に関し，次の問いに答えよ。

㈠　海上での波の観測における有義波（significant wave）とは，何か。

㈡　うねりは，風浪に比べてどんな特徴があるか，2つあげよ。

〔解〕　㈠　2-3(3)参照。　　㈡　2-4(1)参照。

問2　風浪の発達に関する次の問いに答えよ。

(1)　波がどこまで発達するかは，どのようなことによって決まるか。3つあげよ。

(2)　「十分に発達した波」とはどのような状態にある波か。また，十分に発達した波の波高は何によって決まるか。

〔解〕　(1)　風速，吹続時間，吹走距離。

(2)　その風速によって最大エネルギーに達したとき。上記(1)の要素が十分であるとき。

問3　日本のFAX放送による外洋波浪図には，どんなことが示されているか。

〔解〕　2-6の第2-20図参照。

問4　㈠　右図(A)は外洋波浪図の一部を，(B)は波浪図に用いられる記号を示したものである。㋐～㋙はそれぞれ何を表すか。㋓については数値もあげよ。

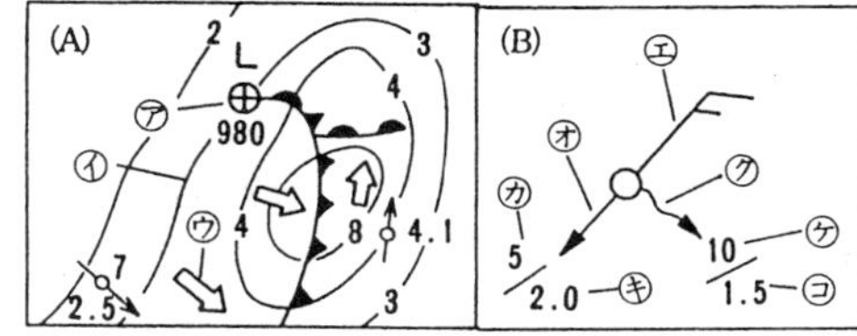

㈡　波浪図は，航行安全上，どのような利用価値があるか。

〔解〕　(1)　2-6の第2-20図参照。この図に関する出題例は多い。予想図（FXPN）であれば次図のようになっている。

卓越波向
10
9.5
卓越波の周期(秒)
合成波高(m)

(2) 総観的に波浪の状況を知ることができるので，高波高域の回避によって船体と積荷の安全確保。波浪の利用による経済運航。

問5　地震津波の特徴を，２つあげよ。

〔解〕 2-5(5)参照。

問6　(一) (1) 外洋における波浪の発達に密接な関係のある要素は何か，３つあげよ。

(2) 冬の日本海において風浪が高くなることの多い理由の１つとして，水温と気温との関係による影響があるが，これについて説明せよ。

(3) 地上天気図の気圧配置と波浪図の波浪分布の相互関係をみると，高波高域は低気圧の中心付近のほか，その低気圧の中心と高気圧の中心と結ぶ線上の中間付近にも存在することが多い。右図は，その１例を示すモデル図である。図中のアの海域に高波高域が出現する主な原因を述べよ。

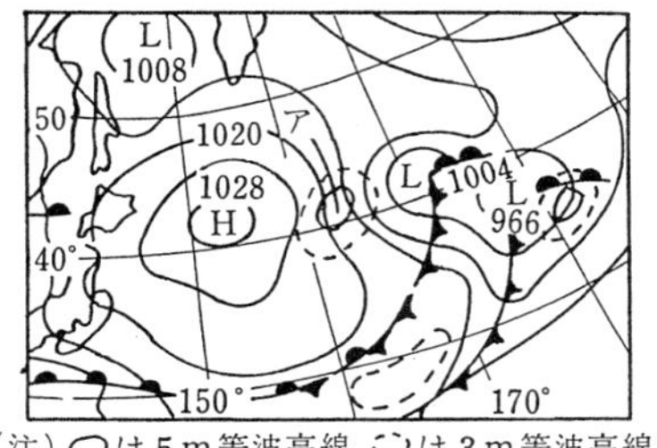

(注) ○は５m等波高線，◌は３m等波高線

(二) 外洋波浪図を連続受画して観察することにより，波浪についてどのような状況を知ることができるか。

〔解〕 (一)(1) 2-3(1)後段参照。

(2) 2-6(4)後段参照。

(3) 安定した風が吹き続ける。すなわち吹続時間，吹走距離が大きい。また，気圧傾度が意外と大きい。

(二) 高波高域の移動の様子。波の発達の状況。波浪全体の変化の様子。

問7　$\frac{1}{100}$**最大波**とは何か。また有義波の波高を1.0とした場合$\frac{1}{100}$の最大波の波高及び$\frac{1}{1000}$**最大波**の波高は，それぞれどのくらいとされているか。

〔解〕 考え方は有義波と同じで，引き続いて観測されたＮ個の波の中から高い順に選んだ$\frac{N}{100}$個の波の平均値を$\frac{1}{100}$最高波という。

それぞれ有義波高の1.61倍，1.94倍である。($\frac{1}{10}$最高波は1.27倍)。

問8　(1) 北太平洋のうねりの波高は，ふつう何m程度か。

(2) 北太平洋のうねりの波長は，ふつう何m程度か。

〔解〕 (1) 普通２～４m未満

(2) 普通100～200m未満

第3章 潮 汐 と 潮 流

3-1 潮 汐 と は

風浪の周期は10sec前後であるが，潮汐の場合は半日を周期として昇降する潮の満干をいう。このように非常に周期が長くて，波長の長い波と考えられるから，潮浪という。したがって潮浪の山がくると，水位は最高となり高潮（満潮）となる。また潮浪の谷がくると，水位は最低となり低潮（干潮）となるのである。

この潮汐を起こしている原因は，月と太陽が地球との間で働く引力と地球がこれら天体のまわりを動くために働く遠心力によって，流体である海面が起伏を生じ，潮汐現象が起こるのである。

潮汐の理論は，海流の場合に比べると正確であり，それにもとづいて出す予報は，他のどのような現象よりも適確である。

3-2 起 潮 力

潮の満干（みちひ）を起こす原因は，月と太陽の引力によって地球上の海水が動いてもり上がるからに他ならない。

実際の海洋は，海岸線の形や海底地形が複雑で，個々の場合ではいろいろな潮汐現象を示す。しかし，この原理を知るために問題を簡単にして考えてみよう。

地球上を一定の深さで，等密度の海水がおおっているとする。また地球は太陽のまわりを公転し，地球自身1日1回転の自転をしているがこれは潮汐現象に関係がないから，地球はいまは回転していないとする。

次に月と太陽が海洋におよぼす影響力は違うが，原理は全く同じなので，月と地球の間の関係だけで説明することにする。

月と地球の距離は一定に保たれているが，これは月と地球の共通重心を中心に回転するときの遠心力と月の引力が釣り合っているからに他ならない。ところが，この2つの力が働くために起潮力が働くことになる。

地球は月に対しては運動していないように見えるが，実際は，月と地球が共通重心（G）を持ち，ここを中心に両者がまわっている。このGは月と地球の質

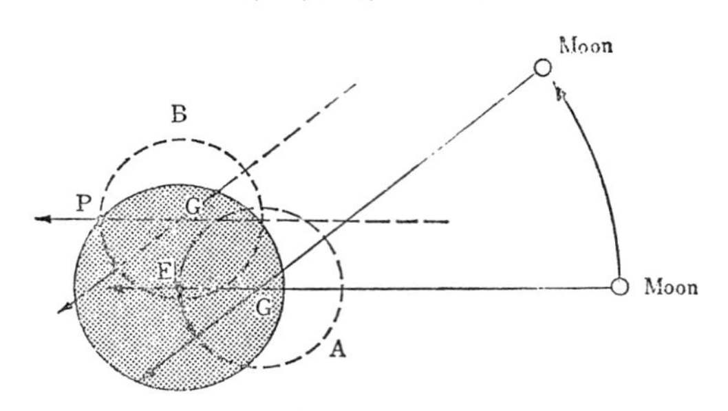

第3-1図　月と地球の関係

量に応じて，月から地球までの距離を内分する点であり，地球の中心から約 4700km のところで地球の内部にある。したがって地球の中心（E）は（G）を中心にして，$\overline{EG}$を半径として（月が地球を約27.3日で一周すれば）円（A）上を，約27.3日で一周する。この円運動により，月と反対方向の遠心力が働く。また月の方向に月の引力が働いて，地球の中心（E）で釣り合う。

次に地球上の任意の点（P）を考えると，Pは円Aを$\overline{EP}$だけ平行移動した円（B）上を同じ周期と半径で運動していることになる。したがって，Pの単位質量に働く遠心力は，地球の中心（E）に働く力の向きと大きさに等しい。ところが，Pに働く月の引力は距離の二乗に反比例するから地球上の位置によって異なる。力の向きは，地球の上下で約 1° 違う。また，大きさは，月から最も近いところで最大，最も遠いところで最小となる。

この結果，地球の中心Eでだけ引力と遠心力が釣り合っているが，月に向かっている半球上の任意の点Pでは，引力が遠心力より大きく，反対側では遠心

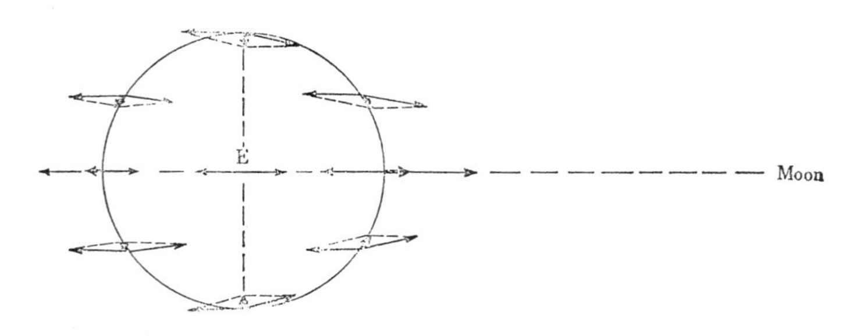

遠心力：月の反方位に平行に同じ力で働く
引　力：月の方向に働く，場所によって力と向きが異なる
➡　：遠心力と引力の合成された起潮力
E　：地球の中心，遠心力と引力が釣り合っている

第3-2図　起　潮　力

力の方が大きくなる。この遠心力と月の引力と合成して地球面上に示すと第3-2図のようになる。起潮力は地球面上に分布する結果，海面のふくれ上りは月に向かいあった側とその反対側にできる。また90°ずつずれた面上では海面の降下が起こるのである。

この2つの海面のふくれ上った水の山は月が動くにつれて，移動して行く。したがってある一個所に対し1日に2回の潮汐の満干として観測される。実際にはこの他に太陽の影響が加わるから，月と太陽の位置関係によって満干の差が起こってくる。太陽の質量は月の質量の約2700万倍あるが，地球との距離が，月の場合の約390倍あるから，太陽の起潮力は月の起潮力の46%である。すなわち，月の約半分の影響力を持っていることになる。

その他の天体は質量の割に距離がはなはだしく遠いから，ほとんど影響はない。

3-3 潮汐現象

水位が一番高くなった高潮（満潮）からつづいて一番低くなった低潮（干潮）まで約6時間12，3分かかる。これは月が正中後，地球が自転して再び正中するのに24時間50分（一太陰日）かかるからで，このことは高潮低潮の起こる時間が毎日50分ずつおくれて行くことを示す。

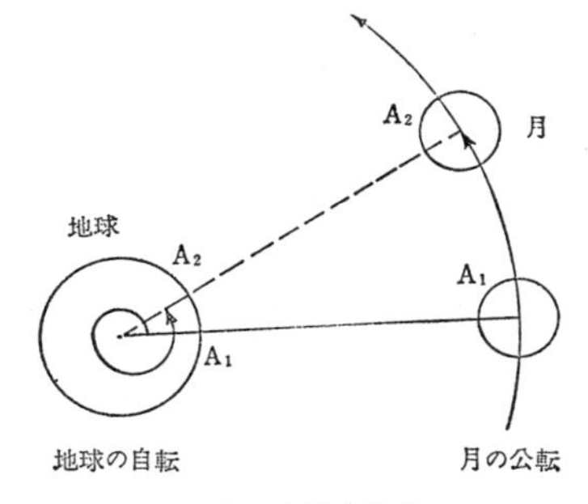

$A_1 \sim A_2$：24時間50分

第3-3図　一太陰日

(1)　潮汐と潮流

海水の水位が規則正しく周期的に昇降する現象を潮汐といい，潮汐に伴う水の動きを潮流という。

低潮から高潮までの潮位が高くなりつつある状態を上げ潮または満ち潮といい，これと反対に潮位が低くなりつつある状態を下げ潮，あるいは引き潮という。

高潮時と低潮時には，海面の昇降が一時的に停止する。この状態を停潮という。

(2)　月潮間隔

月が真上にきたとき，そこの場所と反対側で即座に高潮になるかというと，実際はところによってかなり大きな差があり，月が真上を通りすぎて，数時間遅れるところもある。これは，海陸の分布や，海底地形，海水と海底の摩擦抵抗，海水間の抵抗などが影響するからである。

① 高潮間隔：月が子午線に正中してから高潮になるまでの時間をいう。

② 低潮間隔：同じく，月が子午線に正中してから低潮になるまでの時間をいう。

この高潮間隔と低潮間隔を合わせて月潮間隔という。

高潮間隔や低潮間隔は同じ場所でも，日によって時間差が同じにならないから，これらの平均をとったものを，平均高潮間隔，平均低潮間隔という。

なお朔（新月）と望（満月）のときの高潮間隔を特に潮候時という。

（注） 海図には，その地方の主要港の平均高潮間隔が記載されている。したがって，潮汐表がなくても，月の子午線正中時がわかればこれを利用して，高潮になる時刻を大体知ることができる。

(3) 大潮と小潮

① 大　潮： 新月と満月のころは1か月で一番潮位が高くなる。これは，月と太陽による起潮力の位相が等しくなり，合成された潮汐は大きくなるためである。

ふつう，新月または満月の日から1～3日遅れて潮差が最大になる。この遅れの日数を潮令という。

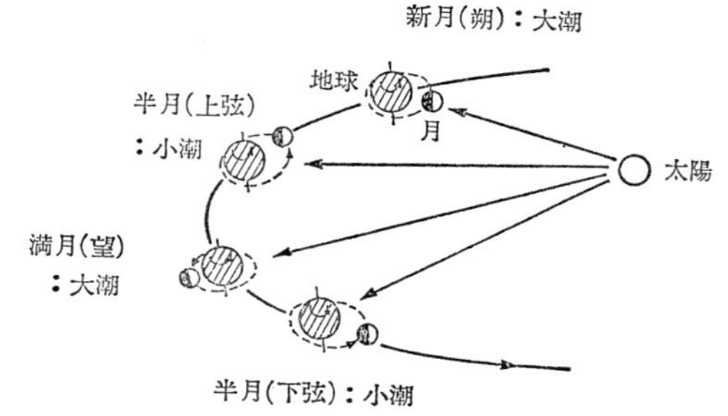

第3-4図　大潮と小潮

② 小　潮：上弦・下弦のころは1か月で一番潮位が低くなる。月と太陽による起潮力の位相がくい違い，合成された潮汐は小さくなるためである。

（注） 大潮から小潮になる途中の下げ潮の終りを長潮（後小潮）という。小潮から大潮に向かってだんだん潮位が高くなって行く途中の上げ潮のはじまりは若潮という。

(4) 日潮不等

1日に2回の高潮と低潮があることは前にものべた。その高さも間隔も実は相当まちまちである。それは，潮汐が月の引力や太陽の引力による分潮の合成であるためで，その組合せが場所によって複雑な潮汐を現わすことになる。これを日潮不等という。

高潮のうち高い方を高高潮，低い方を低高潮，低潮のうち高い方を高低潮，低い方を低低潮という。そしてこれらの差がはなはだしいときは1日1回潮といって，1日に1回の高潮と低潮を示すだけのこともある。

日潮不等は月の位置が赤道から遠ざかるほど大きい。したがって，南北の回帰線付近にきたときはとくに目立って日潮不等が大きいのでこれを回帰潮という。

日潮不等は春秋の小潮の時，夏冬の大潮のときに一番大きい。

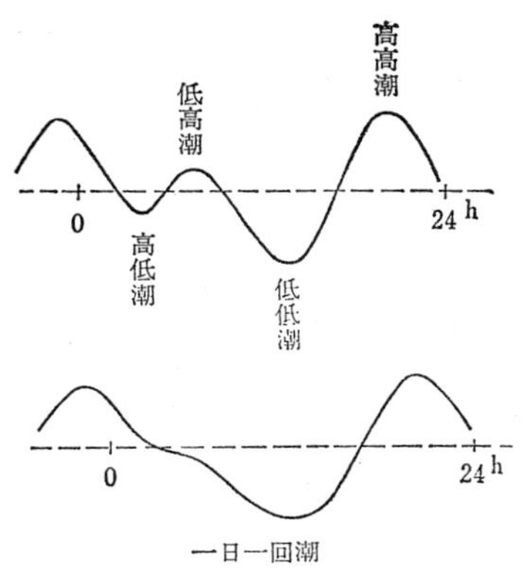

第3-5図　日潮不等

春秋の彼岸の大潮の頃は，月も太陽も赤道付近にあり，1日に2回規則正しい海面の高低があって日潮不等は非常に小さい。またこのときの大潮は分点潮（彼岸潮）といって1年中で一番高い大潮になって潮差が大きいので，砂浜や磯などが遠くまで干上る。日潮不等は場所によって差が大きいが，日潮不等の大きい場所として，ジャバ海，南シナ海，宗谷海峡，千島北部，オホーツク海，明石海峡，日本海沿岸などがあり，毎月の大半以上の日が1日1回の満干のみである。

日潮不等の小さい場所として，朝鮮半島西岸と南岸，瀬戸内海西部，九州西岸と北岸などがあり，1日2回の満干がきちんとあり，1日1回潮になることはない。

(5)　近地点潮，遠地点潮

地球上の場所によって月までの距離が違ってくるが，起潮力は月までの距離の3乗に逆比例するから，月が近くなれば潮差は大きく，遠くなったときは潮差が小さくなる。月が近づいたときの潮汐を近地点潮，遠くなったときの潮汐を遠地点潮といい，約1か月で繰り返す。

日本海沿岸は潮差は小さく2，30cm 程度である。その他，大村湾，地中海，メキシコ湾などの潮差が小さい。これは海水の出入する入口が狭い割合に奥が広く，海の深さが深いことによる。

潮差の大きいところとして，日本近海では，オホーツク海が1m位，太平洋岸の北海道～東京湾は 1～1.5m，四国～九州東岸～瀬戸内海東部 1.5～2m，瀬戸内海西部3m 以上，九州西岸 2.5～3.5m（有明海の奥では最大5.5m）になっている。

朝鮮半島西岸では遠浅で潮差は大きく，仁川で8m位，木浦以北で6m以上になっている。

世界で潮差の最大のところは，カナダ東岸ファンディ湾で15.6m，次いで英国西岸ブリストル湾の13mがある。

3-4 潮汐の調和分解と分潮

(1) 潮汐の調和分解と分潮

海面の高さを長年観測して，その平均の高さを求めたものが平均水面である。山の高さはこの平均水面からの高さで表わしている。

海面の昇降する潮候曲線は，それぞれ独自の周期を持った潮汐，すなわち分潮の合成されたものと考えられる。潮候曲線から分潮を求めることを潮汐の調和分解という。

分潮の数は厳密には60数個になるが，実用上は20数個を考えれば差し支えない。その中でも最も基本的な4種類のサイン曲線を4分潮といい，この合成が主体になっている。それぞれ M_2 潮，S_2 潮，K_1 潮，O_1 潮と名づけられている。これらの周期は決っているが，振幅は場所によって異なる。

第3-1表 4分潮の周期

分潮	周期
M_2 潮	12h 25m
S_2 〃	12 00
K_1 〃	23 56
O_1 〃	25 49

これらを知るには，長年の検潮記録から各分潮の振幅を求め，これを使って将来の潮汐の予報をするのが潮汐表である。

(2) 潮高の基準面

① 基本水準面：平均水面に対し，前記の4分潮が全部低潮になったときの海面を略最低低潮面という。大潮のときでも，海面がこれより低くなることはまずない。これを基本水準面ともいい，海図の水深の基準面になっている。

② 略最高高潮面：4分潮が全部高潮になったときの海面を略最高高潮面という。海岸線はこの面を基準にしている。

干出は略最高高潮面と略最低低潮面（基本水準面）の間にあるものを指し，干出の高さは基本水準面上の高さをいう。

その他に平均水面（基本水準面ではない）を狭んで，大潮の平均高潮面と大潮の平均低潮面があり，この差を大潮差という。

また小潮の平均高潮面と小潮の平均低潮面の差を小潮差という。

基本水準面から大潮の平均高潮面までの差を大潮升といい，基本水準面か

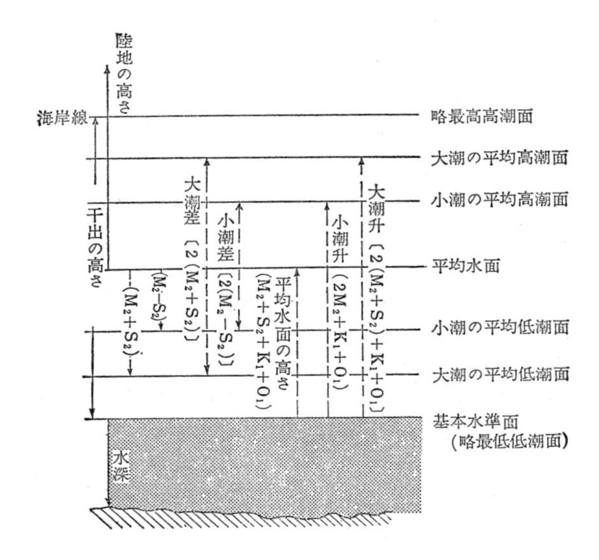

第3-6図　潮高の基準面

ら小潮の平均高潮面までの差を小潮升という。

（注）M_2 潮とは，主太陰半日周潮のことで，平均太陰（Moon）によって起こされる潮汐で，月によって生ずる半日周潮のうちで最も振幅が大きい。S_2 潮とは主太陽半日周潮のことで，平均太陽（Sun）によって起こされる半日周期で，太陽によって起こされる半日周潮の中で最も振幅が大きい。K_1 潮とは日月合成日周潮のことで，月によって生ずる日周期と太陽によって生ずる日周期の分潮が，周期が等しいため一つの分潮として扱われる。O_1 潮とは主太陰日周潮のことで，月によって生ずる日周潮のうちで最も振幅が大きい。添字の1は1日周期のことであり，2は1/2，すなわち半日周期を意味している。M_2，S_2，K_1，O_1 潮は潮候曲線の全振幅の70%以上にもなる。したがって潮汐や潮流のおおよその模様はこの4大分潮で表わされる。M_2，S_2，K_1，O_1 潮の振幅をそれぞれ同じ記号を使って M_2，S_2，K_1，O_1 とすれば，第3-6図の記号で表わされた加減算になる。基本水準面（略最低低潮面）はそれぞれの4分潮が低潮になったときだから，平均水面から下の「$M_2+S_2+K_1+O_1$」になる。また大潮の平均低潮面は，M_2（月）の低潮と S_2（太陽）の低潮が一致したときであるから，「M_2+S_2」になる。小潮の平均低潮面は，M_2（月）の低潮と S_2（太陽）の高潮のときに起こるから，(M_2-S_2) になる。この3つの関係がわかれば，他の関係式も第3-6図のように求まる。

(3)　潮時・潮高の計算

潮汐表第1巻には，「日本および付近」，第2巻は「太平洋およびインド洋」の区域で分けられ，各巻に標準港の潮汐および主要な瀬戸の潮流の予報値，その他の場所に対する改正数・非調和常数（各地の潮時，潮高および流速を求めるのに必要な常数），地名索引，任意時の潮高・流速を求める表が収められている。なお第1巻にはその他に，潮信（日本沿岸の潮汐と潮流に関する概要の説明），潮汐の用語解説，図表3枚がある。

標準港とは近辺の港の潮汐を求めるとき，標準になる主要な港である。

（注） これらは平常の値であり，必ず潮汐表通りになるとは限らない。その差は，潮時で20～30分，潮高で0.3mの最大誤差が考えられる。

(4) 任意時刻の潮高

高潮と低潮の時刻と水深は求まるが，その間の任意時刻における潮高を求める場合概略次のようにする。

高潮時と低潮時の間は6時12分だからその間を6等分すると各時間ごとに1：2：3：3：2：1の比率で水深が変化する。すなわち最初の1時間では潮差の1/12，次の1時間（計2時間後）では2/12，次の1時間（3時間後）では3/12……と変化する。

例えば {低潮 0520 0.3m / 高潮 1120 2.4m}

のとき，0944の潮高を求めるには，低潮から4時間後の範囲にはいるから，

$$\underbrace{(2.4\text{m}-0.3\text{m})}_{\text{潮差}}\times\left(\underset{\substack{\uparrow\\ \text{1時間後}}}{\frac{1}{12}}+\underset{\substack{\uparrow\\ \text{2時間後}}}{\frac{2}{12}}+\underset{\substack{\uparrow\\ \text{3時間後}}}{\frac{3}{12}}+\underset{\substack{\uparrow\\ \text{4時間後}}}{\frac{3}{12}}\right)\fallingdotseq 1.6\text{m}$$

となる。したがって

0940の潮高は　0.3m＋1.6m＝1.9m

となる。

なお，厳密に求めようとすれば，潮汐表の「任意時の潮高を求める表」を使えばよい。

3-5 潮　流

潮汐によって海面が昇降するのに伴って，海水が水平方向に移動するのを潮流という。潮時の等しい地点を結んだ線を等潮時線といい，これであらわした潮汐波（潮波）の進行を示す図を等潮時図という。これによって潮汐波が地球面を1日2回めぐって進み，浅海に出入りする様子を知ることができる。

また，無潮点という，海面の昇降がない一地点を中心に等潮時線が放射状に分布して潮汐波の回転する場所を，浅海の多くの地点と大洋中に見つけることができる。そこでは，回転潮流が存在する。

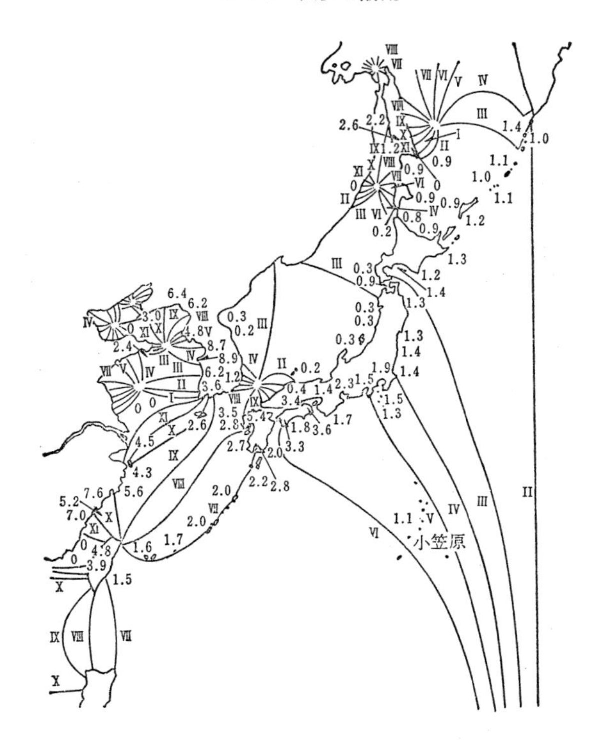

ローマ数字は太陰（月）が135°Ｅを通ってから高潮になるまでの
平均時間（太陰時）
アラビア数字は大潮差（メートル）

（潮浪進行図）

第3-7図　日本近海の等潮時図

潮流は一般に，海が浅く潮差の大きい場所で強く，ことに狭い瀬戸では激しいことが多い。大洋中でも浅い所では潮流が感じられる。海流は物を一方から他方へ運び動かすだけで後もどりしないが，潮流の場合は水が潮汐の干満に伴って行ったりもどったりして，周期的に水平運動をくり返す。ふつうは，海流と潮流の合成された状態で観測される。この海潮流を区別するには，少なくとも一昼夜以上連続的に観測して調和分析せねばならない。

世界で潮流の強いことで有名なところとして，カナダのバンクーバー島とブリティッシュ・コロンビア間のセイムーア瀬戸（最高潮流15kt），ノルウェーのロフォーテン島付近のメールストローム，イタリアのメッシナ海峡がある。

潮差が大きく潮流が強いのを利用して，潮汐発電所が進められたのは，フランスのランス河口（245kW），カナダのパサコモデ湾（305kW）などがある。

日本で潮流の強いところは，鳴門海峡が最も有名だが，その他瀬戸内海の来島海峡，音戸瀬戸，早鞆瀬戸や明石海峡，大村湾針尾の瀬戸，八代海入口の黒瀬戸，有明海入口の早崎瀬戸などがあり船舶の航行にとって危険なことが多いから事前の心構えが必要である。潮流の流速は外海ではあまり大きくなく，沿岸では強くなり，特に河口や湾口では強くなることが多い。したがって上記にあげた以外のところでも潮流の影響について十分注意する必要がある。たとえば，大王崎とか，東京湾口の浦賀水道などでも潮流が強い。

3-5-1　潮　流　の　型

(1)　往復潮流

流れが地形で制限される場所では，潮流の動きが往復する。港湾，海峡，水道などでみられる。

①　憩　流：一方向に流れが起こり，次第に流速を増して行き極大になったところで，流れが一旦停止の状態になる。これを憩流という。

②　転　流：憩流を過ぎると，やがて流れは反対方向に始まる。これを転流という。そして転流後の流速が最大になったところで，憩流となり，やがて転流ということを繰り返す。

1日に4回転流するものは，半日周潮流といい，転流から転流までの平均時間は6時間12分である。1日に2回しか転流しないものは，日周潮流といい，転流から転流までの平均時間は12時間25分である。

③　上げ潮(しお)流：低潮から高潮に向かう間の潮流を上げ潮流という。

④　下げ潮流：高潮から低潮に向かう間の潮流を下げ潮流という。

潮汐波が定常波であれば，高潮・低潮になったときに転流し，海面が平均水位になったときに流速が最大となる。

潮汐波が進行波であれば，高潮時・低潮時に流速が最大となり，海面が平均水位になったときに転流する。

実際には，反射，海底摩擦，水深の変化による屈折の影響などから，潮汐波は純粋な定常波や進行波であることは少なく，潮汐と潮流の関係は，周期は同じでも，その位相は複雑である。

また同じ場所についていえば，潮差が大きければ潮流も強くなる。このため，一日の潮流でも流速は等しくない。これを日周不等などという。

(2)　回転潮流

流向の障害のない沖合いでの潮流は，時間とともに流向と流速が少しずつ変化しながら潮流のベクトルは回転する。これを回転潮流という。この場合，憩流はない。

潮流の流向が回転するのは，コリオリ力の影響で，一般に北半球では時計まわり，南半球では反時計まわりになる。

多くは半日周潮流といって，流向が1日に2回転する。したがって周期は平均12時間25分である。

なかには日周潮流といって，流向が1日に1回転するものもある。この場合周期は平均24時間50分である。流速の変化は往復潮流の場合と同様である。

(3)　水位差潮流

2つの海を結ぶ，狭くて短い海峡や水道では，両側の海の潮汐の違いによって水位の高い方から低い方に流れる潮流がおこる。両側の海の潮位差が0になったときに転流する。

3-5-2　海峡および水道の潮流

(1)　細長い水道の潮流

細長い海峡に外洋から潮流が入ってくる場合，潮流波（潮浪）の波速は $\sqrt{gh}$ で海峡を進む。

最大の上げ潮流は高潮時におこり，最大の下げ潮流は低潮時におこる。海面が平均水面より高ければ，潮汐波の進行方向に流れ，平均水面より低ければ，反対方向に流れる。平均水面のときに潮流は憩流し流向を変える。最大流速は

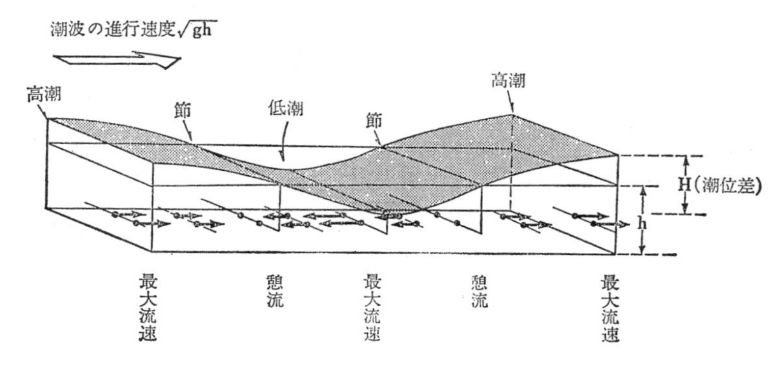

第3-8図　細長い水道の潮流

$$\frac{H}{2}\sqrt{\frac{g}{h}} \quad \cdots\cdots\cdots\cdots\cdots\cdots\cdots\cdots (3.1)$$

（ただし，H：潮位差，g：重力の加速度，h：水深）

で与えられる。豊後水道がこの例である。

(2)　湾の潮流

外海と通じていて，水深が一様な長方形の湾をモデルとして考える。

外海から進入して来た潮汐波が，湾の奥で反射して返って来る潮汐波と合成されて定常波となる。

潮流は高潮時と低潮時に憩流し，潮流は平均水面のとき節のところで最強

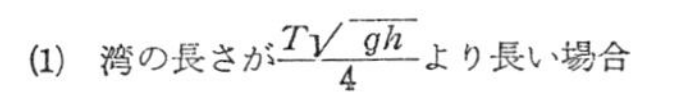

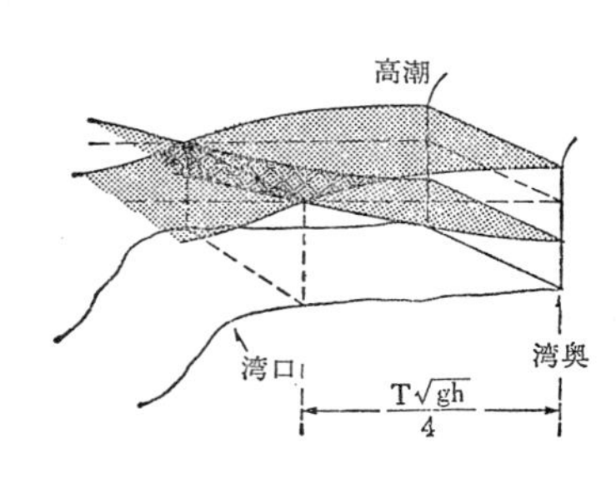

(2)　湾の長さが$\frac{T\sqrt{gh}}{4}$より短い場合

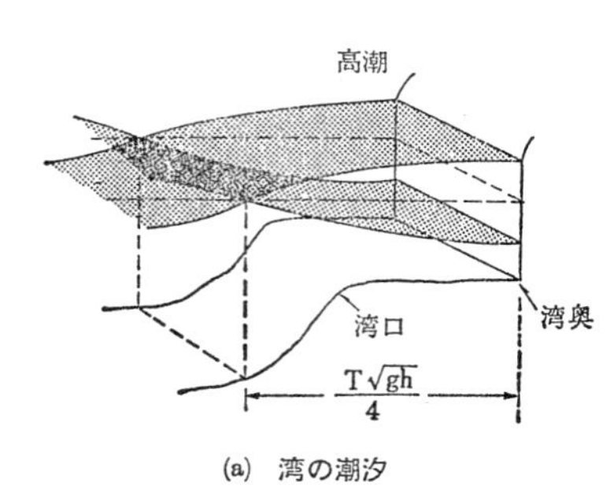

(a)　湾の潮汐

(1)　湾奥で低潮

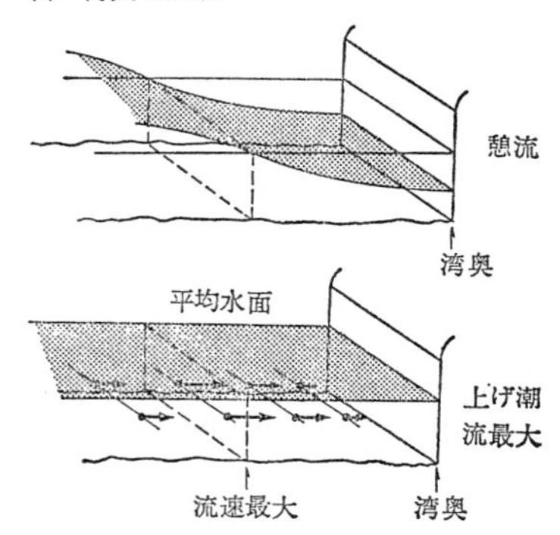

(2)　湾奥で高潮

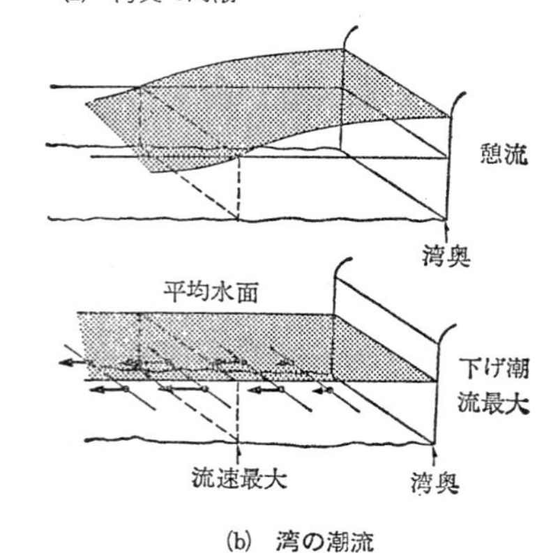

(b)　湾の潮流

第3-9図　湾の潮汐と潮流との関係

になり，湾内にはいるほど弱い。上げ潮のときは湾の奥に向かい，下げ潮のときは沖に向かって流れる。

湾奥から

$$\frac{T\sqrt{gh}}{4} \cdots\cdots\cdots\cdots\cdots\cdots\cdots\cdots\cdots\cdots\cdots (3.2)$$

（T は潮汐の周期，12時間25分）

の距離に節ができる。ここでは海面の昇降はない。節の最強流速は（3.1）で与えられる。

湾奥から遠ざかるにつれて，反射波が摩擦のために衰えるから，数海里離れたところでは外洋と同じになる。したがって，沖の方ほど憩流時がずれるので，高潮時，低潮時になっても続流するようになる。東京湾口の海堡付近の潮流はこれに近い。

湾の長さがちょうど節までの長さに近いと，湾奥の潮差は非常に大きくなる。北米大西洋岸のファンディ湾，日本の有明海がその例である。

(3)　幅が広くて長い海峡の潮流

外洋から潮汐波が進行波として進入してくる。海峡を挟んだ2つの海から潮汐波が来る場合は，お互に反射波を生じて干渉し合い，海峡内の潮汐と潮流は複雑なものとなる。

しかし，一方の海の潮汐が小さいと潮汐のある方の海の入口が腹で，潮汐のない方の海の入口が節となる定常波になる。

したがって(2)と同じように，潮流は高潮時・低潮時に憩流し，平均水位のときに最強潮流となる。対馬海峡がこれに似ている。

(4)　くさび状の長い水道の潮流

水深と幅がしだいに減少している水道を考える。この場合の波高は

$$H \propto \frac{C}{\sqrt[4]{h} \cdot \sqrt{B}} \cdots\cdots\cdots\cdots\cdots\cdots\cdots\cdots (3.3)$$

（ただし，h：水深，B：幅，C：定数）

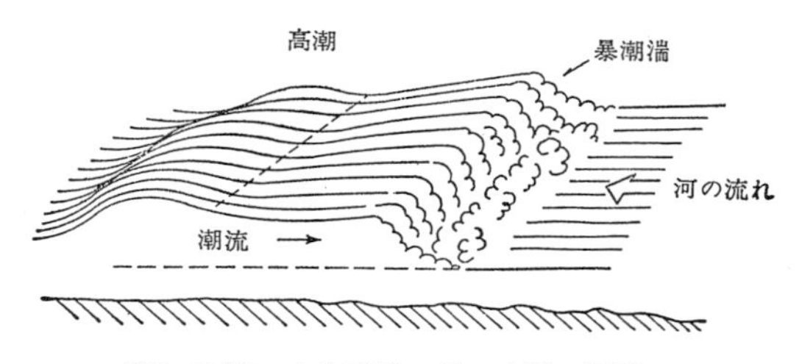

第3-10図　くさび状の長い水道の潮流

であるから，幅が狭く，水深が浅くなるほど波高は高くなる。

水深が浅くなってくると，潮汐波の伝搬速度は，水深に影響されるようになる。すなわち波の峰は谷よりも速く進むようになり，谷に追いついて重なるから波の前面の傾斜が急になり切り立って前進する。上げ潮の時間が短く，潮差が大きい。このことを暴潮湍（たん）（ボア）あるいは潮津波という。中国の銭塘江の河口のボアは有名で（2.5～3m，12～13kt），その他世界で6～7か所が良く知られている。

(5)　狭い海峡の潮流

別々に潮汐をもった海を結ぶ狭い海峡の場合，水面の高い方から低い方へ潮流は流れる。

その時の流速は

$$V=\sqrt{2g(\varphi-\varphi')} \quad \cdots\cdots\cdots\cdots\cdots(3.4)$$

（ただし，φ，φ' は2つの海面の平均水面からの昇降の高さ）

鳴門海峡の潮流がその例である。

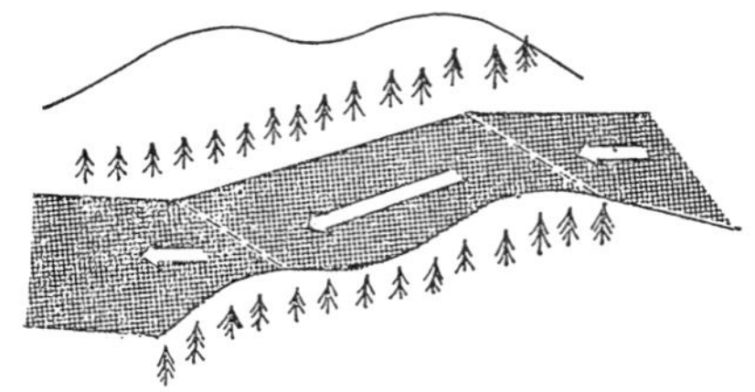

第3-11図　狭い海峡の潮流

3-6　熱帯の多礁海域における潮流

熱帯圏にある多礁海域では，特殊な海象を持つので特にここでのべておくことにする。

①　外海から礁湖内に入るとき，入口付近で予想外の強潮があったり，波浪が高かったりする。

石花礁のある海域では海底の変化が大きく急浅となっている。さらに海潮流も一般に強く不規則である。このため，測深による船位の推定は適当でない。

②　光線が十分であれば，礁の視認は水色の変化である程度判断ができる。すなわち，水色が青緑色，黄緑～褐色であれば水深10m以下と思われる。

しかし，降雨時火山島の周囲に生じた裾礁内では，陸地からの雨が流入して海水が汚れ，堆礁の視認ができなくなる。

水色で礁の識別が難かしいときは，浅所にできるやや大きい波浪あるいは砕ける白波，巻き波の音などによって浅礁（reef）の存在を知ることができる。

いずれにしても礁は水没しているものが多く，露出していても低いから遠距離からの視認は難かしく，常に船位の確認，高所からの見張りの励行が重要になってくる。さらに，礁について未精測なところがあり，航路標識の整備が十分でないこともあって夜間やスコール中の接近は避けるべきである。

気象に関しては，赤道無風帯あるいは貿易風帯内に位置するので一般に静穏な日が多いが次のことに注意しなくてはならない。

① 熱帯低気圧の発生域である。

② 熱帯特有のスコールにより視界が妨げられたりする。

③ 赤道以北の7～9月，赤道以南の1～3月頃は晴天の日でも水平線が濛気（もうき）に閉ざされ見え難いことがある。

④ 気象に関する情報源が乏しい。

⑤ 天候の違いによって礁の見え具合が異なるので十分な注意が必要である。

第3章　問　題

▶三　級　<＊＊>

問1　潮汐に関する次の問いに答えよ。

(1)　基本水準面とは，何か。また，これを基準面としているものには，どのようなものがあるか。

(2)　潮汐表に掲載されている標準港以外の，任意の港湾の潮時および潮高は，どのようにして求めるか。

〔解〕(1)　3-4(2)の①参照。(2)　3-4(3)参照。

問2　次はそれぞれどのような現象についていうか。

(1)　気象潮　　(2)　日潮不等

〔解〕(1)　気象の変化で起こる潮位の変化をいう。(卓越風，海水温の季節変化による1年周期・半年周期と台風の風や気圧による一時的なもの)

(2)　3-3(4)参照。

問3　次の潮汐に関する用語を説明せよ。

(1)　大潮　　(2)　日潮不等　　(3)　潮高比　　(4)　月潮間隔

〔解〕(1)　3-3(3)の①参照。　(2)　3-3(4)参照。

(3)　任意の港湾の潮位を付近の標準港の値に掛けて得る時の値

(4)　3-3(2)参照。

問4　日潮不等と1日1回潮の関係をのべよ。

〔解〕3-3(4)参照。

問5　日本沿岸においては，一般に平均水面が冬春に低く，夏秋に高いのはなぜか。(航)

〔解〕冬春は中心気圧の高い大陸高気圧の影響を受け，夏秋は中心気圧の大きくない海洋高気圧の影響を受ける。このため，冬春の方がより大きく水面が押される。

▶二　級

問1　潮汐現象に関する次の問いに答えよ。

(1)　日本海沿岸の潮汐の干満差が大きくないのは，なぜか。

(2)　九州沿岸の潮時が，北海道沿岸の潮時より遅れるのは，なぜか。

(3)　潮汐の日潮不等とは，どのようなことをいうか。

(4)　日潮不等は，月と赤道との関係がどのようなときに大きくなるか。

〔解〕(1)　地中海，日本海のように入口の小さい海面では，外からの潮汐振動がわずかしか伝わらず干満差が小さい。

(2)　月が東から西に移動して行く。トラック諸島付近にある無潮点を中心にのびる等潮時線が反時計回り（北半球）に移動する。(3)(4)　3-3(4)参照。

問2　次はそれぞれ何のことか。

(1)　天文潮　　(2)　気象潮

〔解〕 (1) 3-1 後段参照。　(2) 気象の変化で起こる潮位の変化をいう。

▶一　級　＜＊＊＞

問1　潮汐の潮差や月潮間隔が月日によって異なる理由をのべよ。

〔解〕 潮差は起潮力に比例して変化し，月でいえば月齢（周期29.5日），地球との間の距離（27.6日周期），赤緯の変化（27.3日周期）によって潮差は変化する。

月による変化に加えて，1年周期・半年周期・1日周期を主とする太陽の起潮力の変化があるから，潮差は月日によって変化する。

複雑な起潮力の周期変動は，振幅・周期・位相差の異なる多くの規則正しい正弦波（分潮）によって表され，それらが刻々合成される状態が，一つの場所の潮高を表すことになる。月の正中時と合成波のみね，あるいは谷の間の月潮間隔は，潮差と同じように月日によって変化する。

問2　潮浪〔潮汐（せき）波（tidal wave)〕を説明せよ。また，この波が一様な速度で伝わって行かないのはどんな原因によると考えられるか，2つあげよ。

〔解〕 3-1，3-3 前段参照。

一様な速度でないのは，海陸の分布の違いや海湾の深浅及び広狭が考えられる。

問3　潮汐（せき）波（潮浪）に関する次の問いに答えよ。

(1) 潮汐波を純粋な進行波と仮定した場合，潮高と潮流の間にはどのような関係があるか。

(2) 外海と一端が通じ，水深が一様な長方形の湾では，一般に潮汐波はどのようになるか。

〔解〕 (1) 3-5参照。
(2) 3-5-2(2)参照。

第4章　海　　流

今でこそ，海流のことは誰でも知っているが，昔は海流の知識がなかったので，逆流に一生懸命さからったり，沿岸の海潮流のために座礁した例は数多くある。

この海流の存在を始めて体系づけたのは，「海の物理地理学と気象学」を著したアメリカの海軍士官，モーリ（1806〜73）で今から200年弱前である。彼は「海の中に大河あり，一定の方向に流れてやまない」といっている。
彼の業績は航海者に海の中に“道”があることを教え，船舶の航海日数の短縮に寄与するだけでなく，人類の文化に偉大なる貢献をした。

海水の流れを大きく分ければ，ほぼ周期的なもの（潮流）とほぼ定常的なもの（海流）になる。海流の流速は厳密にいえば一年を周期として変化するし，方向も多少の変化を伴うものであるが，全体からみれば海流は定常的な運動が主体となっている。

4-1　海流の原因

(1)　風成海流（吹送流）

風が定常的に海面を吹けば，海水の粘性によって流れがおこり海流となる。風で海面の上皮が動くから皮流（または風漂流）ともいう。この吹送流速は卓越風速の２〜３％（第4-1表参照）である。そして海流の原因は主として風によるところが大きい。

地球で物体が運動する場合，風のところでのべたように，地球が自転しているために働く力，コリオリ力があるため，海流も風向に沿って流れない。すなわち，北半球では風向に対して右にずれて流れる（南半球では左）。

このずれの角度は海の表面から下層へ深くなるにつれて大きくなる。また流速は当然のことながら，乱渦や摩擦力のために，深くなるにつれて小さくなる。

エクマンの吹送理論によると，深い海で表面流の流向は北半球では風向の右手に45°（南半球では左手に45°）で緯度に関係ない。

水深が深くなるにつれて，流向はさらに右へずれて行き，やがて表面流の

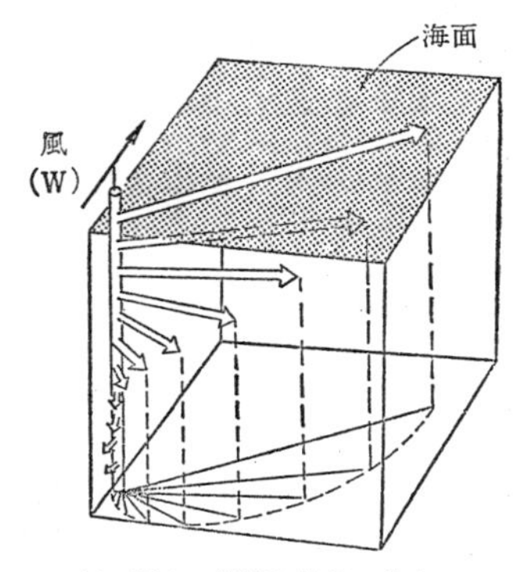

(a) 深さに応じた海流の流向

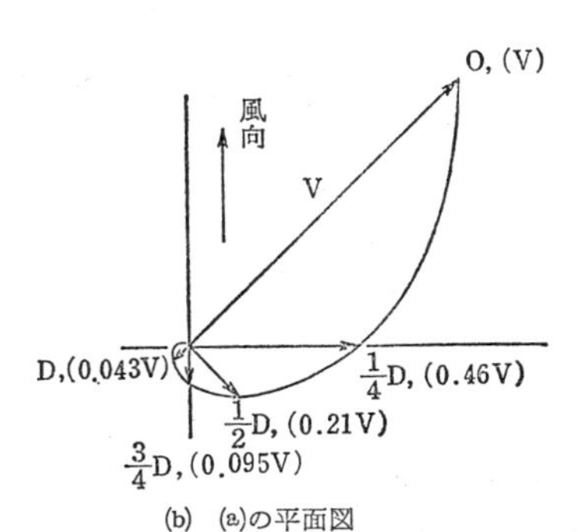

(b) (a)の平面図

たとえば$\frac{1}{4}$D，（0.46V）とは，摩擦深度の$\frac{1}{4}$の深さでは流向が風向に対し，右90°の方に向かい，流速は表面の0.46ということ。

第4-1図　エクマンの吹送理論

流向と正反対に流れる深さがある。この場合，流速は表面の約$\frac{1}{23}$（5％以下）である。

（注）表面流で2ktならこの深さでは0.1kt以下になる。

この深さを摩擦深度といい，風の摩擦応力がこの深さまで働いて吹送流が起きていると考えられる。

摩擦深度は赤道の方で大きく極に向かうほど少なくなる。また表面の風速が強いほど大きく，弱いほど小さくなる。中緯度では風速に応じて 50m～200m 深のところに摩擦深度がある。エクマンの吹送理論より，風速を W m/s，海流の流速を Vm/s とすれば，風力係数は $V/W=0.0127/\sqrt{\sin\varphi}$ となる（φ：緯度）。

第4-1表　風力係数 V/W の表

緯　度	10°	20°	30°	40°	50°
V/W	0.030	0.021	0.018	0.016	0.014

したがって上の表から，緯度10°のところで20kt（約10m/s）の風によって，0.6ktの吹送流が起こることになる。緯度40°～50°では約半分の流速になる。

摩擦深度の深さは，$D=7.6W/\sqrt{\sin\varphi}$ で表わされる（D：深さ）。

第 4-2 表 摩擦深度の表（m）

緯度＼風速	5 m/s	10 m/s	20 m/s
10°	91m	182m	365m
20°	65m	130m	260m
30°	54m	107m	215m
40°	47m	95m	190m
50°	43m	87m	174m

吹送流の主なものとして，東よりの貿易風によって両半球を流れる北(南)赤道海流，緯度 40°〜50° は偏西風によって流れる西風皮流がある。陸地の少ない南半球ではとくに発達している。

南シナ海，インド洋では季節風の変化に伴って半年毎に変わる季節風海流が起こる。冬を中心にして北東から南西に向かう海流，夏を中心にして南西から北東に向かう海流が卓越する。

アフリカ東岸のソマリー海流は，夏季南西季節風流として加速され最大7 kt の世界一の流速を持つ海流である。冬季は逆転して3kt位の流速で南下する。

(2) 地衡流（密度流）

原因が何であれ，海水が運動すればコリオリ力が働き，圧力分布に不均衡が生じる。これを釣り合い状態にしようとする作用が地衡流である。

もし海流運動が定常的であれば，海水の運動は圧力の分布（密度の分布）によってほぼ決定される。したがってこれを密度流ともいうが，この海流は密度の分布が原因で起こるわけでないから，海水の運動が圧力分布（密度分布・質量分布）から計算できる海流の場合，これを地衡流といっている。

密度の違いが原因で起こる密度流は深層での拡延現象以外ではあまり見ら

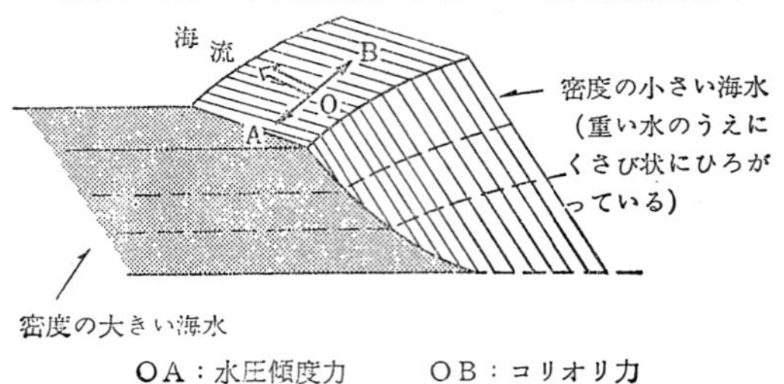

OA：水圧傾度力　　OB：コリオリ力

第 4-2 図 地 衡 流

れない。

（注）　拡延：上層から沈んで来た密度の高い海水が同じ密度の層に達すると，水平方向に拡がって行く。

ノルウェーのV・ビヤークネス教授の力学的海流（地衡流）算出理論（1910年）は，密度の違いから生じた水圧傾度力と，海水の速度に応じて働く地球自転の偏向力が釣り合うというもので，これにもとづいて実用計算式によって流速を近似計算できる。本質的には次にのべる傾斜流と同じである。黒潮，対馬海流，親潮などは地衡流として計算できる。

(3)　傾斜流・補流・赤道潜流

①　傾　斜　流

海水が風によってある方向に移動すれば，沿岸近くでは海水が堆積して海面に傾斜が起こり，この傾斜が海水中に圧力分布を起こし，これと平衡するために海水の運動が起こる。

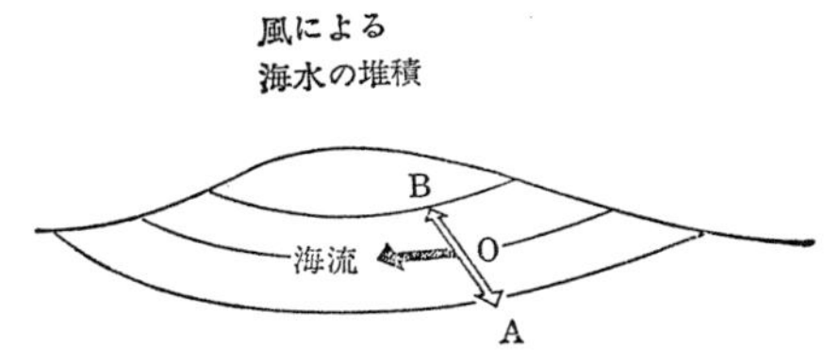

OA：水圧傾度力　　OB：コリオリ力

第4-3図　傾　斜　流

②　補　　流

一つの主な海流があると，海水を補充するために周囲から海水が動いてできる海流をいう。ミンダナオ海流は北赤道反流の補流にあたる。北赤道反流は北赤道海流と南赤道海流の間を東向する。0.7～1.2kt位の海流で夏に発達し，春の3，4月に衰える。赤道反流は地衡流の一種と見なすことができる。

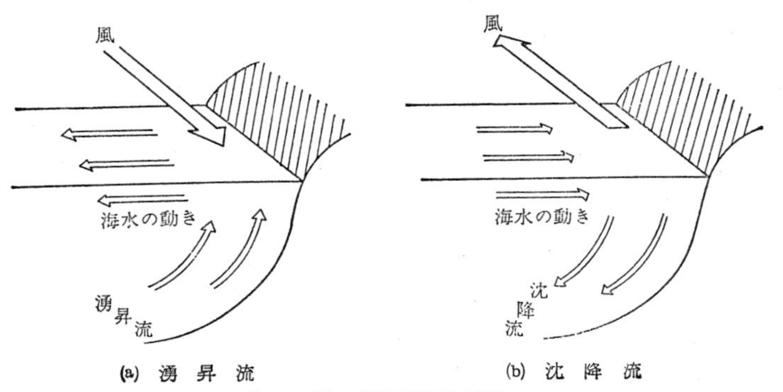

(a)　湧　昇　流　　　(b)　沈　降　流

第4-4図　湧昇流と沈降流

湧昇流（上昇流）と沈降流（下降流）も補流の一種である。湧昇流は岸を左に見ながら風が吹く場合，吹送流は沖に向かう流れとなり，それを補うために沿岸では200〜300m深の下層から栄養豊かな冷水が上昇してきて沖へ広がる。世界の重要な漁場は湧昇域と関係が深い。

カリフォルニア海流（春〜初夏に顕著），ペルー海流，カナリー海流，ベングェラ海流では一年中湧昇流が見られる。日本では，冬〜春の黒潮流域に相当する千島東沖，紀州沖，遠州沖でみられる。

沈降流は岸を右に見ながら風が吹く場合，吹送流は岸に向かう流れとなり，沿岸で沈降流が起こる。表層の流れは岸に沿って風向に流れる。春〜夏の対馬海流，冬の北鮮海流，秋冬の親潮に沈降流がみられる。

③　赤道潜流

赤道直下を表面とは逆向きに東行する水深100mを中心にした流れをいう。太平洋では最強3kt，大西洋では2.5kt，インド洋では冬〜春にかけてみられ1.5ktが知られている。

（注）リップカーレント（沖出し）は2〜3ktで海岸から沖に向かう流れ。台風の来る前，海水浴場で水死者を出すことがあるから注意する必要がある。

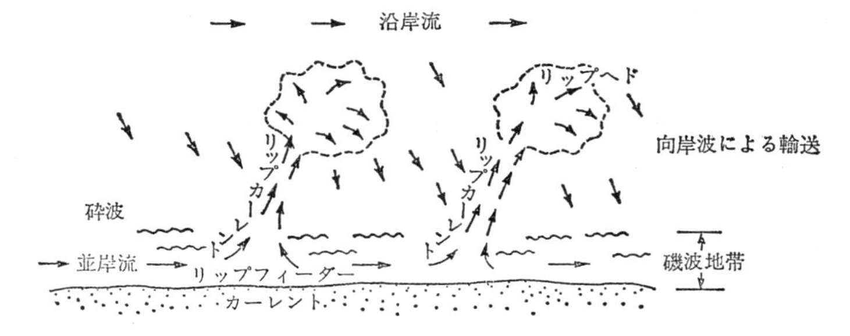

4-2　表面海流の分布

表面海流は吹送流が主体になっているから，海流の分布は大気の大循環系（風系）と類似していなくてはならない。このことから，クリュンメルは第4-5図のように緑辺が2つの子午線で囲まれたモデルを考えて，実際の海流系を調べてみると，これが海洋上の表面海流の大勢を示していることがわかった。

北半球で考えてみれば，貿易風帯での風によって起こされる北赤道海流が低緯度で発達し，北の中緯度では偏西風によって起こされる西風皮流が発達する。これは東岸のカリフォルニア海流（北太平洋）を経て25°〜30°付近で北赤道海流に接し，西岸では黒潮（北大西洋ではメキシコ湾流）の強大な流れが伸介している。

西風皮流のことを北太平洋では北太平洋海流，北大西洋では北大西洋海流という。

北赤道海流と南赤道海流との間を，細い帯状をして西から東に流れる赤道反流がある。

また高緯度には，極偏東風で起こる吹送流に西風皮流の補流として発達する極流がある。西岸に現れるのが親潮である。

西風皮流と極流の間の収斂線を極前線，西風皮流と北赤道海流と縁辺部が収斂するところを亜熱帯収斂線，赤道反流と南北の赤道海流の間にできるものは赤道反流界線という。

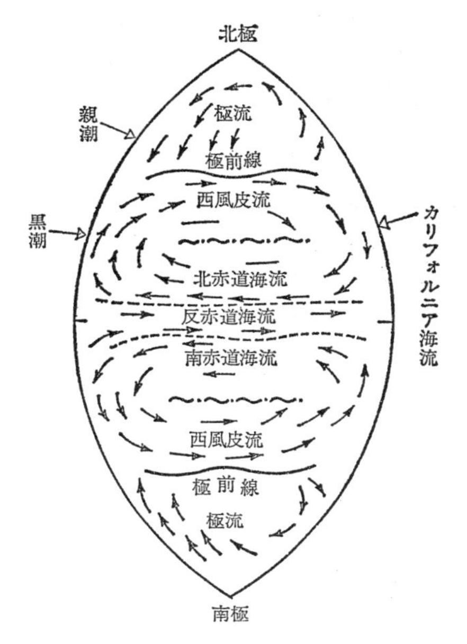

第4-5図　海流系のモデル

(1)　海流の西岸強化

黒潮やメキシコ湾流のように海洋の西岸で強い海流があり，しかも海面には大した風は吹いていない。さらに季節風の強い海域であって，半年ごとに風系は変わるのにかかわらず，これらの海流には大きな変化が起こらない。また東オーストラリア海流やモザンビク海流のように西方が陸地で完全に閉ざされていない海域では，海流があまり発達しない。

これは，アメリカのストメル(1948年)によって水平摩擦とコリオリ力とが緯度によって変化する結果，吹送流の西岸強化が起こることが実証された。

(2)　暖流と寒流

暖流は流れている緯度の平均水温より高いもので，多くは熱帯，亜熱帯海域に源を持っている。

高温で高塩分，さらに酸素・珪酸素・燐酸塩・水素イオン濃度が比較的少なく，このため生産力に乏しく海中の砂漠である。海水は極めて透明で藍色を帯びて美しい。

寒流は流れている緯度の平均水温より低いもので，多くは寒帯，亜寒帯海域に源を持っている。亜熱帯海洋の東岸沖の湧昇流も寒流である。低温で低塩分浮遊生物が非常に多く生産力が大である。海水は透明度が低く暗緑色を帯びている。

4-3 世界の海流

(1) 冬季の太平洋の海流

① 北赤道海流

北回帰線(23°27′N)から南へ5～7°Nの幅を持ち，0.5～1.0ktで西流する。北東貿易風によってできる熱帯の清浄な海水で，厚さ約200m，1年を通じて変動がない。メキシコ沖からフィリピンの北に達し，西へ進むほど流速が増す。フィリピンに当って二分される。北上するものは黒潮に連なり，南下するものは，範囲は狭いが流速の強いミンダナオ海流となり，赤道反流に連なる。

② 赤道反流

ほぼ4～6°Nに位置し，幅は狭く100′程度で，北赤道海流と南赤道海流の間を東流する。流速は1～3ktで，冬に弱く，夏に強い。

③ 黒　　潮

黒潮は千島付近から南下する低温低塩分の寒流である親潮と三陸沖で出会い，東流する。東流して黒潮続流をなしながら，40°N～50°Nの偏西風帯によって西風皮流，すなわち北太平洋海流となってアラスカ沿岸やカナダ西岸沖に達する。

黒潮と北太平洋海流は東流しながら，小枝を南方に出し，小笠原からハワイ北方の25°N付近で北赤道海流の北側と接し，この境界域を亜熱帯収斂線という。

④ アラスカ海流・カリフォルニア海流

東岸に達した北太平洋海流の一部は北上し，反時計回りのアラスカ海流（寒流）となる。その一部はアリューシャン列島間の海峡からベーリング海に流入する。

一方40°N以南をアメリカ大陸に沿って南下する弱い寒流があり，これをカリフォルニア海流という。

季節風によって2月中半～7月にかけて沿岸に湧昇流が発達し，水温が低い。これは南下につれて北赤道海流に連なる。

⑤ 南赤道海流

4°N～40°Sの幅を持ち北赤道海流に比べて幅がはるかに広い。2月を中心に流速がやや衰え，中央部では不規則である。南東貿易風によってでき，西流してオーストラリアに達する。

⑥　東オーストラリア海流

南赤道海流に連なって，オーストラリア東岸の沖合いを南下する。流速は0.5～3kt。黒潮に対比できるが，北半球ほど陸地で閉ざされていないために勢力はそれほど大きくはない。

⑦　周南極海流

40°S 以南では陸地はほとんどなく，強烈な西風が卓越しているので，北半球に比べ強い西風皮流が発達している。これを周南極海流という。

40°S 付近に亜熱帯収斂線があり 100°W以東になると北に上がり，南米西岸で南回帰線近くまで達する。南赤道海流と西風皮流が接している。この西風皮流はタスマニア島以西のオーストラリア南岸に反流を起こし，一部はニュージーランド付近を北東に流れる。

⑧　ペルー海流

南アメリカ大陸付近に達した西風皮流はドレーク海峡近くで二分し，一部は海峡を東へ抜けて大西洋へ向かう。もう一方は，南アメリカ西岸を北上してペルー海流（もしくはフンボルト海流）となる。

寒流系で沿岸では湧昇流が発達する。このため，赤道近くでも水温が低く，水色も低いが，水産資源が豊富で，グアノ産地として有名である。

この寒流上を大陸に吹く風は乾燥していて，乾燥地帯を作り出している。

⑨　南極海流

60°S 以南には南極大陸をめぐる西流が卓越している。流氷，氷山が多い。これを南極海流といい，南極海流と西風皮流の境界域に極前線（55°～60°S）が形成される。

(2)　夏季の太平洋の海流

①　北赤道海流は10°N 以北まで北上する。黒潮との間の亜熱帯収斂線も北上する。黒潮の勢力が強くなり，親潮は衰える。これに伴って，極前線が北上して千島列島，カムチャッカ半島に平行するようになる。

②　赤道反流も北に移動し，5～10°Nに位置し，幅は500km と広くなって勢力を増す。

③　カリフォルニア海流

7月頃には湧昇流が衰えて，沿岸から離れる。すると，カリフォルニア海流と陸岸の間に北上するダヴィドソン海流が現われて11月頃まで続く。

④ 南赤道海流

5°N～35°S 間を流れ，北半球の冬季に比べて幅が狭くなる。ペルー沿岸からニューギニアに至る赤道上で最も流速が大きい。

⑤ 亜熱帯収斂線はオーストラリア付近で40°S，その東方で35°S にあり南米西岸では30°S 位に位置する。南太平洋の極前線の位置は夏と大差がない。

(3) インド洋の海流

インド洋は赤道から北の海面が狭く，貿易風よりも季節風がよく発達する。したがって季節風の交代によって海流の向きが反転する季節風海流である。

冬は北東季節風がベンガル湾，アラビア海を吹くため，赤道との間に反時計回りの海流となり，赤道反流は赤道の僅か南に位置する。夏は南西季節風によって時計回りの海流となる。赤道反流は不明瞭となる。

南半球のインド洋では，南赤道海流が，15°S を中心にして流れており，アフリカ大陸からマダガスカル島と大陸の間を南下するモザンビク海流（暖流）と南アフリカ東岸を南流するアグリアス海流に連なる。

寒流性の西風皮流は南太平洋につながっている。その他，紅海，南シナ海，豪亜地中海ニューギニア近海の海流は冬・夏の季節風とともに逆転する季節風海流である。たとえば，冬の南シナ海は北東季節風によって大陸沿いに南下する海流が卓越し，南シナ海を反時計回りの流れとなる。夏は南西季節風によって大陸沿いに北上する海流が卓越し，時計回りの流れとなる。

(4) 大西洋の海流

① 北赤道海流

15°～20°Nを中心として西流する。その西端では，西インド諸島の東側を北西進するアンチール海流になる。また一部はメキシコ湾に入り，フロリダ海峡から流れ出すフロリダ海流（最大3kt）になる。

② 赤道反流

アフリカのギネア湾，5°Nを中心としてわずかに発達し，ギネア海流という。

③ メキシコ湾流（または単に湾流，Gulf Stream）

フロリダ海流とアンチール海流を源泉として，ハッテラス岬から大西洋の中央部アゾレス諸島までをいう。黒潮よりも強勢な暖流である。

④ アイルランド海流・北大西洋海流

メキシコ湾流の先端からイギリス近海までをアイルランド海流という。

いわゆる西風皮流であり流勢は次第に衰えるが幅は広がる。ぼう大な水量と熱量によって北ヨーロッパに温暖な気候をもたらしているのは周知のとおりである。

イギリス近海からノルウェー海，北極海までを北大西洋海流（またはノルウェー海流）という。北極海に達した海流は北極海の中層に潜って潜流となる。

⑤　東グリーンランド海流・ラブラドル海流

東グリーンランド海流は北極海を起源として，グリーンランドの東岸を南下する寒流で，春季に多量の流氷や氷山を運ぶ。

ラブラドル海流は，バッフィン湾を起源としてデヴィス海峡を通ってニューファウンドランド沖合に達する。親潮に相当する寒流である。メキシコ湾流と出会って極前線を作り，メキシコ湾流の下へ潜って南下する。3～7月まで大量の氷山が運ばれる。

⑥　カナリー海流

メキシコ湾流の東流した分流がポルトガル沖で南下し，カナリー諸島を通って南西に流れる寒流である。

⑦　南赤道海流

大体，赤道直下に中心を持ち，西流する。ブラジルの東端サンロケ岬で二分し，1つは赤道を越えてフロリダ海流の源泉につながる。他は南下してブラジル海流となる。

⑧　ブラジル海流・フォークランド海流

南アメリカ大陸の東岸を南下するブラジル海流は，アルゼンチン沖で，南アメリカ大陸とフォークランドの間を通過する寒流，フォークランド海流と西風皮流に出会う。

⑨　周南極海流

西風皮流である周南極海流はインド洋，南太平洋のものと同じである。一部がアフリカ西岸で北上しベングェラ海流となる。湧昇流があり，アフリカ西岸の気候に影響を与えている。

(5)　地中海の海流

地中海は注ぐ大河川が少なく，蒸発が盛んなため，水面が大西洋よりやや低くなっている。このため，ジブラルタル海峡から，地中海に約3ktの海流が流れる。風による吹送の結果，海岸に沿って反時計回りの環流をなしている。

黒海では，注入する河川も多く雨量も多い。そのため，黒海からボスポルス海峡を約3ktで地中海に流れ込む。

4-4　日本近海の海流

(1) 黒　　潮

日本海流ともいう。北赤道海流が北に向かい，台湾南東方あたりが黒潮の源泉と思われる。その主な流路と規模は第4-7図のようになっている。

水温は高く，8月末～9月初が最も高く潮岬沖で27～28°C，冬季（2月）でも20°Cほどである。透明度は高く，清浄な藍色を呈している。塩分は150～200m層で34.8‰～35.0‰。年変化があり，春～夏に強くなり，秋に衰え冬にやや強くなる。春の初めに一時衰える。ときには，黒潮異変として，潮岬沖約100′に親潮潜流が直径100′の規模で海面に湧昇し，冷水塊として出現することがある。同時に土佐沖では暖水塊が出現する。このとき黒潮は大きく南にう回することになる。その原因として，表層下の冷水環流が北半球西部にわたって強勢となることがあげられる。二次的には台風，冬の季節風，低気圧が作用するものと考えられている。

(2) 親　　潮

千島海流ともいう。オホーツク海，千島近海，カムチャッカ半島付近の海水が融けて南下する寒流で，塩分が低く，厚さ200～400m，流速0.3～0.5

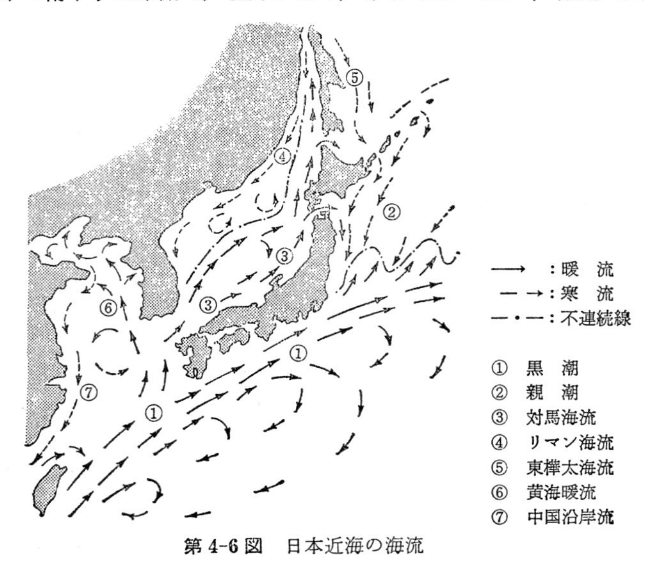

第4-6図　日本近海の海流

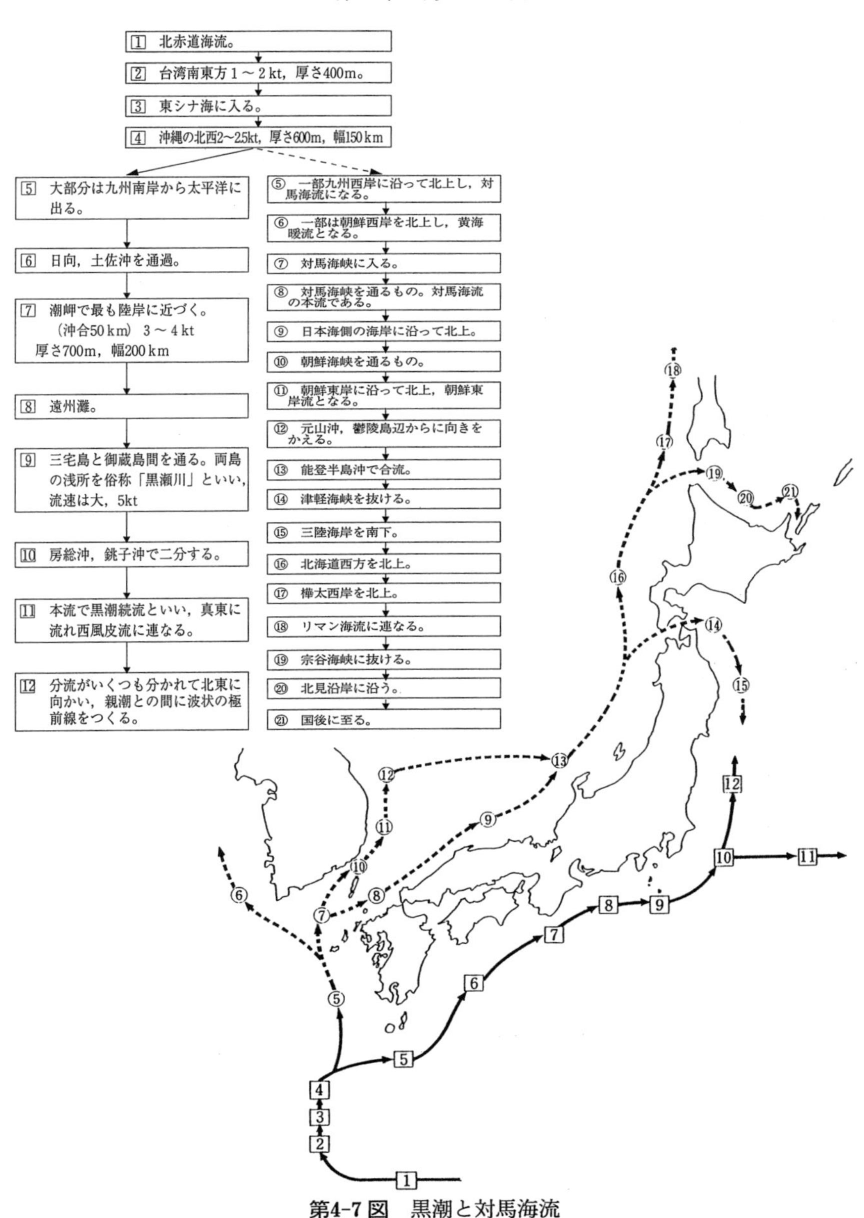

第4-7図　黒潮と対馬海流

kt ほどである。

冬季～早春にかけて強勢となる。黒潮との間に極前線を形成する。栄養塩やプランクトンに富んでいる。

(3)　対馬海流

対馬海流は黒潮の一部が九州西岸を北上し対馬海峡を通って日本海に流れ出すもので，流速を平均すると0.5～1.0ktであるが，津軽海峡では3.0 kt 以上，宗谷海峡で2.5kt 以上と速くなる。

水温は夏が25°C，冬が10°C 前後である（津軽海峡で夏は22C°，冬は7°C以上)。その主な流路と規模は図のようになっている。

(4)　リマン海流

冬季の季節風や融氷による寒冷な海流が大陸に沿って南下するものである。その西方沿海州沖を南下するのが沿海州海流，北朝鮮を南下するのが朝鮮北岸流である。これらは，必ずしも連続していないので，別々の名称で呼ばれたりするのである。

(5)　中国沿岸流

冬季～春，中国沿岸を南下する寒流がある。その他，黄海暖流の東側，朝鮮の西岸を南下する寒流がみられる。

(6)　オホーツク海の海流

オホーツク海には反時計回りの環流があり，樺太東部を南下する東樺太海流が顕著にみられる。南下した海流は，北知床岬を回り亜庭湾に入り宗谷海峡に入ってきた対馬海流の分流である宗谷暖流と合流し，千島列島を北上して環流に戻るものと，列島間の海峡を抜けて太平洋に流れ出し，親潮の源流になるものとある。

第4章　問　題

▶三　級〈航〉

問1　太平洋における赤道付近の海流の名称3つをあげよ。また，これらの海流は，主にどちらの方向へ流れているか。

〔解〕 4-3(1)(2)参照。

問2　次の海流は，どの付近をどのように流れているか。

(1)　カリフォルニア海流

(2)　北大西洋海流

〔解〕 (1)　4-3(1)④と(2)③参照。(2)　4-3(4)④参照。

問3　対馬海流の概略の流路を，試験用海図（Ⅵ）に記入せよ。

〔解〕 第4-6図，第4-7図参照。

問4　東京湾から北海道に至る航路に影響を及ぼす海流の名称をあげ，それぞれ大略の流路を述べよ。

〔解〕 第4-6図，第4-7図参照。

問5　台湾東岸から九州南岸にかけての，一般的な，黒潮の本流の流路（経路）を試験用海図（Ⅶ）に記入せよ。

〔解〕 4-4(1)，第4-6図参照。

問6　北太平洋の大環流を形成している主要海流を4つ記せ。

〔解〕 4-3(1)参照。北赤道海流・黒潮・北太平洋海流・カリフォルニア海流

▶二　級〈航〉

問1　下記の海流について知るところを述べよ。

(一)　北太平洋西風皮流（北太平洋海流）

(二)　カリフォルニア海流

(三)　ペルー海流（フンボルト海流）

〔解〕 (一)　4-3(1)③参照。(二)　4-3(1)④および4-3(2)③参照。(三)　4-3(1)③参照。

問2　赤道反流について，次の問いに答えよ。

(1)　この海流の流域は，6月～9月ごろは，北寄りになり，11月～3月ごろは，南寄りになるといわれているが，それぞれを緯度で示せば，およそ何度付近か。

(2)　(1)の場合の流速は，それぞれ何ノットくらいか。

〔解〕 4-1(3)②，4-3(1)②，同(2)②参照。

問3　次の海流は，どの付近を，どのように流れているか。

(1)　Canary current　　(2)　Somali current

(3)　North Pacific current　　(4)　Gulf Stream

(5)　East Australian Coast current　　(6)　North Equatorial Current（太平洋海域）

(7)　South Equatorial Current（インド洋海域）

〔解〕 (1) 4-3(4)の⑥参照。(2) 赤道からRas Asirまでアフリカ東岸を流れる季節風海流である。南西季節風（北流）の時期には非常に強い。暖流。4-3(3)参照。
(3) 4-3(1)③参照。(4) 4-3(4)③参照。(5) 4-3(1)⑥参照。(6) 4-3(1)①参照。(7) 4-3(3)参照。

問4 次の(1)〜(4)の海流のほぼ主流とみなされる流域，流向の一般的傾向を，試験用海図に矢印で示せ。
(1) 黒潮
(2) 親潮
(3) North Pacific Current, North Atlantic Current
(4) California Current
〔解〕 巻末「世界海流図」参照。

問5 北太平洋の大環流を形成している主要海流を4つあげ，環流の概要を述べよ。
〔解〕 4-3(1)参照。

問6 日本近海の海流に関する次の問いに答えよ。
(1) 日本海流（黒潮）は本州南岸（紀伊半島沖）に達したあと，どのような流路をとるか，概略を述べよ。
(2) 日本海流（黒潮）主流の流速は，どのくらいか。
(3) 海流の最新の状況を知るためには，どのようなものを参考にすればよいか。
〔解〕 (1)(2)第4-7図参照。平均2〜3kt，最強4〜5kt。
(3) 気象FAX（北西太平洋海流図，SOPQ），水路通報（日本近海海流図）

▶一　級〈航〉

問1 海流の主な成因を2つあげよ。
〔解〕 4-1(1)(2)(3)参照。

問2 下記の海流の状況について概略をのべ，これらの海流と海霧発生との関係を説明せよ。
(一) カリフォルニア海流　　(二) ラブラドル海流
〔解〕 (一) 4-3(1)④および(2)③，第1編11-4参照。
(二) 4-3(4)⑤，第1編11-4参照。

問3 (1) 遠州灘の潮流と海流の概況をのべよ。
(2) 遠州灘に冷水塊が現れると，黒潮の流れはどうなるか。
〔解〕 (1) 潮流：上げ潮流時は西南西方へと流れる。下げ潮流時は東北東方へ流れる。中央部は高・低潮時の1〜2hr後転流。
海流：直進型のときは東方へ流れる。蛇行型のときは反時計回りの冷水塊ができるので，沿岸では偏西流となる。
(2) 紀伊水道沖合いから南へ大きく蛇行し，伊豆沖合から北上し三宅島沿岸を東へ抜ける。

問4 (1) Balingtang Channel

(2)　10° N ～ Singapore Straitの東口
それぞれの海流の流向と流速をのべよ。

〔解〕 (1)(2)とも，北東季節風期―南西流，南西季節風期―北東流。およそ1kt以下。

問5　南シナ海南西部（Mangkai島から南）の海流の流向と流速は。

〔解〕 北東季節風期―南西～南流。南西季節風期―北～北東流。1kt内外。

問6　南シナ海における海流についてのべよ。

〔解〕 季節風は大陸沿いで影響が大きい。冬：大陸沿い，南西流，マレイ半島東から南東流。夏：北東流，ジャワ海から南シナ海に流入する海流が発達。

問7　5月～11月の，アフリカ東の沿岸流についてのべよ。

〔解〕南西季節風期に当る。北流で，7° Nから大部分はソコトラ島西方を通って東流する。7月～9月ソコトラ島南方で7ktに達する。一部はそのまま北上。

問8　南西季節風期のアラビア海の海流
(1)　流向
(2)　Somali Currentの流況
(3)　Socotra南方の流速の傾向

〔解〕 (1)　巻末「世界海流図」参照。
(2)　赤道～Ras Asirまで東岸を北上。この時期の海流は強い。
(3)　世界で最も強いところ。平均3kt，強いとき7kt。

問9　北インド洋の海流についてのべよ。

〔解〕 北東季節風期：反時計回りの海流。アラビア沿岸では強い。
南西季節風期：問7，問8参照。

問10　次の海流について，それぞれのべよ。
(1)　フロリダ海流
(2)　メキシコ湾流
(3)　アイルランド海流

〔解〕 (1)　南・北赤道海流の一部を源とし，合流してカリブ海流となり，メキシコ湾に入った後，東流してフロリダ海峡を通過（0.5～3kt），アンチール海流と合流して北米東岸を北上，メキシコ湾流に連なる。
(2)　4-3(4)の③参照。4～5kt。
(3)　4-3(4)の④参照。アイルランド沖合いを北東に流れる（0.75kt以下）。

問11　次の海流の名称，沿岸の流向。
(1)　北米大陸東岸に沿って流れる海流。
(2)　北米大陸西岸に沿って流れる海流。
(3)　南米大陸東岸に沿って流れる海流。
(4)　南米大陸西岸に沿って流れる海流。

〔解〕 (1)　メキシコ湾流―北（東）流。
(2)　カリフォルニア海流―南流。

⑶ ブラジル海流—南流。

⑷ ペルー海流—北流。

問12 次の海流の流向を地図に書け。また，その一般的傾向を述べよ。

㈠ ⑴ North Equatorial Current

⑵ Gulf Stream

⑶ Canary Current

⑷ North Atlantic Current

⑸ Labrador Current

㈡ ⑴ 黒潮

⑵ North Pacific Current

⑶ Alaska Current

⑷ Aleutian Current

㈢ ⑴ California Current

㈣ 寒流・暖流の区別

〔解〕 巻末「世界海流図」参照。

㈡—⑶，アラスカ湾西岸を北西流する海流。

㈡—⑷，アリューシャン列島からアラスカ半島南岸を東流する海流。

㈣ 4－2⑵参照。

問13 東オーストラリア海流についてのべよ。

⑴ どの付近から，どのように流れているか。

⑵ 暖流か寒流か。

⑶ 流速は。

⑷ 西風皮流への転向点は，どの付近か。

〔解〕 ⑴ ニューギニア北岸付近から，オーストラリアの東岸を南下。

⑵ 暖流

⑶ 0.5～3.0kt

⑷ オーストラリア南東沖合い，40° S付近。

問14 東京湾～カロリン諸島～オーストラリア東岸に至る航路で横切る海流名を5つあげよ。

〔解〕 黒潮→北赤道海流→赤道反流→南赤道海流→東オーストラリア海流

第5章　海　　氷

5-1　海 氷 の 生 成

(1)　真水の氷結

真水（清水）は 0°C で氷結し，最大の密度は 4°C である。このため，結氷点まで水温が下がると，0°C に近い方が軽いから表面に上がり，4°C に近い方が重いから下に下がる。したがって結氷は表面から起こり，海底から起こらないのである。表面に氷が張ると，氷は熱伝導が悪いから，低温を下層まで伝え難い。これは魚族が寒気から守られる理由となる。

(2)　海水の氷結

海水は塩分を含むため，結氷点は 0°C より低い。塩分が濃いほど結氷温度は低くなり，最大密度になる温度も低くなる。一般には，塩分（30～35‰）で −1.6°C ～1.9°C の間で凍る。波立ったときのように過冷却状態でなければ，海水に零下 2°C 以下の低温はないと思ってよい。

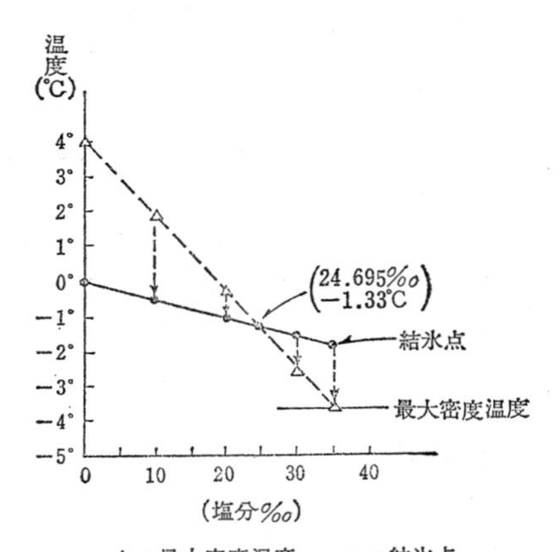

△：最大密度温度　　・：結氷点

第5-1図　海水の結氷点，最大密度温度と塩分の関係

塩分24.695‰のとき，結氷点の温度と最大密度になるときの温度が −1.33°C で一致する。

第 5-1 図からも，塩分が24.695‰より少ない場合は最大密度温度の方が結氷点より高いから，真水のときと同様，冷たい海水が表面に集まる結果，表面から凍ってゆく。一方塩分が24.695‰より多い場合は最大密度温度の方が結氷点より低いから，冷たくて重い海水が沈んでゆき，底の方から凍りはじめるように思える。ところが実際は海底では水圧が加わるため結氷点が下がることと，第2に，氷のできそうな海域では，表面の真下に大きな密度の不連続面があって表面で冷却された海水が，それを破って沈み得ないこと，さらに，第3に，氷のできそうな海域では表面に接する空気の温度が非常に低いわけだから，海水の沈降現象以前に表面から凍りやすい，などの理由から，やはり塩分の多少にかかわらず表面から凍り始めることになる。

さらに，海水が結氷し始めると塩分を析出し，このため下層の塩分が増して，ますます下層の方から結氷し難いことになる。

海水が結氷点に達しても，波浪のあるところでは，一部が熱エネルギーに変わるためすぐには凍らないで，過冷却の状態になる。北洋方面の結氷の観測によれば，気温が −5°C～−10°C に下がり，それが数日続いて後に凍り始めるらしい。

5-2　海氷の性質

(1)　海氷の塩分

海水が凍るとき塩分は凍らないから，結氷するものは真水である。ただ淡水の氷と違うのは，氷の組織内にブラインといって濃密な塩水を閉じこめることである。氷結が早いほど，ブラインが氷粒の間に閉じ込められて塩分が多い。ただ，ブラインは自分の重さで徐々に氷間を流下してゆくから，新しい氷ほど塩分が多く閉じこめられ，古い氷ほど少ない。

したがって海氷によって含まれる塩分が異なってくる。一般に3‰～7‰が多く，0.5‰～15‰まで変化する。新氷は3～5‰で，千島近海の流氷は1‰以下のものが少なくない。

（注）海氷の先端にはほとんど塩分がないから，海氷を溶かして飲むことができる。

(2)　海氷の比重

海氷は水面に浮くことから，比重は1.0より軽いことがわかる。比重は0.857～0.924位で海水の比重を1.028とすれば，水面に出た海氷の約5～9倍が水面下に沈んでいることになる。海面上の高さを h，水面下の高さを d，海水の比重を ρ_W，海氷の比重を ρ_i とすれば，次式の関係がある。

$$d=\frac{\rho_i}{\rho_W-\rho_i}h \quad \cdots\cdots(5.1)$$

(3)　海氷の熱伝導

氷は熱の不良導体だから，氷におおわれた海水は，冷たい空気から保護されてあまり冷えない。したがって氷の厚さもむやみに厚くなるものでなく，一年氷で厚さ1.5～2 m，多年氷で最高4 m位である。ただし，氷山は別である。

(4)　海氷の比熱と融解熱

海氷の比熱は淡水の約9倍もあるから，海氷を融かすのにたくさんの熱がいる。これは極洋で海氷が常に存在している理由でもある。しかし，融解に必要な熱量は少ないので，一度とけだすとたちまち溶けてしまう。

5-3　海氷の種類

① 氷晶 (Ice crystal)：海氷のできはじめで，薄くて細長い針状か小さい板状の結晶である。

② グリース状海氷または氷泥 (Slash or Grease ice)：氷晶がしだいに密接にくっつき，ざくざくしたグリース状の氷になる。遠くからみると，灰色か鉛色を示し，風による小波は消えるが，うねりの形は伝える。十分冷えた海に雪が降り込んでも似たような氷がゆ状のものができる。

船の抵抗は大きく，船速の減速率は大きくなる。

③ 氷殻 (Ice rind)：グリース状海氷が少しずつ冷え固まると，厚さ5 cm以下の氷殻ができる。船が走ると，電光形の割れ目ができ，ガラスが破れるようにひびが入ってこわれる。船への抵抗は少なくなる。

④ 軟氷 (Sludge ice)：グリース状の海氷がさらに厚さを増し，風波で集合して直径0.5～3 mの円盤状の氷になる。蓮の葉が浮いたように見えるので，蓮葉氷(はすばごおり)（餅氷(もちごおり)；Pancake ice）などともいう。少し位やわらかい軟氷でも人間が乗って沈まない。

⑤ 野氷 (Field ice)：軟氷が集合して広く海面をおおい厚さも20cm以上になって風波では容易にこわれない。一年性や多年性がある。形によって，平坦海氷 (Level ice)，氷片が積み重なってできた氷丘（堆氷）(Hummocked ice) がある。氷丘は砕氷が難かしい。野氷が比較的小さく，流動しているものを氷盤（逸氷）という。

⑥ 群氷 (Pack ice)：氷盤がたくさん浮遊していて結氷し，何年かたったもの。厚く広い面積をおおい船の通航をはばむ。

⑦ 陸氷 (Land ice)（岸氷，Fast ice）；海岸から数10海里の沖合まで張りつめた不動の海氷である。野氷の発達したもので，航海不能である。

⑧ 流氷 (Drift ice)：海氷が多数浮流するもの。氷の形や大きさには関係しない。融氷期にはたくさん出現して船舶をおびやかす。

5-4 氷 山

氷山は，極地の陸地上にできた氷河が徐々に陸地の傾斜に沿って降下し，海岸に達して舌状をして海面上に突出している先端が，潮汐や風波によって切断され，海潮流にのって浮動するものである。氷山はふつう青みがかった美しい白色をしているが，海の色に似ているので見分けにくい。

氷山の形は氷河谷での地形や気候の条件がいろいろなので，塊状，卓状，ピラミッド状などの形状を示す。特に解氷中のものは，種々雑多である。

北極圏の氷山はピラミッド型が代表的で，南極地方のものは上面の平らなテーブル型，箱型が代表的である。

氷山は大きくなると，5m以上も海面に突出しており，最大100mを超えるものも報告されている。そして海面下にその5～9倍もの氷がかくされているわけで，航海者にとって非常に危険である。

（注） 1912年4月14日夜，世界最大の豪華客船「タイタニック号」(46,328t) が処女航海でイギリスを発ち北アメリカに向かうとき，41°40′N,50°14′W のニューファウンドランド島沖合いで，氷山下の舌状部に接触して沈没，1517名の犠牲者を出したことはあまりにも有名である。この後氷山監視業務が開始され，費用は各国分担で，アメリカ沿岸警備局が実働するようになった。

⑴ 北大西洋の氷山

主として，グリーンランド，スピッツベルゲン，フランツヨセフランドの沿岸の氷河谷から出てくる。

ニューファウンドランド沖合いにみられる氷山はバッフィン湾周辺の氷山がラブラドル海流によって南下してくるものである。この辺は濃霧の名所でもあり主要航路にもあたるから十分な監視体制がひかれている。

43°N 以北ではほぼ1年中見られるが，ニューファウンドランド沖では4～8月に氷山が多く，5月が最も多い。11～1月は少ない。ごくまれには，30°N まで達することもある。一方野氷の流出限界は氷山よりも北側になる。

⑵ 南氷洋の氷山

南極大陸からゆっくり押し出される氷河は広大な陸棚氷（Shelf ice）となる。大きなものは，幅数10km，長さ100km にもおよぶ。

流出限界は大西洋で35°S，インド洋で45°S，太平洋で50°S である。これによると，大西洋が最も北に氷山が流れてくる。一方，野氷の流出限界は60°S で，冬（8月）～夏（2，3月）にかけて限界線が極に近づくが，年による変化が大きい。

5-5　日本付近の海氷

北太平洋では北大西洋でみられるような氷山の流出はみられない。そのかわり，野氷による流氷が北洋でみられる。

結氷は，10月中旬頃ベーリング海北部とオホーツク海の奥で始まり，やがて南におよんで沿海州は11月，樺太は12月，千島，北海道の北岸では１月頃に結氷する。

最初グリース状の海氷が固まって野氷となり，さらに集合して陸氷となる。厚さは１m前後で，範囲は北と南で異なるがオホーツク海北岸では，海岸から５～10海里である。

第5-2図　オホーツク海における流氷のおおよその分布域と漂流経路

気温もあがる春になると，氷がとけてくだけた氷は風で流される。千島列島では２～４月に多く流氷がみられる。しかも，南部に多く北部に少ないのは，東樺太海流や宗谷海峡を抜ける対馬暖流に運ばれるからで，親潮によって根室，釧路方面にもみられる。５月には流氷はほとんどみられなくなる。

5-6　氷海の航海

氷海を航海する場合の注意事項をまとめてみる。

① 氷山は海の色に似ていて見分けにくい。

② 二つの氷山があるように見えて，実は海面下でつながっていることがあり，氷山にはあまり近づかないこと。

③ 氷山は表面が滑らかで，形によってはレーダの電波を別の方向に反射してしまうことがあり，像にならないことがある。

④ 氷山は海潮流に流され，海氷は風に流されるので動きが全く異なることがある。

⑤ 暖海に流れてきた氷山があると，２海里前方から急に水温が０～2°C位に下がる。

⑥ 風上に氷山があると，付近の海面の風浪が小さくなる。

⑦ 遠方に氷山のあるとき，日中は太陽の反射で白い雪のようにみえ，夜は空の雲に氷山の反射光が映って遠くから白く光ってみえる。特に低い層雲

があれば，雲の間に黒い斑点が現われ，雲が波立った水面のように見える。

5-7 船 体 着 氷

寒気の中を船が進む場合，打ちあげられた波が船体に凍りつき，風の抵抗が大きくなって船速を弱めるだけでなく，氷の重みで復原力が低下するので，ちょっとした波や突風で転覆する危険が増す。風速と気温から着氷のしやすさが決まってくる。風速が8 m/s，気温が－3℃，波浪が2 mになると着氷が始まり，風速が10m/s以上，気温が－6℃以下になると急に着氷しやすくなるから注意しなくてはいけない。着氷に及ぼす水温の影響はやや少ないが，一応4℃以下が目安である。また，気温が－16℃以下になると，しぶきが凍結するので着氷は少なくなる。

着氷の主役は波しぶきをかぶることなので，風波を船首方向に受けないようにして，変針や減速するのが良い。風を背にして追い波で航行するか，機関を停めて漂泊する場合はそれぞれ船尾や各所に着氷を見ることはあるが，量は少ない。

冬季，北方海域を航行するときは，着氷注意報には十分注意し，着氷を防ぐためにウインチやウインドラス，その他蒸気が通ずるパイプには蒸気を通し，熱湯や人力で出来るだけ氷を排除する工夫がいる。

第5章 問 題

▶二 級〈航〉

問1 氷海及び流氷海域において航路を選定する場合の注意事項を述べよ。

〔解〕 パイロットチャートや近海航路誌，水路誌などに，各月ごとの海氷の限界線が示されているので，それらを参考にする。

また，その時に応じた情報としては，気象ＦＡＸやナブテックス・電話を利用する。海氷の探知にはレーダが有効である。

問2 船体着氷に関する次の問いに答えよ。

(1) どのような気象条件のときに生じやすいか。(気温，海水温度及び風速について述べよ。)

(2) 航行中の船体着氷が危険である理由を述べよ。

(3) 船体着氷をできるだけ防止するには，どのようにすればよいか。

〔解〕 5-7 参照。

▶一 級〈航〉

問1 北米ニューファウンドランド付近における流氷・氷山と海霧について説明せよ。

〔解〕 5-4 (1), 第1編 11-4 (1) の ① 参照。

問2 New York から English Channel に至る航路で氷山出現度の多い区域と時期についてのべよ。

〔解〕 5-4 (1) 参照。

問3 流氷海域を航行する場合，氷山 (ice berg)・群氷 (pack ice) を予知する方法をのべよ。

〔解〕 5-6 ⑤〜⑦ 参照。

問4 霧中航行中，氷山又は流氷の存在をできるだけ遠くから予知するためには，どのような兆候に注意しなければならないか。

〔解〕 5-6 ⑤〜⑦ 参照。

付表 I

天　気　記　号

ww 現在天気									
00 前1時間内に雲の発達なし，または雲がない．	01 前1時間内に雲減少中，または雲の増えかたが減ってきた．	02 前1時間内に空模様全般に変化がない．	03 前1時間内に雲発生中，または発達中．	04 煙のため視程が悪くなっている．	05 煙霧	06 観測時に空中広くちりが浮遊している（風に巻きあげられたのではない）．	07 観測時に風によって巻き上げられたちりや砂	08 前1時間内のよく発達したじん旋風	09 前1時間内の風じん
10 もや	11 観測所におけるちぎれちぎれの低い霧．陸上では高さ目の高さ以下．	12 観測所における多少連続した低い霧，陸上では高さ目の高さ以下．	13 電光が見えるが雷鳴は聞えない．	14 視界内に降水があるが観測所の地面には達しない．	15 視界内に降水あり，地面に達しているが観測所からは遠い．	16 視界内に降水あり，地面に達す．近いが観測所にはない．	17 雷鳴が聞えるが，観測所には降水がない．	18 前1時間内に，視界内にスコールがあった．	19 前1時間内に，視界内にたつまきがあった．
20 前1時間内の霧雨（雨氷性でも，しゅう雨性でもない），観測時にはない．	21 前1時間内の雨（雨氷性でも，しゅう雨性でもない），観測時にはない．	22 前1時間内の雪（しゅう雨性でない），観測時にはない．	23 前1時間内のみぞれ（しゅう雨性でない），観測時にはない．	24 前1時間内の雨氷または雨氷性の霧雨（しゅう雨性でない），観測時にはない．	25 前1時間内のしゅう雨，観測時にはない．	26 前1時間内のしゅう雪，またはしゅう雨性のみぞれ，観測時にはない．	27 前1時間内のしゅう雨性のひょうまたはひょうと雨，観測時にはない．	28 前1時間内の霧，観測時にはない．	29 前1時間内の雷電（降水を伴っても伴わなくてもよい），観測時にはない．
30 弱または並の風じんが前1時間中に薄くなった．	31 弱または並の風じんが前1時間中にあまり変化していない．	32 弱または並の風じんが前1時間中に濃くなった．	33 強風じんが前1時間中に薄くなった．	34 強風じんが前1時間中にあまり変化していない．	35 強風じんが前1時間中に濃くなった．	36 弱または並の地ふぶき，一般に低い．	37 強地ふぶき，一般に低い．	38 弱または並の地ふぶき一般に高い．	39 強地ふぶき一般に高い．
40 観測時における遠方の霧，前1時間内に観測所にはない．	41 霧が散在する．	42 霧，空を透視できる．前1時間中に薄くなってきた．	43 霧，空を透視できない．前1時間中に薄くなってきた．	44 霧，空を透視できる．前1時間中にあまり変化していない．	45 霧，空を透視できない．前1時間中にあまり変化していない．	46 霧，空を透視できる．前1時間中に始まった，または濃くなってきた．	47 霧，空を透視できない．前1時間中に始まった，または濃くなってきた．	48 霧，霧氷発生中，空を透視できる．	49 霧，霧氷発生中，空を透視できない．
50 観測時における弱い断続性霧雨（雨氷性でない）	51 観測時における弱い連続性霧雨（雨氷性でない）	52 観測時における並の断続性霧雨（雨氷性でない）	53 観測時における並の連続性霧雨（雨氷性でない）	54 観測時における強い断続性霧雨（雨氷性でない）	55 観測時における強い連続性霧雨（雨氷性でない）	56 弱い雨氷性霧雨	57 並または強い雨氷性霧雨	58 弱い，霧雨と雨	59 並または強い，霧雨と雨
60 観測時における弱い断続性の雨（雨氷性でない）	61 観測時における弱い連続性の雨（雨氷性でない）	62 観測時における並の断続性の雨（雨氷性でない）	63 観測時における並の連続性の雨（雨氷性でない）	64 観測時における強い断続性の雨（雨氷性でない）	65 観測時における強い連続性の雨（雨氷性でない）	66 弱い雨氷	67 並または強の雨氷	68 弱い，みぞれまたは霧雨性のみぞれ	69 並または強の，みぞれまたは霧雨性のみぞれ
70 観測時における弱い断続性の雪	71 観測時における弱い連続性の雪	72 観測時における並の断続性の雪	73 観測時における並の連続性の雪	74 観測時における強の断続性の雪	75 観測時における強の連続性の雪	76 細氷（霧があってもなくてもよい）	77 霧雪（霧があってもなくてもよい）	78 単独結晶のまま降ってくる雪（霧があってもなくてもよい）	79 凍雨（米国の定義ではみぞれ）
80 弱いしゅう雨	81 並または強のしゅう雨	82 烈しいしゅう雨	83 弱いしゅう雨性のみぞれ	84 並または強のしゅう雨性のみぞれ	85 弱いしゅう雪	86 並または強のしゅう雪	87 弱いしゅう雨性のあられ（雨またはみぞれを伴っても伴わなくてもよい）	88 並または強のしゅう雨性のあられ（雨またはみぞれを伴わなくてもよい）	89 弱いしゅう雨性のひょう（雨またはみぞれを伴っても伴わなくてもよいが雷鳴はない）
90 並または強のしゅう雨性のひょう（雨またはみぞれを伴っても伴わなくてもよいが雷鳴はない）	91 観測時における弱い雨，前1時間内に雷電があったが観測時にはない．	92 観測時における並または強い雨，前1時間内に雷電があったが観測時にはない．	93 観測時における弱い雪かみぞれかひょう，前1時間内に雷電があったが観測時にはない．	94 観測時における並または強い雪かみぞれかひょう，前1時間内に雷電があったが観測時にはない．	95 観測時における弱または並の雷電，雨か雪かみぞれを伴うがひょうはない．	96 観測時における弱または並の雷電，ひょうを伴う．	97 観測時における強雷電，雨か雪かみぞれを伴うがひょうはない．	98 観測時における雷電，風じんを伴う．	99 観測時における強雷電，ひょうを伴う．

C_L C_L型の雲	C_M C_M型の雲	C_H C_H型の雲	W 過去の天気
0 Sc, St, Cu, Cbのいずれもない．	0 Ac, As, Nsのいずれもない．	0 Ci, Cc, Csのいずれもない．	0
1 見た所扁平で鉛直方向にあまり発達していないCu．	1 薄いAs（全雲層が半透明）．	1 繊維状のCiが散在しているもの，増加しない．	1 半晴
2 よく発達したCuで一般に塔状をなす．他のCuやScが出ていてもよいがそれらの雲底が皆同一高度にある．	2 厚いAsまたはNs	2 まだらにちらばった濃いCiでねじれた束になっているものもある．一般に増加しない．	2 曇
3 雲頂はすでにボヤケ出しているが，まだはっきりした絹雲型またはかなとこ型をなすに至っていないCbで，同時にCu, Sc, Stが出ていてもよい．	3 薄いAc形は比較的安定で単層をなす．	3 Cbの上部のなごりか，またはCbの一部をなすCiでかなとこ型を示すことが多い．	3 風じんまたは地ふぶき
4 Cuが拡がってできたScで同時にCuが出ていることが多い．	4 分離性の薄いAc形は絶えず変化しいろいろな高度に現れる．	4 次第に全天に拡がり通常厚さも増加中のもの．鉤巻雲になっていることが多い．	4 霧，または濃煙霧
5 Cuが拡がってできたものでないSc．	5 帯状または単層をなしている薄いAcで，次第に全天に拡がりまた全体として厚さが増加中のもの．	5 しばしば収斂した帯状をなすCiとCsまたはCsだけが出ており，連続層の高度角が4度に達していないもの．	5 霧雨
6 StまたはFc両者同時に出ているもの，ただし悪天性のFsは含まない．	6 Cuが拡がってできたAc	6 しばしば収斂した帯状をなすCiとCsまたはCsだけが出ており，連続層の高度角が45度を超えているもの．	6 雨
7 悪天性のFsまたはFcで両者同時に出ていてもよい．通常AsやNsの下に出る．	7 二重層のAcまたは厚いAcの増加中でないもの．あるいはAsとAcの両方が出ており同一高度でも異なった高度でもよい．	7 全天をおおうCs	7 雪，みぞれ，または凍雨
8 CuとSc（Cuから拡がってできたものを含まない）で両者の雲底が高度を異にしている．	8 Cu型のふさがある．Acまたは小塔をもつ．	8 全天をおおわず増加もしないCs．CiやCcがあってもよい．	8 しゅう雨性降水
9 明瞭な繊維構造（巻雲状）の雲頂をもつCbでかなとこ型となっていることが多い．Cu, Sc, Stまたはスカッドが出ていてもよい．	9 混沌たる空のAc．普通異なった高度に現れ，同時に濃いCiがあちこちに現れていることが多い．	9 Ccが単独で出ているか，またはCiやCsが出ていてもよいがCcが最多雲形である場合．	9 雷電，降水を伴っても伴わなくてもよい．

付表Ⅱ　気象に関する放送のいろいろ

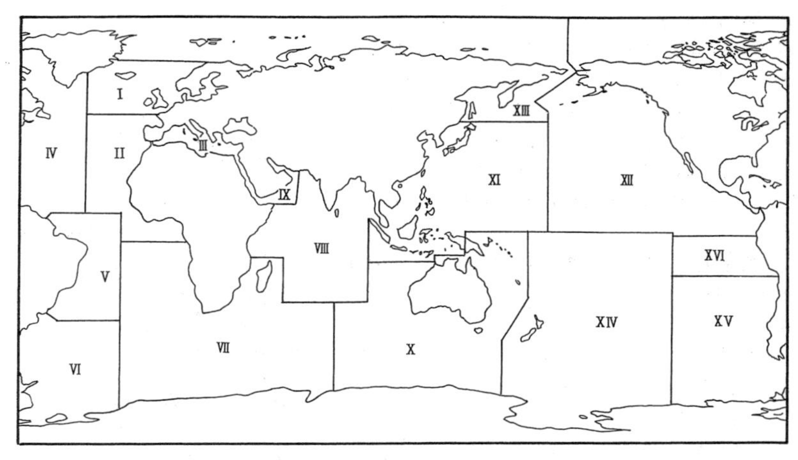

NAVAREA（METAREA）海域図

○セイフティネット（GMDSS）及びJMH放送による全般海上予報区

○全般海上予報区（GMDSS：NAVAREA（METAREA）XIの海域）

GDMSS：インマルサットC（EGC），JMHファクシミリ放送

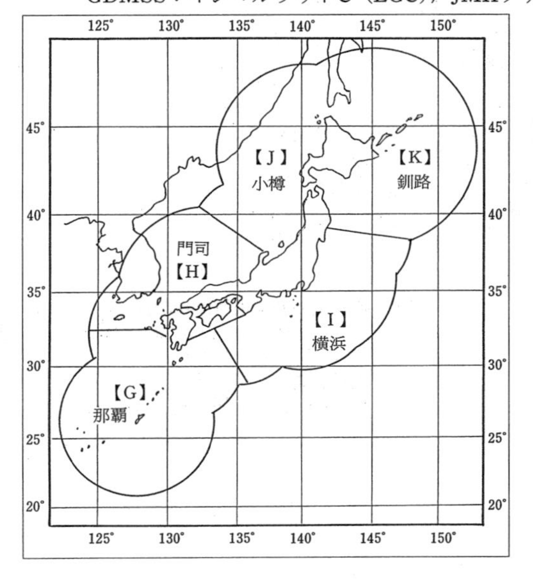

NBDP電信（HF）又はファクシミリ受信機による自動受信

○地方海上予警報（海上保安庁海岸局放送）（各予報区から300′）

GMDSS：

（国際NAVTEX，FIB518kHz

日本語NAVTEX，FIB424kHz

NAVTEX受信機による自動受信

- GMDSS（Global Maritime Distress and Safety System，海上における遭難及び安全に関する世界的な制度）
- NAVTEX（Navigation Telex，航行警報テレックス）
- SES（Ship Earth Station，船舶地球局）
- EGC（Enhanced Group Call，インマルサットの高機能グループ呼出しシステム）
- NBDP（Narrow Band Direct Print，狭帯域直接印刷電信）
- HF（High Frequency，短波）

○船舶気象通報箇所一覧図（平成23年３月）

1．　船舶気象通報は，音声で放送していますから，受信機は普通のラジオでマリンバンドのあるものならどんなものでも聞くことができます。

　また距離の近い個所の通報時間はつながっていますから航海中必要な時，行く先々の気象や海上模様を順序よく聞くことができます。

　なお受信範囲は通報箇所から約100マイルです。

2．　船舶気象通報は，次の順序で放送し，１回繰り返します。

①各　局	３回
②こちらは	１回
③自局の呼出名称	３回
④当所の気象状況を お知らせします，	１回
⑤観測時刻及び 通報項目	１回

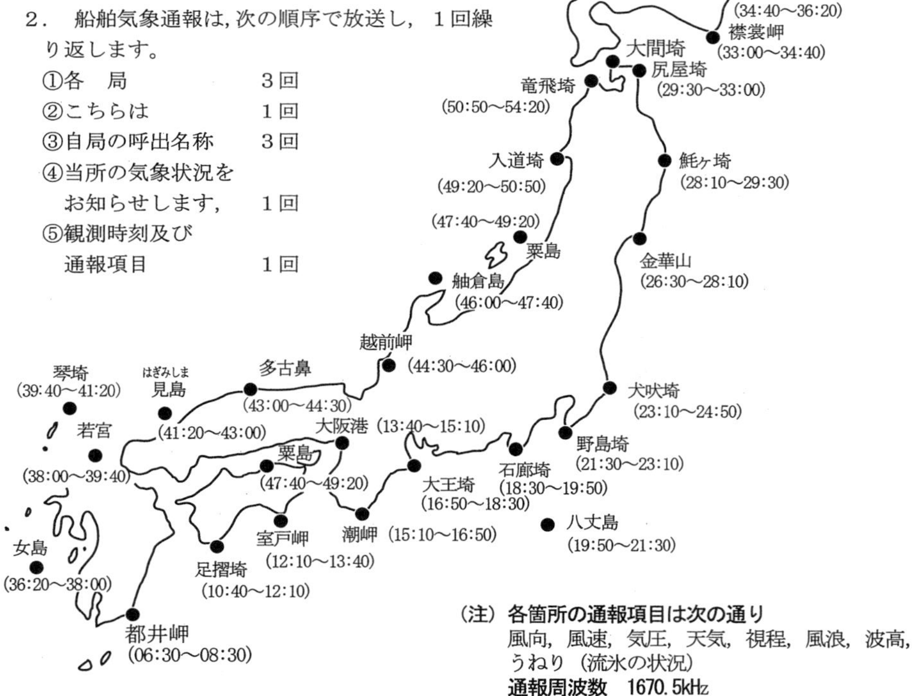

（注）各箇所の通報項目は次の通り
風向，風速，気圧，天気，視程，風浪，波高，うねり（流氷の状況）
通報周波数　1670.5kHz
（　）は毎時通報時間（分：秒）

げさし
慶佐次（沖縄）
● (02:20～04:10)

へいあんなざき
平安名崎（宮古島）
(00:00～02:20)
●

○船舶気象通報の自動応答式テレホンサービス

海域	テレホンサービスの提供箇所	電話番号
北海道	釧路港	0154（42）1177
	襟裳岬	01466（3）1177
		FAX01466（3）1277
	小樽	0134（23）1177
	江差	01395（3）6177
津軽海峡	松前	01394（3）2277
	龍飛埼	0174（38）2277
	恵山岬	0138（86）2277
	尻屋埼	0175（47）2277
東北	金華山	0225（45）2424
	男鹿	0185（23）2177
東京	観音埼	0468（44）4521
	東京	03（3472）1177
	横浜	045（201）8177
	横須賀	0468（44）0177
	千葉	043（238）0177
東海	下田	0558（27）3177
		FAX0558（27）4177
	御前崎	0548（63）1177
南海	大王埼	05997（2）2000
	潮岬	07356（2）6177
瀬戸内海	江埼	0799（82）3040
	青ノ山	0877（49）1041
	今治	0898（31）8177
四国・九州	足摺岬	08808（8）1177
	都井岬	0987（76）2000
	鹿児島	099（250）0177
北陸	新潟	025（231）1776
	舳倉島	0768（22）1776
	福井	0770（22）0177
山陰	米子	0859（22）8177
		FAX0859（22）8178
	西郷	08512（2）8177
	浜田	0855（27）4877
	萩	0838（22）0177
沖縄	第十一管区海上保安本部（沖縄）	098（860）3177
		FAX 098（860）3178
	宮古島	09807（3）5177
		FAX09807（3）5178
	石垣	09808（8）8177

○ラジオ気象放送

NHK第2放送	693kHz	0910～0930JST	全国天気概況
（東京の場合）		1600～1620 〃	各地，船舶の実況
		2200～2220 〃	漁業気象，水路通報

参考文献

(1) 大田正次，伊藤洋三：雲の生態（地人書館）
(2) 正野重方：気象学総論（地人書館）
(3) 山本義一：気象学概論（朝倉書店）
(4) 能沢源右衛門：新しい海洋気象学（成山堂）
(5) 宮内駿一，田島成昌：百万人の天気図（成山堂）
(6) 小倉義光：マクロな渦巻とミクロな渦度（気象38·7，1994，日本気象協会）
(7) 正野・吉武・毛利・須田・窪田：気象ポケットブック（共立出版）
(8) 小原国芳，玉川大学出版部編：玉川百科大辞典６，７（誠文堂新光社）
(9) 和達清夫：気象の事典（東京堂）
(10) 日本気象協会：気象予報士ハンドブック（オーム社）
(11) 根本順吉：天気予報（日経新書）
(12) 倉嶋厚，朝日新聞編：お天気ごよみ（河出書房新社）
(13) 宇田道隆：海洋気象学（天然社）
(14) 安井善一：操船と気象（成山堂）
(15) 大谷東平，斎藤将一：天気予報と天気図（法政大学出版局）
(16) 下山紀夫：伊東譲司：天気予報のつくりかた（東京堂）
(17) 小野寺道敏：気象と海難（天然社）
(18) 寺田一彦：海上気象学（地人書館）
(19) 冨永政英：海洋と気象（共立出版）
(20) 日本気象協会：船舶気象観測指針
(21) 日高孝次：海流（岩波全書）
(22) 宇田道隆：海（岩波新書）
(23) 和達清夫：海洋の事典（東京堂）
(24) 松本次男：外洋波浪図について（海の気象，Vol.18,No.4）
(25) 松本次男：外洋波浪図の実際（海の気象，Vol.19,No.5&6）
(26) 大田正次，篠原武次：実地応用のための気象観測技術（地人書館）
(27) 田島成昌：英和・和英・仏和　気象用語集（成山堂）
(28) 気象学ハンドブック編集委員会：気象学ハンドブック（技報堂）
(29) 気象　’72-1,No.177,p.3198（日本気象協会）
(30) 気象模写放送スケジュールと解説　p.120（日本気象協会）
(31) 飯田睦治郎，渡辺和夫：気象衛星「ひまわり」の四季（山と渓谷社）
(32) 和田美鈴：熱帯低気圧の気候学（月刊海洋科学Vol.12,No.6）
(33) 海と安全，各巻（日本海難防止協会）
(34) 一級・二級・三級海技士（航海）800題　平成９年版～平成21年版（成山堂）

(35) 天気　Vol.29,No.12　p.12,p.1220（日本気象学会機関誌）
(36) Mariners Weather Log Vol.20,No.1（p.9-p.14），No.4（p.191-p.194）
Vol.21,No.4（p.240-p.244）
Vol.28,No.1（p.10-p.14），No.2（p.67-p.71）
（U.S.Department of Commerce）
(37) 饒村曜：台風物語（気象'81-7,No.291,日本気象協会）
(38) Meteorology for Mariners（Meteorological Office Her Majesty's Stationary Office,1983）
(39) 福井英一郎他編：日本・世界の気候図（東京堂出版，昭60）
(40) 海洋科学編集部編：海洋科学別冊「海洋気象学研究」（海洋出版，1976）
(41) 西澤純一：日本海にご注目（気象　'97-2,No.478,日本気象協会）
(42) 海上気象課：船体着氷特集（船と海上気象　'96,Vol.40,No.3,気象庁）
(43) 岡野誠：GMDSSと気象情報（海と安全　'95-1,No.432,日本海難防止協会）
(44) 岡野誠：全般海上予報警報の改善（海と安全　'96-3,No.446,日本海難防止協会）
(45) 天気予報技術研究会編：気象予報士のための天気予報用語集（東京堂出版，1996）
(46) 日本気象学会編：気象科学事典（東京書籍，1998）
(47) 小倉義光：冬の海上の爆弾低気圧〈上〉〈下〉（気象34.5,6,1990,日本気象協会）
(48) 小倉義光：スコールラインと界雷（気象35.5,1991,日本気象協会）
(49) 二宮・新田・山岸共編：気象の大百科（オーム社，1997）

索　　引

気　象　編

ア

イ

ウ

エ

オ

カ

キ

ク

ケ

コ

サ

シ

ス

セ

ソ

タ

チ

ツ

テ

ト

ナ

ニ

ネ

ハ

ヒ

フ

ヘ

ホ

マ

ミ

メ

モ

ユ

ヨ

ラ

ロ

海　洋　編

ア行

カ行

サ行

タ行

ナ行

ハ行

マ行

ヤ行

ラ行

ワ行

著 者 略 歴

福地　章（ふくち　あきら）
東京商船大学航海科卒業（昭和38年）
大洋商船株式会社航海士
海技大学校教授（海洋気象学担当）
現在　海技大学校名誉教授
　　　気象予報士　海事補佐人

海洋気象講座（かいようきしょうこうざ）（12訂版）

定価はカバーに表示してあります

1975年 9 月 8 日　初版発行
2019年 3 月 8 日　12訂初版発行

著　者　福　地　　章
発行者　小　川　典　子
印　刷　亜細亜印刷株式会社
製　本　株式会社難波製本

発行所　株式会社 成山堂書店
〒160-0012　東京都新宿区南元町 4 番51　成山堂ビル
TEL：03(3357)5861　FAX：03(3357)5867
URL　http://www.seizando.co.jp

落丁・乱丁本はお取り換えいたしますので小社営業チーム宛お送りください。

ISBN978-4-425-52020-6